普通高等教育创新型人才培养系列教材

现代设计理论和方法
（第 2 版）

滕晓艳　杨志勋　商　振　宋得宁　编著

北京航空航天大学出版社

内 容 简 介

本书系统阐述了现代设计的理论基础、基本方法、关键技术和应用领域,内容包括:产品设计中的方案设计、创新设计思维法则、发明问题解决理论(TRIZ)、技术系统与资源分析、问题的解决方法与典型案例、结构拓扑优化方法、人工智能与大数据技术、可持续设计与制造基础。在内容安排上,通过高质量案例,着重介绍产品设计学理论、拓扑优化设计方法和人工智能与大数据技术的基础理论与工程应用,培养学生理论与实践相结合的能力。通过学习,可为学生今后从事现代机电产品开发工作奠定扎实的理论基础,有利于学生探索科学规律,提高科技创新能力。

本书可作为高等院校工程类各专业和其他相关专业的研究生或高年级本科生教材,也可作为从事设计研究开发工作的学者和工程技术人员的参考书。

图书在版编目(CIP)数据

现代设计理论和方法 / 滕晓艳等编著. -- 2 版. --
北京 : 北京航空航天大学出版社,2025.1
  ISBN 978 - 7 - 5124 - 4300 - 6

Ⅰ. ①现… Ⅱ. ①滕… Ⅲ. ①机械设计 Ⅳ.
①TH122

中国国家版本馆 CIP 数据核字(2024)第 025584 号

现代设计理论和方法(第 2 版)
滕晓艳　杨志勋　商 振　宋得宁　编著
策划编辑　董 瑞　　责任编辑　杨 昕
*
北京航空航天大学出版社出版发行

北京市海淀区学院路 37 号(邮编 100191)　http://www.buaapress.com.cn
发行部电话:(010)82317024　传真:(010)82328026
读者信箱:goodtextbook@126.com　邮购电话:(010)82316936
北京时代华都印刷有限公司印装　各地书店经销
*
开本:787×1 092　1/16　印张:19.75　字数:506 千字
2025 年 1 月第 2 版　2025 年 1 月第 1 次印刷　印数:1 000 册
ISBN 978 - 7 - 5124 - 4300 - 6　定价:79.00 元

前　言

现代设计方法是随着当代科学技术的飞速发展和计算机技术的广泛应用而在设计领域发展起来的一门新兴的多元交叉学科。它是以计算机辅助设计技术为主体,以知识为依托,以多种科学方法及技术为手段,综合考虑产品特性、环境特性、人文特性和经济特性的一种系统化设计方法。

"现代设计方法"课程是高等院校为适应当代科技发展和我国机械工程学科发展战略需要,面向21世纪教学内容和课程体系改革,培养高质量的创新人才而开设的一门新兴课程。编者多年承担"现代设计方法"研究生课程的教学工作,并根据教育部面向课程体系和教学内容改革计划项目的指导思想,探索了适用于创新人才培养的项目式探究性教学模式,开展了与国内外专家共建研究生课程的项目建设;结合高等教育的深入推进与本门课程的教学发展形势,广泛听取专家和使用者的意见与建议,重塑教材内容与课程边界,持续进行了"现代设计方法"精品课程的教材建设工作。

《现代设计理论和方法(第2版)》是工业和信息化部"十二五"规划教材《现代设计理论和方法》的再版,也是"2023年全国工程教指委工程类专业学位研究生在线示范课程'现代设计方法'"和"2024年工业和信息化部工程硕博士特色优质课程'现代设计方法'"的配套教材。

本书面向国防现代化以及从制造大国走向制造强国对高层次创新人才的战略需求,引入国防科研案例反哺课程教学,以创新理论为根本,以产品设计方法为核心,以创新精神为引领,深入挖掘大数据与智能制造背景下的课程内涵,优化课程内容;以产品设计关键理论和技术为基础,融入了科研、工程实践、学科建设和科技竞赛精品案例,突出了创新设计和综合实践能力的培养,是一本服务于工业化、信息化和国防现代化,特点突出、实用性强的特色教材。全书内容分为三篇,共9章。

第一篇,产品设计篇,包括第1章产品设计基础和第2章创新设计基础。

第二篇,TRIZ理论篇,包括第3章TRIZ理论概述、第4章技术系统与资源分析、第5章问题的解决方法和第6章创新方法在科技创新竞赛中的应用。

第三篇,设计方法篇,包括第7章连续体结构拓扑优化设计方法、第8章人工智能和大数据技术和第9章可持续设计与制造基础。

本书内容从产品研发过程中遇到的问题出发,系统阐述了如何通过TRIZ理论、拓扑优化方法和人工智能与大数据理论解决这些问题,为产品研发全过程提供了方法论;侧重多种现代设计方法的综合与交叉,注重培养学生创新设计意识与创新思维,使学生初步掌握对复杂现代工程设计问题进行研究和分析的基本方法。

本书第 1 章由史冬岩、滕晓艳撰写,第 2、3、4 章由史冬岩撰写,第 5 章由曹福全撰写,第 6 章由滕晓艳撰写,第 7 章由滕晓艳、宋得宁撰写,第 8 章由杨志勋撰写,第 9 章由商振撰写。全书由滕晓艳统稿主审。

编者在编写过程中收集、运用了部分科研和教学研究资料,参考了大量论文、专著、教材,以及相关网页的资料文献,在此向有关作者表示感谢。感谢美国罗格斯大学 Gea Haechang 教授、英国诺丁汉特伦特大学苏代忠教授长期以来在专业学习、设计理论与实践教学方面给予的指导和帮助。特别感谢孙国强教授在本书编撰过程中提供的无私帮助与指导。全国工业和信息化职业教育教学指导委员会、黑龙江省教育厅和哈尔滨工程大学给予了必要的资助,编者谨对资助项目管理机构表示衷心的感谢。此外,书中的部分实例参考并选用了编者所指导的博士生、硕士生所做的工作成果,在此深表感谢。

由于编者水平有限,书中不当之处,恳请同行专家和读者批评指正。

编　者

2024 年 6 月

目　　录

第一篇　产品设计篇

第二篇　TRIZ 理论篇

第三篇 设计方法篇

第一篇
产品设计篇

第一章

绪论与基础知识

第1章 产品设计基础

1.1 概　述

设计是指人类有意识、有目的的创造性活动。它与人类的生产活动及生活紧密相关。人类在改造自然的历史长河中，一直从事着设计活动，通过成功的设计来满足文明社会的需要。人类生活在大自然和自身"设计"的世界中，从某种意义上讲，人类文明的历史，就是不断从事设计活动的历史。历史证明，人类文明的源泉就是创造，人类生活的本质就是创造，而设计的本质就是创造性的思维活动。

1.1.1 产品设计的产生背景

工业产品设计是伴随着工业革命的产生而出现的。18世纪下半叶首先在英国爆发了工业革命，人类从此由手工业文明进入到机械工业文明的时代。

工业革命带来了工业文明，其核心是机械化的生产方式。旧有的手工作坊式的生产模式已经不能适应机械化大生产的要求，因此迫切需要产生一种新的产品生产方式。可以说，工业产品设计就是为适应这种新的生产方式而产生的。由工业产品设计所形成的标准化、合理化不仅改变了设计本身，也使机械化大生产得以飞速发展，但最初的产品设计仍带有传统产品的形式与风格。到了19世纪，产品设计中虽然运用了新技术、新材料，但是产品样式仍带有传统产品的形式与风格，与现代设计的概念相去甚远。

直到20世纪中期，设计仍被限定在比较狭窄的专业范围内，单一的学科知识很难解决专业范围内的设计问题。但从20世纪60代以后，由于各国经济的高速发展，特别是竞争的加剧，一些主要的工业发达国家采取措施加强设计工作，促进设计方法学研究的迅速发展，不同的国家已形成了各自的研究体系和风格，如德国的学者和工程技术人员着重研究设计的过程、步骤和规律；英美学派偏重分析创造性开发和计算机在设计中的应用；日本则充分利用国内电子技术和计算机的优势，在创造工程学、自动设计、价值工程方面做了不少工作。20世纪80年代前后，中国在不断引进吸收国外研究成果的基础上，开展了设计方法的理论和应用研究，并取得了一系列成果。

1.1.2 产品设计的定义与内涵

什么是设计？至今人们仍有着不同的解释。在我国《现代汉语词典》中将设计一词解释为"在正式做某项工作之前，根据一定的目的与要求，预先制定方法、图样等"。国际工业设计协会(International Council of Societies of Industrial Design，ICSID)在2006年为设计给出了权威的定义：设计是一种创造性的思维活动，目的是在物品、过程、服务及它们在全生命周期中构成的系统之间建立起多方面的品质与联系。因此设计不仅是在人本主义基础上创新技术的构成要素，也是进行精神与文化交流过程中必不可少的关键点。

曾获诺贝尔经济学奖的世界著名科学家赫伯特·西蒙认为：设计是一种为了使我们生活的环境能更适合生存的主观活动；是一种能使我们的要求、生产水平、市场供求和资本转化成对人类有利的结果和产品的方法。欧洲的一些学者则认为：设计是一条解决确实存在的问题的必经之路;是为了达到某种特定要求或特殊目的,按照一定的顺序进行活动而制订的相应计划。

对于设计的理解,虽然存在着由于地域和文化的不同所引起的差异,但其设计的内涵和本质却是相同的,那就是设计是为了更好的生活而进行的一种具有创造性的活动和服务,是将人类的社会需求转化为技术手段或产品的过程。就设计者而言,设计是一种表达方式;就使用者而言,设计则是对一种需求的满足手段。

1.1.3　产品设计的目的与重要性

1. 产品设计目的

产品是为了满足人的需求而设计生产的。这是因为无论站在什么角度来研究产品设计,最终产品服务的主要对象都是人。

对设计者来说,产品的设计是为了满足消费者各个层面的需求,无论是在实用功能、安全功能层面,还是在审美功能层面,其目的都始终围绕着最终消费者——人。

对生产者来说,产品的投入是为了产品在投入市场后经过销售环节进入消费者手中,从中赚取利润。虽然其目的不在产品本身,但是生产者的目的却是通过产品间接实现的。

对消费者来说,他们无疑是产品设计的直接使用者和产品设计成功与否的最终鉴定者。

对社会来说,产品设计要体现其可持续性和前瞻性。在产品的设计、生产过程中要减少对资源的浪费和对环境的污染。从社会角度看产品设计,社会是指由于共同的物质条件而互相联系起来的人群,因此,产品设计的需求主题是人类本身。

2. 产品设计的重要性

工程设计是为了满足人类社会日益增长的需要而进行的创造性劳动,它和生产、生活及其未来密切相关,所以人们对设计工作越来越重视。产品设计的重要性主要表现在以下几个方面:

① 设计直接决定了产品的功能与性能。产品的功能、造型、结构、质量、成本、可制造性、可维修性、报废后的处理,以及人—机(产品)—环境关系等,原则上都是在产品设计阶段确定的,可以说产品的水平主要取决于设计水平。

② 设计对企业的生存和发展具有重大意义。产品生产是企业的中心任务,而产品的竞争力影响着企业的生存和发展。产品的竞争力主要在于它的性能和质量,也取决于其经济性。而这些因素都与设计密切相关。

③ 设计直接关系人类的未来及社会发展。设计创新是把各种先进技术转化为生产力的一种手段,是先进生产力的代表;设计创新是推动产业发展和社会进步的强大动力。在人类社会发展史上,每次产业结构的重大变革和带来的社会进步都伴随着一个或几个标志性的创新产品的出现。

1.2　产 品 设 计

设计过程具有自己特定的、共性的方法学过程。它决定着设计部门和设计人员从开始一项产品的设计到取得成功全过程的工作步骤和相应的思维主题。认识这一方法学进程将使设计思维有序化、全面化,避免遗漏应考虑的问题。这一进程并不是僵化的工作程序,而应根据设计任务的需要,灵活地向前推进;有些步骤变为次要,有些则成为重点工作内容。同时,进程中的每一个阶段都会通过评价形成修改意见,反馈到上游某一个阶段,整个过程有时会反复循环多次,这也是一项产品走向成熟的必然过程。

1.2.1　产品设计类型

产品设计一般可以分为 5 种类型：

1. 开发性设计(创新设计)

开发性设计是指在设计原理、设计方案全都未知的情况下,企业或者个人根据市场的需要或者突发的灵感以及对未来应用价值的预测,根据产品的总功能和约束条件,应用可行的新技术,进行创新构思,提出新的功能原理方案,完成产品的全新创造。这是一种完全创新的设计,如超越当前先进水平,或适应政策要求,或避开市场热点开发有新特色的、有希望成为新的热点的"冷门"产品。发明性产品属于开发性设计。

2. 接受订货开发设计

接受订货开发设计是根据用户订货要求所进行的开发设计。它常常是满足用户特殊需要的专用非标准设计。这时设计部门要承担一定的风险,所以必须进行慎重的论证,主要技术应在自己熟悉的业务领域内,大多数技术和所用零部件都应是成熟的,设计与制造周期、交货时间都应与自身的能力相适应。对使用还不熟悉的新技术要做充分的可行性论证,而且新技术的使用不宜太多。用户通常采用招标的方式寻求制造商,能否中标则取决于投标方的综合实力。

3. 适应性设计

适应性设计是指在工作原理保持不变的情况下,根据生产技术的发展和使用部门的要求,对现有产品系统功能及结构进行重新设计和更新改造,提高系统的性能和质量,使它适应某种附加要求。例如,汽车的电子式汽油喷射装置代替了原来的机械控制汽油喷射装置等。另外,这种设计还包括对产品做局部变更或增设部件,使产品能更广泛地适应某种要求。

4. 变参数性设计

变参数性设计是指在工作原理和功能结构不变的情况下,只是变更现有产品的结构配置和尺寸,使之满足功率、速比等不同的工作要求。例如,对齿轮减速箱做系列设计,发动机做四缸、六缸、直列、V 型等改型设计。

5. 反求型设计

反求型设计是指按照国内外产品实物进行测绘。用实测手段获得所需参数和性能、材料和尺寸等;用软件直接分析了解产品和各部件的尺寸、结构和材料;用试制和试验掌握使用性能和工艺。

在工程实践中开发性设计目前所占比例不大,但开发性设计产品具有冲击旧产品、迅速占领市场的良好效果,因此,开发性设计通常效益高、风险大。

1.2.2　产品设计原则

产品开发应遵循以下原则。

1. 创新原则

设计本身就是创造性思维活动,只有大胆创新才能有所发明、有所创造。但是,当今的科学技术已经高度发展,创新往往只是在已有技术基础上的综合。有的新产品是根据别人研究试验结果设计的,有的则是博采众长,加以巧妙组合。因此,在继承的基础上创新是一条重要原则。

2. 效益原则

在可靠的前提下,力求做到经济合理,使产品"物美价廉",才有较强的竞争力,才能创造较高的经济效益和社会效益。也就是说,不仅要满足用户提出的功能要求,还要有效地节约能源,降低成本。

3. 可靠原则

产品设计力求技术上先进,但更要保证可靠性。无故障运行时间的长短是评价产品的重要指标,所以,产品要进行可靠性设计。

4. 审核原则

设计过程是一种设计信息加工、处理、分析、判断决策、修正的过程。为减少设计失误,实现高效、优质、经济的设计,必须对每一设计程序的信息随时进行审核,绝不允许有错误的信息流入下一道工序。实践证明,产品设计质量不合格的原因往往是审核不严,因此,适时而严格的审核是确保设计质量的一项重要原则。

1.2.3 产品设计过程

从产品设计角度出发,以机电产品为例对产品设计过程进行阐述,其他产品设计过程与其类似。机电产品设计过程有产品设计规划(阐明任务)、原理方案设计、技术设计和施工设计4个主要阶段。现代设计要求设计者用系统的、整体的思想来考虑设计过程中的综合技术问题。为了避免不必要的经济损失,开发机电产品时应该遵循一定的科学开发生产原则。下面详细阐述开发机电产品设计的一般步骤。

1. 产品设计规划阶段(阐明任务)

产品设计规划,就是决策开发新产品的设计任务,为新技术系统设定技术过程和边界,是一项创造性的工作。要在集约信息、市场调研预测的基础上,辨识社会的真正需求,进行可行性分析,提出可行性报告和合理的设计要求与设计参数。

2. 原理方案设计阶段

原理方案设计就是新产品的功能原理设计。用系统化设计方法将已确定的新产品总功能按层次分解为分功能直到功能元。用形态学矩阵方法求得各功能元的多个解,得到技术系统的多个功能原理解。经过必要的原理试验和评价决策,寻求其中的最优解,即新产品的最优原理方案,列表给出原理参数,并做出新产品的原理方案图。

3. 技术设计阶段

技术设计师把新产品的最优原理方案具体化。首先是总体设计,按照人—机—环境的合理要求,对产品各部分的位置、运动、控制等进行总体布局;然后同时进行实用化设计和商品化设计,分别经过结构设计(材料、尺寸等)和造型设计(美感、宜人性等)得到若干个结构方案和外观方案,再经过试验和评价,得到最优化结构方案和最优化造型方案;最终得出结构设计技术文件、总体布置草图、结构装配草图和造型设计技术文件、总体效果草图和外观构思模型等。

4. 施工设计阶段

施工设计是把技术设计文件的结果变成施工的技术文件。一般来说,要完成零件工作图、部件工作图、造型效果图、设计和使用说明书、设计和工艺文件等步骤。

以上是机电产品设计的4个阶段,应尽可能采用现代设计方法与技术实现CAD、CAPP、CAM一体化,从而大大减少工作量,加快设计进度,保证设计质量,少走弯路,减少返工浪费。图1-1给出了新产品设计一般进程的不同阶段、步骤、使用方法和指导理论等。

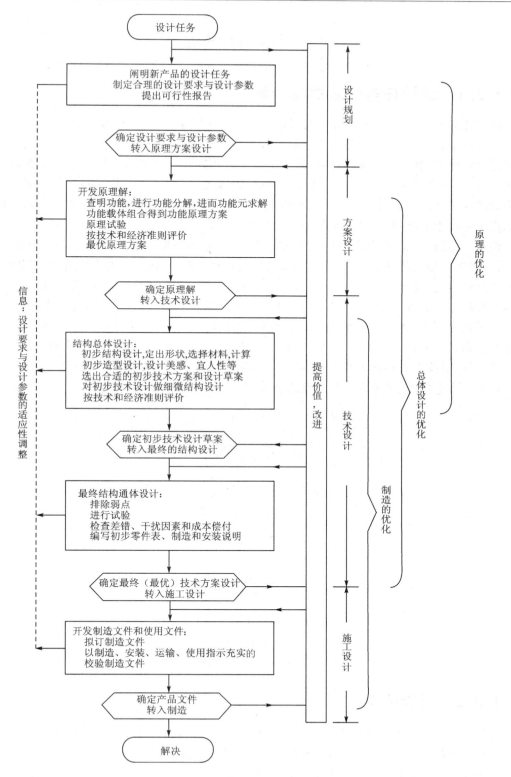

图 1-1　机械产品设计工作流程图

1.3 产品设计任务

1.3.1 设计任务的依据与步骤

设计任务来自于客观需求，设计的目的是满足这种需求，同时取得社会和经济效益。客观需求包括技术、经济和社会的各种要求和人—机—环境的各种要素。在设计产品之前，必须统筹考虑这些因素，制订产品发展计划，即通过系统的研究和选择提出可行的产品设想，确定在什么时间，针对哪些市场，研制和销售什么产品，以及怎样研制，达到什么目标等。毫无疑问，这个阶段在产品研制的全过程中具有战略意义，它具有预测性，关系到企业的生存和发展，也是体现企业技术、经济和管理水平的综合性工作。

促进企业制定产品设计任务的因素有很多，主要分为外部因素和内部因素。外部因素主要包括：现有产品的技术和经济性能落后，以致销售额下降，出现了新的科技成果，有新的市场需求，经济环境和政策等发生了变化；内部因素主要包括：企业利润下降，研究部门在新技术上取得了突破性进展等。除了内外因素外，还有企业引进新产品与新技术、自身生产能力未充分发挥等因素。图1-2给出了明确产品设计任务的内容与步骤，企业目标是明确产品设计任务的重要依据，不同的企业在不同的时期，有不同的目标。例如，完成企业年初计划任务，开辟新的产品市场，提高现有市场占有率和利润率，提高对市场波动的适应性、增强竞争力等。企业目标是根据市场状况、国家需求和企业能力确定的。

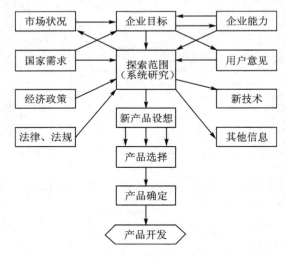

图1-2　产品设计任务内容与步骤

1.3.2 调查研究

明确产品设计任务必须掌握充分、可靠的信息。信息必须长期积累，及时反馈，不断分析研究，为决策提供可靠的依据。国外有些企业提出"产品卖不出去就是产品设计的失败"，认为保证产品的市场竞争能力是设计师的首要职责。企业在开发新产品时，首先应对市场做周密的调查与预测，在保证市场竞争力并能获利的前提下，事先确定产品的售价与成本，将成本指标分配到部件,然后进行设计。可见,必须十分重视市场调查。进行市场调查不仅需要弄清楚市场的特点与结构,而且要注意其持久性和稳定性。市场调查的内容如图1-3所示,其中市场面分析,不仅包括市场区域,而且还包括不同的用户群对某一产品的需求。对消费性的产品还需要特别注意人口基数、心理和生理因素的研究等。

除了市场调查外,在制定产品设计任务时还应该进行技术调查与企业内部调查。技术调查主要包括有关技术的发展水平、发展动态和趋势,现有产品的水平、特点、系列、价格、使用情况、问题和解决方案、适用的科技成果和专利及许可贸易情况等。企业内部调查主要包括分析企业自身的技术储备、企业自身优势、不足和潜力等。只有在市场调查、技术调查和企业内部调查的基础上才能全面掌握充分、可靠的信息,更好地为制订产品计划服务。

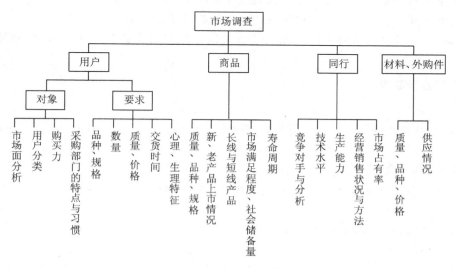

图1-3 市场调查内容

1.3.3 产品开发可行性分析

制定产品设计任务的核心是对新产品的设想进行系统的可行性分析研究。虽然在产品设计任务阶段对许多问题还知之不深,只能定性地研究,粗略地选择,但是无论哪种设计,在此阶段都应进行可行性分析研究,力求把问题暴露在具体研制工作之前,研究解决的可能性与措施,以保证产品研制工作的顺利进行,避免浪费。

可行性分析的目的主要是针对新产品设想对其市场适应性、技术适应性、经济合理性、开发可能性进行综合分析研究和全面科学论证,主要研究内容包括以下6点:

① 根据市场调查与预测分析,论证开发该产品的必要性和市场的适应性;

② 根据国内外产品发展现状、动向和趋势,分析论证开发该产品的技术适宜性;

③ 分析企业的技术、经济、管理和环境等现实条件,论证开发该产品的可能性、方式和措施;

④ 提出预期达到的最低与最高目标,包括经济和社会效益,论证其合理性;

⑤ 提出研制中需要解决的关键问题、解决途径和方法;

⑥ 提出所需人员、费用、进度与期限。

1.3.4　产品设计任务书（设计要求明细表）

经过可行性分析并经过企业决策部门确定的产品设计任务,必须列出详细的设计要求,以此作为设计、制造和验收的依据。

1. 明确任务

提交给设计部门的任务书往往不全面,未必能包括所有必要的信息,甚至还可能存在矛盾。因此,在开始具体设计之前还要进一步收集信息,进行必要的处理。在此阶段应明确下列问题:

① 任务的实质是什么? 需要达到的目标是什么?

② 必须具备和不具备哪些功能? 包含哪些潜在的期望和要求?

③ 各约束条件是否确切? 在这些条件下任务是否可能完成?

④ 结合本企业和竞争对手的情况以及有关法律法规并考虑到未来的发展,有哪些开发途径?

2. 拟定设计要求

（1）一般原则

① 明确,即描述确切并尽可能定量化或提出最低要求,同时要明确哪些是必需的、哪些是期望的。

② 合理,即适度、实事求是。

③ 详细,尽可能列出全部要求而无遗漏,一般比用户或计划部门提出的要求更详细、全面。

④ 先进,与同类产品相比,其性价比更高。

（2）主要设计要求

① 功能要求,一般在设计任务书中已明确提出,但仍应再进行合理性分析,包括价值、人机功能分配与技术可行性分析等。

② 使用性能要求,如精度、效率、生产能力、可靠性指标等。

③ 工况适应性要求,指工况在预定的范围内变化时,产品适应的程度和范围,包括作业对象特征和工作状况等变化,如物料的形状、尺寸、温度、负载、速度等;应分析哪些工况可能变化、怎样变化和可能带来的后果,为适应这些变化应对设计提出什么要求,例如采用反馈补偿装置、显示与控制装置等。

④ 宜人性要求,系统应符合人机工程学要求,适应人的心理和生理特点,保证操作简便、准确、安全、可靠、便于监控和维修,为此需要根据具体情况提出诸如显示与操作装置的选择与布局、设置报警、反馈和防止偶发事故装置等要求。

⑤ 外观要求,外观质量和产品造型要求,是产品形体结构、材料质感和色彩的综合。

⑥ 环境适应性要求,在预定的环境下,不仅能够保持系统正常运行,而且保证系统对环境的影响,如温度、粉尘、有害气体、电磁干扰、噪声、振动等均在允许范围内,同时对非期望的伴生输出物提出有效的处理要求。

⑦ 工艺性要求,为保证产品适应企业的生产要求,对毛胚和零件加工、处理和装配工艺性提出要求。

⑧ 法规与标准化要求,对应遵守的法规（安全保护、环境保护等）和采用的标准,以及系列

化、通用化、模块化等提出要求。

⑨ 经济性要求,为保持产品的竞争力,应力求降低产品的寿命周期费用。因此,不但要对研究开发费用和生产成本提出要求,而且要对使用经济性,如:单位时间能耗、单件加工物耗等提出要求。

⑩ 包装与运输要求,包括产品的保护、装潢以及起重、运输方面的要求。

⑪ 供货计划要求,包括研制时间、交货方式与日期等。

以上各项要求相互联系,构成系统的特性,并主要通过系统的设计结构特性,包括结构元件、组成、布局和状态特征体现出来。

(3)设计要求检核

设计要求很多,很复杂,制定出全面、明确、合理和先进的产品设计要求并非易事。实践证明,有些产品之所以长期存在问题,是由于事先对要求考虑不周,一旦投入生产便难以改变所致。

(4)设计要求明细表

设计要求最好以明细表的形式列出,此表没有固定的格式,表1-1所列为设计明细表的一个具体示例。拟定设计要求明细表可参考前述要求,结合实际列出项目,确定数据并分清必须达到的要求与期望,分清主次,即按其重要程度依次列出。对复杂产品可按功能部件或结构部件分别列出。

表1-1 摩擦离合器试验台设计要求明细表

修改要求/期望	要 求	负责者
	几 何	
要求	安装尺寸最大外直径:$D=254$ mm; 长度:$L=330$ mm	
	运 动	
要求	转速:接合相对转速 $n_r=10\sim3\,000$ r/min; 无级调速 n_r 为主、从运边接合前的相对转速	
要求	离合器脱开行程:最大不超过 40 mm	
要求	离合器接合速度:$0.5\sim6$ s/全行程($1.5\sim22.5$ m/全行程)	
要求	离合器接合频率:最大不超过 5 次/分	
	力	A 设计组
要求	主动扭矩:最大不超过 250 N·m	
要求	负载扭矩:最大不超过 116 N·m(可调)	
要求	离合器脱开力:最大不超过 6 000 N(可调)	
要求	加速度惯性矩:$1\sim26$ kg·m^3	
要求	惯性矩可无级提供,至少每级不超过 0.1 kg·m^3	
	能 量	
要求	动力消耗功率:45 kW,三相交流 380 V	
要求	供一起使用:220 V,50 Hz; 必要时采用液压传动	

修改要求/期望	要 求	负责者
材 料		
期望	用普通的钢材或者铸铁	
信 号		
要求	测量下列各量对时间的变化:主动转速、从动转速、离合器转矩、负载转矩、摩擦面温度(4～8点)、压盘温度、重点和外表温度	A 设计组
要求	接合(滑摩)时间	
要求	测量结果应能自动记录、储存,由计算机自动检测和数据处理	
要求	试验结果可以打印在显示屏上,列表或用线图显示	
要求	测量点要能装传感器(测量点在回转件上),并能将信号引出	

1.4 基于功能的产品方案设计

1.4.1 方案设计的任务与步骤

技术方案设计是整个产品设计过程中最重要的一个环节。由图1-1可知,方案设计阶段主要是根据计划任务或者技术协议书,在调研、创造性思维和试验研究的基础上,攻克技术难关,并通过综合分析和技术经济评价使构思及目标完善化,从而确定产品的工作原理和总体方案设计。此阶段将从质的方面决定设计水平,是体现一个产品设计是否成功的关键阶段。如图1-4所示,把复杂的设计要求通过功能分析抽象为简单的模式,寻求满足设计的原理方案。

1.4.2 主要设计问题的抽象化

设计的对象不存在或至少是与现有产品有所不同,其构成方式是多解的,并有改进、创新和发展的余地。因此,方案设计最重要的问题是发散思维,防止先入为主。所以,首先要把设计任务抽象化。

设计对象在未弄清楚其内部构造以前犹如一个黑箱,各种功能均可以用黑箱图(见图1-5)的形式来抽象地表达。黑箱法的目的在于明确输入、输出以及与环境的关系,摆脱具体的问题,按功能要求探索系统的机理和结构。

对于工程系统来说,输入与输出有:

① 物料,毛坯、半成品、成品、构件、固体、气体、液体等。

② 能量,机械的热、声、光、化学能量以及核能等。

③ 信息,控制信号、测量值、数据等。

对以上三种工程系统的输入和输出都要用质和量的指标来表达。质是指给定值的允许偏差、质量等级、性能、效率以及各种特殊性能,如耐热、耐腐蚀、抗振、降噪等。量是指数目、体积、质量、功率等。

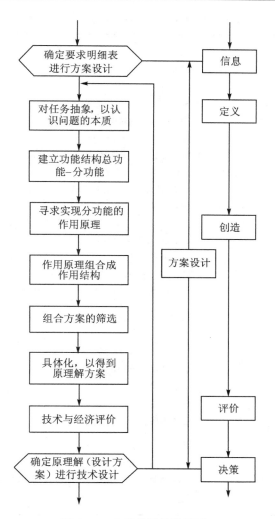

图 1-4　方案设计的流程图

　　分析设计要求,辨明主要功能和约束条件,把复杂的、潜在的以及有时含糊不清的要求变为系统的、明确的以及相互独立的功能和项目要求描述,这是加速完成创造性设计的关键。功能要求的表述方法不同,将导致不同的设计方案。对实现功能要求的方法和手段还不清楚的开发性设计,问题的表述更有特殊意义。通常对功能描述得好可以更接近正确答案,下面以设计汽车油箱储量测定仪为例,来说明抽象问题的描述步骤,如表 1-2 所列。

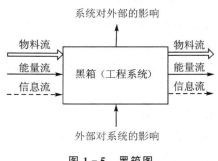

图 1-5　黑箱图

表 1 - 2   汽车油箱储量测定仪的抽象步骤

步　骤	设计要求的抽象与表述
1. 消除具体期望和非本质约束条件	油箱 体积：20～60 L； 容器形状任意给定（形状稳定）； 接头在上方或侧面； 容器高度：150～600 mm； 容器到显示器的距离：不等于 0，要求 3～4 m； 汽油或柴油，温度范围：－25～＋65 ℃； 传感器输出量，任意测量信号； 外来能量：直流电 6 V、12 V、24 V； 测量公差：输出信号，与最大值之比为±3%； 灵敏度：最大输出信号的 1%； 信号可标定； 可测量的最小测量值，是最大值的 5%
2. 从定量到定性，并只保留主要的	不同的容积； 不同的容器形状； 各种接头方向； 不同的容器高度（液面高度）； 容器到显示仪的距离不等于 0 m； 液面随时间而变； 任意信号； 有外来能量
3. 扩大认识（概念化）	各种容量和形状的油箱； 油在不同距离间传输； 在不同的距离上显示——测量液量（随时间而变）
4. 做不偏向某种解的定义（问题表述）	连续测量并显示任意形状容器中不同大小随时间而变的液量

1.4.3　功能结构的建立与分析

技术系统由构造体系和功能体系组成，建立构造体系是为了实现功能要求，因此，后者是更为本质的内容。所谓功能分析就是通过建立设计对象系统的功能结构，分析局部功能的联系，实现系统的总功能。从功能体系入手进行分析，有利于摆脱现有结构的束缚，形成新的、更好的方案。

1. 功能结构

设计要求决定对象系统的功能，而一个系统的总功能要求通常是概括性的。它的组成部分很多，物理过程复杂，输入、输出关系往往还不清晰，不易直接找出相应的解法。因而需对系统总功能进行功能分解，即将总功能逐级分解为复杂程度相对较低的分功能，直至能直接从技术效应中找到具体解法的基本功能元。为简化功能分解，可先不考虑信息流、能量流、物料流，如图 1 - 6 所示。

设计对象在结构上有层次性，与此相对应，在功能上也有层次性。同一层次的分功能组合

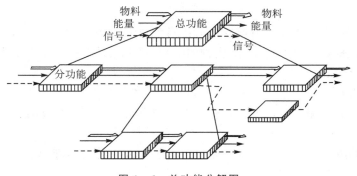

图 1 - 6　总功能分解图

起来应能满足上一层次的功能要求,逐级组合形成系统,满足总功能要求,这种功能的分解与组合关系称为功能结构。图 1 - 7 所示为洗衣机的功能结构图,它显示了信息流、能量流和物料流以及各子功能的连接情况。

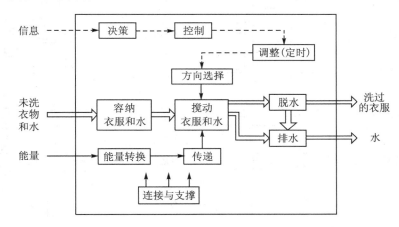

图 1 - 7　洗衣机的功能结构图

建立功能结构的目的在于:

① 使复杂问题简单化;

② 清楚地显示各功能的相互关系,有利于子功能明确定义、分析研究、寻求解法;

③ 多样化的子功能解法可以组合为多样化的总功能系统方案,有利于方案优化;

④ 有利于模块化设计;

⑤ 有利于建立设计目录。

2. 功能定义

功能定义,即对产品及其要素具有的功能用简明的语言把本质的问题表达出来。明确它的功能是什么,以便抓住本质,开阔思路,进行评价。功能定义可以适当地进行抽象,以免限制求解范围,一般用动词加名词组成的词汇表达。动词决定实现功能的方法、手段,应选择能准确概括且能扩展思路的词汇,以便找出尽可能多的途径。名词应选可测定的词汇,以便定量分析,如"传递扭矩""显示时间""能量交换"等。

3. 功能元

功能元是功能的基本单位。有些功能元已有现成的结构元、部件来作为载体，但许多功能元还需要从技术效应（物理的、化学的、生物的等）和逻辑关系中找出能满足要求的解。机械系统中基本的功能元有：

（1）物理功能元

它反映系统中物理量转化的基本动作。有人将其转换为 12 种，如图 1-8 所示。其中常用的 5 种如下：

① "转变—复原" 功能元，包括各种类型能量之间的转变、运动形式的转变、材料性质的转变、物态的转变及信号种类的转变等。

② "放大—缩小" 功能元，指各种能量、信号向量（如力、速度等）或物理量的放大、缩小，以及物料性质的缩放，如压敏材料电阻随外界压力的变化。

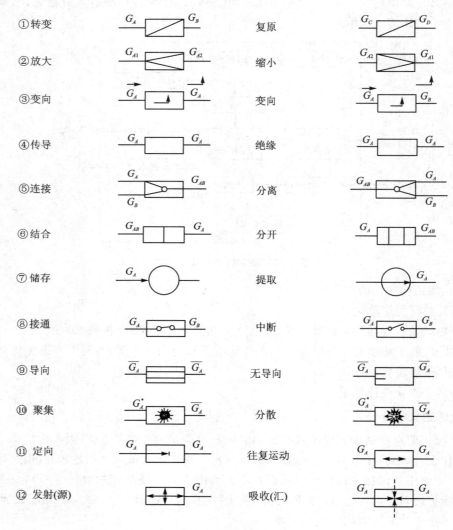

图 1-8 物理功能元

③ "传导—绝缘"功能元,反映能量、物料、信号的位置变化;传导包括单向传导、变向传导,绝缘包括离合器、开关、阀门等。

④ "连接—分离"功能元,包括能量、物料、信号同质或不同质数量上的连接,除物料间的合并、分离外,流体与能量结合成压力流体(泵)的功能也属此范围。

⑤ "储存—提取"功能元,体现一定时间范围内保存的功能。如飞轮、弹簧、电池、电容器等,反映能量的储存;录音带、磁鼓反映声音、信号的储存。

（2）数学功能元

它反映数学的基本动作,例如加和减、乘和除、乘方和开方、积分和微分。表 1-3 所列为数学基本动作。数学功能元主要用于机械式的加减机构和除法机构,如差动轮系。

表 1-3　数学功能元

数学功能元	符号	计算公式	数学功能元	符号	计算公式
加	x_1 x_2 y	$y = x_1 + x_2$	乘方	x y	$y = x^2$
减	x_1 x_2 y	$y = x_1 - x_2$	开方	x y	$y = \sqrt{x}$
乘	x_1 x_2 y	$y = x_1 \cdot x_2$	微分	x y	$y = \mathrm{d}x / \mathrm{d}t$
除	x_1 x_2 y	$y = x_1 / x_2$	积分	x y	$y = \int x \, \mathrm{d}t$

（3）逻辑功能元

它包括"与""或""非"三元的逻辑动作,主要用于控制功能。基本逻辑关系如表 1-4 所列。

表 1-4　逻辑功能元

功能元	与	或	非
关系	若 x_1、x_2 有则 y 有	若 x_1 或 x_2 有则 y 有	若 x 有则 y 无
符号	x_1 x_2 & y	y_1 y_2 ≥1 y	x y
真值表 0——无信号; 1——有信号	x_1 0 1 0 1 x_2 0 0 1 1 y 0 0 0 1	x_1 0 1 0 1 x_2 0 0 1 1 y 0 1 1 1	x 1 0 y 0 1
逻辑方程	$y = x_1 \wedge x_2$	$y = x_1 \vee x_2$	$y = -x$

4. 功能结构图的建立与应用

功能结构图应从设计要求明细表和黑箱出发,明确所需要完成的总功能、动作和作用过程,分析功能关系、逻辑关系、数学关系等;然后考虑主要功能和主要流,建立功能结构雏形;再逐步解决辅助功能和次要流的问题,完善功能结构。主要步骤如下:

① 确定总功能:能量、物料和信号流;

② 拟定分功能：先拟定主要功能，然后补充辅助功能；

③ 建立功能结构：连接分功能，寻找它们之间的逻辑关系、时间关系；

④ 确定系统的边界；

⑤ 功能结构的简化。

注意：可用不同功能结构来实现相同的功能，改变功能结构常会开发出新的产品。

功能结构主要有以下 3 种形式：

（1）串联（链式）结构

按先后次序相继作用。如汽车传动装置，离合器（E1）→变速箱（E2）→传动轴（E3），如图 1-9 所示。

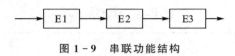

图 1-9　串联功能结构

（2）并联结构

系统各元素并联作用。如汽油内燃机的燃料系统（E1）与点火系统（E2），如图 1-10 所示。

（3）环形（反馈）结构

各元素成环状循环结构，体现反馈作用。如自动装配送料器，零件排队（E1）、检测（E2）正向通过，反向推出；调整方向（E2），如图 1-11 所示。

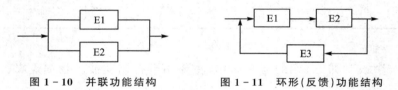

图 1-10　并联功能结构　　　　图 1-11　环形（反馈）功能结构

下面以一个实例来说明功能结构图的建立方法与过程。

【例 1-1】　建立材料拉伸试验机的功能结构图。

（1）用黑箱法求总功能

分析输入与输出的关系，得到材料拉伸试验机的总功能；测量试件受力和变形，如图 1-12（a）所示。

（2）总功能分解

总功能分解为一级功能：能量转换为力和位移、力测量、变形测量、试件加载。然后，考虑到分功能的实现还需要满足其他要求，如输入能量大小要调节、力和变形测量值需放大、试件加载拉伸需要装卡，在调整和测量时需与标准值进行比对等，因此应将一级分功能再分解为二级分功能，具体如图 1-13 所示。

（3）建立完整的功能结构

建立总功能结构图后，进一步建立一级分功能结构图，如图 1-12（b）所示。最后建立二级分功能结构图，如图 1-12（c）所示。

5．功能元（分功能）求解

通过前面的各个工作步骤，已经明确系统的总功能、分功能、功能元之间的关系，这种功能

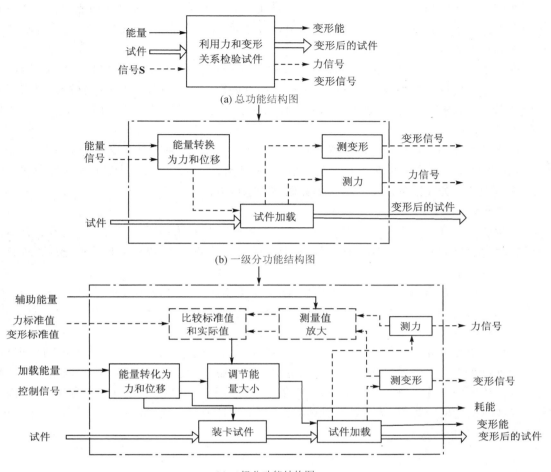

(a) 总功能结构图

(b) 一级分功能结构图

(c) 二级分功能结构图

图 1-12 材料拉伸试验机功能结构图

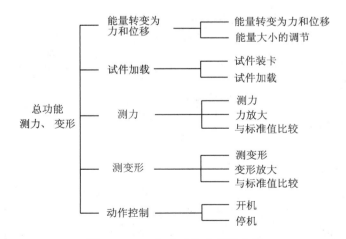

图 1-13 一级分功能分解示意图

关系能够说明系统的输入和输出以及内部的转换。那么怎样才能实现这些功能呢？这就是分功能或功能元求解问题。分功能求解是方案设计中重要的"发散""搜索"，它就是要寻求实现分功能的技术实体——功能载体。

国外学者认为："一切机械系统都是以能满足某一确定目标和功能的物理现象为基础的。一切设计任务可以说是物理信息同结构措施相结合的产物"。德国的 R·柯勒教授，把实现分功能或功能元的解定义为"原理解法"，并且指出功能元原理解法是功能元的工作原理及实现载体的函数，即

$$功能元的原理解 = f（功能元的工作原理，实现载体）$$

也就是说，功能元的原理解法是通过功能元的工作原理和实现载体确定的。现在的任务是寻找实现各个分功能的原理解。下面介绍几种求解方法。

（1）直觉法

直觉法是设计师凭借个人的智慧、经验和创造能力，包括采用后面将要论述的几种创造性思维方法，如智爆法、类比法和综合法等，充分调动设计师的灵感，寻求各种分功能的原理解。

（2）调查分析法

设计师要了解当前国内外技术发展状况，大量查阅文献资料，包括专利书刊、专利资料、学术报告、研究论文等，掌握多种专业门类的最新研究成果，这是解决设计问题的重要源泉。

（3）设计目录法

设计目录是设计工作的一个有效工具，是设计信息的存储器、知识库。它以清晰的表格形式把设计过程中所需的大量解决方案加以分类、排列、储存，便于设计者查找和调用。设计目录不同于传统的设计手册和标准手册，它提供给设计师的不是零件的设计计算方法，而是提供分功能或功能元的原理解，给设计者具体启发，帮助设计者具体构思。对各种基本功能元可以列出多种解法目录，如表1-5所列。

表1-5 部分常用物理基本功能元解法目录

功能元	原理解					电磁
	机械				液压	
	凸轮传动	连杆传动	齿轮传动	拉伸/压缩方式传动		
转变						
缩小（放大）						

续表 1－5

功能元	原理解					
	机　械				液　压	电　磁
	凸轮传动	连杆传动	齿轮传动	拉伸/压缩方式传动		
变向						
分离			摩擦分离 ($u_2 \cdot u_1$)		浮力 ($r_{k1} < r_{Fl} < r_{k2}$)	磁分离（磁性、非磁性）
力产生　静力	弹性能	位能			液压能	静电　压电效应
力产生　动力	离心力				液压压力效应	电流磁效应
力产生　摩擦力	机械摩擦				毛细管	电阻

6. 求解的组合方法

以新构思制造的技术系统会在变异（variation）和综合（synthesis）中发展变化。最早的木旋床，在木质工件装夹后，用绳索绕数周，绳索一端系于脚踏板上，另一端系于作为弹簧使用的木条上（英文车床 lathe 即来源于木条 lath），用脚使工件旋转，手持工具加工工件。这一构想实现后，工作原理基本没变化，经过逐步变异而发展为机械装置的车床和计算机控制的数控车床。同时，在产品设计中，对已有技术的综合（synthesis）运用，已占越来越大的比例。如人造卫星、宇宙飞船、航天飞机等航天技术系统，组成其系统整体的各个单项技术系统几乎都是早已成熟的材料技术、燃料技术、动力技术、控制技术、通信技术等。有人对自 1990 年以来的 480 项世界重大技术成果统计分析发现，第二次世界大战以后具有突破性的、对技术体系自身发展产生重大影响的成果比例明显下降，而综合技术成果所占的比例显著上升。技术开发向综合方向发展，是科学技术各个领域在发展中交叉、渗透和结合的必然结果。

由于变异和综合在实际工作中很难划分明确的界限，所以统称为求解的组合方法。下面将介绍基本操作方法。

（1）检索与选择

设计者首先对实物现有的工作原理、实现载体进行信息检索和选择。

1）按从属关系检索和选择

按实物的从属关系进行检索和选择，可以有效利用已有知识，高效地获得解答，这是日常技术工作中应用的基本方法。例如按锁合原理不同，连接件的从属关系如图 1-14 所示。

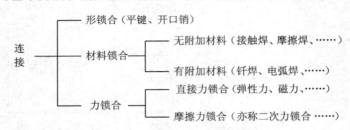

图 1-14　锁合原理不同时连接件的从属关系

2）按类同对应关系检索和选择

不考虑实物在学科分类上的从属关系，只要发现实物属性有类同对应关系，即可作为原型，探求工作原理，改变条件加以利用。从这个角度看，首先认为"闪光的都是金子"（根据"闪光"这一属性去寻找金子），然后把找来的原型一一鉴别，得出"闪光的东西不一定都是金子"，最后确定可供选择的几个原型。

（2）变　异

经过检索与选择得到的信息（解法原理或功能载体），有的需要经过变异才能满足设计要求。变异也是产品自身发展的需求。

一般来说，变异是以社会需求和技术自身发展的要求为根据，但也有只出于人们的兴趣，或偶然的发现而得到的变异。变异获得的产品是否成功，取决于其能否得到社会公众的承认。

变异的操作方法如下：

1）扩大与缩小

这一操作方法可以表示为 $M \Rightarrow kM$，M 为包括几何要素在内的参数，k 为变换系数。

2）增加与减少

对某一主题 M 增加或减去一部分 n，被减去的部分不再是系统的组成部分。这一方法可表示为 $M \pm n$。

$M + n$：产品（M）加上一部分（n）以改善性能，或实现特定功能。如磁性保温杯、带挂钩可挂带的笔、塑料瓶带挂钩等。

$M - n$：产品（M）减去一部分（n）以改善性能，或实现特定功能。如铁锹面挖出几排孔，在挖泥、铲雪时不会在锹面上形成难以清除的堆积物。

3）组合与分解

组合与分解所处理的诸要素 $M, N, \cdots$ 大体上是平等的，分解后的要素仍然是系统的组成部分，可表示为 $M \pm N$。组合：电动机＋制动机→锥形电动机；混凝土搅拌机＋卡车→混凝土搅拌车。分解：橡胶油封与转动轴承接触的部分要求耐磨，所以使用较贵的耐磨橡胶，而与固定基座接触的部分则不必使用同一种材料。

4）逆 反

逆反操作是改变要素间的位置、层次等关系（$MN \rightarrow NM$），或将某要素改变为相反的要素（$M \rightarrow -M$，即非 M）。

在设计中，改变构件的主动与从动关系、运动与静止关系，变换高副与低副，都是机构综合中经常采用的方法。四杆机构，按固定件是最短杆、最短杆的相邻杆或最短杆的对边而分别成为双曲柄机构、曲柄摇杆机构或双摇杆机构。车床的工作原理是刀具固定、工件旋转，若变换为刀具旋转、工件固定，则成为镗床。

逆反操作在创新构思中十分重要，是打破老框束缚的重要方法。

5）置 换

系统中的某一要素 N 被另一要素 Q 所置换，以实现期望的功能，这种操作方法可以表示为 $MN + Q \rightarrow MQ + N$。

输送钢球的管道，由于钢球的撞击，拐弯部分的管道磨损较快。如在弯头外部安装吸力适当的磁铁吸住管内钢球，使钢球代替弯头承受撞击；而吸力又不过大，使钢球不断更换。

材料置换也很重要，如连接件应用弹簧钢、有弹性的塑料或磁性材料，都可使连接件结构简化，磁性材料还可以改善表面接触状况，不划伤工件。

（3）变体分析

对于零件、机构、产品的发展变化进行系统的分析称为变体分析。这是一种动态分析方法。变体分析的目的是将零件、机构、产品的演化过程，按一定原则分类排列，以总结变化规律，找出进一步发展的方向，并可以发现空白点，及时设计新产品来填补空白。变体分析着重从不同工作原理建立的技术模型出发，有利于深入地认识产品本质，开发更先进的产品。通过变体分析还可以归纳变异操作方法，加以普遍应用。变体分析图的基本形式如图 1-15 所示。

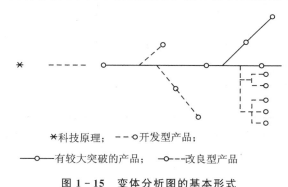

＊科技原理；－ －开发型产品；

━○━有较大突破的产品； - ○- 改良型产品

图 1-15 变体分析图的基本形式

7. 原理方案综合

原理方案综合是把分功能解法综合成为一个整体以实现总功能的过程。

在功能分析阶段，确定产品的分功能；通过分功能的求解，经选择与变异，得到一些分功能载体的备选方案；在变体分析中，对主要分功能解的发展有了比较清楚的认识，对各备选方案在机构、产品发展演化中的地位有了大致的了解；在这些工作的基础上，把分功能加以组合，寻求整体方案最优。

形态综合法建立在形态学矩阵的基础上，通过系统的分解和组合寻找各种答案。形态学（Morphology）是 19 世纪由美国加州理工学院 F·兹维奇教授（Fritz Zwicky）从希腊词根发展创造出来的词,是用几何代数的表达方法描述系统形态和分类问题的学科。

形态学矩阵是表达前面各步工作成果的一种较为清晰的形式。它采用矩阵的形式(见表 1-6),第一列 $A,B,\cdots,N$ 为分功能,对应每个分功能的横行为功能解,如 $A_1,A_2,A_3,\cdots,$ 从每个分功能中挑选一个解,经过组合可以形成一个包括全部分功能的整体方案。如 A_2—$B_3\cdots N_1,A_1$—$B_1\cdots N_1$ 等。从理论上讲,可以组成整体方案的数量,为各行解个数的连乘积。

形态学矩阵组成的方案数目过大,难以进行评选。一般通过以下要点组成少数几个整体方案供评价决策使用,以便确定 1~2 个进一步设计的方案。

表 1-6　形态学矩阵

分功能	功能解						
	1	2	3	$\cdots$	i	j	k
A	A_1	A_2	A_3	$\cdots$	A_i		
B	B_1	B_2	B_3			B_j	
$\vdots$	$\vdots$	$\vdots$	$\vdots$				
N	N_1	N_2	N_3	$\cdots$		$\cdots$	N_k

① 相容性。分功能解之间必须相容,否则不能组合,如表 1-7 中的圆珠黏性墨书写器 (C_2) 同毛细作用 (B_2) 输送墨水是不相容的。因为黏滞力的作用阻碍产生毛细作用的表面张力,使表面张力失效而不能产生任何有效的墨流量。此外,A_1—B_2—C_2,A_1—B_4—C_2 也都是不相容的。

表 1-7　液墨书写器的形态学矩阵

设计参数		功能解			
		1	2	3	4
A	墨库	刚性管	可折叠的笔	纤维物质	—
B	装填机构	部分真空	毛细作用	可更换的换液器	把墨注入储存液
C	笔尖墨液输出	裂缝笔尖毛细供液	圆珠—黏性墨	纤细物质的笔尖毛细供液	—

② 优先选用主要分功能的优化解,由该解法出发,选择与它相容的其他分功能解。

③ 剔除对设计要求、约束条件不满足或令人不满意的方案,如成本偏高、效率低、污染严重、不安全、加工困难等。

从大量可能方案中选定少数方案做进一步设计时,设计人员的实际经验将起重要作用,因此要特别注意防止只按常规设计。继承与创新是贯穿于设计过程中的一对矛盾,设计人员要处理好这一矛盾。基于上述内容,下面举例说明一个产品的原理方案设计的具体过程。

【例 1-2】　汽车举升机原理方案设计。

汽车举升机主要作用是汽车的举升维修和保养。它可以根据不同的修理部位,将汽车举升到适宜的高度,以改变地沟工作地点窄小、潮湿阴暗、工作效率低等劳动环境。

① 用黑箱法求解举升机的总功能,如图 1-16 所示。

汽车举升机的总功能:举升汽车(升降物体位置)。

② 总功能分解,如图 1-17 所示。

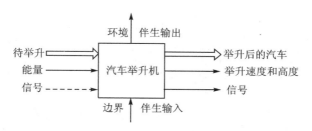

图 1 - 16　汽车举升机黑箱图

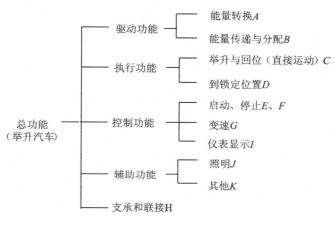

图 1 - 17　功能结构图

1) 功能结构图

根据前述可以画出汽车举升机功能结构图如图 1-18 所示,作为其总功能分解的依据。

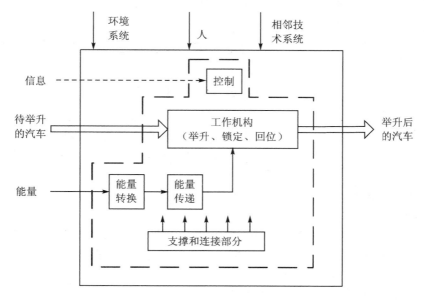

图 1 - 18　汽车举升机的功能结构图

2）总功能分解

对汽车举升机进行总功能分解。

3）寻求原理解和原理解组合

根据上述，可建立汽车举升的系统解形态学矩阵如表 1-8 所列。从表 1-8 中可得到，组合方案数为

$$(6×4×6×3×3×4×3×6)种＝93\ 312\ 种$$

例如，

方案 1：$A_3+B_1+C_2+D_1+E_3+F_1+G_2+H_1$ 为电动机械式双柱汽车举升机

方案 2：$A_3+B_1+C_2+D_1+E_3+F_1+G_2+H_5$ 为移动式四柱电动汽车举升机

在表 1-8 的 93 312 种组合方案中，根据确定原理方案的 3 条原则，结合工程设计经验、现有资料信息及来自其他方面的建议，筛选出少数几个整体方案供评价决策使用，最后采用模糊综合评价法选出最佳方案。

表 1-8　汽车举升机功能元解的形态学矩阵

功能元	功能元解					
	1	2	3	4	5	6
A 能量转换	汽油机	柴油机	电动机	液压电动机	气动电动机	蒸气透平
B 能量传递与分配	齿轮箱	油泵	链传动	皮带传动		
C 举升	齿轮齿条	丝杆螺母	蜗杆齿条	连杆机构	绳传动	液压缸
D 制动	机构自锁	机械锁定	电气锁定			
E 启动	每根柱同时启动	每根柱单独启动	可同时启动也可单独启动			
F 制动	带式制动	闸式制动	片式制动	圆锥形制动		
G 变速	液压式	齿轮式	电气式			
H 支承	双柱固定支承	四柱固定支承	六柱固定支承	双柱移动支承	四柱移动支承	六柱移动支承

1.5　设计方案的评价

由 1.4 节可知，工程设计具有约束性、多解性、相对性 3 个特征，尤其是多解性，即解答方案不是唯一的。这就要求对某问题提出尽可能多的解决方案，然后从众多满足要求的方案中，优选出合理的方案来。

在设计中进行评价和决策时应注意以下几点：

① 评价的原始依据是设计要求；

② 评价过程中一个重要的要求是评价结果要符合评价对象的实际情况；

③ 设计的要求总是多方面的，最终的决策常是多方面要求的折中。

评价的意义主要有以下几点：

① 评价是决策的基础与依据；

② 方案评价是提高产品质量的首要前提；

③ 方案评价有利于提高设计人员的素质，形成合理的知识结构。

1.5.1 方案评价的内容

1. 技术评价

技术评价是以设计方案是否具有满足设计要求的技术性能和满足的程度为目标,并评价设计方案技术上的先进性和可行性。具体内容包括性能指标、可靠性、有效性、安全性、操作性、保养性和能源消耗等方面。

2. 经济评价

经济评价是围绕设计方案的经济效益进行评价,包括方案的成本、利润、实施的措施费用、经济周期和资金回收期等。

3. 社会评价

社会评价是指方案实施后对社会带来的利益和影响,如环境污染、产品事故、经济效益、资源利用效率等。

1.5.2 方案评价的目标

1. 评价的指标体系

从系统分析的观点来看,无论是一项工程、一种产品或是产品中某一部件,如果把它作为一个系统,则为实现规定的任务,都需要制定该系统的目标,并确定这些目标的衡量尺度(即指标)作为衡量设计方案优劣的标准。设计目标通常不止一个,因此评价系统优劣的指标也不是单一的,它们互相联系组成评价的指标体系,以机械工程为例的指标体系如图 1-19 所示。

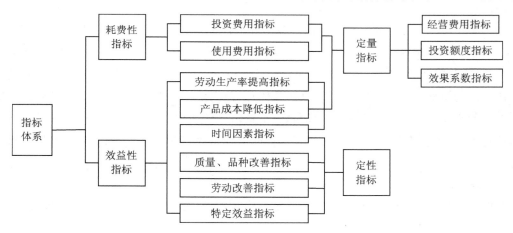

图 1-19 机械工程的指标体系

对于指标体系应该注意以下几方面:
① 指标间的联系;
② 指标体系的简化;
③ 指标的定量和定性关系。

2. 评价目标树

对于一般系统来说,评价目标来自对系统所提出的设计要求明细表和一般工作要求。实际评价目标通常不止一个,它们组成了一个评价的目标系统。依据系统论中系统可以分解的原理,把总评价目标分解为一级、二级等子目标,形成倒置的树桩,叫做评价目标树。图 1-20 所示为评价目标树示意图。图中 Z 为总目标,Z_1、Z_2 为第一级子目标;Z_{11}、Z_{12} 为 Z_1 的子目标,也就是 Z 的第二级子目标;Z_{111}、Z_{112} 为 Z_{11} 的子目标,也就是 Z 的第三级子目标。最后一级的子目标即为总目标的各具体评价目标。

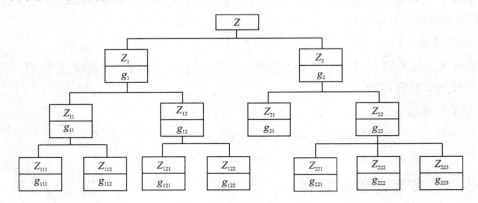

图 1-20   评价目标树示意图

建立目标树需要满足的要求如下:

① 把起决定作用的设计要求和条件作为主要目标,避免面面俱到和主次不分;

② 各目标之间必须是相互独立的,不能相互矛盾;

③ 目标的相应特性可以绝对地或相对地给出定量值,对于那些难以定量的目标,可以用定性指标表示,但要具体化;

④ 在目标树中,高一级目标只同低一级中相关联的子目标联系,也就是图 1-20 中 Z_{11} 只与 Z_{111}、Z_{112} 相关,相反 Z_{111}、Z_{112} 必须保证 Z_{11} 的实现(图 1-20 中的系数 g_i 为加权系数)。

3. 加权系数

建立评价目标树可将产品的总体目标具体化,使之便于定性或定量评价,并且各目标的重要程度可分别赋给重要性系数,即加权系数,也就是反映评价目标的重要程度的量化系数。加权系数越大,重要程度越高。一般取各评价目标加权系数 $g_i < 1$ 且 $\sum g_i = 1$,加权系数的确定方法有两种。

(1) 经验法

根据工作经验和判断能力,确定目标的重要程度,人为地给定评价目标的加权系数 $g_i < 1$,且 $\sum g_i = 1$。

(2) 判别表计算法

该方法是根据评价目标的重要程度两两加以比较,并给分进行计算,两目标同等重要各给 2 分,某一项比另一项重要分别给 3 分和 1 分;某一项比另一项重要得多,分别给 4 分和 0 分,将各评价目标的分值列于表中,并分别计算出各加权系数,即

$$g_i = k_i \bigg/ \sum_{i=1}^{n} k_i$$

式中:g_i——第 i 个评价目标的加权系数;

k_i——各评价目标的总分数；

n——评价目标数。

$$\sum_{i=1}^{n} k_i = \frac{n^2 - n}{2} \times 4$$

无论是用经验法还是计算法确定加权系数,都有一定的主观随意性。为了使其更为合理和符合客观情况,应当多方了解情况,总结经验,充分利用理论分析和试验研究资料,慎重合理地选择评价人员,尽量消除主观影响因素。

1.5.3　方案评价的方法

在设计方案评选中,最常用的评价方法包括评分法、技术经济评价法、模糊评价法和最优化方法。

1. 评分法

评分法是根据规定的标准,用分值作为衡量方案优劣的尺度,对方案进行定量评价,如有多个评价目标,则先分别对各目标进行评分,经处理后求得方案的总分。

评价结果应能表明评价对象对给定要求的符合程度,因此在评价各方案之前应先定出与各评价指标相应的评分标准。选定评分标准时要注意:评分标准要能度量评价对象与给定要求的符合程度;评分标准应涵盖较大的范围,能对所有方案做出评价;评分标准应准确明了,不能引起误解;不同设计阶段可采用不同的评分标准。方案评分可采用 10 分制或 5 分制。如果方案为理想状态则取最高分,不能用则取 0 分。评分标准如表 1－9 所列。

表 1－9　评分标准

10 分制	0	1	2	3	4	5	6	7	8	9	10
	不能用	缺陷多	较差	勉强可用	可用	基本满意	良	好	很好	超目标	理想
5 分制	0		1		2		3		4		5
	不能用		勉强可用		可用		良好		很好		理想

2. 技术经济评价法

技术经济评价法的评价依据是相对价,将总目标分为两个子目标,即技术目标和经济目标,求出相应的技术价 ω_t 和经济价 ω_e,然后按照一定方法进行综合,求出总价值 ω_0。诸多方案中 ω_0 最高者为最优方案。

技术评价的步骤如下:

(1) 确定评价的技术性能项目

所谓技术性能是表示产品的功能、制造和运行状况的一切性能。根据产品开发的具体情况,确定评价该产品技术性能的项目。例如,对某一机械产品,最后确定零件数、体积、重量、加工难易程度、维护、使用寿命这 6 项性能作为指标。

(2) 确定评价目标的衡量尺度

把需要进行评价的技术性能项目分为固定要求、最低要求及希望要求 3 个层次。例如,使用者和制造者提出来对某机械产品的转速、能耗量、尺寸、加工精度等一系列要求后,要明确哪些是必须满足的,低于或高于指标就不合格,也就是固定要求;哪些是可以给出一定范围的,也即有一个最低要求;哪些只是一种尽可能考虑的愿望,即使达不到也不影响根本,这是希望的要求。至此,各项性能要求的具体指标就可作为理想开发方案的技术性能指标。

(3) 分项进行技术价值评价

采用评分的方法,以理想方案的各项技术性能指标为标准,将各设计方案的相应技术性能与之比较,根据接近程度来评分。

技术评价的目的是依据目标树计算确定各目标的加权系数 g_i,然后按照式(1-1)求得技术价,即

$$\omega_t = \frac{\sum_{i=1}^{n} \omega_i g_i}{\omega_{max} \sum_{i=1}^{n} g_i} = \frac{\sum_{i=1}^{n} \omega_i g_i}{\omega_{max}} \tag{1-1}$$

式中:ω_i——子目标 i 的评分值;

ω_{max}——最高分值(10 分制为 10 分,5 分制为 5 分)。

一般可接受的技术价取为 $\omega_t \geq 0.65$,最理想的技术价为 1。

经济评价是根据理想的制造成本和实际制造成本求得的经济价 ω_e,即

$$\omega_e = \frac{H_1}{H} = \frac{0.72H_2}{H} \tag{1-2}$$

式中:H——实际制造成本;

H_1——理想制造成本;

H_2——设计任务书允许的制造成本。

一般取 $H = 0.7H_2$。

经济价 ω_e 越高,表明方案的经济性越好,一般可接受的经济价 $\omega_e \geq 0.7$,最理想的经济价为 1。

计算得到技术价和经济价后,可根据以下方法求得技术经济总价值 ω_0。

① 直线法:$\omega_0 = \frac{1}{2}(\omega_t + \omega_e)$;

② 抛物线法:$\omega_0 = \sqrt{\omega_t \omega_e}$。

ω_0 值越大,方案的技术经济综合性越好,一般可接受 $\omega_0 \geq 0.65$。用抛物线法时,当 ω_t、ω_e 两项中有一个较小时,ω_0 的值会明显减小,这更有利于方案评价与决策。

3. 模糊评价法

在方案中,有一些评价目标,如美观、安全性、舒适性等无法进行定量分析,只能用"好、差、受欢迎"等来评价,这都是一些含义不确切、边界不清楚、没有定量化的模糊概念评价。模糊评价就是利用集合论和模糊数学将模糊信息数值化后,再进行定量评价的方法。

(1) 模糊集合

既然模糊现象是事物客观存在的一种属性,那么就是可以描述的,是有它自身规律的。1965 年,美国控制论专家查德(Zadeh)首先提出了模糊集合的概念,给出了模糊现象的定量描述方式。模糊数学因此诞生。

模糊集合是定量描述模糊概念的工具,是精确性与模糊性之间的桥梁,是普通集合的推广。模糊集合可表示为

$$A = \frac{\mu_A(u_1)}{U_1} + \frac{\mu_A(u_2)}{U_2} + \cdots + \frac{\mu_A(u_n)}{U_n} = \sum_{i=1}^{n} \frac{\mu_A(u_i)}{U_i} \qquad (1-3)$$

对于式(1-3)，有以下 6 点说明：

① $\mu_A(u_i)$ 为论域 U 中第 i 个元素 u_i 隶属模糊集合 A 的程度，简称为元素 u_i 的隶属度；$\mu_A(u)$ 为模糊集合 A 的隶属度函数，隶属函数的值就是隶属度。

② 符号"＋"不是加号，"$\sum$"也不是求和，而是表示各元素与其隶属度对应关系的一个总括。

③ $\frac{\mu_A(u_i)}{U_i}$ 不是分式，仅是一种约定的记号，"分母"是论域 U 中第 i 个元素，"分子"是相应元素的隶属度。

④ $0 \leqslant \mu_A(u) \leqslant 1$。

⑤ 模糊集合完全由隶属函数决定。

⑥ 论域 U 无限时，模糊集合可表示为

$$A = \int_{u \in U} \mu_A(u)/U \qquad (1-4)$$

符号"$\int$"也不表示积分。

通常还可以把模糊集合简单地表示为

$$A = (\mu_1, \mu_2, \cdots, \mu_n) \qquad (1-5)$$

式中，$u_i (i = 1, 2, \cdots, n)$ 为第 i 个元素的隶属度。

（2）模糊集合运算

1）相　等

对所有元素 x，若有 $\mu_A(x) = \mu_B(x)$，则称模糊集合 A 与 B 相等，记为 $A = B$。

2）包　含

对所有元素 x，若有 $\mu_A(x) \leqslant \mu_B(x)$，则称模糊集合 B 包含 A，记为 $A \subset B$。

3）并　集

两个模糊集合 A 与 B 的并集 C 仍为一模糊集合，其隶属函数为

$$\mu_C(x) = \max[\mu_A(x), \mu_B(x)] \qquad (1-6)$$

也可以表示为

$$\mu_C(x) = \mu_A(x) \vee \mu_B(x)$$

"$\vee$"表示为取大运算，记为 $C = A \cup B$。

4）交　集

两个模糊集合 A 与 B 的交集 D 仍为一模糊集合，其隶属函数为

$$\mu_D(x) = \min[\mu_A(x), \mu_B(x)] \qquad (1-7)$$

也可以表示为

$$\mu_D(x) = \mu_A(x) \wedge \mu_B(x)$$

"$\wedge$"表示为取小运算，记为 $D = A \cap B$。

5）补　集

模糊集合 A 的补集 $\bar{A}$ 仍为一模糊集合，其隶属函数为

$$\mu_{\bar{A}}(x)=1-\mu_{A}(x) \tag{1-8}$$

6）空集与全集

对所有元素 x，若有 $\mu_{A}(x)=0$，则称 A 为空集模糊集合，记为 $\varnothing$。

对所有元素 x，若有 $\mu_{A}(x)=1$，则称 A 为全集合。

（3）隶属度与隶属函数

1）隶属度

在模糊数学中，把隶属于或者从属于某个事物的程度叫隶属度。比如某方案对"操作安全"七成符合，那么称此方案对"操作安全"的隶属度为 0.7。由于模糊概念对事物一般不是简单的肯定（1）或否定（0），而是"亦此亦彼"，因此隶属度就可以用 0～1 之间的一个实数来表示，"1"表示完全隶属，"0"表示完全不隶属。

2）隶属函数

隶属函数就是用来描述完全隶属到完全不隶属的渐变过程的一种函数。模糊信息定量化，是通过隶属度函数来实现的。确定隶属度函数是较复杂和困难的，既要反映出设计参数的变化、设计实施的难易程度及变化规律，还要考虑实施的可能性及有关标准、规范等因素。

隶属函数有很多种类型。函数形式有直线型、曲线型等，根据不同的评价对象选取合适的函数形式，现行使用的多为半矩阵、半梯形、直线形。它们虽然只能近似地反映评价标准的隶属关系，但具有直观性、处理方便等优点。

3）求隶属度的方法

① 通过抽样调查统计求隶属度：例如，对市场上大量销售的某名牌电视机的图像显示清晰度进行评价，通过对 500 个用户抽样调查，65% 的用户反映图像很清晰，20% 认为清晰，10% 评价一般，5% 的用户反映不清晰，由此就得到对电视图像显示 4 种评价的隶属度，它们分别为：0.65、0.2、0.1 和 0.05。

② 通过隶属函数求隶属度：根据评价对象选择隶属函数，从中求得规定条件下的隶属度。

下面举例说明模糊评价隶属度的求解过程。

【例 1-3】　某一设计任务的成本，要求 $x>3\,000$ 为"差"，$x\leqslant 2\,000$ 为"良"，$2\,000<x\leqslant 3\,000$ 为"良"和"差"中间，方案设计后，估算成本为 2 200 元，求模糊评价的隶属度。

解：根据题意，对于此类简单的计算，可采用梯形分布的隶属函数，如图 1-21 所示。函数表达式 $\mu(x)$ 为

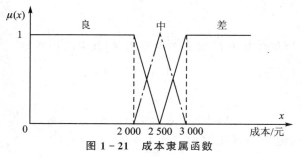

图 1-21　成本隶属函数

$$\mu_{良}(x) = \begin{cases} 1, & x \leqslant 2\ 000 \\ \dfrac{2\ 500 - x}{2\ 500 - 2\ 000}, & 2\ 000 < x \leqslant 2\ 500 \\ 0, & x > 2\ 500 \end{cases}$$

$$\mu_{中}(x) = \begin{cases} 0, & x \leqslant 2\ 000 \\ \dfrac{x - 2\ 000}{2\ 500 - 2\ 000}, & 2\ 000 < x \leqslant 2\ 500 \\ \dfrac{3\ 000 - x}{3\ 000 - 2\ 500}, & 2\ 500 < x \leqslant 3\ 000 \\ 0, & 3\ 000 < x \end{cases} \tag{1-9}$$

$$\mu_{差}(x) = \begin{cases} 0, & 2\ 500 \geqslant x \\ \dfrac{x - 2\ 500}{3\ 000 - 2\ 500}, & 2\ 500 < x \leqslant 3\ 000 \\ 1, & 3\ 000 < x \end{cases}$$

这样,当某设计方案的初估成本为 2 200 元时,代入各段隶属函数进行计算,可得

$$\begin{cases} \mu_{良}(x) = \dfrac{2\ 500 - 2\ 200}{2\ 500 - 2\ 000} = \dfrac{300}{500} = 0.6 \\ \mu_{中}(x) = \dfrac{2\ 200 - 2\ 000}{2\ 500 - 2\ 000} = \dfrac{200}{500} = 0.4 \\ \mu_{差}(x) = 0 \end{cases} \tag{1-10}$$

即 $x = 2\ 200$ 时单因素评价集(隶属度)为$(0.6, 0.4, 0)$。

(4) 模糊评价方法及步骤

根据评价目标的数量,模糊评价分为单目标和多目标两种。

1) 单目标评价

① 建立评价集:评价者对评价对象可能做出的各种评判结果的集合叫评价集。评价集用 u 表示,即 $u = \{u_1, u_2, \cdots, u_i, \cdots, u_m\}$。例如,前面对电视机图像显示清晰度评价,评价集 $u = \{u_1, u_2, u_3, u_4\} = \{很清晰,清晰,一般,不好\}$。

② 模糊评价集的表达式为

$$R = \left\langle \dfrac{r_1}{u_1}, \dfrac{r_2}{u_2}, \cdots, \dfrac{r_i}{u_i}, \cdots, \dfrac{r_m}{u_m} \right\rangle \tag{1-11}$$

或者简写为

$$R = \{r_1, r_2, \cdots, r_i, \cdots, r_m\} \tag{1-12}$$

式中:r_i——隶属度。

2) 多目标评价

① 建立评价目标集

$$x = \{x_1, x_2, \cdots, x_i, \cdots, x_n\} \tag{1-13}$$

式中:n——目标数。

② 建立加权系数集

$$G = \{g_1, g_2, \cdots, g_i, \cdots, g_n\}, \quad \sum_{i=1}^{n} g_i = 1 \tag{1-14}$$

③ 建立评价集

$$u = \{u_1, u_2, \cdots, u_i, \cdots, u_m\} \qquad (1-15)$$

式中：m——评价等级数。

④ 建立一个方案对 n 个评价目标的模糊评价矩阵

$$\boldsymbol{R} = \begin{bmatrix} R_1 \\ R_2 \\ \vdots \\ R_i \\ \vdots \\ R_n \end{bmatrix} = \begin{bmatrix} r_{11} & r_{12} & \cdots & r_{1j} & \cdots & r_{1m} \\ r_{21} & r_{22} & \cdots & r_{2j} & \cdots & r_{2m} \\ \vdots & \vdots & & \vdots & & \vdots \\ r_{i1} & r_{i2} & \cdots & r_{ij} & \cdots & r_{im} \\ \vdots & \vdots & & \vdots & & \vdots \\ r_{n1} & r_{n2} & \cdots & r_{nj} & \cdots & r_{nm} \end{bmatrix} \qquad (1-16)$$

考虑权重系数的模糊综合评价矩阵

$$\boldsymbol{B} = \boldsymbol{G} \cdot \boldsymbol{R} = \{g_1, g_2, \cdots, g_i, \cdots, g_n\} \cdot \begin{bmatrix} r_{11} & r_{12} & \cdots & r_{1j} & \cdots & r_{1m} \\ r_{21} & r_{22} & \cdots & r_{2j} & \cdots & r_{2m} \\ \vdots & \vdots & & \vdots & & \vdots \\ r_{i1} & r_{i2} & \cdots & r_{ij} & \cdots & r_{im} \\ \vdots & \vdots & & \vdots & & \vdots \\ r_{n1} & r_{n2} & \cdots & r_{nj} & \cdots & r_{nm} \end{bmatrix} \qquad (1-17)$$

$\boldsymbol{B}$ 的列 b_j 是模糊综合评价集中第 j 个隶属度，其计算是采用模糊矩阵合成的多种数学模型，现介绍两种运算方法模型。

模型Ⅰ：$M(\wedge, \vee)$，按先取小（$\wedge$），后取大（$\vee$）进行矩阵合成计算。

式中：M——模型；

"$\wedge$""$\vee$"——合成运算方式符号，若 $a \wedge b$ 则取小值，若 $a \vee b$ 则取大值。

$$b_j = \bigvee_{i=1}^{n} (g_i \wedge r_{ij}) = \max_{1 \leqslant i \leqslant n} \{\min(g_i, r_{ij})\}, \quad j = 1, 2, \cdots, m \qquad (1-18)$$

计算展开为

$$b_j = (g_1 \wedge r_{1j}) \vee (g_2 \wedge r_{2j}) \vee (g_3 \wedge r_{3j}) \vee \cdots \vee (g_m \wedge r_{mj}), \quad j = 1, 2, \cdots, m$$
$$(1-19)$$

取小取大运算，由于突出了 g_i 与 r_{ij} 中主要因素的影响，因此模型Ⅰ对于评价目标多，g_i 值很小；或者评价目标很少，g_i 值又较大的两种情况不适用。

模型Ⅱ：$M(\cdot, \oplus)$，按先乘后加进行矩阵合成计算。

$$b_j = \min\left(1, \sum_{i=1}^{n} g_i r_{ij}\right), \quad j = 1, 2, \cdots, m \qquad (1-20)$$

该模型综合考虑了 g_i 与 r_{ij} 的影响，保留了全部信息，这是最显著的优点。由于评价实际效果好，故常用于机械产品的模糊综合评价和模糊优化设计。

3）多方案的比较和决策

① 按各方案模糊综合评价中最高一级隶属度的数值大小定级，称为最大隶属度法。

② 方案排队时，一方面以同级隶属度高者优先，同时还要依据本级隶属度与更高一级隶属度之和的大小，排出方案先后。

【例1-4】 对某型号推土机3个设计方案的性能、使用的模糊综合评价和决策。

解：

（1）分析、确定推土机评价目标和加权系数，建立目标树

如图 1 - 22 所示为推土机评价目标树及加权系数分布。

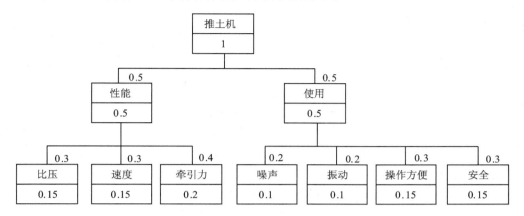

图 1 - 22　推土机评价目标树及加权系数分布

（2）各方案评价目标的初步评语

表 1 - 10 所列为各方案评价目标的评语。

表 1 - 10　评价目标的评语

评价目标 目标评语 方　案	1 比压	2 速度	3 牵引力	4 噪声	5 振动	6 操作方便	7 安全性
方案Ⅰ	差	中	中	差	差	中	差
方案Ⅱ	中	良	中	优	优	中	优
方案Ⅲ	优	良	差	优	优	中	优

（3）模糊评价

① 评价目标集为

$$X = \{x_1, x_2, x_3, x_4, x_5, x_6, x_7\}$$

② 加权系数为

$$G = \{0.15, 0.15, 0.2, 0.1, 0.1, 0.15, 0.15\}$$

③ 评价集为

$$u = \{u_1, u_2, u_3, u_4\} = \{优, 良, 中, 差\}$$

④ 通过专家评审给分求得 3 个方案的隶属度矩阵为

$$\boldsymbol{R}_{\mathrm{I}} = \begin{bmatrix} 0 & 0 & 0.5 & 0.5 \\ 0 & 0.25 & 0.5 & 0.25 \\ 0 & 0.25 & 0.5 & 0.25 \\ 0 & 0 & 0.5 & 0.5 \\ 0 & 0 & 0.5 & 0.5 \\ 0 & 0.25 & 0.5 & 0.25 \\ 0 & 0 & 0.5 & 0.5 \end{bmatrix}$$

$$\boldsymbol{R}_{\mathrm{II}} = \begin{bmatrix} 0 & 0.25 & 0.5 & 0.25 \\ 0.25 & 0.5 & 0.25 & 0 \\ 0 & 0.25 & 0.5 & 0.25 \\ 0.6 & 0.25 & 0.15 & 0 \\ 0.6 & 0.25 & 0.15 & 0 \\ 0 & 0.25 & 0.5 & 0.25 \\ 0.6 & 0.25 & 0.15 & 0 \end{bmatrix}$$

$$\boldsymbol{R}_{\mathrm{III}} = \begin{bmatrix} 0.6 & 0.25 & 0.15 & 0 \\ 0.25 & 0.5 & 0.25 & 0 \\ 0 & 0 & 0.5 & 0.5 \\ 0.6 & 0.25 & 0.15 & 0 \\ 0.6 & 0.25 & 0.15 & 0 \\ 0 & 0.25 & 0.5 & 0.25 \\ 0.6 & 0.25 & 0.15 & 0 \end{bmatrix}$$

⑤ 求各方案模糊综合评价,按 $M(\vee,\wedge)$ 可得

$$\boldsymbol{B}_{\mathrm{I}} = \boldsymbol{G} \cdot \boldsymbol{R}_{\mathrm{I}} = (0.15,0.15,0.2,0.1,0.1,0.15,0.15) \cdot \boldsymbol{R}_{\mathrm{I}} = (b_1,b_2,b_3,b_4)$$

根据模型 I 计算公式可得

$$b_1 = (0.15 \wedge 0) \vee (0.15 \wedge 0) \vee (0.2 \wedge 0) \vee$$
$$(0.1 \wedge 0) \vee (0.1 \wedge 0) \vee (0.15 \wedge 0) \vee (0.15 \wedge 0) = 0$$

同理,$b_2 = 0.2, b_3 = 0.2, b_4 = 0.2$,可得

$$\boldsymbol{B}_{\mathrm{II}} = \boldsymbol{G} \cdot \boldsymbol{R}_{\mathrm{II}} = (b_1,b_2,b_3,b_4)$$

根据模型 I 计算公式可得

$$b_1 = (0.15 \wedge 0) \vee (0.15 \wedge 0.25) \vee (0.2 \wedge 0) \vee$$
$$(0.1 \wedge 0.6) \vee (0.15 \wedge 0) \vee (0.15 \wedge 0.6) = 0.15$$

同理,$b_2 = 0.2, b_3 = 0.2, b_4 = 0.2$。

$$\boldsymbol{B}_{\mathrm{III}} = \boldsymbol{G} \cdot \boldsymbol{R}_{\mathrm{III}} = (b_1,b_2,b_3,b_4)$$

根据模型 I 计算公式可得

$$b_1 = (0.15 \wedge 0.6) \vee (0.15 \wedge 0.25) \vee (0.2 \wedge 0) \vee$$
$$(0.1 \wedge 0.6) \vee (0.1 \wedge 0.6) \vee (0.15 \wedge 0) \vee (0.15 \wedge 0.6) = 0.15$$

同理,$b_2 = 0.15, b_3 = 0.2, b_4 = 0.2$。

各方案综合评价指标 $\boldsymbol{B}$ 的比较

$$\boldsymbol{B}_{\mathrm{I}} = (0,0.2,0.2,0.2)$$
$$\boldsymbol{B}_{\mathrm{II}} = (0.15,0.2,0.2,0.2)$$
$$\boldsymbol{B}_{\mathrm{III}} = (0.15,0.15,0.2,0.2)$$

为便于各方案的比较,将评价指标归一化,即 $\boldsymbol{B} = \left(\dfrac{b_1}{\sum\limits_{j=1}^{m} b_j}, \dfrac{b_2}{\sum\limits_{j=1}^{m} b_j}, \cdots, \dfrac{b_m}{\sum\limits_{j=1}^{m} b_j} \right)$,得到 3 个方案模

糊综合评价指标

$$\boldsymbol{B}'_{\mathrm{I}} = \left(\frac{0}{0.6}, \frac{0.2}{0.6}, \frac{0.2}{0.6}, \frac{0.2}{0.6} \right) \approx (0, 0.33, 0.33, 0.33)$$

$$\boldsymbol{B}'_{\mathrm{II}} = \left(\frac{0.15}{0.75}, \frac{0.2}{0.75}, \frac{0.2}{0.75}, \frac{0.2}{0.75} \right) \approx (0.2, 0.27, 0.27, 0.27)$$

$$\boldsymbol{B}'_{\mathrm{III}} = \left(\frac{0.15}{0.7}, \frac{0.15}{0.7}, \frac{0.2}{0.7}, \frac{0.2}{0.7} \right) \approx (0.22, 0.22, 0.28, 0.28)$$

（4）决　策

按照最高一级隶属度与第二级隶属度之和，3 个方案按优劣顺序为Ⅲ、Ⅱ、Ⅰ，故选用第Ⅲ方案。

习　题

1-1　什么是设计？产品设计具有哪些特征？

1-2　简述目前产品开发面临的挑战及我国产品开发所存在的主要问题。

1-3　产品设计的主要设计任务类型有哪些？具有哪些特点？

1-4　试述传统设计与现代设计的关系与区别。现代设计具有哪些特点？

1-5　产品设计应该遵循哪些原则？

1-6　试述基于功能的产品方案设计的一般过程？以日常生活的例子加以叙述。

1-7　方案设计的目标树有哪些作用？主要的评价方法有哪些？

1-8　何为设计方案中的评价与决策？试说明两者之间的关系与区别。

参考文献

[1] 陶栋材. 现代设计方法学[M]. 北京：国防工业出版社，2012.

[2] 廖林清，王化培，石晓辉，等. 机械设计方法学[M]. 重庆：重庆大学出版社，2000.

[3] 倪洪启，谷耀新. 现代机械设计方法学[M]. 北京：化学工业出版社，2008.

[4] 王成焘. 现代机械设计——思想与方法[M]. 上海：上海科学技术文献出版社，1999.

[5] 邹慧君. 机械系统概念设计[M]. 北京：机械工业出版社，2003.

[6] 邬琦珠，侯冠华. 产品设计[M]. 北京：中国水利水电出版社，2012.

[7] 戴端，黄智宇，黄有柱. 产品设计方法学[M]. 北京：中国轻工业出版社，2005.

[8] 朱世范，史冬岩，王君. 产品工程设计[M]. 北京：电子工业出版社，2012.

[9] 梅顺齐，何雪明，吴昌林. 现代设计方法[M]. 武汉：华中科技大学出版社，2009.

[10] 李彦. 产品创新设计理论及方法[M]. 北京：科学出版社，2012.

[11] 孙靖民. 现代机械设计方法学[M]. 哈尔滨：哈尔滨工业大学出版社，2003.

[12] 方述城，汪定伟. 模糊数学与模糊优化[M]. 北京：科学出版社，1997.

[13] 李鸿吉. 模糊数学基础及实用算法[M]. 北京：科学出版社，2005.

第 2 章　创新设计基础

2.1　概　述

2.1.1　创新设计的意义

人类社会发展的历史同时也包含着科学技术发展的历史,人类社会的进步依靠科学技术的发现、发明和创造。

美国未来学家阿尔温·托夫勒在其《第三次浪潮》一书中把人类文明历史划分为 3 个时期,即第一次浪潮,农业经济文明时期,时间大约为公元前 8000 年到 1750 年;第二次浪潮,工业经济文明时期,时间约为 1750—1955 年;第三次浪潮,一般认为是 1960 年至今,称为信息经济文明阶段。

3 个不同的经济文明阶段都是以关键性科学技术的发现、发明和创造来引领的,火的发现和使用以及新石器与弓箭的发明和使用,使人类由原始社会迈向使用生产工具的农业经济社会;蒸汽机的发明和广泛使用,使人类社会由农业经济社会发展至使用动力机械和工作机械的工业经济社会;微电子技术和信息技术的发明和广泛应用,为工业经济的信息化加速创造了条件,使人类社会开始进入信息经济文明阶段。

3 个不同的经济文明阶段的发展,都离不开创造性技术的发展以及制作工具和制作机械的进步,这也说明了机械创新设计在人类文明发展史中的重要作用。

创新是人类社会进步的强大动力,是民族进步的灵魂,是国家兴旺发达的不竭动力。创新对于一个民族、国家的兴衰具有十分重要的意义。

2.1.2　创新设计的内涵

人们常常把科学技术的发现、发明和创造统称为创新,或称技术创新。其实,创新有两层含义:一是新颖性;二是经济价值性。只有那些具有产业经济价值的发现、发明和创造才可称为创新。

创新设计属于技术创新的新范畴,是不同于传统设计方式的设计,它充分采用计算机技术、网络技术和信息技术,融合认识学科、信息学等,用高效的方式设计出新的产品,其目的是开发新产品和改进现有产品,使之升级换代,更好地为人类服务。

创新设计是一种现代设计方法。发达国家对创新设计十分重视,早在 20 世纪 60 年代就开始了创新设计的研究,并已取得许多成果。我国对创新设计的研究起步较晚,但随着科技和经济的快速发展,创新设计已经迎来了属于自己的时代。

一般而言,创新设计的原理包括以下几种类型:

① 扩展原理;

② 发展原理;

③ 组合创新原理;

④ 发散原理。

创新设计是一项利用技术原理进行创新构思的设计实践活动,它具有以下特点:

① 注重新颖性和先进性;

② 涉及多学科,其结果的评价机制为多指标、多角度;

③ 是人们长期智慧的结晶,创新离不开继承,创新设计具有继承性;

④ 最终目的在于应用,具有实用性;

⑤ 是一种探索活动,其设计过程具有模糊性。

2.2 创造力和创造过程

2.2.1 工程技术人员创造力开发

创造发明可以定义为把意念转变为新的产品或工艺方法的过程。创造发明是有一定的规律和方法可循的,并且是可以划分成阶段和步骤进行管理的,借以启发人们的创造性思维,引发人们参与创造发明的活动,达到培养创造型人才的目的。然而,创造力的培养和提高是要有一定前提条件的,我们应该努力培养和发挥有利条件,克服不利条件。

工程技术人员培养创造力的有利条件包括以下方面:

① 丰富的知识和经验。知识和经验是创造的基础,是智慧的源泉,创造就是用自己已有的知识为前提去开拓新的知识。

② 高度的创造精神。创造性思维能力与知识量并不是简单成比例的,还需要有强烈参与创造的意识和动力。

③ 健康的心理品质。工程技术人员要有不怕苦难、百折不挠、力求创新的坚强意志。

④ 科学而娴熟的方法。工程技术人员必须掌握各种创新技法和其他工程技术研究方法。

⑤ 严谨而科学的管理。创新需要引发和参与,也需要对其每个阶段和步骤进行严谨而科学的管理,这也是促进创造发明的实现因素之一。

工程技术人员应注意克服不利条件,尽力做到以下几点:

① 要克服思想僵化和片面性,树立辩证观念。

② 要摆脱传统思想的束缚,如不盲目相信权威等。

③ 要消除不健康的心理,如胆怯和自卑等。

④ 要克服妄自尊大的排他意识,注意发挥群体的创造意识等。

创造力是保证创造性活动得以实现的能力,是人的心理活动在最高水平上实现的综合能力,是各种知识、能力及个性心理特征的有机结合。创造力既包含智力因素,也包含非智力因素。创造力所涉及的智力因素有观察力、记忆力、想象力、表达力和自控力等,这些能力是相互连接、相互作用的,并构成智力的一般结构。创造力还包括很多非智力因素,如理想信念、需求与动机、兴趣和爱好、意志、性格等都与创造力有关。智力因素是创造力的基础性因素,而非智力因素则是创造力的导向、催化和动力因素,同时也是提供创造力潜变量的制约因素。

2.2.2　创造发明过程分析

1. 创造发明阶段

创造作为一种活动过程,一般要经过如下 3 个阶段:

① 准备阶段:包括发现问题,明确创新目标,初步分析问题,搜集充分的材料等。

② 创造阶段:这个阶段通过思考与试验,对问题作各种试探性解决,寻找满足设计目标要求的技术原理,构思各种可能的设计方案。

③ 整理结构阶段:就是对新想法进行检验和证明,并完善创造性结果。

2. 创造发明步骤

发明创造可以划分为 7 个步骤:意念、概念报告、可行模型、工程模型、可见模型、样品原型、小批量生产。

这 7 个步骤提供了一个发明创造程序结构。虽然,这些步骤是有序的,但过程中有时不必认为是严格有序的。例如可见模型也可以在工程模型之前,工程模型的形式也不是单一的。在实际工作中完全可能出现上述过程的反复,对此也应该看成是很自然的现象。

2.3　创新思维的基本方法

2.3.1　创新思维的基本分类

思维是人脑进行的逻辑推理活动,也是理性的各种认识活动,它包括逻辑思维和非逻辑思维两种基本形式。逻辑思维是对客观事物抽象的、间接的和概括的反映,其基本任务是运用概念、判断和推理反映事物的本质。非逻辑思维又可分为形象思维和创新思维,其中形象思维是认识过程中始终伴随着形象的一种思维形式,具有联系逻辑思维和创新思维的作用;而创新思维存在于人们的潜意识中,它是在科学思维的基础上,设法调动或激活人们的联想、幻想、想象和灵感、直觉等潜意识的活动,突破现有模式,达到更高境界的思维方式,是能够产生新颖性思维结果的思维。因此,创新思维与逻辑思维、形象思维既有联系又有区别:后两者是基础,前者是发展。逻辑思维和形象思维是根据已知条件求结果,思维呈收敛趋势,而创新思维是已知目标求该目标能够存在的环境和条件,思维呈发散趋势。

从创新思维与相关学科的已有认知成果关系,可以把创新思维分为两大类:

1. 衍生型创新思维

这一类创新思维的产生都是以相关学科的已有认知成果为直接来源和知识基础,是原有相关学科向深度和广度发展的结果。这一类创新思维结果公认后都可以转化为原有相关学科的一个成分,是对原有相关学科的已有科学成果的补充和延伸、丰富和发展、扩大和深化。这一类创新思维产生于原有相关学科,又服务于原有相关学科,其功能是使相关学科扩大领域、丰富内容、完善体系、增强功能。具有新颖性弱,涉及面窄,潜伏期短,发展顺利,迅速,阻力小,挫折少,不容易被埋没,对科学发展推动作用小等特点。

2. 叛逆型创新思维

这一类创新思维的产生是以发现相关学科的已有认知成果中无法解决的矛盾为导火线

的,不彻底跳出原有相关学科的框框就不可能进行。因此,这一类创新思维结果被公认后根本不可能转化为原有相关学科的一个成分,但却可转化为一门崭新的科学。这一类创性思维的结果都不是对原有相关学科进行修修补补,而是提出与原有相关学科的科学在本质上截然不同的新概念、新理论、新方法,其功能是开辟科学的新领域或建立一门崭新的学科。具有新颖性强,涉及面广,潜伏期长,发展曲折,缓慢,阻力大,挫折多,容易被埋没,对科学发展推动作用大等特点。

2.3.2 创新思维的活动方式

创新思维活动方式主要有以下几种:

1. 发散思维

发散思维又称扩散思维。它是以某种思考对象为中心,充分发挥已有的知识和经验,通过联想、类比等思考方法,使思维向各个方向扩散开来,从而产生大量构思,求得多种方法和获得不同结果。以汽车为例,用发散思维方式进行思考,可以联想出许多新型的汽车:自动识别交通信号的汽车、会飞的汽车、水陆两栖汽车、自动驾驶汽车、太阳能汽车、可折叠的汽车等。

2. 收敛思维

收敛思维是利用已有知识和经验进行思考,把众多的信息和解题的可能性逐步引导到条理化的逻辑序列中去,最终得出一个合乎逻辑规范的结论。以某一机器的动力传动为例,利用发散思维得到的可能性方案有:齿轮传动、蜗轮蜗杆传动、带传动、链传动、液压传动等。然后依据收敛思维,根据已有的知识和经验,结合实际的工作条件分析判断,选取出最佳方案。

3. 侧向思维

侧向思维是用其他领域的观念、知识、方法来解决问题。侧向思维要求设计人员具有知识面宽广、思维敏捷等特点,能够将其他领域的信息与自己头脑中的问题联系起来。例如,鲁班在野外无意中抓了一把山上长的野草,手被划伤了,从而发明了锯子。

4. 逆向思维

逆向思维是反向去思考问题。例如,法拉第从电能生磁,想到了磁能否产生电流呢,从而制造出第一台感应发电机。

5. 理想思维

理想思维就是理想化思维,即思考问题要简化,制订计划要突出,研究工作要精辟,结果要准确,这样就容易得到创造性的结果。

2.4 创新法则与技法

2.4.1 创新法则

创新法则是创造性方法的基础,主要有以下几种:

1. 综合法则

综合法则在创新中应用很广。先进技术成果的综合、多学科技术综合、新技术与传统技术的综合、自然学科与社会学科的综合,都可能产生崭新的成果。例如,数控机床是机床的传统技术与计算机技术的综合;人机工程学是自然科学与社会科学的综合。

2. 还原法则

还原法则又称为抽象法则,研究已有事物的创造起点,抓住关键,将最主要的功能抽出来,集中研究实现该功能的手段和方法,以得到最优化结果。如洗衣机的研制,就是抽出"清洁""安全"为主要功能和条件,模拟人手洗衣的过程,使洗涤剂和水加速流动,从而达到洗净的目的。

3. 对应法则

相似原则、仿形移植、模拟比较、类比联想等都属于对应法则。例如,机械手是人手取物的模拟;木梳是人手梳头的仿形;用两栖动物类比,得到水陆两用坦克;根据蝙蝠探测目标的方式,联想发明雷达等,均是对应法则的应用。

4. 移植法则

移植法则是把一个研究对象的概念、原理、方法等运用于另外的研究对象并取得成果的创新,是一种简便有效的创新法则。它促进学科间的渗透、交叉、综合。例如,在传统的机械化机器中,移植了计算机技术、传感器技术,得到了崭新的机电一体化产品。

5. 离散法则

综合是创造,离散也是创造。将研究对象加以分离,同样可以创造发明多种新产品。例如,音箱是扬声器与收录机整体分离的结果;脱水机是从双缸洗衣机中分离出来的。

6. 组合法则

将两种或两种以上技术、产品的一部分或全部进行适当的结合,形成新技术、新产品,这就是组合法则。例如,台灯上装钟表;压药片机上加压力测量和控制系统等。

7. 逆反法则

用打破习惯性的思维方式,对已有的理论、科学技术持怀疑态度,往往可以获得惊奇的发明。例如,虹吸就是打破"水往低处流"的固定看法而产生的;多自由度差动抓斗是打破传统的单自由度抓斗思想而发明的。

8. 仿形法则

自然界各种生物的形状可以启示人类的创造。例如,模仿鱼类的形体来造船;仿贝壳建造餐厅、杂技场和商场,使其结构轻便坚固。再如鱼游机构、蛇形机构、爬行机构等都是生物仿形的仿生机械。

9. 群体法则

科学的发展,使创造发明越来越需要发挥群体智慧,集思广益,取长补短。群体法则就是发挥"群体大脑"的作用。

灵活运用这 9 个创新法则,可以在构思产品的功能原理方案时,开阔思路,获得创新的灵感。

2.4.2 创新技法

创新思维技法是指创造学家收集大量成功的创造和创新的实例后,研究其获得成功的思路和过程,通过归纳、分析、总结,找出规律和方法以供人们学习、借鉴和效仿。简言之,创新思维技法就是创造学家根据创新思维的发展规律而总结出来的一些原理、技巧和方法。历史上创造学家们对创新思维技法提出过诸多不同的种类,在此,介绍设问类技法、联想类技法、头脑风暴法、组合类技法和列举类技法等几种常用的创新思维技法。

1. 设问类技法

设问类技法是一种简洁而方便的创新思维技法。该方法是通过书面或口头的方式提出问题而引起人们的创造欲望、捕捉好设想的创新技法。设问类技法较多,下面介绍两种常用的方法。

(1) 5W2H 法

5W2H 法是第二次世界大战中美国陆军兵器修理部首创,简单、方便,易于理解、使用,富有启发意义,广泛用于企业管理和技术活动的方法。5W2H 法通过为什么(Why)、什么(What)、何人(Who)、何时(When)、何地(Where)、如何(How)和多少(How much)这 7 个方面提出问题,考察研究对象,从而形成创造设想或方案的方法。

5W2H 法中 7 个要素的具体意义如下:

① Why——为什么? 为什么要这么做? 理由何在? 原因是什么?

② What——是什么? 目的是什么? 做什么工作?

③ Where——何处? 在哪里做? 从哪里入手?

④ When——何时? 什么时间完成? 什么时机最适宜?

⑤ Who——谁? 由谁来承担? 谁来完成? 谁负责?

⑥ How——怎么做? 如何提高效率? 如何实施? 方法怎样?

⑦ How much——多少? 做到什么程度? 数量如何? 质量水平如何? 费用产出如何?

(2) 奥斯本设问法

奥斯本设问法又称奥斯本检核表法,是美国创新技法和创新过程之父亚历克斯·奥斯本提出的一种创造方法,即根据需要解决的问题或创造的对象列出相关问题,一个一个地核对、讨论,从中找到解决问题的方法或创造的设想。

奥斯本设问法从以下 9 个方面对现有事物的特性进行提问:

① 转化类问题:能否用于其他环境和目的? 稍加改变后有无其他用途?

② 引申类问题:能否借用现有的事物? 能否借用别的经验? 能否模仿别的东西? 过去有无类似的发明创造创新? 现有成果能否引入其他创新性设想?

③ 变动类问题:能否改变现有事物的颜色、声音、味道、样式、花色、品种,改变后效果如何?

④ 放大类问题:能否添加零件? 能否扩大或增加高度、强度、寿命、价值?

⑤ 缩小类问题:能否缩小? 能否浓缩化? 能否微型化? 能否短点、轻点、压缩、分割、忽略?

⑥ 颠倒类问题:能否颠倒使用? 位置(上下、正反)能否颠倒?

⑦ 替代类问题:能否用其他东西替代现有的东西? 如果不能完全替代,能否部分替代?

⑧ 重组类问题:零件、元件能否互换或改换? 加工、装配顺序能否改变,改变后的结果如何?

⑨ 组合类问题:能否将现有的几种东西组合成一体? 能否原理组合、方案组合、功能组

合、形状组合、材料组合、部件组合？

奥斯本设问法是一种具有较强启发创新思维的方法。这是因为它强制人去思考,有利于突破一些人不愿意提问或不善于提问的心理障碍。提问,尤其是提出有创见的新问题本身就是一种创新。它又是一种多向发散的思考,可使创新者尽快集中精力,朝提示的目标方向去构想、去创造、去创新。

使用奥斯本设问法进行创新思维时,要注意应对该方法的 9 个方面逐一进行核检。核检每项内容时,要充分发挥自己的想象力和创新能力,以创造更多的创造性设想。

2. 联想类技法

联想类技法是扩散型创新技法的一种,根据人的心理联想来形成创造构想和方案的创造方法。联想是人脑把不同事物联系在一起的心理活动,它是创造性思维的基础。联想可分为简单联想和复杂联想。简单联想又可分为接近联想、相似联想和对比联想。心理联想在一定程度上又是可以控制的,在创造学中将可控制的简单联想按其控制程度分为自由联想和强制联想。此外,还有复杂联想,它可分为关系联想和意义联想等,这种联想包含着信息加工或其他复杂的思维过程。

(1) 接近联想

接近联想是指发明者联想到时间、空间、形态或功能上等比较接近的事物,从而产生出新的发明创新技法。

1800 年 3 月,门捷列夫在彼得堡大学的一次化学学会上宣布化学元素周期表的发现,提出 6 种化学元素。他发现化学元素都是因原子结构的特殊性按一定次序排列的,按次序排列的元素经过一定的周期,它们的某些主要属性又会重复出现,且在每一周期范围内,某些属性是渐变的,即相邻两元素的主要物理、化学性质应该是相近的。如果这种逐渐性为突然的跳跃而中断,就会联想到这里还可能有一个未知的元素存在。门捷列夫恰是利用这种接近联想法,提出了一些空位上的未知元素,并预测这些元素的物理、化学性质。后来的事实证明了这一设想。

(2) 相似联想

相似联想是指发明者对相似事物产生联想,从而产生发明创造的方法。

法国一位科学家根据陀螺旋转轴保持不变的特性,利用相似联想原理发明了陀螺仪。北京一名小学生从张开的舞裙形态联想到使雨衣的下摆张开、由救生圈充气后的形态联想到充气软管达到使雨衣下摆张开的目的,从而设计出一种不弄湿裤脚的充气雨衣。

(3) 对比联想

对比联想也称逆向联想、反向联想,是指发明者由某一事物的感知和回忆,引起对和它具有相反特点的事物的回忆,从而产生出新的发明。

在科学创意中,法拉第由电生磁联想到磁也可以生电,从而发现了电磁互生原理。在文学创作中,对比联想也是经常出现,如中国歌颂民族英雄岳飞,唾弃卖国贼秦桧的名句"青山有幸埋忠骨,白铁无辜铸佞臣",可谓登峰造极的对比联想。

(4) 自由联想

自由联想是联想试验的基本方法之一,由 F·高尔顿(1879 年)首先开创。该方法是在测试过程中,当主试呈现一个刺激(一般为词或图片,以听觉或视觉方式呈现)后,要求被试者尽快地说出他头脑中浮现的词或事实。

有一名罪犯在夜间作案时,将一支蜡烛插在一个牛奶瓶内照明进行盗窃。在被捕后拒不交代事实经过,于是命令他做联想试验。具体方法是检验者说出一个词,令他回答所想到的另一个词。开始时先用一些无关的词,如"天→地""母亲→父亲""鲜花→草地""黑→白""巴黎→纽约"等,然后突然提到"蜡烛",这名盗窃犯即答以"牛奶瓶";就这样,通过该测验最后侦破了这件盗窃案。

3. 头脑风暴法

头脑风暴(BS)法是由美国创造学家 A·F·奥斯本于 1939 年首次提出、1953 年正式发表的一种激发性思维的方法。在我国也译为"智力激励法"或"脑力激荡法"等。

头脑风暴是指采用会议的形式,召集专家开座谈会征询他们的意见,把专家对过去历史资料的解释以及对未来的分析,有条理地组织起来,最终由策划者做出统一的结论,在这个基础上,找出各种问题的症结所在,提出针对具体项目的策划创意。

该技法的核心是高度充分的自由联想。这种技法一般是举行一种特殊的小型会议,使与会者毫无顾忌地提出各种想法,彼此激励,相互启发,引起联想,导致创意设想的连锁反应,产生众多的创意。该原理类似于"集思广益",具体实施要点如下:

① 召集 5~12 人的小型特殊会议,人多了不能充分发表意见。

② 会议有 1 名主持人,1~2 名记录员。会议开始,主持人简要说明会议议题,主要解决的问题和目标;宣布会议遵循的原则和注意事项;鼓励人人发言和各种新构想;注意保持会议主题方向、发言简明、气氛活跃。记录员要记下所有方案、设想(包括平庸、荒唐、古怪的设想),不得泄露;会后协助主持人分类整理。

③ 会议不超过 1 h,以 0.5 h 最佳,时间过长头脑易疲劳。

④ 会议地点应选在安静不受干扰的场所。切断电话,谢绝会客。

⑤ 会议要提前通知与会者,使他们明确主题,有所准备。

⑥ 禁止批评或批判。即使是对幼稚的、错误的、荒诞的想法,也不得批评。如果有人违背这一条,会受到主持人的警告。

⑦ 自由畅想。思维越狂放,构想越新奇越好。有时看似荒唐的想法,却是打开创意大门的钥匙。

⑧ 多多益善。新设想越多越好,设想越多,可行办法出现的概率越大。

⑨ 借题发挥。可利用他人想法,提出更新、更奇、更妙的构想。

法国盖莫里公司曾用该方法成功解决了一种新产品的研发和命名工作。公司召集 10 名员工为设计一种新的电器产品方案进行讨论,采用奥斯本头脑风暴法后,仅在两天的时间里就发明了一种其他产品没有的新功能电器,并且从 300 多个电器命名方案中获得一个大家比较认可的名字。结果,该产品一上市,便因为其新颖的功能和朗朗上口、让人回味的名字,受到了顾客的热烈欢迎,迅速占领了大部分市场,在竞争中击败了对手。

4. 组合类技法

组合类技法是将现有技术、原理、形式、材料等按一定的科学规律和艺术形式有效地组合在一起,使之产生新效用的创新方法。组合类技法是最通用的创新技法之一,它可以是最简单的铅笔和橡皮的组合,也可以是高科技的计算机和机床的组合。

组合创新方法有多种形式:从组合要素差别区分,有同类组合和异类组合等;从组合的内容区分,有原理组合、材料组合、功能附加组合和结构组合等;从组合的手段区分,有技术组合和信息组合等。下面介绍同类组合、异类组合和功能附加组合3种常用的组合方法。

（1）同类组合

同类组合是把若干同一类事物组合在一起,以满足人们特殊的需求。同类组合法的设计思路和"搭积木"有些相似,使同类产品既保留自身的功能和外形特征,又相互契合,紧密联系,为人们提供了操作和管理的便利。

（2）异类组合

异类组合是将两个相异的事物统一成一个整体从而得到创新。由于人们在工作、学习和生活中经常同时有多种需要,因而将许多功能组合在一起,形成一种新的商品,以满足人们工作、学习和生活的需求。

（3）功能附加组合

功能附加组合是以原有的产品为主体,通过组合为其增加一些新的附加功能,以满足人们的需求。这类设计是在原本已经为人们所熟悉的事物上,利用现有的其他产品,为其添加新的功能来改进原产品,使其更具生命力。

5. 列举类技法

列举法是针对某一具体事物的特定对象从逻辑上进行分析,并将其本质内容全面地逐一列出来的一种手段,用以启发创造设想,找到发明创造主题的创造技法。

列举法作为一种发明创新技法,是以列举的方式把问题展开,用强制性的分析寻找发明创新的目标和途径。列举法的主要作用是帮助人们克服感知不足的障碍,迫使人们将一个事物的特性细节一一列举出来,使人们挖掘熟悉事物的各种缺陷,让人们思考希望达到的具体目的和指标。这样做,有利于帮助人们抓住问题的主要方面,强制性地进行有的放矢的创新。

2.5 创新成功案例

案例:3M 的经营原则

创意人:席佛、傅莱、寇考、梅瑞尔

3M 的经营原则:"任何市场、任何产品都不嫌小;只要有适当的组织,无数的小产品就会像大产品一样有利可图"。

3M 自粘便条,是一种黄黄的、黏黏的小纸条,可以竖立于报告的边界上,点缀在电脑报表上,并粘在打字机、办公桌、书架、咖啡杯、文件栏、相片裱框、电脑屏幕及复印机上等等。如今,自粘便条在办公室中无处不在,原因是它做到了其他产品所做不到的事:把信息传递到它该出现的地方,却不留下任何痕迹。它不会留下像曲别针的凹痕或订书针的扎孔,它可以从一个地方贴到另一个地方,背胶的黏性却丝毫不减。它们大小各不相同,可以写精简有力的短语,也可以留下引人深思的长言,而无须担心会损伤报告的精致表面。3M 自粘便条在人们的生活中发挥着巨大的作用,而它的发明却是源于一个失败的产品。

席佛在 ADM 单体的实验中,得到一个与理论预测背道而驰的反应,一种有黏性的聚合体。尼科尔森认为纯属意外,但席佛注意到,这种材料有不少稀奇的特色,它不会黏得"要命"——它会在两种表面产生所谓的黏着力,但不会将两者牢牢粘住。它的"聚合力"也比"黏着力"强,也就是它比较会粘住自己的分子,与其他分子不能较好黏合。如果把它喷在某物体表面,再按上一张纸,等纸拿起来时,可能会将所有的黏剂一起拉起,也可能拉不起半点黏剂。它会偏好两种表面的一种,但又不会牢牢地黏在任何表面上。

席佛开始向周围的朋友展示这个黏胶,可惜其他人无法像席佛一样体会这黏胶的价值。他们的设想局限于一个前提:黏胶一定要粘得很牢才行。周遭的科学家都在研制更粘的黏胶,而不是更不粘。席佛却突然冒出来大夸他那个"四不像黏胶"的优点。这招来了众人的嘲讽,导致聚合体黏着剂计划停止,所有设想被束之高阁。在人们眼中,这是一个失败的产品。

席佛告诉大家:"这个黏剂一定能用在某样东西上!有的时候,大家难道不会想要一种只粘一下,但不会永远粘着的黏胶吗?"。席佛建议:"看看我们能不能把这黏剂变为一种好用的产品,让大家想粘多久就粘多久,想拿起来就拿起来。"

转机来自一次简单的自由联想。这次所谓的"自由联想"——同时联想到两个不相干的概念,成就了一个新产品发明。傅莱在教会唱诗班唱歌时,发现一个情况:"为了方便找到要唱的歌曲,人们习惯把小纸条夹在要唱的地方当作记号。但是人们总不能老盯着这些小纸条看,一旦出现注意力不集中,纸条就会飞到地板上,或者掉进赞美诗歌本的夹缝中。正是对于这个问题的深度思考,傅莱在翻动歌本找纸条时,突然联想到席佛所推荐的"四不像黏胶",将这种黏胶应用到这种小纸条上,就可以完美地解决这种问题,因此他便决定努力实现这种构想。在这个实现过程中,由于席佛热心的鼓励和老板尼科尔森对于新产品的迫切需求,傅莱最终利用这种自由联想所得到的构思实现了便条纸的革命,发明了 3M 自粘便条,使一个大家公认的失败产品——不黏胶,成了 3M 公司的拳头产品。

习　题

2-1　什么是创新?创新设计具有哪些特征?

2-2　创新设计的原理包括哪几种类型?

2-3　用你身边的实例说明其创造性体现在哪些方面?

2-4　创新思维具有哪些特点?列举出 2～3 个创新思维方法。

2-5　创新思维包括哪些类型?

2-6　用设问类技法提出校园内电瓶车不规范驾驶的解决方案。

2-7　试述基于功能的产品方案设计的一般过程?以日常生活的例子加以叙述。

2-8　用奥斯本设问法分析矿泉水瓶除通常用途外的其他用途。

2-9　运用联想类技法尽可能多地提出人类手的用途。

2-10　运用头脑风暴法设计一种新型的圆珠笔。

参考文献

[1] 邹慧君. 机械系统设计原理[M]. 北京:科学出版社,2003.

[2] 胡胜海. 机械系统设计[M]. 哈尔滨:哈尔滨工程大学出版社,1997.

[3] 卞华,罗伟清. 创造性思维的原理与方法[M]. 长沙:国防科技大学出版社,2001.

[4] 邹慧君,颜鸿森. 机械创新设计理论与方法[M]. 北京:高等教育出版社,2007.

[5] 赵惠田. 发明创造方法[M]. 北京:科学普及出版社,1988.

[6] 刘莹,艾红. 创新设计思维与技法[M]. 北京:机械工业出版社,2003.

[7] 马骏. 创新设计的协同与决策技术[M]. 北京:科学出版社,2008.

[8] 边守仁. 产品创新设计[M]. 北京:北京理工大学出版社,2002.

[9] 尹定邦. 设计学概论[M]. 长沙:湖南科学技术出版社,2006.

[10] 刘思平,刘树武. 创造方法学[M]. 哈尔滨:哈尔滨工业大学出版社,1998.

第二篇
TRIZ 理论篇

第3章　TRIZ理论概述

3.1　TRIZ理论的定义

3.1.1　TRIZ：发明问题解决理论

TRIZ是俄文音译的拉丁文"Teoriya Resheniya Izobretatelskikh Zadatch"的词头缩写，原意为"发明问题解决理论"，其英文缩写为TIPS(Theory of Inventive Problem Solving)。它是由苏联发明家、发明家协会主席根里奇·阿奇舒勒(Genrich S. Altshuller)于1946年开始，与他的研究团队在研究了世界各国250万份高水平专利的基础上，提出的一套具有完整体系的发明问题解决理论和方法。

TRIZ之父根里奇·阿奇舒勒(见图3-1)，1926年10月生于塔什干，14岁时即获得第一份专利：过氧化氢分解氧气的水下呼吸装置，该专利成功解决了水下呼吸的难题，后在海军部担任专利评审官。从1946年开始，经过研究成千上万的专利，他发现了发明背后存在的模式并创造TRIZ理论的原始基础。为了验证这些理论，他相继做出了多项发明，比如：排雷装置(获得苏联发明竞赛一等奖)、船上的火箭引擎、无法移动潜水艇的逃生方法等。1948年，因担忧第二次世界大战的胜利使苏联缺乏创新气氛，根里奇·阿奇舒勒给斯大林写了一封信，批评当时的苏联缺乏创新精神，结果锒铛入狱，并被押解到西伯利亚投入集中营。集中营成为阿奇舒勒"第一所研究机构"，他整理了TRIZ基础理论。斯大林去世后第二年(1954年)阿奇舒勒获释，两年后，他开始出版TRIZ的书

图3-1　根里奇·阿奇舒勒

籍，TRIZ学校也开始得到蓬勃发展，很多工厂、院校都开设了TRIZ的培训课程，培养了大批具有创新能力的培训师与工程技术人员。但TRIZ理论属于苏联的国家机密，所以，那些年人们对TRIZ还缺乏充分的了解。

冷战时期，美国等西方发达国家惊讶于当时苏联在军事、工业、航空航天等领域的创造能力，并为此展开了间谍战。但强大的克格勃让它们只能"望术兴叹"。直到苏联解体后，大批TRIZ专家开始移居美国和世界各地，TRIZ的神秘面纱才被揭开。

如今，TRIZ理论正被广泛传播和应用，尤其在美国，大批基于TRIZ理论的专业公司获得蓬勃发展，相继开发出基于TRIZ理论的计算机辅助创新设计软件，有力地推动了TRIZ在全世界范围内的广泛传播。

21世纪，TRIZ正成为许多现代企业创新的独门利器，可以帮助企业从技术"跟随者"成为行业的"领跑者"，为企业赢得核心竞争力。例如韩国的三星电子工业公司，在TRIZ应用方面获得了巨大成功，从一个十几年前还以赶超竞争对象日企为目标的公司，成为目前世界顶级的

技术企业。三星 TRIZ 协会是国际 TRIZ 协会 MATRIZ 的唯一企业会员。

TRIZ 来自对专利的研究。根里奇·阿奇舒勒通过大量的专利研究发现,只有 20％左右的专利称得上是真正的创新,许多宣称为专利的技术,其实早已经在其他的产业中出现并被应用过。所以他认为若跨行业的技术能够进行更充分的交流,一定可以更早开发出更先进的技术系统。同时,根里奇·阿奇舒勒也坚信,发明问题的原理一定是客观存在的,如果掌握了这些原理,不仅可以提高发明的效率,缩短发明的周期,而且也能使发明问题的解决更具有可预见性。

3.1.2　TRIZ 方法论

在做算术乘法 $5 \times 9 =$ ？时,可以很快地报出答案 45,那是因为乘法表植根于人们的脑海。但是,如果要计算 $123\ 456\ 789 \times 987\ 654\ 321 =$ ？时,就无法立即口算报出答案,需要以乘法表为基础工具,按照运算规则进行比较复杂的运算。如果没有乘法表,解决这样的问题可能无从下手。所以解决问题的关键是使用合适的工具。

如果遇到一个发明问题,这个问题别人没有解决过,世界上还不存在这样的客体,那如何将它创造出来,即做出一项发明来,我们手中应握有什么样的工具呢?

回顾以前所受的教育和所学习的各种知识,似乎没有哪门课程告诉过我们,如何解决一个发明问题——一个如同理财一样的人生非常重要的一门知识,这正是我国教育所欠缺的重要知识之一。而 TRIZ 正是这样的一门知识,它可以引导人们步入一条创造性解决问题的正确道路,一个基于辩证法的创新算法的全新途径,一个可以将发明当作职业一样从事的工作。

那么,TRIZ 有些什么法宝可以帮助我们创造性地解决问题呢?

如果遇到了一个具体问题,使用通常的方法不能直接找到此问题的具体解,那么,就将此问题(先通过通用工程参数或物-场模型描述)转换并表达为一个 TRIZ 问题模型,然后在 TRIZ 进化法则的引导下,利用 TRIZ 体系中的九大理论和工具来分析这个问题模型,从而获得 TRIZ 原理解,然后将该解与具体问题相对照,考虑实际条件的限制,转化为具体问题的解,并在实际设计中加以实现,最终获得该具体问题的实际解。这就是 TRIZ 解决实际问题的方法论,如图 3 - 2 所示。

表 3 - 1 列出了 TRIZ 理论的主要工具和方法。

表 3 - 1　**TRIZ 的理论和工具**

问　　题	工　　具	解
5×9	乘法表	45
$HCl + NaOH$	化学原理	$NaCl + H_2O$
TRIZ:技术矛盾	Altshuller 矛盾矩阵	40 发明原理
TRIZ:物理矛盾	分离原理	40 发明原理
TRIZ:功能	知识效应库	科学效应
TRIZ:物-场模型	标准解系统	76 标准解

在解决问题的过程中,可根据确定出来的问题类型,在表 3 - 1 中选择针对此问题可使用的 TRIZ 工具来解决问题,最后获得此问题的解。

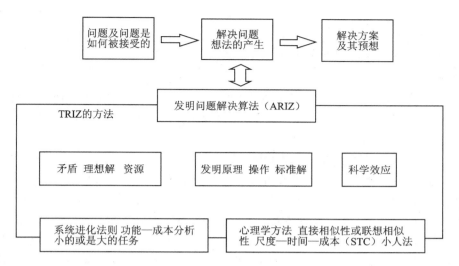

图 3-2　TRIZ 方法论

前面提到过,TRIZ 是基于对全世界 250 万份高水平发明专利的研究成果,而且 TRIZ 解决问题的目的是达到对矛盾的彻底化解,而不是传统设计中的折中法那样对矛盾的"缓解"。TRIZ 理论认为,发明问题的核心是解决矛盾,未克服矛盾的设计不是创新设计,设计中不断发现并解决矛盾,是推动产品向理想化方向进化的动力。产品创新的标志是解决或移走设计中的矛盾,从而产生出新的具有竞争力的解决方案。

3.2　TRIZ 理论的思维方式

3.2.1　发明理论的发明

"发明理论的发明"至今还是尚未得到充分研究的课题,对其进行简要的论述,将引导人们不断探索能否通过研究人类文明的发展历史,得出发明本身的方法,并创建发明理论。

在 TRIZ 诞生并被广泛传播之前,有关专门进行创新性研究教学的案例并不多,最早可追溯至有关创新性研究的古希腊文献。这些研究于公元前 2000 年从阿拉伯东部传到了欧洲,同时先后得到了埃及、近东(近东是欧洲人所指的亚洲西南部和非洲东北部地区)、中亚和中国文明的补充和认同。

西塞罗曾说过:"我们应当知道我们的祖先的发明,应当与自然和谐共处"。这个思想或许可以引导我们思考和探索的方向。

创新活动方法论研究的起源是培根和笛卡儿的哲学。

1620 年,作为科学的旧事物批判者和创新方法的创立者,培根在自己的著作《新工具集》中建立了创建技术发明系统的目标。他写道:"那些从事科学的人,或者是经验主义者,或者是教条主义者。经验主义者就像蚂蚁,只能够搜集和运用已经汇集起来的东西。而教条主义者,则像蜘蛛,自己用自身材料织网。蜜蜂则选择了中间道路,他们从花园和田野的花朵中采集材料,但却发挥自己的智慧运用这些材料……应当期待这些能力,即经验和智慧更紧密地、永不破坏地结合。我们的方法如下:我们不是从实践中获得实践,不是从经验中获得经验,而是从实践和经验中、从原因和公理中获得原因和公理，然后再获得实践和经验。"在培根看来，作为这种组合方式的方法，能实现从单个事实中得到单个定律（小公理），再从这些定律中得出更通用的公理（中型公理），并最终得到更适用的公理。

如今，笛卡儿的"思维四定律"显得尤为现实：

① 无论任何事物，都不要认为它是真理，尤其是不要认为它是毫无疑问的真理。也就是说，要努力避免急躁和先入为主；在自己的判断中只能保留这样的东西，即出现在自己脑海中最清晰的东西，以及不存在任何有理由怀疑的东西。

② 将自己所研究的每个难题分解成若干部分，以便于解决该问题。

③ 引导自己的思维进度，从最简单和最易于认识的事物开始，一点一点地提升，就像上台阶一样，到最后认识最为复杂的事物，甚至允许在自然界中无序的事物之间存在有序性。

④ Steinbart 认为，每个发明都是建立在对已有的和已存在的数据、事物、思想进行对比的基础上的，对比的方法有分解、合成及综合等。他指出，发明的最基本的源头是对事物隐藏属性的揭示，对事物改变和作用原因的确认，对相似性的发掘，对事物和现象的益处的确定。很显然，H·别克曼的五卷基础著作《发明史》是对发明方法的第一次科学研究。别克曼写道："我有发明创造的模型，该模型能从理论中看到实践的效果，其有效性同我的兴趣（目标）成正比。"

TRIZ 正是从前人的"实践和经验中、从原因和公理中获得原因和公理"。TRIZ 的哲学精髓是辩证法，同时也可以说 TRIZ 的思维模式是笛卡儿"思维四定律"的具体体现和应用：TRIZ 给出的分析问题的方式方法就是要克服思维惯性，就是要"努力避免急躁和先入为主"，以便认识问题的本质；TRIZ 解决问题的算法和过程是从"最小问题"开始，依据系统发展的规律和趋势，循序渐进地解决问题；TRIZ 工具体系的建立和应用正是"对事物的隐藏属性的揭示，对事物改变和作用原因的确认，对相似性的发掘，对事物和现象的益处的确定"。例如：TRIZ 的发明原理（40 个）和进化法则是来源于对 250 多万份专利分析研究，揭示了其背后隐藏的规律，抽取出具有普遍意义的典型的原则和方法；TRIZ 的矛盾分析、物-场分析是"对事物改变和作用的根本原因"的剖析；TRIZ 解决问题注重来自其他领域的相似解决方案，注重应用科学效应和现象，通过理想化的方法强化"事物和现象的益处"，甚至变害为利等。虽然 TRIZ 本身还远未达到成熟阶段，需要一个长期的发展和完善的过程，但 TRIZ 已经建立的思维模式和理论、工具、方法体系足以确立它在发明理论中的重要地位，至少在技术领域，TRIZ 真正"发明"了"发明理论"。

3.2.2 创新思维的障碍

人的思维活动往往是基于经验的，比如说到苹果，头脑中就会立即浮现出苹果的形状、颜色、大小、味道等，之所以如此，是因为经常见到和吃到苹果，在头脑中形成了对苹果的综合印象。如果这时候有人对你说苹果是方形的、涩的，你一定会反驳说："不对，苹果是圆的、甜的！"经验已经使你对"苹果"的思维形成了"惯性"。

所谓思维惯性（又称思维定势）是人根据已有经验，在头脑中形成的一种固定思维模式，也就是思维习惯。思维惯性可以使我们在从事某些活动时能相当熟练，节省很多时间和精力；穿衣服时我们会很熟练地用两手系好扣子（而如果用一只手就会觉得很别扭）；下班后我们会很轻易地回到自己的家（而用不着每次回家时都仔细辨别是哪一条街道哪幢楼哪个单元第几号），这都是思维惯性在帮助我们。

思维惯性是人后天"学习"的结果。儿童由于没有太多的经验束缚，思维具有广阔的自由空间——儿童的想象力是丰富的、天真的，甚至是可笑的。而随着年龄的增长，阅历的增加，就会逐渐形成惯性思维，对"司空见惯"的事物往往凭以往的经验去判断，而很少再去积极思考。这对于解决创新性问题是不利的，会使思维受到一个框架的限制，难以打开思路，缺乏求异性与灵活性，使我们在遇到问题时，会自然地沿着固有的思维模式进行思考，用常规方法去解决问题，而不求用其他"捷径"突破，因而也会给解决问题带来一些消极影响，难以产生出创新的思维。

思维惯性表现为多种多样的形式。我们之所以将其归纳为不同的类型，并不是为了对思维惯性进行准确的分类描述，而是为了让大家了解在哪些方面容易产生定势的思维，以便更好地克服它。

① 书本思维惯性。所谓书本思维惯性，就是思考问题时不顾实际情况，不加思考地盲目运用书本知识，一切从书本出发、以书本为纲的教条主义思维模式。当然，书本对人类所起的积极作用是显而易见的，但是，许多书本知识是有时效性的。随着社会的发展，有些书本知识会过时，而知识是要不断被更新的。所以，当书本知识与客观事实之间出现差异时，受到书本知识的束缚，死抱住书本知识不放就会造成思维障碍，难以有效地解决问题，甚至失去获得重大成果的机会。

② 权威思维惯性。相信权威观点是绝对正确的，在遇到问题时不加思考地以权威的是非为是非，一旦发现与权威相违背的观点，就认为是错的，这就是权威思维惯性。事实上，权威的观点也会受到人类对自然规律认识的局限性的影响，也是会犯错误的。例如大发明家爱迪生曾极力反对用交流电，许多大科学家都曾预言飞机是不能上天的。所以，英国皇家学会的会徽上有一句话"不迷信权威"。

③ 从众思维惯性。别人怎么做，我也怎么做；别人怎么想，我也怎么想的思维模式，就是从众思维惯性（从众心理，俗称随大流儿）。从众思维惯性产生的原因，或是屈服于群体的压力，或是认为随波逐流没错。可以确定的是，从众思维惯性会使人的思维缺乏独立性，难以产生出创造性思维。

④ 经验思维惯性。通过长时间的实践活动所获得和积累的经验，是值得重视和借鉴的。但是经验只是人们在实践活动中取得的感性认识，并未充分反映出事物发展的本质和规律。人们受经验思维惯性的束缚，就会墨守成规，失去创新能力。

⑤ 功能思维惯性。人们习惯于某件物品的主要功能，而很少考虑到在一定情况下会用于其他用途，这就是功能思维惯性。

⑥ 术语思维惯性。术语是人们在实践中总结出来的，用来描述某一领域事物的专用语。由于术语的"专业性""科学性""单义性"等特征，往往会使人的思维局限于其所描述事物的典型属性或功能，而忽略其他属性或功能，这就是术语思维惯性。

⑦ 物体形状外观思维惯性。在人们的印象中，每一物体都有着相对固定的形状和外观，这符合人们对该物体的习惯认识，很难加以改变。我们把对物体形状外观上的习惯认识称为物体形状外观思维惯性。比如，西瓜不但可以是圆的，还可以是方的，如图 3-3 所示。

图 3-3　方形西瓜

⑧ 多余信息思维惯性。人们在分析和解决问题时常常会受到一些与要解决的问题关系不大的、不相关的或负面的信息的干扰，对于问题本身来说，这些信息是多余的，那些有用的信息，有时更容易受到多余信息的影响而产生错觉，由此而导致的思维惯性即多余信息思维惯性。

⑨ 唯一解决方案思维惯性。一个功能目标总是认为只有一种方法能够实现。其实，创新过程中是不可能局限在一种解决方案上的，每一种结构或工艺都可以继续完善。

思维惯性的表现形式多种多样，这里不一一列举。思维惯性是创造性思维的主要障碍。电子石英表是瑞士一个研究所发明的，但瑞士钟表业拒不接受，因为他们跳不出习惯了的机械表的束缚，认为石英表不可能取代机械表。精明的日本人买下石英表技术后，大量廉价石英表上市，对瑞士制表业产生很大冲击。日本从瑞士人手中夺去了钟表市场，瑞士钟表业人员就是吃了思维惯性的亏。要进行创新、创造活动，就必须摆脱思维惯性的束缚。一个重要的方面，就是要学习掌握创造性思维方法，提高思维联想、求异、灵活、变通的能力，以突破思维惯性。

3.2.3　TRIZ 理论思想

150 年前，科技发展的节奏骤然加快，开始了科学革命，科学革命证明，我们对世界的认知是没有限制的。同时，也开始了技术革命，技术革命让我们确认了这样一个思想，即我们对世界的改变是没有限制的。这些伟大革命的工具就是创造思维。但是无论如何变革，创造思维本身和它的方法却没有经受质的变化。

阿奇舒勒在其论著《寻找思路》的"TRIZ 理论前沿"部分中提到：他在 1946 年从新西伯利亚军校毕业后开始在专利局工作，早在 1945 年，他就关注研究大量的低效率的、低质量的专利提案。很快他就明白了：这些方案都忽略了问题和产生问题的系统最关键的属性。即使最天才的发明也基本上是表象的产物或者是耗费了大量时间与精力的"试错法"的产物。对大量发明方法和工程创造心理学的研究使得阿奇舒勒坚定了如下结论：

"所有方法均建立在'试错法'、直接和想象的基础上。没有一个方法来自对系统发展规律性的研究或者来自对问题所包含的物理和技术矛盾的解决。"

那时候在哲学和工程著作中同样也存在着足够多的对问题进行高效分析的案例，阿奇舒勒认为卡尔·马克思和弗里德里赫·恩格斯的著作中的很多案例最有说服力。他们为确定历史变化的特征和阶段做出了显著的贡献，这种变化发生在人类历史上，并与那些改变了人类劳动性质并增强了人类部分能力，甚至完全将人类从生产过程的新工艺和新机器中解放出来的发明相关。

他们给出的案例贯穿着两个思想：发明就是克服矛盾；矛盾就是技术体系各个部分发展不均衡的产物。

因此，恩格斯在其著作《步枪史》（*Geschichte des Gewehre*，F·Engels，1860 年）中列举了许多技术矛盾的案例，这些矛盾的解决决定了步枪发展的整个历史。这些矛盾的解决既是应使用要求的变化而产生的，也是由于内部缺陷的凸显而产生的。尤其是，长时间以来，主要矛盾都在于提高装药便利性和射速的需求要求缩短枪身（装药分为火药装填和弹壳从枪筒退出两部分），而为了提高射击精度并能够在短兵相接的战斗中在较大距离上射杀敌人，则要求增长枪身。这样的矛盾性要求出现在从枪尾一侧装药的步枪身上。然而这些案例一直没有被创造的方法论者和实践者所评价，而仅仅把它们当成对辩证唯物主义的例证。

1956 年阿奇舒勒发表了自己的第一篇文章,提出了建立发明创造理论的问题,并提出了解决该问题的基本想法:

① 解决该问题的关键:查明并消除系统矛盾;

② 解决问题的战术和方法(操作):可以在分析大量优秀发明的基础上得到;

③ 解决问题的战略:战略应当建立在技术系统发展过程的规律性基础上。

到 1961 年时阿奇舒勒已经研究了 43 类专利中将近 1 万件发明,弄清楚发明方法是有可能的,这一想法在下面的发现中得到了完整的确认:

① 发明问题是无限多的,而系统矛盾的类型比较而言是不多的;

② 存在着典型的系统矛盾以及消除它们的典型方法。

那么到底什么样的思维才算是 TRIZ 理论创新思维? TRIZ 理论创新思维又与传统的思维方式有什么区别? 表 3 - 2 对这两类思维方式进行了系统的比较。

表 3 - 2　传统思维与 TRIZ 理论创新思维比较

传统思维	TRIZ 理论创新思维
使任务要求趋于容易和简单	使任务要求趋于尖锐和复杂
倾向于脱离"不可思议"之路	沿着"不可思议"之路执着前进
对目标的概念不明晰,视觉概念受制于目标原型	对目标的概念明晰,视觉概念受制于最终理想解
对目标的概念"平淡"	对目标的概念"丰富";同时被研究的不光是目标,还有其子系统,以及目标所属的超系统
对目标的概念是"瞬间的"	目标显现在历史进展中;昨天什么样,今天什么样,明天什么样(如果保留进化轨迹)
对目标的概念"僵硬",很难改变	对目标的概念"可塑",在其他的空间和时间易于发生巨变
存储记忆提示近期(所以微弱)类比	存储记忆提示远期(所以强烈)类比,并且新的规则和方法等不断充实着信息存量
"专业化障碍"逐年增大	"专业化障碍"逐渐消失
思维可控程度无法提高	思维越来越容易控制:发明家似乎可以在侧面看到思维的活动,能够驾驭思维进程(比如说,很容易摆脱"自然涌出"的方案)

3.3　经典 TRIZ 理论

3.3.1　经典 TRIZ 理论的建立

根里奇·阿奇舒勒常常强调,TRIZ 理论在本质上是对人的思维的组织,通过组织就可以拥有所有的或者众多的天才发明家的经验。普通的甚至有经验的发明家都会利用自己建立在外部相似性基础上的经验:它是谁,这个新任务与某个老任务有些像,所以,其解决办法也应当有些像。而熟悉 TRIZ 理论的发明家看到的则要深奥得多,他会说:在这个新任务中有这样一些矛盾,也就是说,可以利用老任务的解决办法,因为老任务虽然从外部看起来与新任务没有相似性,但是却包含相似的矛盾。

在发明问题解决算法的第一个版本面世时就已经开始建立 TRIZ 理论了。TRIZ 理论的作者用如下形式说明了操作、方法和理论之间的区别。

操作——单个的基础的动作。操作可以归结为解决任务的人的动作，例如利用相似性解决问题的人的动作。操作也可以归结为所考察技术系统中的问题，例如："系统划分或将多个系统合为一个"。操作无法用于：无法知道操作什么时候是有效的，什么时候又会是无效的。在某个情形下，相似性可能会导致问题的解决，而在另一个情形下，则可能导致远离，使操作无法发展，尽管多个操作的集合可以得到补充和发展。

方法——操作体系。通常包含众多操作，该体系确定了操作的确定顺序。方法通常建立在一个原则上或者一个假设上，例如，顿悟的基础就是假设：在给出"人潜意识下无序的思想流中得到的结论"时，问题可以得到解决。而发明问题解决算法的基础则是发展模型、矛盾模型和矛盾解决模型的相似性原则。方法的发展也极其有限，它往往停留在原始原则的框架内。

理论——许多操作和方法的体系。该体系确定了建立在复杂技术客体和自然客体的发展规律（模型）基础上的定向控制问题解决过程。

可以这样说，操作、方法和理论构成了"砖—房子—城市"或者"细胞—组织—有机体"这样的序列。

当 1985 年 TRIZ 理论的创建达到顶峰时，阿奇舒勒描述了该理论近 40 年的发展过程。

第一阶段：发明问题解决算法方面的工作。虽然该工作始于 1946 年，但那时还没有明确提出"发明问题解决算法"这一概念，而是以另一种方式提出来的。

应当研究大量发明创造的经验，找出高水平技术解决方案的共同特点，来用于未来发明问题的解决。这样就会发现，高水平的技术方案是能够克服问题中的技术矛盾，而低水平的技术方案却不能够描述或者克服技术矛盾。

让人想象不到的是，即使是一些非常有经验的发明家，也不理解解决发明问题的正确战术应当是一步一步地澄清技术矛盾，研究产生矛盾的原因并消除矛盾，从而最终消除技术矛盾。有些发明家在发现了明显的技术矛盾之后，不去实施怎样解决技术矛盾，而是浪费多年时光在各种可能方案的挑选上，甚至没有时间去尝试描述任务所包含的矛盾。

人们很失望没能从那些伟大的发明家那里找到有助于发明的经验，那是因为大部分发明家都在使用那个极简陋的方法，就是"试错法"。

第二阶段：第二阶段的问题以这样的方式提出——应当编制对于所有发明问题来说都普遍使用的、能循序渐进解决发明问题的算法（ARIZ）。该算法应当建立在对问题的逐步分析的基础上，从而能够影响、研究和克服技术矛盾。发明问题解决算法虽然不能够取代知识和能力，但是它能够帮助发明者避免许多错误，并给问题的解决提供一个好的流程。

最初的算法（ARIZ-56 或者 ARIZ-61）同 ARIZ-85 相去甚远，但是随着每次的改进，变得更清晰，更可靠，并逐渐取得算法纲要的性质。此外还曾经编制了消除技术矛盾的操作表（矛盾矩阵表）。这些研究成果都是基于对大量的专利资源和技术发明的介绍的分析。

还有一个问题需要解决，即产生高水平的解决方案需要知识，而这些知识则可能超出了发明者所拥有的专业领域的界限，只能依赖生产经验在习惯的方向上不断尝试，结果是毫无收获，而发明问题解决算法只能够改善解决问题的流程。最后发现，人无法有效地解决高水平的发明问题。因此，所有仅仅建立在激发"创造思维"基础上的方法都是错误的，因为这种尝试只能够很好地组织"糟糕的"思维。因此，在第二阶段只为发明者提供辅助创新工具是不够的，必须重建发明创造,必须改变发明创造的工艺。这种技术系统进化体系现在被看作是独立的、不依赖于人的发明问题解决体系。思维应当遵循并控制这个系统,这样它就会成为天下人的思维。

这样就产生了一种观点,认为发明问题解决算法应该服从于技术系统发展的客观规律。

第三阶段:第三阶段的形式如下。

低水平的发明算不上是创造,通过"试错法"得到的高水平发明是低效率的创造。我们需要有计划地解决高水平问题的发明问题新工艺,这个工艺应该建立在有关技术体系发展客观规律的基础上。

如同第二阶段一样,研究工作是基于专利资源的。然而,本阶段的研究不再是澄清新的操作和用于消除技术矛盾的矩阵表中的内容,而是研究技术体系发展的整个规律。关键在于,发明是技术体系的发展。而发明任务则仅仅是创建一个人类所发现的蕴含技术体系发展要求的某个形态。TRIZ 理论研究发明创造的目的是建立可用于发明问题解决过程的高效方法。

对这样的定义有别于传统的认识是:所有已经存在的技术系统都是需要进化的,通过采用这种"发明问题的解决方法",人们就能获得发明创造,从而建立起发明的现代产业,每年能够产生数以万计的技术思想。这种现代的"方法"又有什么坏处呢?

关于发明创造存在着一些习惯性的却又是错误的论述,例如:

① 一些人会说"一切取决于偶然性";

② 另一些人坚信"一切取决于知识和坚持,所以应当持之以恒地尝试不同的方案";

③ 还有一些人宣称"一切取决于天赋"。

在这些论断中有一些真理的成分,但是却只是外在的、表面的真理。

"试错法"本身就是低效率的。现代"发明产业"是按照"爱迪生方法"来组织的:任务越困难,所需尝试的次数越多,就会有更多的人参与解决方案的探索。根里奇·阿奇舒勒用如下的方式对其进行了批判:很明显,上千个挖土工人能够挖出比一个挖土工人更多、更大的坑,然而其挖掘的方法还是原来的。在新挖掘方法的帮助下,一个"孤独的"的发明者就如同一个挖掘机手一样,能够比"挖土工人的集体"更有效地完成工作。

在不采用 TRIZ 理论的情况下,发明者要解决问题,首先要长时间地寻找与他的专业领域相近的熟悉的传统的方案。有时候他根本摆脱不了这些方案,思想会进入"思维惯性区"(Psychological Inertia Vector,PIV)。PIV 是由以下不同因素决定的:害怕脱离专业的框架,害怕闯入"别人的"领域,害怕提出可能会被嘲笑的想法,因此,也就不可能知道"野思想"产生的方法。

TRIZ 理论的作者用如图 3-4 所示的图例表展示了"试错法":

从"任务"点开始,发明者应当进入"解决"点,然而这个点究竟在哪里,事先并不知晓。发明者会建立特定的探索原则并开始沿这些原则向所选方向"冲刺"(图中用细箭头标示的部分)。然后就会发现,所有的探索原则都不对,探索完全不是在预定的方向上。此时发明者就会回到任务的原始状态,并设定新的探索原则,又开始新一轮的"冲刺",其典型的例子就是"如果我这么做,会怎么样呢?"。

在图示中,在与"解决"点的方向不相符合甚至完全相反的方向上,箭头的分布很密集。应用"试错法"的理由,尝试过程并非如它第一眼给人的感觉那样混乱无序,在后续的试验中它们甚至是有组织的,也就是说,是在 PIV 的方向上。

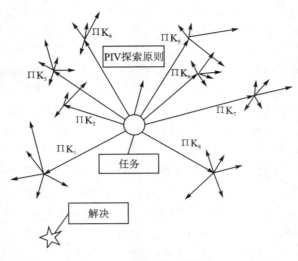

图 3-4 "试错法"图示

对于不同水平的问题，找到解决方案所必需的尝试次数是不同的。然而，为什么有的任务需要 10 次尝试，有的却需要 100 次，而有的甚至需要 1 000 次？它们中间存在着什么样的质的区别？

于是，根里奇·阿奇舒勒得出了如下结论：

1) 任务可能会因所需知识的内容而不同

对第一级发明，任务和解决问题的手段都处于某个专业的范围之内（某个行业的一个分支）。而第二级发明，则处于某个领域的边界之内（例如，机械制造问题可以用已知的机械制造方法来解决，但是使用的是机械制造的另外一个领域的方法）。第三级发明，处于某种科学的范围之内（例如，机械问题可以在机械学原理基础上得以解决）。第四级发明，处于"边缘科学"的范围之内（例如，机械问题可以通过化学方法得以解决）。而第五级发明是最高水平的，则完全超出了现代科学的范围（因此首先需要取得新的科学知识或者作出某种发现，然后才能运用它们以求得解决发明问题的方案）。

2) 问题会因相互作用的因素的结构不同而不同

这可以通过不同的"结构"来表示，例如，第一级发明和第二级发明的任务。

第一级发明的任务有：① 较少的相互作用要素；② 没有未知元素或者它们并不重要；③ 容易分析：很容易就能区分可能会改变的要素与在问题条件下不会改变的要素；要素和可能的变化之间的相互作用很容易就能得到跟踪；④ 问题复杂的原因往往要求在较短的时间内得出解决方案。

第二级发明的任务有：① 众多的相互作用要素；② 大量的未知元素；③ 分析过程复杂：在问题条件下可能会改变的要素很难被分离出来；很难建立要素和可能的变化之间相互影响的足够完整模型；④ 问题趋于复杂的原因在于对解决方案的探寻过程往往拥有相对较长的探索时间。

3) 问题可能会因客体的变化程度的不同而不同

在第一级发明任务中客体（设备或方法）几乎不变，例如，设定一个新的参数值。在第二级发明任务中客体有较小的变化，例如，细节有所变化。在第三级发明任务中，客体发生质变（例如,在最重要的部分发生变化)。在第四级发明任务中,客体完全变化。而在第五级发明任务中,发生变化的客体所在的技术体系也发生了变化。

因此需要一种将发明任务从高水平"转化"到低水平的方法或者将"困难的"任务转变为"简单的"任务的方法,例如,通过快速地减小探索范围来达成目的。

4)自然界没有形成高水平的启发式操作

自然界没有形成高水平的启发式操作,在人类大脑的整个进化史上只获得了解决大致相当于第一级发明问题的能力。

也许,一个人一生中可以做出一两件最高级别的发明,然而,他根本来不及积累或传承"最高启发性经验"。自然淘汰仅仅巩固了低水平的启发式方法:增加—减少;联合—分解;运用相似性复制其他作品。而随后补充到这些方法中的内容则完全是有意识的:"将自己置于所考察客体的位置""牢记心理惯性"等。

高水平的"启发师"能够很熟练地为年轻的工程师们展示其方法,然而,要教会他们却是不可能的。问题在于,如果一个人不知道如何同心理惯性做斗争,那么,"牢记心理惯性"这句忠告就不会起作用。同样,如果一个人事先不知道哪一个相似性更为适宜,那么"运用相似性"这个方法也就是枉然的,尤其是当这种相似性的数量太多的时候。

因此,在其进化过程中,我们的大脑只学会了寻找简单问题解决方案时的足够精确的、最为适用的方法,而最高水平的启发机制却未能得以开启。然而,它们是可以创立的,也是必须创立的。

第三阶段以及 20 世纪 70 年代中期,是传统 TRIZ 理论发展史的中期。同时这也是 TRIZ 理论得以彻底完善的开端:在此期间发现了物理矛盾以及解决物理矛盾的基本原理,形成了发展技术系统的定理(进化法则),编制了第一个建立有效发明(效应)的物理原则的目录列表以及第一批"标准解"体系。

3.3.2　经典 TRIZ 理论的结构

TRIZ 理论的发展历史可以划分出如下阶段:

1) 1985 年前

经典 TRIZ 理论的发展阶段。其主要理论由根里奇·阿奇舒勒和 TRIZ 理论联盟专家们创立并具有概念性特点。

2) 1985 年后

后经典 TRIZ 理论发展阶段。其主要理论具有理论"展开"的性质(也就是说,部分地形式化、细化,尤其是积累了大量方法)并与其他方法,尤其是与功能分析方法相结合,类似的方法还有 Quality Function Deployment(QFD)和 Fault Modes and Effects Analysis(FMEA)。

TRIZ 理论是知识浓缩思想得以实现的一个案例。

TRIZ 理论最主要的发现在于,数百万已经注册的发明都是建立在相对来说为数不多的、对任务的原始情境进行转化的原则之上的。与此同时,TRIZ 理论清晰地指出,任何问题进行组织及取得综合解决的关键要素有:矛盾、资源、理想结果、发明方法,或者用一个更好的说法,那就是转化模型。

此外,在 TRIZ 理论中,不但设计了多个操作体系,而且设计了通过对问题的原始情境进行逐步精确和逐步转化达成解决问题目的的方法。阿奇舒勒将该方法称之为"发明问题解决算法"，即 ARIZ。

按照阿奇舒勒自己的形象化定义，发明问题解决算法以及整个 TRIZ 理论拥有以下"三个支柱"。

① 按照清晰的步骤，一步一步地处理任务，描述并研究使任务成为问题的物理-技术矛盾。

② 为了克服矛盾，应当使用从几代发明家那里汲取到的精选信息（解决问题的典型模型表，包括操作和标准，物理效应运用表等）。

③ 在解决问题的整个过程中，都贯穿着对心理因素的调控：发明问题解决算法能引导发明家的思想，消弭心理惯性，协调接受不同寻常的、大胆的想法。

在人类的创造历史中，TRIZ 第一次创立了一些理论、方法和模型，并能够用于包含有尖锐物理-技术矛盾的复杂的科学技术问题的系统化研究和解决方法，而这些问题使用传统的设计方法是根本无法解决的。

与此同时，必须指出，截至 2000 年，所出版的有关 TRIZ 理论的著名书籍和文章在很多方面都是相互重复的，都仅仅是在传统地展示着 TRIZ 理论作为一个解决技术任务的系统的优点。这不能够促进人们对 TRIZ 理论的能力和边界的正确理解。这些出版物对创造思维"功能实现"过程中的许多未能解决的问题的存在闭口不谈，例如，直观思维的必须性以及其足够多元化的表现。

尽管作者们对"发明算法"和"转化操作"这些术语给予了特别的强调，甚至给出数学"结构"的地位，然而，我们不可以说"发明是'计算'出来的"。因此，首先，不同人们使用这些方法所获得的结果也就远远不同。其次，在发明问题解决算法的基础上寻找解决方案的过程需要一定时间，然而该时间的长短则具有不确定性，这一问题仍然与思维是完全无法计算的这一现象的存在有关。最后，如果在解决某项问题时，客观知识不够而又必须进行科学研究，就存在一个 TRIZ 的能力边界问题。然而，还应当补充一下，TRIZ 作为一个进行研究的工具也是极为有益的。必须记住，TRIZ 理论不能够替代创造性思维，而仅仅是它的工具。而一个好的工具在聪明的人手里将得到更好利用。

3.4 TRIZ 理论的新发展

目前，TRIZ 理论主要应用于技术领域的创新，实践已经证明了其在创新发明中的强大威力和作用。而在非技术领域的应用尚需时日，并不是说 TRIZ 理论本身具有无法克服的局限性，任何一种理论都有其产生、发展和完善的过程。TRIZ 理论目前仍处于"婴儿期"，还远没有达到纯粹科学的水平，之所以称为方法学是合适的，是因为它的成熟还需要一个比较漫长的过程，就像一座摩天大厦，基本的架构已经构建起来，但还需要进一步的加工和装修。其实就经典的 TRIZ 理论而言，它的法则、原理、工具和方法都是具有"普适"意义的，例如，我们完全可以应用其 40 个发明原理解决现实生活中遇到的许多"非技术性"的问题。

TRIZ 理论作为知识系统最大的优点在于：其基础理论不会过时，不会随时间而变化，就像运算方法是不会变的，无论你是计算上班时间还是计算到火星的飞行轨迹。

由于 TRIZ 理论本身还远没有达到"成熟期"，其未来的发展空间是巨大的，归纳起来主要有 5 个发展方向：

① 技术起源和技术演化理论；

② 克服思维惯性的技术；

③ 分析、明确描述和解决发明问题的技术；

④ 指导建立技术功能和特定设计方法、技术和自然知识之间的关系；

⑤ 向非技术领域的发展和延伸。

此外，TRIZ 理论与其他方法相结合，以弥补 TRIZ 理论的不足，已经成为设计领域的重要研究方向。

需要重点说明的是，TRIZ 理论在非技术领域应用研究中的应用前景是十分广阔的。我们认为，只有达到了解决非技术问题的工具水平，TRIZ 理论才是真正地进入了"成熟期"。

未来的 TRIZ 理论是：每个技术问题本身都是不同的。每个问题中都不会有不重复的内容。通过分析，就能找到核心问题，也即系统矛盾及其发生原因的可能。此时整个事情就会发生改变，就会出现按照特定的、合理的图表进行创造性探索的可能性。没有魔法，但是有方法，对于大部分情况来说办法是足够多的。

3.5　创新案例

案例一：你替我搬

英国有一家大型图书馆要搬迁，由于该图书馆藏书量巨大，搬迁的成本算下来非常惊人。就在这时，一位图书管理员想出一个办法，那就是马上对读者们敞开借书，并延长还书日期，只需要读者们增加相应的扣金，并把书还入新的地址。

这一措施得到了采纳。结果不但大大降低了图书搬运成本，还受到了读者的欢迎。

案例二：高斯与难题

有一天，在德国哥廷根大学，一个 19 岁的青年吃完晚饭，开始做导师单独布置给他的数学题。正常情况下，他总是在两个小时内完成这项特殊作业。像往常一样，前两道题目在两个小时内顺利地完成了。但不同的是还有第三道题写在一张小纸条上，是要求他只用圆规和一把没有刻度的直尺做出正 17 边形。他没有在意，埋头做起来。然而，做着做着，他感到越来越吃力。困难激起了他的斗志：我一定要把它做出来！天亮时，他终于做出了这道难题。导师看了他的作业后惊呆了。他用颤抖的声音对青年说："这真是你自己做出来的？你知不知道，你解开了一道有两千多年历史的数学悬案？阿基米德、牛顿都没有解出来，你竟然一个晚上就解出来了！我最近正在研究这道难题，昨天不小心把写有这个题目的小纸条夹在了给你的题目里。"多年以后，这个青年回忆起这一幕时，总是说："如果有人告诉我，这是一道有两千多年历史的数学难题，我不可能在一个晚上解决它。"这个青年就是数学王子高斯。

案例三：成功并不像你想象的那么难

1965 年，一位韩国学生到剑桥大学主修心理学。在喝下午茶的时候，他常到学校的咖啡厅或茶庄听一些成功人士聊天。这些成功人士包括诺贝尔奖获得者，某一些领域的学术权威和一些创造了经济神话的人，这些人幽默风趣，举重若轻，把自己的成功都看得非常自然和顺理成章。时间长了，他发现，在国内时，他被一些成功人士欺骗了。那些人为了让正在创业的人知难而退，普遍把自己的创业艰辛夸大了，也就是说，他们在用自己的成功经历吓唬那些还没有取得成功的人。

作为心理系的学生,他认为很有必要对韩国成功人士的心态加以研究。1970年,他把《成功并不像你想象的那么难》作为毕业论文,提交给现代经济心理学的创始人威尔·布雷登教授。布雷登教授读后,大为惊喜,他认为这是个新发现,这种现象虽然在东方甚至在世界各地普遍存在,但此前还没有一个人大胆地提出来并加以研究。惊喜之余,他写信给他的剑桥校友——当时正坐在韩国政坛第一把交椅上的人——朴正熙。他在信中说,我不敢说这部著作对你有多大的帮助,但我敢肯定它比你的任何一个政令都能产生震动。

后来这本书果然伴随着韩国的经济起飞了。这本书鼓舞了许多人,因为他们从一个新的角度告诉人们,成功与"劳其筋骨,饿其体肤""三更灯火五更鸡""头悬梁,锥刺股",没有必然的联系。只要你对某一事业感兴趣,长久地坚持下去就会成功,因为上帝赋予你的时间和智慧足够你圆满做完一件事情。后来,这位青年也获得了成功,他成了韩国泛业汽车公司的总裁。

习　题

3−1　什么是 TRIZ 理论?

3−2　简述 TRIZ 理论思维方式的特点。

3−3　简述 TRIZ 理论的结构形式。

3−4　TRIZ 理论未来的发展方向是怎样的?

3−5　什么是思维惯性?它具有哪些类型?

3−6　如图3−5所示,9根火柴摆成3个三角形。请移动任意两根火柴,使所有的三角形都变得不存在。

图3−5　九根火柴摆成的3个三角形

参考文献

[1] 阿奇舒勒. 寻找思路[M]. 北京:科学出版社,1986.

[2] Zlotin B, Zusman A A. A month under the stars of fanrasy: a school for developing creative imafination[M]. Kishinev: Kartya Mildovenyaska Publishing House,1988.

[3] Altshuller G S. Search for new ideas: from insight to technology[M]. Kishinew:Kartya Moldovenyaska Publishing House,1989.

[4] Altshuller G S. How to become a genius: the life strategy of a creative person[M]. Minsk:Belarus,1994.

[5] 檀润华. 创新设计[M]. 北京:机械工业出版社,2002.

［6］阿奇舒勒. 创新 40 法［M］. 成都:西南交通大学出版社,2004.

［7］梁桂明,董洁晶,梁峰. 创造学与新产品开发思路及实例［M］. 北京:机械工业出版社,2005.

［8］王传友,王国洪. 创新思维与创新技法［M］. 北京:人民交通出版社,2006.

［9］杨清亮. 发明是这样诞生的:TRIZ 理论全接触［M］. 北京:机械工业出版社,2006.

［10］中国科学技术协会发展创新中心. 创造和创新思维及方法［M］. 北京:中国科学技术出版社,2007.

［11］赵新军. 技术创新理论(TRIZ)及应用［M］. 北京:化学工业出版社,2008.

［12］赵敏. 创新的方法［M］. 北京:当代中国出版社,2008.

［13］赵敏. TRIZ 入门及实践［M］. 北京:科学出版社,2009.

［14］曾富洪. 产品创新设计与开发［M］. 成都:西南交通大学出版社,2009.

［15］王亮申. TRIZ 创新理论与应用原理［M］. 北京:科学出版社,2010.

［16］沈世德. TRIZ 法简明教程［M］. 北京:机械工业出版社,2010.

［17］高常青. TRIZ:发明问题解决理论［M］. 北京:科学出版社,2011.

［18］陈光主. 创新思维与方法:TRIZ 的理论与应用［M］. 北京:科学出版社,2011.

第4章 技术系统与资源分析

4.1 技术系统的基本内容

4.1.1 技术系统的定义

技术是提高人类超越本能活动效率时的一切自然和人工行为的总和。

很久以前人们就有目的地应用自然客体:用木棍从树上采摘果实,用打磨过的石块作为武器等。这些自然客体作为一种工具用来实现目的时就可以被认为是技术客体。

如果技术客体由两个或多个部分组成,而这个客体所具有的某种特殊性能不能压缩为任意组成部分的性能,那么这个客体就称为技术系统。比如,特制的矛由明显的两部分组成:矛头和矛柄。这个矛就是一个简单的技术系统。

技术系统是为提高人类(社会)活动效率而相互联系的技术装置总和,且具有其任何一个组成部分都不具有的特性。

4.1.2 技术系统的功能

根据不同的功能在每个技术系统中扮演的角色不同,技术系统分为主要功能、附加功能、潜在功能、基本功能和辅助功能。

主要功能:技术系统是为实现这一功能而创建的技术装置总和。其完整定义包括两个部分:第一部分给出技术系统的建立目的(通常是消费者的需求),这是技术系统的用途,它从消费者的立场回答了"系统实现什么"的问题;第二部分给出技术系统具体的作用方式,这是技术功能,这部分回答了"系统如何实现"的问题。

完整的主要功能定义由用途和技术功能联合而成。

我们来看几个主要功能定义的实例:

表4-1分别以滚筒式洗衣机、白炽灯、水笔的技术系统为例,来阐述主要功能的完整意义。

表4-1 技术系统主要功能实例

技术系统	用 途	技术功能	主要功能的完整定义
滚筒式洗衣机	清除纺织品上的污垢	使纺织品在洗涤液中旋转	通过在洗涤液中旋转来清除纺织品上的污垢
白炽灯	照亮物体表面	灯丝发出白炽光	通过灯丝发出的白炽光照亮物体表面
水笔	在固体表面留下痕迹	沿着细管将染色物质送达表面	通过细管将染色物质送达固体物质并留下痕迹

定义锤子的主要功能:锤子通过撞击物体的方式改变物体空间位置、形状及其性质,但是锤子有哪些附加功能呢?

附加功能:完成此功能将赋予客体新的应用性能。

比如,可以给细木工锤补充一系列的附加功能:借助于专业装置"起钉子"、在手柄中"存储钉子",这些附加功能使锤子更加完善、便于使用。有些系统具有大量的附加功能。

潜在功能:技术系统并不总按照指定用途使用,比如,锤子还能用来支撑门或者测量距离。这时锤子没有执行主要功能,而执行了实时功能。实现这些目的是完全可能的,因为技术系统不仅限于完成主要功能,这样的功能称为潜在功能。

帆不仅可以用来伸张,也可以用来传递信息:还记得古希腊关于爱琴国王的神话吧,这位老国王根据从克里特岛返还船只上帆的颜色就可以提前知道,他的儿子提休斯是否战胜米诺牛。椅子不仅是一个座位,也可以看作是一个高的平台,借助于它可以拿到放在书架上的物品或者作为运动跳台。书不仅可以用来读,还可以用来固定制作植物标本的叶子。

有时解决发明问题可以归结于寻找技术系统的特殊用途。上述所有功能(主要功能、附加功能、潜在功能)有共性,即它们都反映出满足消费者需求的技术系统特性。

基本功能和辅助功能:技术系统的每一个独立的组成元素都有自身功能,如果这些功能直接帮助实现主要功能,那么这些功能被称为基本功能,这些基本功能对于元素来说便是主要功能。

洗衣机子系统执行的基本功能是:翻转衣物、打湿衣物。

如果子系统的功能服务于其他子系统,那么这些功能被称为辅助功能。

洗衣机的辅助功能:电动机带动洗衣机滚筒振动时,用凸轮堵住渗水孔。

4.1.3　技术系统的分析方法

TRIZ 的奠基人阿奇舒勒,提出了最有效的系统分析模式(见图 4-1)。

图 4-1 所示的模式在文献中称为多屏操作,其本质就是辩证思维的产生和发展的模式(分析—思维过程)。问题通常在某个系统内产生,研究者自然而然地凭想象创造着固定的任务形式:了解任务条件后马上产生带有被研究系统影响的思维屏。

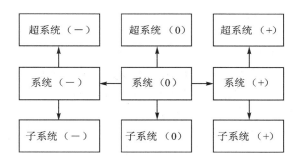

图 4-1　多屏操作图

系统本身、子系统和超系统组成等级,形成越来越复杂的不间断的序列。同类似的等级序列并存的还有其他系统的序列(有时同其直接相互作用,有时则有一定的距离);整个外部世界就其本质来说就是这些序列的总和。系统的和动态的自然世界最少应用 9 个屏来显示,展示每个级的过去和未来(见图 4-2)。

这样,在研究系统时应该想象到,它是如何发展的? 辩证方法论使我们明白,什么是系统产生的必要条件,系统怎样发展,这个系统的未来是怎样的,何时和在什么条件下系统将老化、消亡。发生学方法特别有效,因为它不仅能够评估被研究系统的效率,而且还能够适时提出建

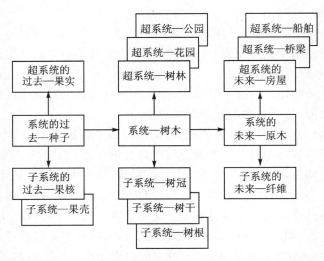

图 4－2　树木发展的多屏操作图

议，使这个技术系统转变为新的、在不断进化过程中将其取代的系统。

此外，研究系统时，必须清晰地提出其空间关系。每个系统都具有这样的特征：有相当多的级数（子系统—超系统），与其他系统保持联系。这些级别中某一个级别的任何变化，都会这样或者那样地触及到所研究的系统，并且远远不是这种变化的所有后果都带有正面的性质。这意味着：系统内部和外部的联系被发现得越多，系统完善的可能性也就越丰富。

系统方法要求对客体进行全面研究（可以利用成分、功能、结构、参数、起源等分析方法建立模型）。

（1）参数分析

规定了客体发展的质的极限——物理的、经济的、生态的等等。为此需要找出阻碍整个客体进一步发展的关键性技术矛盾，并且使其尖锐化。然后设定任务——依靠新的解法来消除这些矛盾。

进行参数分析时可以利用实现客体的主要功能和补充功能的级别数据。

例如，对于实现"导热"功能的技术系统来说，需要具备足够导热性能的材料。关键的技术矛盾在这里归结为：使用极高导热性能的材料（铜、银）有助于导热，但却急剧增加了系统的成本。该矛盾的尖锐化指出了发展这种系统的物理极限——花费任何代价都不可能改善导热性能。

克服矛盾所需要解决的问题：怎样大幅度增加导热而又不大幅增加支出。这个问题的解法是建立导热系统——热管，后者优于最好的导热材料，能够将热流传递提高 3～4 个等级。

物质流模型：分析物质流是为了研究客体内流动物质、能源和信息的流动，途径是将这些流体模型化。为每个流经被分析客体的物质流，都在结构分析的基础上建立相应的模型。

例如：为绞肉机建立物质（食品）流动模型和机械能（力）流动模型。

模型以物质流在客体（及其超系统）的元件之间流动的图链形式表现出来，流动的每一部分都有流动方向、流量和变化的说明。

例如：在绞肉机中机械能流动的模型如图 4－3 所示，从图中可以看出，机械能由螺旋（搅龙）向机体沿 4 个平行链传送。

① 通过食品——10％；

② 直接通过机体套筒——5%；

③ 通过篦子和螺母——5%；

④ 通过搅刀、篦子和螺母——80%。

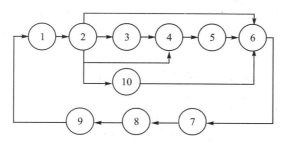

1—手柄；2—螺旋输送器（搅龙）；3—搅刀；4—篦子；
5—螺母；6—机体；7—桌子；8—地板；9—人；10—原料

图 4-3　机械能流动模型

功能模型：客体的功能模型建立在功能分析数据的基础之上。功能模型包括客体的主要功能、辅助功能和保证完成主要（基本和辅助）功能的综合体。

实现功能模型可能有 3 个级别：

① 综合性的功能模型，它只表现主要的、基本的和辅助的功能，不受客体行为准则及其物质的（结构和工艺等）具体体现的制约。

② 行为准则的模型，它表现客体功能等级和与其行为准则相符的，但是由具体的物质体现到抽象化的功能等级。

③ 具体客观的模型，它表现符合客体的物质所体现的功能等级。

（2）功能分析

为了发现迫切的、有现实意义的任务，需要借助于下列功能方法：分析用产品、部件和零件来实现的功能；功能的分级；检查实现这种或那种功能的效率；明确其在整个系统工作的作用，以及寻找那些难以承担实现有利功能的要素。

功能分析将研究的是作为其实现功能的综合体的客体，而不是物质材料结构。比如：将照明灯作为"发光"的功能载体，而不是作为结构要素（玻璃泡、灯头、灯丝等）的总和。

功能分析从先决条件出发，在被分析的客体中，有害和中性功能总是伴随着有利功能的实现。例如：绞肉机的搅刀在工作中同时实现以下几项功能：有益的功能——"将食品体积变小"；有害的功能——"将食品团成一团"；中性的功能——"将食品加热"。

为了在今后的分析中正确地使用功能概念，必须将功能准确地表述为表示动作的动词不定式形式和名词的宾格形式（动宾结构）。例如：涂上墨水，连接木板，抬起重物。

定义功能需遵循固定的规则。具体客体的功能定义应当适合于具体的工作条件。例如：作为台灯的照明灯除了有益功能"发光"外，还具有有害功能"发热"。而在孵化箱中，同样的灯泡"发热"功能是有益的，"发光"则是中性的。

功能的表述不应当指明客体的具体材料体现（对于技术系统来说，不指明具体的工艺结构制造）。例如：绞肉机的功能在表述上不应是"切肉"，而是"将食品体积变小"，因为动词"切"说明的是具体的工艺活动，而动词"变小"是指实现该行为的多面性。"食品"的定义在此情况下比"肉"的定义更具有概括性。

根据功能定义,功能客体应是材料客体:物质或场。在分析信息系统时,信息则可作为材料客体。

(3)结构分析

结构分析明确了客体成分间的相关作用(关系)。为了完成结构分析建立了客体的结构模型。

结构类型:提出以下几个最具有技术特征的结构。

1)微粒型

由几个相互间关系不太紧密的相同要素组成,要素的部分消失几乎在系统功能中不表现出来,如图4-4所示。例如:船队,沙漏斗。

2)砖　型

由几个相同的、相互间硬性连接的要素组成,如图4-5所示。如:墙壁、拱廊和桥梁。

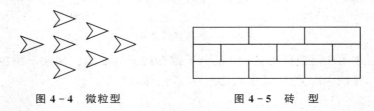

图4-4　微粒型　　　　　　　　图4-5　砖　型

3)链　状

由相同类型的、相互间铰链式联结的要素组成,如图4-6所示。如:履带、火车。

4)网　状

由不同类型的、相互间直接或者间接通过其他要素或者通过中心要素联系的要素组成,如图4-7所示。例如:电话线、电视、图书馆和供暖系统。

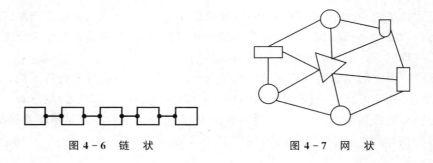

图4-6　链　状　　　　　　　　图4-7　网　状

5)多联系状

在网状模型中包括许多交叉关系,如图4-8所示。

6)等级状

由不同种类要素组成,其中每个要素都是其上级的组合要素,既有"横向"联系(与同一级别的要素),又有"垂直"联系(与各个级别的要素)。例如:机床、汽车和步枪。

按照时间发展类型结构通常是:

① 展开的——随着时间流逝,伴随着主要有利功能的增加,要素的数量也在增加。

② 凝固的——随着时间流逝,当主要有利功能增加或不变时,要素的数量减少。

③ 退化的——在某一时刻,在主要有利功能减少时,要素的数量开始减少。

④ 恶化的——在联系、功率和效率减少时，主要有利功能减少。

等级结构的产生和发展并不是偶然的，在中级和高级系统中，这是提高效率、可靠性能和稳定性能的唯一途径。在简单系统中不需要等级制，因为要素之间的直接联系是相互作用的。在复杂系统中，所有要素直接的相互作用是不可能的，相互作用只是在同一级别的要素之间才能进行，而各个级别之间的联系是剧减的。

典型的等级系统的样式如图 4-9 所示，技术等级如表 4-2 所列，表 4-2 列出了等级制度的名称。

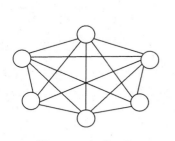

图 4-8　多联系状

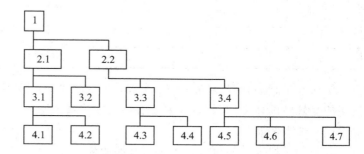

图 4-9　按等级原则构建的系统

表 4-2　技术等级

技术系统等级	系统名称	例　子	自然界中类似例子
1	技术范围	技术＋人＋资源＋消费系统	生物圈
2	技术	所有技术(所有领域)	动物圈
3	技术领域	运输(所有形式)	类别
4	联合体	民航，汽运，铁路运输	级别
5	企业	工厂，地铁，飞机场	组织
6	机组	火车头，车厢，轨迹	机体部件，心脏，肺部等
7	机器	机车，汽车，飞机	细胞
8	非同类机构(总体部件，能够实现能量物质从一形态转变为另一形态)	静电发电机，内燃机	脱氧核糖核酸，核糖核酸，磷酸腺苷分子
9	同类机构(总体部件，能够实现能量物质转变，不转变形态)	螺旋千斤顶，推车，帆船装备，钟表，变压器，望远镜	血红蛋白分子促进氧气运输
10	部件	轴与双轮(出现新的特性，促进滚动)	复杂分子，聚合物
11	成对的配件	螺丝和螺杆，轴与双轮	分子，由不同的原子团构成，例如：$C_2H_5-C=O$ | $O-H$

技术系统等级	系统名称	例　子	自然界中类似例子
12	非同类部件（分割后形成不同的部分）	螺丝，螺杆	不对称的碳化学链 —C—C—C—C— | C
13	同类部件（分割后形成相同的部分）	电线，轴，梁	对称的碳化学链 —C—C—C—C—
14	非同种物质	钢	混合物，溶液（海水，空气）
15	同种相物质	化工纯铁	普通物质（氧，氮）

层次水平越高，结构越宽松，元件间的刚性联系就越少，则易于移动和替换。在低级别中更多的是硬性的体系和联系，主要的有益功能严格地确定了产品的结构。

（4）起源分析

起源分析研究是否符合技术系统发展规律。

在起源分析过程中研究被调研客体的发展史（起源）、结构、制造工艺、生产批量、利用的材料、社会因素等的变化特性。得出这些变化的正面和负面影响，就能够准确地表述出完善客体的问题和建议。

例如：在冲压时变压器的导磁板在拧紧的螺栓下钻孔。以前导磁板的材料是薄热轧钢板。在薄热轧钢板上钻孔其电磁性能没有减少。现在使用具有更好的电磁性能的冷轧钢作为导磁体。在这种情况下板的制造工艺没有变，只是在钻孔时冷轧钢的电磁性能减少了。这样，起源分析法就形成了一个问题：怎样在生产导磁体板的合成时不减少电磁的性能。

进行起源分析时，不仅在生命链的某一具体阶段研究客体，而且在所有其他阶段都在研究（以前的和以后的）。

4.2　技术系统进化法则

4.2.1　阿奇舒勒与技术系统进化论

阿奇舒勒于 1946 年开始创立 TRIZ 理论，其中重要的理论之一是技术系统进化论。阿奇舒勒技术系统进化论的主要观点是技术系统的进化并非随机的，而是遵循着一定的客观的进化模式，所有的系统都是向"最终理想解"进化的，系统进化的模式可以在过去的专利发明中发现，并可以应用于新系统的开发，从而避免盲目的尝试和浪费时间。

阿奇舒勒的技术系统进化论主要有 8 大进化法则，这些法则可以用来解决难题，预测技术系统，产生并加强创造性问题的解决工具。这 8 大法则是：

① 技术系统的 S 曲线进化法则；

② 提高理想度法则；

③ 子系统的不均衡进化法则；

④ 动态性和可控性进化法则；

⑤ 增加集成度再进行简化的法则；

⑥ 子系统协调性进化法则；

⑦ 向微观级和增加场应用的进化法则；

⑧ 减少人工介入的进化法则。

4.2.2　8 大技术系统进化法则

1. 技术系统的 S 曲线进化法则

阿奇舒勒通过对大量的发明专利的分析，发现产品的进化规律满足一条 S 形的曲线。产品的进化过程是依靠设计者来推进的，如果没有引入新的技术，它将停留在当前的技术水平上，而新技术的引入将推动产品的进化。

S 曲线也可以认为是一条产品技术成熟度预测曲线，图 4 - 10 所示是一条典型的 S 曲线。S 曲线描述了一个技术系统的完整生命周期，图中的横轴代表时间，纵轴代表技术系统的某个重要的性能参数（传统 39 个工程参数）。例如飞机这个技术系统，飞行速度、可靠性就是最重要的性能参数，性能参数随时间的延续呈现 S 形曲线。

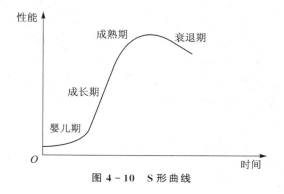

图 4 - 10　S 形曲线

一个技术系统的进化一般经历 4 个阶段，分别是：婴儿期、成长期、成熟期和衰退期。每个阶段都会呈现出不同的特点。

（1）技术系统的诞生（婴儿期）

有一个新需求，而且满足这个需求是有意义的，当这两个条件同时出现时，一个新的技术系统就会诞生。新的技术系统一定会以一个更高水平的发明结果来呈现。处于婴儿期的系统尽管能够提供新的功能，但该阶段的系统明显地处于初级，存在着效率低、可靠性差或一些尚未解决的问题。由于人们对它的未来难以把握，而且风险较大，因此只有少数投资者才会进行投资。处于此阶段的系统所能获得的人力、物力上的投入是非常有限的。

TRIZ 从性能参数、专利级别、专利数量、经济收益 4 个方面来描述技术系统在各个阶段所表现出来的特点，以帮助人们有效了解和判断一个产品或行业所处的阶段，从而制定有效的产品策略和企业发展战略。

处于婴儿期的系统所呈现的特征：性能的完善非常缓慢，此阶段产生的专利级别很高，但专利数量较少，系统在此阶段的经济收益为负，详见图 4 - 11。

（2）技术系统的成长期（快速发展期）

进入发展期的技术系统，系统中原来存在的各种问题逐步得到解决，效率和产品可靠性得到较大程度的提升，其价值开始获得社会的广泛认可，发展潜力也开始显现，从而吸引了大量的人力、财力，大量资金的投入会推进技术系统获得高速发展。

从图 4 - 11 中可以看到，处于第二阶段的系统性能得到急速提升，此阶段产生的专利级别开始下降，但专利数量出现上升。系统在此阶段的经济收益快速上升并凸显出来，这时候投资者会蜂拥而至，促进技术系统的快速完善。

（3）技术系统的成熟期

在获得大量资源的情况下，系统从成长期会快速进入第三个阶段：成熟期。这时技术系统已经趋于完善，所进行的大部分工作只是系统的局部改进和完善。

从图4-11可以看到处于成熟期的系统，性能水平达到最佳。这时仍会产生大量的专利，但专利级别会更低，此时需要警惕垃圾专利的大量产生，以有效使用专利费用。处于此阶段的产品已进入大批量生产，并获得巨额的财务收益，此时，需要知道系统将很快进入下一个阶段——衰退期，需要着手布局下一代的产品，制定相应的企业发展战略，以保证本代产品淡出市场时，有新的产品来承担起企业发展的重担。否则，企业将面临较大的风险，业绩会出现大幅回落。

（4）技术系统的衰退期

成熟期后系统面临的是衰退期。此时技术系统已达到极限，不会再有新的突破，该系统因不再有需求的支撑而面临市场的淘汰。从图4-11可以看到，处于第四阶段的系统其性能参数、专利等级、专利数量、经济收益4方面均呈现快速地下降趋势。

当一个技术系统的进化完成4个阶段以后（比如图4-12中的系统A），必然会出现一个新的技术系统来替代它（比如图4-12中的系统B和系统C），如此不断地替代，就形成了S形曲线族，如图4-12所示。

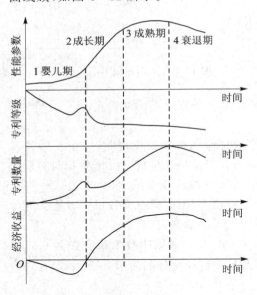

图4-11　各阶段的特点

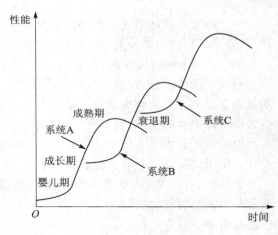

图4-12　S形曲线族

2. 提高理想度法则

技术系统的理想度法则包括以下几方面含义：

① 一个系统在实现功能的同时，必然有两方面的作用：有用功能和有害功能；

② 理想度是指有用作用和有害作用的比值；

③ 系统改进的一般方向是最大化理想度比值；

④ 在建立和选择发明解法的同时，需要努力提升理想度水平。

也就是说，任何技术系统，在其生命周期之中，是沿着提高其理想度，向最理想系统的方向进化的,提高理想度法则代表着所有技术系统进化法则的最终方向。理想化是推动系统进化的主要动力。比如手机的进化、计算机的进化。

最理想的技术系统应该是:不存在物理实体,也不消耗任何的资源,但是却能够实现所有必要的功能,即物理实体趋于零,功能无穷大,简单说,就是"功能俱全,结构消失"。

3. 子系统的不均衡进化法则

技术系统由多个实现各自功能的子系统(元件)组成,每个子系统及子系统间的进化都存在着不均衡。

① 每个子系统都是沿着自己的 S 曲线进化的;

② 不同的子系统将依据自己的时间进度进化;

③ 不同的子系统在不同的时间点到达自己的极限,这将导致子系统间矛盾的出现;

④ 系统中最先到达其极限的子系统将抑制整个系统的进化,系统的进化水平取决于此子系统;

⑤ 需要考虑系统的持续改进来消除矛盾。

掌握了子系统的不均衡进化法则,可以帮助人们及时发现并改进系统中最不理想的子系统,从而提升整个系统的进化阶段。

通常设计人员容易犯的错误是花费精力专注于系统中已经比较理想的重要子系统,而忽略了"木桶效应"(见图 4 - 13)中的短板,结果导致系统的发展缓慢。比如,飞机设计中,曾经出现过单方面专注于飞机发动机,而轻视了空气动力学的制约影响,导致飞机整体性能的提升比较缓慢。

4. 动态性和可控性进化法则

动态性和可控性进化法则是指:增强系统的动态性,以更大的柔性和可移动性来获得功能的实现;增强系统的动态性要求增强可控性。

图 4 - 13　木桶效应

增强系统的动态性和可控性的路径很多,下面从 4 个方面进行陈述。

(1) 向移动性增强的方向转化的路径

本路径反映了下面的技术进化过程:固定的系统→可移动的系统→随意移动的系统。比如电话的进化:固定电话→子母机→手机,如图 4 - 14 所示。

图 4 - 14　电话系统的进化

(2) 增加自由度的路径

本路径的技术进化过程:原动态的系统→结构上的系统可变性→微观级别的系统可变性,

即刚性体→单铰链→多铰链→柔性体→气体/液体→场。比如，手机的进化：直板机→翻盖机；门锁的进化：挂锁→链条锁→密码锁→指纹锁。

（3）增强可控性的路径

本路径的技术进化过程：无控制的系统→直接控制→间接控制→反馈控制→自我调节控制的系统。比如城市街灯，为增强其可控性，经历了以下进化路径：专人开关→定时控制→感光控制→光度分级调节控制。

（4）改变稳定度的路径

本路径的技术进化阶段：静态固定的系统→有多个固定状态的系统→动态固定系统→多变系统。

5. 增加集成度再进行简化法则

技术系统首先趋向于集成度增加的方向，紧接着再进行简化。比如先集成系统功能的数量和质量，然后用更简单的系统提供相同或更好的性能来进行替代。

（1）增加集成度的路径

本路径的技术进化阶段：创建功能中心→附加或辅助子系统加入→通过分割、向超系统转化或向复杂系统的转化来加强易于分解的程度。

（2）简化路径

本路径反映了下面的技术进化阶段：

① 通过选择实现辅助功能的最简单途径来进行初级简化；

② 通过组合实现相同或相近功能的元件来进行部分简化；

③ 通过应用自然现象或"智能"物替代专用设备来进行整体的简化。

（3）单—双—多路径

本路径的技术进化阶段：单系统→双系统→多系统。

双系统包括：

① 单功能双系统：同类双系统和轮换双系统，比如双叶片风扇和双头铅笔；

② 多功能双系统：同类双系统和相反双系统，比如双色圆珠笔和带橡皮擦的铅笔；

③ 局部简化双系统：比如具有长、短双焦距的相机；

④ 完整简化的双系统：新的单系统。

多系统包括：

① 单功能多系统：同类多系统和轮换多系统；

② 多功能多系统：同类多系统和相反多系统；

③ 局部简化多系统；

④ 完整简化的多系统：新的单系统。

（4）子系统分离路径

当技术系统进化到极限时，实现某项功能的子系统会从系统中剥离出来，进入超系统，这样在此子系统功能得到加强的同时，也简化了原来的系统。比如，空中加油机就是从飞机中分离出来的子系统。

6. 子系统协调性进化法则

在技术系统的进化中，子系统的匹配和不匹配交替出现，以改善性能或补偿不理想的作用。也就是说,技术系统的进化是沿着各个子系统相互之间更协调的方向发展的,即系统的各个部件在保持协调的前提下,充分发挥各自的功能。

（1）匹配和不匹配元件的路径

本路径的技术进化阶段:不匹配元件的系统→匹配元件的系统→失谐元件的系统→动态匹配/失谐系统。

（2）调节的匹配和不匹配的路径

本路径的技术进化阶段:最小匹配/不匹配的系统→强制匹配/不匹配的系统→缓冲匹配/不匹配的系统→自匹配/自不匹配的系统。

（3）工具与工件匹配的路径

本路径的技术进化阶段:点作用→线作用→面作用→体作用。

（4）匹配制造过程中加工动作节拍的路径

本路径反映了下面的技术进化阶段:

① 工序中输送和加工动作的不协调;

② 工序中输送和加工动作的协调,速度的匹配;

③ 工序中输送和加工动作的协调,速度的轮流匹配;

④ 将加工动作与输送动作独立开来。

7. 向微观级和场的应用进化法则

技术系统趋向于从宏观系统向微观系统转化,在转化中,使用不同的能量场来获得更佳的性能或控制性。

（1）向微观级转化的路径

如图 4-15 所示的切割系统的进化过程,本路径反映了下面的技术进化阶段:

① 宏观级的系统;

② 通常形状的多系统:平面圆或薄片,条或杆,球体或球;

③ 来自高度分离成分的多系统,如粉末、颗粒等,次分子系统（泡沫、凝胶体等）→化学相互作用下的分子系统→原子系统;

④ 具有场的系统。

（2）转化到高效场的路径

本路径的技术进化阶段:应用机械交互作用→应用热交互作用→应用分子交互作用→应用化学交互作用→应用电子交互作用→应用磁交互作用→应用电磁交互作用和辐射。

（3）增加场效率的路径

本路径的技术进化阶段:应用直接的场→应用有反方向的场→应用有相反方向的场的合成→应用交替场/振动/共振/驻波的场等→应用脉冲场→应用带梯度的场→应用不同场的组合作用。

（4）分割的路径

本路径的技术进化阶段:

固体或连续物体→有局部内势垒的物体→有完整势垒的物体→有部分间隔分割的物体→有长而窄连接的物体→用场连接零件的物体→零件间用结构连接的物体→零件间用程序连接的物体→零件间没有连接的物体。

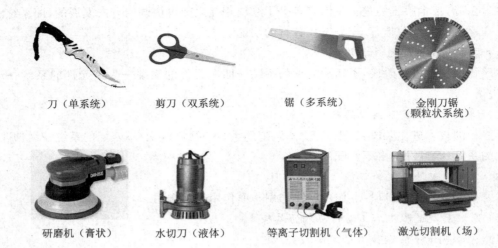

刀（单系统）	剪刀（双系统）	锯（多系统）	金刚刀锯 （颗粒状系统）
研磨机（膏状）	水切刀（液体）	等离子切割机（气体）	激光切割机（场）

图4-15　切割系统的进化

8. 减少人工介入的进化法则

系统的发展用来实现那些枯燥的功能,以解放人们去完成更具有智力性的工作。

(1) 减少人工介入的一般路径

本路径的技术进化阶段:包含人工动作的系统→替代人工但仍保留人工动作的方法→用机器动作完全代替人工。

(2) 在同一水平上减少人工介入的路径

本路径的技术进化阶段:包含人工作用的系统→用执行机构替代人工→用能量传输机构替代人工→用能量源替代人工。

(3) 不同水平间减少人工介入的路径

本路径的技术进化阶段:包含人工作用的系统→用执行机构替代人工→在控制水平上替代人工→在决策水平上替代人工。

4.2.3　技术系统进化法则的应用

技术系统的8大进化法则是TRIZ中解决发明问题的重要指导原则,掌握好进化法则,可有效提高问题解决的效率。同时进化法则可以应用到很多其他方面,下面简要介绍5个方面的应用:

1. 产生市场需求

产品需求的传统获得方法一般是市场调查。调查人员基本聚焦于现有产品和用户的需求,缺乏对产品未来趋势的有效把握,所以问卷的设计和调查对象的确定在范围上非常有限,导致市场调查所获取的结果往往比较主观、不完善。调查分析获得的结论对新产品市场定位的参考意义不足,甚至出现错误的导向。

TRIZ技术系统进化法则是通过对大量的专利研究得出的,具有客观性和跨行业领域的普适性。技术系统的进化法则可以帮助市场调查人员和设计人员从进化趋势确定产品的进化路径,引导用户提出基于未来的需求,实现市场需求的创新。从而立足于未来,抢占领先位置,成为行业的引领者。

2. 定性技术预测

针对目前的产品,技术系统的进化法则可为研发部门提出如下的预测:

① 对处于婴儿期和成长期的产品,在结构、参数上进行优化,促使其尽快成熟,为企业带来利润。同时,也应尽快申请专利来进行产权保护,以使企业在今后的市场竞争中处于有利的位置。

② 对处于成熟期或衰退期的产品,避免进行改进设计的投入或进入该产品领域,同时应关注于开发新的核心技术以替代已有的技术,推出新一代的产品,保持企业的持续发展。

③ 明确符合进化趋势的技术发展方向,避免错误的投入。

④ 定位系统中最需要改进的子系统,以提高整个产品的水平。

⑤ 跨越现系统,从超系统的角度定位产品可能的进化模式。

3. 产生新技术

产品进化过程中,虽然产品的基本功能基本维持不变或有增加,但其他的功能需求和实现形式一直处于持续的进化和变化中,尤其是一些令顾客喜悦的功能变化得非常快。因此,按照进化理论可以对当前产品进行分析,以找出更合理的功能实现结构,帮助设计人员完成对系统或子系统基于进化的设计。

4. 专利布局

技术系统的进化法则,可以有效确定未来的技术系统走势,对于当前还没有市场需求的技术,可以事先进行有效的专利布局,以保证企业未来的长久发展空间和专利发放所带来的可观收益。

当前的社会,有很多企业正是依靠有效的专利布局来获得高附加值的收益。在通信行业,高通公司的高速成长正是基于预先的大量的专利布局,在 CDMA 技术上的专利几乎形成全世界范围内的垄断。我国的大量企业,每年会向国外的公司支付大量的专利使用许可费,这不但大大缩小产品的利润空间,而且经常还会因为专利诉讼而官司缠身,我国的 DVD 厂商们就是一个典型代表。

最重要的是专利正成为许多企业打击竞争对手的重要手段。我国的企业在走向国际化的道路上,几乎全都遇到了国外同行在专利上的阻挡,虽然有些官司最后以和解结束,但被告方却在诉讼期间丧失了大量的、重要的市场机会。同时,拥有专利权也可以与其他公司进行专利许可使用的互换,从而节省资源,降低研发成本。因此,专利布局正成为创新型企业的一项重要工作。

5. 选择企业战略制定的时机

八大进化法则,尤其是 S 曲线对企业选择发展战略制定的时机具有积极的指导意义。企业也是一个技术系统,成功的企业战略能够将其带入一个快速发展的时期,完成一次 S 曲线的完整发展过程。但是当这个战略进入成熟期以后,将面临后续的衰退期,所以企业面临的是下一个战略的制定。

很多企业无法跨越 20 年的持续发展,正是由于在一个 S 曲线的 4 个阶段的完整进化中,企业没有及时进行有效的下一个企业发展战略的制定,没有完成 S 曲线的顺利交替,以致被淘汰出局,退出历史舞台。所以,企业在一次成功的战略制定后,在获得成功的同时,不要忘记

S曲线的规律,需要在成熟期开始着手进行下一个战略的制定和实施,从而顺利完成下一个S曲线的启动,将企业带向下一个辉煌。

4.3 TRIZ中解决问题的资源

4.3.1 资源的概念

资源是指系统及其环境中的各种要素,能反映诸如系统作用、功能、组分、组分间的联系结构、信息能源流、物质、形态、空间分布、功能的时间参数、效能以及其他有关功能质量的个别参数。

使用技术系统资源是提高共同和个体理想度最重要的机制之一。

只有具备并使用资源才能解决所有技术问题。

4.3.2 资源的类型

一般情况下,解决问题所需的资源是系统本来就有的,在系统中是以方便使用的方式存在,这称为现成资源(一些资料中称为源资源或直接应用资源)。但系统中有些资源是后来产生的,是对现成资源的改变(如累积、变形等),这称为派生资源(也称衍生资源或导出资源)。派生资源通常是使用已有物质的物理、化学特性(发生相变、改变特性和发生化学反应),来作为完善技术系统和解决发明问题的资源。通常,物质与场的特性是一种可形成某种技术特性的资源,这种资源称为差动资源。

现成物质资源:可以是构成系统及其周围环境的任何资料,或系统产品、原则上可补充利用的废料等。例如:陶粒生产厂使用陶粒作为净化工业水的过滤填料;而在北方却用雪作为过滤填料净化空气。

派生物质资源:作用于现成物质资源获得的物质。例如:清洁球本来是车削不锈钢零件时产生的废料,后来才被专门生产成擦除油垢的工具,如图4-16所示。

图4-16 清洁球

现成能源资源:系统及其周围尚未储备的所有能源。例如:潮汐发电,它直接利用海水在潮汐运动时所具有的动能和势能。

派生能源资源:现成的能源资源转变为其他形式的资源,或者改变其作用方向、强度和其他特性时形成的能源。例如:"自动"供暖,在冬天,公共汽车将排气管道接上带散热片的延长管,从车内通过,利用尾气中的热量供暖。

现成信息资源:借助系统散射场(声场、热场、电磁场等)和借助经过或脱离系统(产品、废料)的物质获取的系统信息。例如:预测天气,我国民间有很多利用云雾变化、动物行为等自然现象来预测天气变化的故事。

派生信息资源:借助各种物理及化学效应,将不易于接受或处理的信息改造为有用信息。例如:为了解除飞行员的疲乏,建议在其腹部固定特殊的电极。当飞机倾斜时,产生弱电压,飞行员会感到倾斜方位的轻微"胳肢"感。

现成空间资源:系统及其周围存在的未被占用的空间。实现该资源的有效办法——使用空间代替物质。例如:为了节省农业用地,在果树间套种西红柿。

派生空间资源:利用各种几何效应产生的再生空间。例如:使用莫比乌斯带(弯曲空间表面),可将任何环状构件(传送带轮、录音磁带等)的有效长度至少提高一倍,如图 4 - 17 所示。

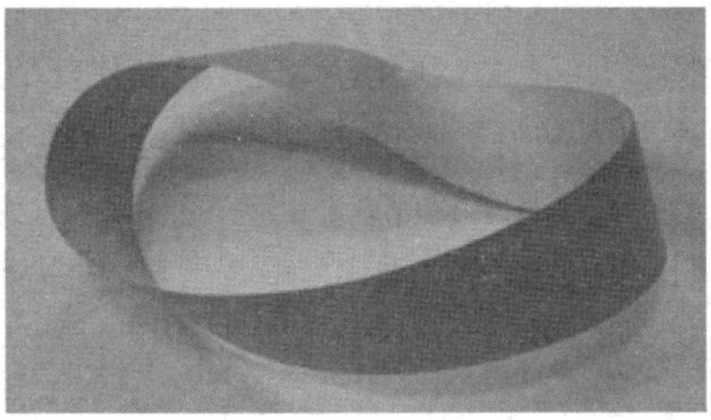

图 4 - 17　莫比乌斯带

现成时间资源:工艺过程中、之前或之后,以及之前未使用或部分使用的过程间的时间间隔。例如:在石油管道运输过程中,对石油进行脱水和脱盐。

派生时间资源:加快、减慢、中断或转变为连续发生过程中的时间间隔。例如:针对快速或极其缓慢的过程,加快或放慢测量。

现成功能资源:系统及其子系统兼有履行补充功能的能力,如相近的主要功能、新功能和意外功能(超效应)。例如:已查明阿司匹林具有稀释血液的作用,并在某些情况下产生副作用,它的这一特性用于预防和治疗梗死。

派生功能资源:系统在经历一系列变化后,兼有履行补充功能的能力。例如:浇注槽以有用制品形式,如字母表字母,在热塑铸件压模中完成。

系统资源:系统具有新的有效特性或功能,可在子系统间关系变化或新的系统组合方法中获得。例如:大功率透平发电机通过蒸气连接,其中一台发电机供给第二台发电机,而后者在发动机状态下工作并转动第一台,如此连接使两台发电机全负荷工作,为了弥补损失,应该补充一台小功率的传动电动机。

4.3.3　资源的寻找与利用

为了便于寻找和利用资源,可以利用如图 4 - 18 所示的路径进行资源的寻找。

对现行的系统来说,最好的方案是变化最小的方案。因此,要尽量应用系统现成的资源,如果必须在方案中引入新的资源,则需要谨慎选择,要注重资源的实用性。

1. 选择资源的顺序

TRIZ 理论给出了一些使用资源的实用化建议(见表 4 - 3)。通常,我们倾向于选择具有同第一个值(最左边)相符的属性的资源。

表 4 - 3　选择资源的顺序

资源属性	选择顺序
价　值	免费—廉价—昂贵
质　量	有害—中性—有益
数　量	无限—足够—不足
可用性	成品—改变后可用—需要建造

若能成功利用系统的有害物质、场和有害功能作为资源,则解决问题会更有成效。这种情况下会取得双重效应——避免损失和额外赢利。例如:抽气座椅,自卸卡车司机座椅制成带有抽气装置的形式,利用汽车在行驶中不可避免地震动,抽取空气;用铸型砂清洗铸造零件时,将零件放入水槽中,借助放电产生电动液压冲击,但这种方法伴随着很大的声响,很难用盖将水槽盖上,建议用含有泡沫的东西消声。为此把一些肥皂放入水中,可利用的物质资源是水和空气,利用的能源和功能资源是借助于电液压冲击搅拌出泡沫。

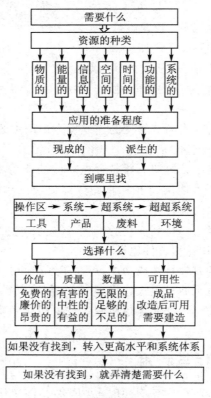

图 4-18　资源的寻找路径

2. 引入 X-元素

　　为了更好地陈述问题,建立理想化的模型,TRIZ 理论通常要引入一个理想化的神秘的未知资源——X-元素。

　　假设存在着一个 X-元素,它能够帮助我们很好地解决问题。也就是说,X-元素能够彻底消除矛盾,且完全不影响有用功能的实现,也不会产生有害效应或使系统复杂化。这样,问题就聚焦在 X-元素的寻找上。X-元素不一定是代表系统的某个实质性的组件,但可以是一些改变、修改,或者是系统的变异、全然未知的东西。比如是系统元素或环境的温度变化或相变。

　　引入 X-元素,在操作区和操作时间内,不会以任何方式使系统变复杂,也不产生任何的有害效应,而且消除了原来的有害作用(指出有害作用),并保持了工具有用行动的执行能力(指出有益作用)。

4.4　最终理想解

4.4.1　TRIZ 中的理想化

TRIZ 理论在解决问题之初,首先抛开各种客观限制条件,通过理想化来定义问题的最终理想解(Ideal Final Result,IFR),以明确理想解所在的方向和位置,保证在问题解决过程中沿着此目标前进并获得最终理想解,从而避免了传统创新设计方法中缺乏目标的弊端,提升了创新设计的效率。如果将 TRIZ 创造性解决问题的方法比作通向胜利的桥,那么最终理想解就是这座桥的桥墩。

TRIZ 通过设立各种理想模型,即最优的模型结构,来分析问题,并以取得最终理想解作为终极追求目标。理想化模型包含所要解决的问题中所涉及的所有要素,可以是理想系统、理想过程、理想资源、理想方法、理想机器、理想物质等。

理想系统就是没有实体,没有物质,也不消耗能源,但能实现所有需要的功能。

理想过程就是只有过程的结果,而无过程本身,突然就获得了结果。

理想资源就是存在无穷无尽的资源,供随意使用,而且不必付费。

理想方法就是不消耗能量及时间,但通过自身调节,能够获得所需的功能。理想机器就是没有质量、体积,但能完成所需要的工作。

理想物质就是没有物质,功能得以实现。

理想化是系统的进化方向,不管是有意改变还是系统本身进化发展,系统都在向着更理想的方向发展。系统的理想程度用理想化水平来进行衡量。

我们知道,技术系统是功能的实现,同一功能存在多种技术实现方式,任何系统在完成人们所期望的功能中,同时亦会带来不希望的功能。TRIZ 中,用正反两面的功能比较来衡量系统的理想化水平。

理想化水平衡量公式:

$$I = \sum U_{\mathrm{F}} / \sum H_{\mathrm{F}} \qquad (4-1)$$

式中:I——理想化水平;

$\quad \sum U_{\mathrm{F}}$——有用功能之和;

$\quad \sum H_{\mathrm{F}}$——有害功能之和。

从式(4-1)可以得到:技术系统的理想化水平与有用功能之和成正比,与有害功能之和成反比。理想化水平越高,产品的竞争能力越强。创新中以理想化水平增加的方向作为设计的目标。

根据式(4-1),增加理想化水平有 4 个方向:

① 增大分子,减小分母,理想化增加显著;

② 增大分子,分母不变,理想化增加;

③ 分子不变,分母减少,理想化增加;

④ 分子分母都增加,但分子增加的速率高于分母增加的速率,理想化增加。

实际工程中进行理想化水平的分析,要将式(4-1)中的各个因子细化。为便于分析,通常用效益之和($\sum B$)代替分子(有用功能之和),将分母(有害功能之和)分解为两部分:成本之和($\sum C$)、危害之和($\sum H$)。

于是,理想化水平衡量公式变为

$$I = \sum B / \left(\sum C + \sum H \right) \qquad (4-2)$$

式中:I——理想化水平;

$\sum B$ ——效益之和;

$\sum C$ ——成本之和(如材料成本、时间、空间、资源、复杂度、能量、重量、……);

$\sum H$ ——危害之和(废弃物、污染、……)。

根据式(4-2),增加理想化水平I有以下6个方向:

① 通过增加新的功能,或从超系统获得功能,增加有用功能的数量;

② 传输尽可能多的功能到工作元件上,提升有用功能的等级;

③ 利用内部或外部已存在的可利用资源,尤其是超系统中的免费资源,以降低成本;

④ 通过剔除无效或低效率的功能,减少有害功能的数量;

⑤ 预防有害功能,将有害功能转化为中性的功能,降低有害功能的等级;

⑥ 将有害功能移到超系统中去,不再成为系统的有害功能。

4.4.2　理想化的方法与设计

TRIZ中的系统理想化按照理想化涉及范围的大小,可分为部分理想化和全部理想化两种方法。技术系统创新设计中,首先考虑部分理想化,只有当所有的部分理想化尝试失败后,才考虑系统的全部理想化。

1. 部分理想化

部分理想化是指在选定的原理上,考虑通过各种不同的实现方式使系统理想化。部分理想化是创新设计中最常用的理想化方法,贯穿于整个设计过程中。

部分理想化常用到以下6种模式:

① 加强有用功能。通过优化提升系统参数、应用高一级进化形态的材料和零部件、给系统引入调节装置或反馈系统,让系统向更高级进化,获得有用功能作用的加强。

② 降低有害功能。通过对有害功能的预防、减少、移除或消除,减少能量的损失和浪费,也可以采用更便宜的材料、标准件等。

③ 功能通用化。应用多功能技术增加有用功能的数量。比如手机,具有播放器、收音机、照相机、掌上电脑等通用功能,功能通用化后,系统获得理想化提升。

④ 增加集成度。集成有害功能,使其不再有害或有害性降低,甚至变害为利,以减少有害功能的数量,节约资源。

⑤ 个别功能专用化。功能分解,划分功能的主次,突出主要功能,将次要功能分解出去。比如,近年来专用制造划分越来越细,元器件、零部件制造交给专业厂家生产,汽车厂家只进行开发设计和组装。

⑥ 增加柔性。系统柔性的增加,可提高其适应范围,有效降低系统对资源的消耗和空间

的占用。比如,以柔性设备为主的生产线越来越多,以适应当前市场变化和个性化定制的需求。

2. 全部理想化

全部理想化是指对同一功能,通过选择不同的原理使系统理想化。全部理想化是在部分理想化尝试无效后才考虑使用。

全部理想化主要有 4 种模式:

① 功能的剪切。在不影响主要功能的条件下,剪切系统中存在的中性功能及辅助的功能,让系统简单化。

② 系统的剪切。如果能够通过利用内部和外部可用的或免费的资源后可省掉辅助子系统,则能够大大降低系统的成本。

③ 原理的改变。为简化系统或使得过程更为方便,如果通过改变已有系统的工作原理可达到目的,则改变系统的原理,获得全新的系统。

④ 系统换代。依据产品进化法则,当系统进入第四个阶段——衰退期,需要考虑用下一代产品来替代当前产品,完成更新换代。

理想化设计可以帮助设计者跳出传统问题解决办法的思维圈子,进入超系统或子系统寻找最优解决方案。理想设计常常打破传统设计中自以为最有效的系统,获得耳目一新的新概念。

理想设计和现实设计之间的距离从理论上讲可以缩小到零,这距离取决于设计者是否具有理想设计的理念,是否在追求理想化设计。虽然二者仅存一词之差,但设计结果却存在着天壤之别。

4.4.3　最终理想解的确定

尽管在产品进化的某个阶段,不同产品进化的方向各异,但如果将所有产品作为一个整体,产品将达到低成本、高功能、高可靠性、无污染的理想状态。产品处于理想状态的解称为最终理想解。产品无时无刻不处于进化之中,进化的过程就是产品由低级向高级演化的过程。TRIZ 解决问题之初,就首先确定 IFR,以 IFR 为终极目标而努力,将解决问题的效率大大提升了。

理想解可采用与技术及实现无关的语言对需要创新的原因进行描述,创新的重要进展往往通过对问题的深入理解而获得。确认系统中非理想化状态的元件是创新成功的关键。

最终理想解有 4 个特点:

① 保持了原系统的优点;

② 弥补了原系统的不足;

③ 没有使系统变得更复杂;

④ 没有引入新的缺陷。

当确定了待设计产品或系统的最终理想解之后,可用这 4 个特点检查其有无不符合之处,并进行系统优化,以确认达到或接近 IFR 为止。

在用 TRIZ 进行创新设计,对于多种方案的比较选择时,根据公式(4-1)和(4-2)计算各方案的理想化水平,将理想化水平值按照高低排序,作为方案选择的第一依据。例如,割草机的改进。割草机在割草时,发出噪声、消耗能源、产生空气污染、高速飞出的草有时会伤害到操作者。现在的第一任务是改进已有的割草机,解决噪声问题。

传统设计中,为了达到降低噪声的目的,一般的设计者要为系统增加阻尼器、减振器等子系统,这不仅增加了系统的复杂性,而且增加的子系统也降低了系统的可靠性。显然,这不符合 IFR 的 4 个特点中的后两个。

如果用 IFR 来分析问题,会得到截然不同的创新设计方案。

先确定客户需求是什么,客户需要的是漂亮整洁的草坪,割草机并不是客户的最终需求,只是维护草坪的一个工具,割草机具有维护草坪整洁的一个有用功能之外,带来的是大量的无用功能。

从割草机与草坪构成的系统看,其 IFR 为草坪上的草始终维持一个固定的高度,为此,就诞生了"漂亮草种(smart grass seed)"的创意,这种草生长到一定高度就停止生长,而无须再用割草机,噪声问题得到理想解决。

最终理想解的确定是问题解决的关键所在,很多问题的 IFR 被正确理解并描述出来,问题就直接得到了解决。设计者的惯性思维常常让自己陷于问题当中不能自拔,解决问题大多采用折中法,结果就使问题时隐时现让设计者叫苦不迭。而 IFR 可以帮助设计者跳出传统设计的怪圈,以 IFR 这一新角度来重新认识定义问题,得到与传统设计完全不同的根本解决思路。

最终理想解确定的步骤:

① 设计的最终目的是什么?

② 理想解是什么?

③ 达到理想解的障碍是什么?

④ 出现这种障碍的结果是什么?

⑤ 不出现这种障碍的条件是什么?

⑥ 创造这些条件存在的可用资源是什么?

习　题

4-1　简述技术系统进化的八大法则。

4-2　简述资源的类型并举例说明。

4-3　什么是最终理想解?如何确定它?

4-4　任意选择一个熟悉的系统进行分析,完成以下内容:

① 写出系统的名称;

② 写出系统的定义及特性;

③ 简述该系统的工作原理(结构简图);

④ 确定系统的主要功能有有益功能和其他功能(动名词形式);

⑤ 使用提高理想度法则和 S 曲线进化法则,并选择法则的一个工作原理和生命周期的一个阶段,对系统在该阶段的特性进行分析;

⑥ 运用提高动态性法则和向微观级进化法则对整个技术系统进行分析,并确定系统需要改善的部位或者零部件。

参考文献

［1］ Altshuller G S. The art of invernting, and suddenly the inventor appeated［M］. Moscow：Detskaya Literatura，1989.

［2］ Altshuller G S. To find an idea：introduction to the theory of inventive problem solving ［M］. Novosibirsk：Nauka，1991.

［3］ 曹福金. 创新思维与方法概论：TRIZ 理论与应用［M］. 哈尔滨：黑龙江教育出版社，2009.

［4］ 黄纯颖. 机械创新设计［M］. 北京：高等教育出版社，2000.

［5］ 邓家褆. 产品概念设计：理论、方法与技术［M］. 北京：机械工业出版社，2002.

［6］ 莫尔. 新产品创新的营销［M］. 北京：机械工业出版社，2002.

［7］ 李柱国. 机械设计与理论［M］. 北京：科学出版社，2003.

［8］ 张志远，何川. 发明创造方法学［M］. 成都：四川大学出版社，2003.

［9］ 檀润华. 发明问题解决理论［M］. 北京：科学出版社，2004.

［10］ 尹成湖. 创新的理性认识及实践［M］. 北京：化学工业出版社，2005.

［11］ 谢里阳. 现代设计方法［M］. 北京：机械工业出版社，2005.

［12］ 张春林. 机械创新设计［M］. 北京：机械工业出版社，2007.

［13］ 黑龙江省科学技术厅. TRIZ 理论入门导读［M］. 哈尔滨：黑龙江科学技术出版社，2007.

［14］ 阿奇舒勒. 实现技术创新的 TRIZ 诀窍［M］. 林岳，李海军，段海波，译. 哈尔滨：黑龙江科学技术出版社，2008.

［15］ 赵新军. 技术创新理论（TRIZ）及应用［M］. 北京：化学工业出版社，2008.

［16］ 李海军. 经典 TRIZ 通俗读本［M］. 北京：中国科学技术出版社，2009.

［17］ 檀润华. TRIZ 及应用：技术创新过程与方法［M］. 北京：高等教育出版社，2010.

［18］ 颜惠庚. 技术创新方法提高：TRIZ 流程与工具［M］. 北京：化学工业出版社，2012.

第5章　问题的解决方法

5.1　技术系统中的矛盾

5.1.1　矛盾的定义

TRIZ 理论认为,发明问题的核心是解决矛盾,未克服矛盾的设计不是创新设计,设计中不断地发现并解决矛盾,是推动产品向理想化方向进化的动力。产品创新的标志是解决或移走设计中的矛盾,从而产生出新的具有竞争力的解。

什么是矛盾?在技术系统中,矛盾就是反映相互作用的因素之间在功能特性上有不相容要求,或对同一功能特性具有不相容(相反)要求的系统冲突模型。

TRIZ 理论将矛盾模型描述为二元矛盾模型,即仅仅为两种因素(特性)之间的不相容要求或同一因素(特性)的两个相反要求而建模,对于多种因素的冲突可以看作是相互联系的二元矛盾的总和。对于矛盾中不相容的因素,我们可以做如下划分:

① 两个因素都是积极的,但它们影响彼此的实现,这是因为,两者在某种资源中都需要,但是不能够同时存在,或者不能够按照需要的数量使用这个资源而相互冲突。

② 两个因素中一个因素是积极因素,有利于实现系统的主要有益功能,而另一个因素是消极因素,反作用于这一功能。

③ 系统为实现其功能,对同一因素提出了不相容(相反)的要求。

这三种形式分别表现为三种不同的矛盾模型。实际上,所有有关经典 TRIZ 理论和实践的工具都可以分为三个阶梯水平(见图 5-1),严格来说,这三个水平对应着三种模型,即管理模型、技术模型和物理模型。图 5-1 同时也表明了经典 TRIZ 理论研究与应用的顺序。

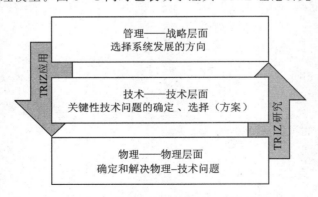

图 5-1　TRIZ 理论应用与研究过程

5.1.2　矛盾的类型

TRIZ 理论认为,创造性问题是指包含至少一个矛盾的问题。在 TRIZ 理论中,工程中所出现的种种矛盾可以归纳为三类：管理矛盾、物理矛盾和技术矛盾。

1. 管理矛盾

所谓管理矛盾是指，在一个系统中，各个子系统已经处于良好的运行状态，但是子系统之间所产生的不利的相互作用、相互影响，使整个系统产生问题。例如：一个部门与另一个部门的矛盾，一个工艺与另一个工艺的矛盾，一台机器与另一台机器的矛盾，虽然各个部门、各个工艺、各台机器等都达到了自身系统的良好状态，但对其他系统产生副作用，因此，管理矛盾的实质是子系统间的矛盾。TRIZ 理论认为，管理矛盾是非标准的矛盾，不能直接消除，通常是通过转化为技术矛盾或物理矛盾来解决的。

2. 技术矛盾

所谓的技术矛盾就是由系统中两个因素导致的，这两个因素相互促进、相互制约。所有的人工系统、机器、设备、组织或工艺流程，它们都是相互联系、相互作用的各种因素的总和体。TRIZ 理论将这些因素总结成通用参数，来表述系统性能，如温度、长度、比重等。如果改进系统一个元素的参数，而引起了其另一个参数的恶化，就是同一个系统不同参数之间产生了矛盾，称之为技术矛盾，即参数间矛盾。例如，零件淬火问题，如图 5-2 所示。

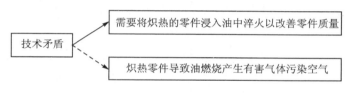

图 5-2　零件淬火问题的技术矛盾

3. 物理矛盾

当对系统中的同一个参数提出互为相反的要求时，就产生了物理矛盾，物理矛盾是同一个系统同一个参数内的矛盾，即参数内矛盾。

物理矛盾通常用分离原理来解决，分离原理是 TRIZ 理论针对物理矛盾的解决而提出的，主要内容就是将矛盾双方分离，分别构成不同的技术系统，以系统与系统之间的联系代替内部联系，将内部矛盾外部化。

5.1.3　不同矛盾类型间的关系

在一个系统中，管理矛盾、技术矛盾和物理矛盾是同时存在的，任何管理矛盾都包含技术矛盾，而技术矛盾又包含物理矛盾。人们通常是先发现管理矛盾，然后分析出技术矛盾、物理矛盾，但并不是所有系统最终都是通过物理矛盾解决问题。

技术系统中的技术矛盾是系统中矛盾的物理性质造成的，矛盾的物理性质是由元件相互排斥的两个物理状态确定的，而相互排斥的两个物理状态之间的关系就是物理矛盾的本质。物理矛盾与系统中某个元件有关，是技术矛盾的原因所在，确定了技术矛盾的原因，就可能直接找到解决方案。因此物理矛盾对系统问题的揭示更准确、更本质。从研究整个系统的矛盾转向研究系统的一个元件的矛盾，大大缩小了解决方案的范围，减少候选方案的数目。

对矛盾的准确描述并不是一件简单的事，需要有很多经验，当然还要有必要的专业知识。究竟如何描述矛盾，矛盾反映什么问题，关系到后续解决问题的整个进程。TRIZ 理论在解决问题过程中,将理想化与矛盾论有机地结合起来,从而形成一种强有力的发明问题解决理论。

5.2 发明原理和矛盾矩阵

5.2.1 40个发明原理

阿奇舒勒对大量的专利进行了研究、分析、总结,提炼出了 TRIZ 中最重要的、具有普遍用途的 40 个发明原理。40 个发明原理开启了一扇发明问题解决的天窗,将发明从魔术推向科学,让那些似乎只有天才才可以从事的发明工作,成为一种人人都可以从事的职业,使原来认为不可能解决的问题可以获得突破性的解决。

40 个发明原理的目录如表 5-1 所列,每条原理的前边都有一个序号,此序号与下一小节中的阿奇舒勒矛盾矩阵中的号码是相对应的。

表 5-1 40 个发明原理目录

序　号	名　　称	序　号	名　　称
1	分割	21	紧急行动
2	抽取	22	变害为利
3	局部质量	23	反馈
4	非对称	24	中介物
5	合并	25	自服务
6	普遍性	26	复制
7	嵌套	27	一次性用品替代原理
8	配重	28	机械系统的替代
9	预先反作用	29	气体与液压结构
10	预先作用	30	柔性外壳或薄膜
11	预先应急措施	31	多孔材料
12	等势	32	改变颜色
13	逆向思维	33	同质性
14	曲面化	34	抛弃与再生
15	动态化	35	物理/化学状态变化
16	不足或超额行动	36	相变
17	一维变多维	37	热膨胀
18	机械振动	38	加速氧化
19	周期性动作	39	惰性环境
20	有效作用的连续性	40	复合材料

5.2.2 39个通用工程参数与矛盾矩阵

TRIZ 理论中,将问题用工程参数进行描述,以彻底克服工程参数之间的矛盾作为问题解决的标准。可见,TRIZ 理论在解决问题过程中,将理想化与矛盾论有机地进行了结合,从而形成一种强有力的发明问题解决理论。

那么,如何将一个具体的问题转化并表达为一个 TRIZ 问题呢? TRIZ 理论中的一个方法是使用通用工程参数来进行问题的表达,通用工程参数是连接具体问题与 TRIZ 理论的桥梁,是开启问题之门的第一把"金钥匙"。

阿奇舒勒通过对大量专利的详细研究,总结提炼出工程领域内常用的表述系统性能的 39 个通用工程参数,通用工程参数是一些物理、几何和技术性能的参数。在问题的定义、分析过程中,选择 39 个工程参数中相适应的参数来表述系统的性能,这样就将一个具体的问题用 TRIZ 的通用语言表述了出来,这是 TRIZ 解决问题的路径之一。

在实际问题分析过程中,为表述系统存在的问题,工程参数的选择是一个难度较大的工作,工程参数的选择不但需要拥有关于技术系统的全面专业知识,而且也要拥有对 TRIZ 的 39 个通用工程参数的正确理解。39 个工程参数及其定义详见表 5 - 2 所列。

表 5 - 2　39 个通用工程参数

序　号	参数名称	定　义
1	运动物体的重量	重力场中的运动物体,重量常常表示物体的质量
2	静止物体的重量	重力场中的静止物体,重量常常表示物体的质量
3	运动物体的长度	运动物体上的任意线性尺寸,不一定是最长的长度
4	静止物体的长度	静止物体上的任意线性尺寸,不一定是最长的长度
5	运动物体的面积	运动物体被线条封闭的一部分或者表面的几何度量,或者运动物体内部或者外部表面的几何度量
6	静止物体的面积	静止物体被线条封闭的一部分或者表面的几何度量,或者运动物体内部或者外部表面的几何度量
7	运动物体的体积	以填充运动物体或者运动物体占用的单位立方体个数来度量
8	静止物体的体积	以填充静止物体或者静止物体占用的单位立方体个数来度量
9	速度	物体的速度或者效率,或者过程、作用与时间之比
10	力	物体(或系统)间相互作用的度量
11	压力、强度	单位面积上的作用力,也包括张力
12	形状	一个物体的轮廓或外观
13	稳定性	物体的组成和性质(包括物理状态)不随时间而变化的性质
14	强度	物体对外力作用的抵抗程度
15	运动物体作用时间	运动物体完成规定动作的时间、服务期
16	静止物体作用时间	静止物体完成规定动作的时间、服务期
17	温度	物体或系统所处的热状态,包括其他热参数,如影响改变温度变化速度的热容量
18	光照度	单位面积上的光通量,系统的光照特性,如亮度、光线质量
19	运动物体的能量	运动物体执行给定功能所需的能量
20	静止物体的能量	静止物体执行给定功能所需的能量
21	功率	物体在单位时间内完成的工作量或者消耗的能量
22	能量损失	做无用功消耗的能量

续表 5 - 2

序 号	参数名称	定 义
23	物质损失	部分或全部、永久或临时的材料、部件或子系统等物质的损失
24	信息损失	部分或全部、永久或临时的数据损失
25	时间损失	指一项活动所延续的时间间隔。改进时间损失指减少一项活动所花费的时间
26	物质或事物的数量	材料、部件及子系统等的数量，它们可以部分或全部、临时或永久地被改变
27	可靠性	系统在规定的方法及状态下完成规定功能的能力
28	测试精度	系统特征的实测值与实际值之间的误差。减少误差将提高测试精度
29	制造精度	系统或物体的实际性能与所需性能之间的误差
30	物体外部有害因素作用的敏感性	物体对受外部或环境中的有害因素作用的敏感程度
31	物体产生的有害因素	有害因素将降低物体或系统的效率，或完成功能的质量
32	可制造性	物体或系统制造改造过程中简单、方便的程度
33	可操作性	要完成的操作所需要较少的操作者，较少的步骤以及使用尽可能简单的工具
34	可维修性	对于系统可能出现失误所进行的维修要时间短、方便和简单
35	适应性及多用性	物体或系统响应外部变化的能力，或应用于不同条件下的能力
36	装置的复杂性	系统中元件数目及多样性，掌握系统的难易程度是其复杂性的一种度量
37	监控与测试的困难程度	监控或测试系统复杂、成本高、需要较长的时间建造及使用，监控或测试困难，测试精度高
38	自动化程度	系统或物体在无人操作的情况下完成任务的能力
39	生产率	单位时间内完成的功能或操作数

　　阿奇舒勒通过对大量专利的研究、分析和统计，归纳出了当 39 个工程参数中的任意两个参数产生矛盾（技术矛盾）时，化解该矛盾所使用的发明原理，这些发明原理就是表 5 - 1 所列的 40 个发明原理，阿奇舒勒还将工程参数的矛盾与发明原理建立了对应关系，整理成一个 39×39 的矩阵，以便使用者查找。这个矩阵称为阿奇舒勒矛盾矩阵。阿奇舒勒矛盾矩阵浓缩了对巨量专利研究所取得的成果，矩阵的构成非常紧密而且自成体系。

　　阿奇舒勒矛盾矩阵使问题解决者在确定技术矛盾后，可以根据系统中产生矛盾的两个工程参数，从矩阵表中直接查找化解该矛盾的发明原理，并使用这些原理来解决问题。该矩阵将工程参数的矛盾和 40 个发明原理有机地联系起来。阿奇舒勒矛盾矩阵外形如表 5 - 3 所列。

表 5 - 3　阿奇舒勒矛盾矩阵的外形

恶化的参数　　　　改善的参数	运动物体的重量	静止物体的重量	运动物体的长度	静止物体的长度
	1	2	3	4
运动物体的重量	+	—	15,8,29,34	—
静止物体的重量	—	+	—	10,1,29,35

矛盾矩阵的第一、第二列和第二、第一行分别为 39 个通用工程参数的序号和名称。第二列是欲改善的参数,第 1 行是恶化的参数。39×39 的工程参数从行、列二个维度构成矩阵的方格共 1 521 个,其中 1 263 个方格中,每个方格中有几个数字,这几个数字就是 TRIZ 所推荐的解决对应技术矛盾的发明原理的号码。

45°对角线的方格,是同一名称工程参数所对应的方格(带"+"的方格),表示产生的矛盾是物理矛盾而不是技术矛盾。关于物理矛盾的解决方法,在 5.2.4 小节中有具体操作方法。

5.2.3   阿奇舒勒矛盾矩阵的使用

在解决技术矛盾时,根据问题分析所确定的工程参数,包括欲"改善的参数"和被"恶化的参数",查找阿奇舒勒矛盾矩阵。假设现在:欲改善的工程参数是加大"运动物体的重量",随之恶化的工程参数是"速度"的损失,如表 5 - 4 所列。

表 5 - 4   查找阿奇舒勒矛盾矩阵

恶化的参数 \ 改善的参数	运动物体的重量	静止物体的重量	运动物体的长度	静止物体的长度	运动物体的面积	静止物体的面积	运动物体的体积	静止物体的体积	速度 ↓	力
	1	2	3	4	5	6	7	8	9	10
运动物体的重量	+	—	15,8,29,34		29,17,38,34		29,2,16,20		2,8,15,38	8,10,18,37
静止物体的重量	—	+		10,1,29,35		35,30,13,2				8,10,19,35

首先沿"改善的参数"箭头方向,从矩阵的第二列向下查找欲"改善的参数"所在的位置,得到"1 运动物体的重量";然后沿"恶化的参数"箭头方向,从矩阵的第一行向右查找被"恶化的参数"所在的位置,得到"9 速度";最后,以改善的工程参数所在的行和恶化的工程参数所在的列,对应到矩阵表中的方格中,方格中有一系列数字,这些数字就是建议解决此对工程矛盾的发明原理的序号,这 4 个号码分别是:2、8、15、38。这些号码就是 40 个发明原理的序号,对应到表 5 - 1 可得到发明原理:2 抽取;8 配重;15 动态化;38 加速氧化。

应用阿奇舒勒矛盾矩阵解决技术矛盾时,建议遵循以下 16 个步骤来进行:

① 确定技术系统的名称。

② 确定技术系统的主要功能。

③ 对技术系统进行详细的分解。划分系统的级别,列出超系统、系统、子系统各级别的零部件,各种辅助功能。

④ 对技术系统、关键子系统、零部件之间的相互依赖关系和作用进行描述。

⑤ 定位问题所在的系统和子系统,对问题进行准确的描述。避免对整个产品或系统笼统的描述,以具体到零部件级为佳,建议使用"主语+谓语+宾语"的工程描述方式,定语修饰词尽可能少。

⑥ 确定技术系统应改善的特性。

⑦ 确定并筛选待设计系统被恶化的特性。因为提升欲改善的特性的同时,必然会带来其他一个或多个特性的恶化,对应筛选并确定这些恶化的特性。因为恶化的参数属于尚未发生的,所以确定起来需要"大胆设想,小心求证"。

⑧ 将以上两步所确定的参数,对应表 5-2 所列的 39 个通用工程参数进行重新描述。工程参数的定义描述是一项难度颇大的工作,不仅需要对 39 个工程参数的充分理解,更需要丰富的专业技术知识。

⑨ 对工程参数的矛盾进行描述。欲改善的工程参数与随之被恶化的工程参数之间存在的就是矛盾。如果所确定的矛盾的工程参数是同一参数,则属于物理矛盾。

⑩ 对矛盾进行反向描述。假如降低一个被恶化的参数的程度,欲改善的参数将被削弱,或另一个恶化的参数被改善。

⑪ 查找阿奇舒勒矛盾矩阵表,得到阿奇舒勒矛盾矩阵所推荐的发明原理序号。

⑫ 按照序号查找发明原理汇总(见表 5-1),得到发明原理的名称。

⑬ 按照发明原理的名称,对应查找 40 个发明原理的详解。

⑭ 将所推荐的发明原理逐个应用到具体的问题上,探讨每个原理在具体问题上如何应用和实现。

⑮ 如果所查找到的发明原理都不适用于具体的问题,需要重新定义工程参数和矛盾,再次应用和查找矛盾矩阵。

⑯ 筛选出最理想的解决方案,进入产品的方案设计阶段。

5.2.4　物理矛盾和分离原理

当矛盾中欲改善的参数与被恶化的正、反两个工程参数是同一个参数时,这就属于另一类矛盾,在 TRIZ 中称为物理矛盾。

阿奇舒勒定义的物理矛盾是,当一个技术系统的工程参数具有相反的需求时,就出现了物理矛盾。比如说,要求系统的某个参数既要长又要短,或既要高又要低,或既要大又要小等。相对于技术矛盾,物理矛盾是一种更尖锐的矛盾,创新中需要加以解决。

当一个技术系统的工程参数具有相反的需求时,就出现了物理矛盾,物理矛盾所存在的子系统就是系统的关键子系统。也就是说,系统或关键子系统应该具有为满足某个需求的参数特性,但另一个需求要求系统或关键子系统又不能具有这样的参数特性。

具体来讲,物理矛盾表现在:

① 系统或关键子系统必须存在,又不能存在。

② 系统或关键子系统具有性能"F",同时应具有性能"-F","F"与"-F"是相反的性能。

③ 系统或关键子系统必须处于状态"S"及状态"-S","S"与"-S"是不同的状态。

④ 系统或关键子系统不能随时间变化,又要随时间变化。

从功能实现的角度,物理矛盾可表现在:

① 为了实现关键功能,系统或子系统需要具有有用的一个功能,但为了避免出现有害的另一个功能,系统或子系统又不能具有上述有用功能。

② 关键子系统的特性必须是取大值,以取得有用功能,但又必须是小值以避免出现有害功能。

③ 系统或关键子系统必须出现以获得一个有用功能,但系统或子系统又不能出现,以避免出现有害功能。

物理矛盾可以根据系统所存在的具体问题,选择具体的描述方式来进行表达。总结归纳物理学中的常用参数,主要有三大类:几何类、材料及能量类、功能类。每大类中的具体参数和矛盾如表 5-5 所列。

表 5-5　物理矛盾

类　别	物理矛盾			
几何	长与短	对称与非对称	平行与交叉	厚与薄
	圆与非圆	锋利与钝	窄与宽	水平与垂直
材料及能量	时间长与短	黏度强与弱	功率大与小	摩擦系数大与小
	多与少	密度大与小	导热率高与低	温度高与低
功能	喷射与堵	推与拉	冷与热	快与慢
	运动与静止	强与弱	软与硬	成本高与低

阿奇舒勒经典 TRIZ 理论解决物理矛盾的 11 种分离方法如表 5-6 所列,由于这些方法大部分跟发明问题标准解法有关,所以我们在表的最后一列添加了相关联的标准解法。关于标准解法的相关内容详见 5.4 节。

按照空间、时间、条件、系统级别,将分离原理概括为四大类:

(1) 空间分离

所谓空间分离,是将矛盾双方在不同的空间上分离开来,以获得问题的解决或降低问题的解决难度。

使用空间分离前,先确定矛盾的需求在整个空间中,是否都在沿着某个方向变化。如果在空间中的某一处,矛盾的一方可以不按一个方向变化,则可以使用空间的分离原理来解决问题。也就是说,当系统或关键子系统矛盾双方在某一空间上只出现一方时,则使用空间的分离原理是可能的。例如,立交桥,如图 5-3 所示。

图 5-3　立交桥

表 5-6　物理矛盾的分离方法

序　号	分离方法	与标准解对应关系
1	矛盾特性的空间分类,从空间上进行系统或子系统的分离,以在不同的空间实现相反的需求	
2	矛盾特性的时间分类,从时间上进行系统或子系统的分离,以在不同的时间实现相反的需求	
3	不同的系统或元件与一超系统相连	S3.1.1 系统转化 1a:创建双、多系统
4	将系统转变到反系统,或将系统与反系统相结合	S3.1.3 系统转化 1b:加大元素间的差异
5	整个系统具有特性"F",同时,其零件具有相反的特性"-F"	S3.1.5 系统转化 1c:系统整体或部分相反特性
6	将系统转变到继续工作在微观级的系统	S3.2.1 系统转化 2:向微观级转化
7	改变一个系统的部分相态,或改变其环境	S5.3.1 相变 1:变换状态
8	改变动态的系统部分相态(依据工作条件来改变相态)	S5.3.2 相变 2:动态化相态
9	利用状态变化所伴随的现象	S5.3.3 相变 3:利用伴随的现象
10	以双相态的物质代替单相态的物质	S5.3.4 相变 4:向双相态转化
11	物理—化学转换;物质的创造—消灭,是作为合成—分解、离子化—再结合的一个结果	

（2）时间分离

所谓时间分离,是将矛盾双方在不同的时间段分离开来,以获得问题的解决或降低问题的解决难度。

使用时间分离前,先确定矛盾的需求在整个时间段上,是否都在沿着某个方向变化,如果在时间段的某一段上,矛盾的一方可以不按一个方向变化,则可以使用时间的分离原理来解决问题。例如,交通信号灯,如图 5-4 所示。

（3）基于条件的分离

所谓基于条件的分离,是将矛盾双方在不同的条件下分离开来,以获得问题的解决或降低问题的解决难度。

在基于条件的分离前,先确定矛盾的需求在各种条件下是否都在沿着某个方向变化,如果在某种条件下,矛盾的一方可不按一个方向变化,则可以使用基于条件的分离原理来解决问题。也就是说,当系统或关键子系统矛盾双方在某一条件下只出现一方时,则使用基于条件的分离原则是可能的。例如,彩虹门,它在充气的情况下是大的,而在不充气的情况下是小的。

（4）系统级别的分离

所谓系统级别的分离,是将矛盾双方在不同的系统级别分离开来,以获得问题的解决或降低问题的解决难度。

当系统或关键子系统矛盾双方在子系统、系统、超系统级别内只出现一方时,可使用系统级别的分离原则解决问题。比如链条,系统的各部分(链条上的各环)是刚性的,但系统在整体上(链条)是柔性的,如图 5-5 所示。

图 5 - 4　交通信号灯

图 5 - 5　链　条

5.3　物−场分析法

5.3.1　物−场分析简介

物−场分析是 TRIZ 理论中的一种重要的问题描述和分析工具,用以建立与已存在的系统或新技术系统问题相联系的功能模型,在问题的解决过程中,可以根据物−场模型所描述的问题,来查找相对应的一般解法和标准解法。

任何一个完整的系统功能,都可以用一个完整的物−场三角形进行模型化,这种由两个物和一个场构成的,用以建立与已存在的系统或新技术系统问题相联系的功能模型,叫物−场模型。物−场模型是技术系统最小的模型,它包括"工件 S_1""工具 S_2"和工具影响产品所需要的"能量(场)F"。

物−场模型有助于使问题聚焦于关键子系统上并确定问题所在的特别"模型组",事实上,任何物−场模型中的异常表现(见表 5 - 7),都来自这些模型组中所存在的问题。

表 5 - 7　物−场异常情况

异常情况	举　例
期望的效应没有产生	过热火炉的炉瓦没有进行冷却
有害效应产生	过热火炉的炉瓦变得过热
期望的效应不足或无效	对炉瓦的冷却低效,因此,加强冷却是可能的

为建立针对以上 3 种异常情况的图形化模型描述,要用到系列表达效应的几何符号,常用的效应图形表示符号如表 5 - 8 所列。

表 5 - 8　常用的效应图形表示符号

符　号	意　义
→	期望的作用或效应
----→	不足的作用或效应
∿∿∿→	有害的作用或效应
激励 输入 → 振动结构 系统 → 响应 输出	改变了的模型

TRIZ 理论中,常见的物-场模型被归为四大类:

第一类是有效完整模型:功能的 3 个元素都存在,且都有效,是设计者追求的效应。比如,吸尘器,如图 5-6 所示。

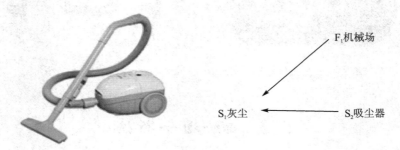

图 5-6　吸尘器的物-场模型

第二类是不完整模型:组成功能的元素不全,可能缺少场,也有可能是缺少物质。比如,小球掉进窄小的不规则的洞里,无法用手或木棒等工具直接取出。

第三类是效应不足的完整模型:3 个元素齐全,但设计者所追求的效应未能有效实现,或效应实现得不足够。例如,在配制溶液时,相对于磁力搅拌器,用玻璃棒手工搅拌的效率较低,如图 5-7 所示。

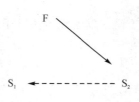

图 5-7　手工搅拌物-场模型

第四类是有害效应的完整模型:3 个元素齐全,但产生了与设计者所追求的效应相左的、有害的效应,需要消除这些有害效应。比如,办公室需要充足的阳光,但透明的玻璃不利于保护隐私,如图 5-8 所示。

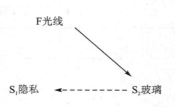

图 5-8　办公室玻璃问题的物-场模型

TRIZ 中,重点关注的是 3 种非正常模型:不完整模型、效应不足的完整模型、有害效应的完整模型,并提出了物-场模型的一般解法和 76 个标准解法。

5.3.2　物-场分析的一般解法

物-场分析的一般解法共 6 种。针对不同类型的物-场模型,TRIZ 提出了对应的一般解法,如表 5-9 所列。

表 5-9　物-场分析的一般解法

序　号	针对模型	一般解法
1	不完整模型	① 补齐所缺失的元素,增加场 F 或工具 S_2; ② 系统地研究各种能量场,机械能—热能—化学能—电能—磁能
2	有害效应的完整模型	加入第三种物质 S_3 来阻止有害作用。S_3 可以通过 S_1 或 S_2 改变而来,或者是 S_1/S_2 共同改变而来
3		① 增加另一个场 F_2 来抵消原来有害场 F 的效应; ② 系统地研究各种能量场,机械能—热能—化学能—电能—磁能
4	效应不足的完整模型	用另一个场 F_2(或者 F_2 和 S_3 一起)代替原来的场 F_1(或者 F_1 和 S_2 一起)
5		① 增加另外一个场 F_2 来强化有用的效应; ② 系统地研究各种能量场,机械能—热能—化学能—电能—磁能
6		① 插进一个物质 S_3 并加上另一个场 F_2 来提高有用效应; ② 系统地研究各种能量场,机械能—热能—化学能—电能—磁能

5.3.3　物-场分析的应用

物-场分析时,如果能够将物-场模型的 6 个一般解法结合在一起应用,就可以更有效地解决问题。建议使用以下步骤进行:

第一步:确定相关的元素。首先根据问题所存在的区域和问题的表现,确定造成问题的相关元素,以缩小问题分析的范围。

第二步:联系问题情形,确定并完成物-场模型的绘制。根据问题情形,表述相关元素间的作用,确定作用的程度,绘制出问题所在的物-场模型,模型反映出的问题与实际问题应该是一致的。

第三步:选择物-场模型的一般解法。按照物-场模型所表现出的问题,查找此类物-场模型的一般解法或从 76 个标准解法中选择解法,如果有多个,则逐个进行对照,寻找最佳解法。

第四步:开发设计概念。将一般解法与实际问题相对照,并考虑各种限制条件下的实现方式,在设计中加以应用,从而形成产品的解决方案。

如果问题未能有效地解决,则返回第三步,并在第三步和第四步循环往复直至获得满意的结果。在第三步和第四步中,要充分挖掘和利用其他知识性工具。

5.4 发明问题标准解法

5.4.1 标准解法的概述

TRIZ 将发明问题共分为两大类:标准问题和非标准问题,而针对标准问题的解决法则被称为发明问题的标准解法,对于非标准问题可根据第 5.5 节中的发明问题解决算法(ARIZ)进行求解。

标准解法是根里奇·阿奇舒勒于 1985 年创立的,共有 76 个,分成 5 级、18 个子级,如表 5-10 所列。各级中解法的先后顺序也反映了技术系统必然的进化过程和进化方向。

表 5-10 标准解法的分布

级 数	名 称	子级数	标 准
1	建立或拆解物-场模型	2	13
2	强化物-场模型	4	23
3	向超系统或微观级转化	2	6
4	检测和测量的标准解法	5	17
5	简化与改善策略	5	17

第 1 级中的解法聚焦于建立和拆解物-场模型,包括创建需要的效应或消除不希望出现的效应的系列法则,每条法则的选择和应用将取决于具体的约束条件。

第 2 级由直接进行效应不足的物-场模型的改善,以及提升系统性能但实际不增加系统复杂性的方法所组成。

第 3 级包括向超系统和微观级转化的法则。这些法则继续沿着(第 2 级中开始的)系统改善的方向前进。第 2 级和第 3 级中的各种标准解法均基于以下技术系统进化路径:增加集成度再进行简化的法则;增加动态性和可控性进化法则;向微观级和增加场应用的进化法则;子系统协调性进化法则等。

第 4 级专注于解决涉及测量和检测的专项问题。虽然测量系统的进化方向主要服从于共同的一般进化路径,但这里的专项问题有其独特的特性。尽管如此,第 4 级的标准解法与第 1 级、第 2 级、第 3 级中的标准解法有很多还是相似的。

第 5 级包含标准解法的应用和有效获得解决方案的重要法则。一般情况下,应用第 1~4 级中的标准解法会导致系统复杂性的增加,因为给系统引入了另外的物质和效应是极有可能的。第 5 级中的标准解法将引导大家:如何给系统引入新的物质又不会增加任何新的东西,换句话说,这些解法专注于对系统的简化。

标准解法可帮助问题解决者获得二成以上困难问题的高水平解决方案。此外,还可以用来进行对各种各样的系统进化的有限预测,以发现某些非标准问题的部分解,并进行改进以获得新的解法方案。

在 1~5 级的各级中,又分为数量不等的多个子级,共有 18 个子级,每个子级代表着一个可选的问题解决方向,在应用前,需要对问题进行详细的分析,建立问题所在系统或子系统的物-场模型,然后根据物-场模型所表述的问题,按照先选择级再选择子级,使用子级下的几个标准解法来获得问题的解。

标准解法是针对标准问题而提出的解法,适用于解决标准问题并快速获得解决方案,标准解法是根里奇·阿奇舒勒后期进行 TRIZ 理论研究的最重要课题,同时也是 TRIZ 高级理论的精华之一。

标准解法也是解决非标准问题的基础,非标准问题主要应用 ARIZ 来进行解决,而 ARIZ 的重要思路是将非标准问题通过各种方法进行变化,转化为标准问题,然后应用标准解法来获得解决方案。

5.4.2　标准解法的详解

第 1 级主要是建立和拆解物-场模型,2 个子级,共计 13 个标准解法,详见表 5-11。

表 5-11　标准解法第 1 级

序　号	名　　称	编　号	所属子级	所属级
1	建立物-场模型	S1.1.1	S1.1 建立物-场模型	第 1 级建立和拆解物-场模型
2	内部合成物-场模型	S1.1.2		
3	外部合成物-场模型	S1.1.3		
4	与环境一起的外部物-场模型	S1.1.4		
5	与环境和添加物一起的物-场模型	S1.1.5		
6	最小模式	S1.1.6		
7	最大模式	S1.1.7		
8	选择性最大模式	S1.1.8		
9	引入 S_3 消除有害效应	S1.2.1	S1.2 拆解物-场模型	
10	引入改进的 S_1 或(和)S_2 来消除有害效应	S1.2.2		
11	排除有害作用	S1.2.3		
12	用场 F_2 来抵消有害作用	S1.2.4		
13	切断磁影响	S1.2.5		

1. S1.1 建立物-场模型

S1.1.1 建立物-场模型。如果特定的物体对要求的变化没有反应(或几乎没有反应),而且问题描述中没有包含对引入物质或场的约束,则问题可以通过完整物-场模型引入缺失的元素来进行解决,模型如图 5-9 所示。

S1.1.2 内部合成物-场模型。如果特定的物体对要求的变化没有反应(或几乎没有反应),而且问题描述中没有包含对引入物质或场的约束,则问题可以通过永久或暂时向内部合成物-场模型转化来解决。比如,引入 S_1 或 S_2 的添加物(S_3)来增加可控性,或给予物-场模型以要求的特性,如图 5-10 所示。

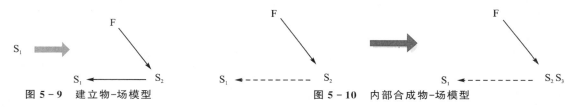

图 5-9　建立物-场模型　　　　　图 5-10　内部合成物-场模型

注释 5 - 1：有时，问题描述包括两种物质微弱地相互作用或压根没有场。从形式上看，因为所有的三个元素都在适当的位置，所以物-场模型是完整的，然而，这些元素不能表现为一个工作着的物-场模型。在这种情况下，最简单的"迂回"方法是引入附加物，给一种物质混合内部附加物或外部附加物。

注释 5 - 2：有时，同一个解法可用于建立物-场模型或创立合成物-场模型。

S1.1.3 外部合成物-场模型。如果特定的物体对要求的变化没有反应（或几乎没有反应），而且问题描述中已经有效应和引入已存在物质的 S_1 或 S_2 的添加物，则问题可以通过永久或暂时向外部合成物-场模型转化来解决。把 S_1 或 S_2 与外部物质 S_3 联系，以达到增加可控性，或给予物-场模型以要求的特性，如图 5 - 11 所示。

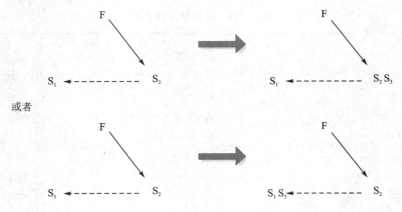

图 5 - 11　外部合成物-场模型

S1.1.4 与环境一起的外部物-场模型。如果特定的物体对要求的变化没有反应（或几乎没有反应），而且问题描述中已经有效应和引入已存在物质的 S_1 和 S_2 的添加物以及外部物质 S_3，则问题可以通过建立以环境为添加物的物-场模型来解决。

S1.1.5 与环境和添加物一起的物-场模型。如果依据标准解法 S1.1.4，在环境中没有需要的物质来建立物-场模型，则这种物质可以通过环境取代、分解、引入添加物等方法来获得。

S1.1.6 最小模式。如果要求的是作用的最小模式（也就是标准的，最佳的），但难以或不可能提供，则推荐先应用最大模式，随后再消除过剩。过剩的场可以用物质来消除，过剩的物质可以用场来消除，如图 5 - 12 所示（过剩的作用使用双箭头来表示）。

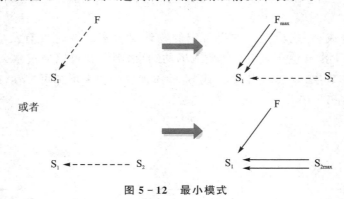

图 5 - 12　最小模式

S1.1.7 最大模式。如果要求对物质(S_1)的最大作用模式,却因各种理由被阻止,则最大作用可以被保留,但要直接作用在与原物质相连接的另外一个物质(S_2)上而保留下来,如图 5 - 13 所示。

图 5 - 13　最大模式

S1.1.8 选择性最大模式。如果要求一个选择性最大模式(也就是,在选定区域最大模式,在另一个区域最小模式),则场应该是:

最大情况下,将一种保护性物质引入到要求最小影响所在的地方。

最小情况下,将一种可以产生局部场的物质引入到要求最大影响所在的地方。

2．S1.2 拆解物-场模型

S1.2.1 引入 S_3 消除有害效应。如果在物-场模型的两个物质间同时存在着有用和有害作用,而且物质间不要求紧密相邻,则可以通过在这两个物质间引入无成本的第三种物质 S_3 来解决问题,如图 5 - 14 所示。

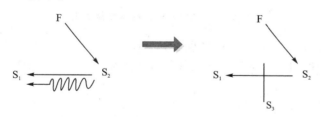

图 5 - 14　引入 S_3 消除有害效应

S1.2.2 引入改进的 S_1 或(和)S_2 来消除有害效应。如果物-场模型中的两个物质间同时存在着有用和有害的作用,而且物质间不要求直接相邻,可是问题的描述中包含了对外部物质引入的限制,则可以通过在这两种物质间引入第三种物质(S_1' 或 S_2')来解决问题,第 3 种物质是已存在物质的变异,如图 5 - 15 所示。

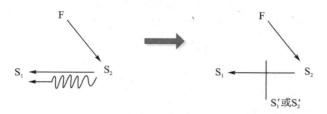

图 5 - 15　引入改进的 S_1' 或 S_2' 消除有害效应

注释 5 - 3:第三种物质可以从外部现成的物质引入系统,或者通过场 F_1 或 F_2 对已存在物质的作用获得。特定的空间、气泡、泡沫等都可看作 S_3。

S1.2.3 排除有害作用。如果消除一个场对物质的有害作用是可能的,则引入第二种物质来排除有害作用以解决问题,如图 5 - 16 所示。

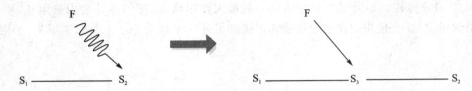

图 5 - 16　排除有害作用

S1.2.4 用场 F_2 来抵消有害作用。如果物-场模型中的两个物质间同时存在着有用和有害作用，而且物质间不同于标准解法 S1.2.1 和 S1.2.3 那样，而是要求直接相邻，则可以通过建立双物-场模型来解决问题，有用作用通过场 F_1 实现，而第二个场 F_2 用来中和有害作用或将有害作用转化为另一个有用功能，在这两种物质间引入对已存在的物质改变后的第三物质（S_3）的来解决问题，如图 5 - 17 所示。

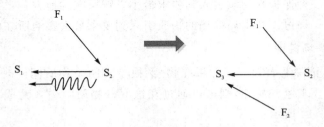

图 5 - 17　用场 F_2 来抵消有害作用

S1.2.5 切断磁影响。如果以磁场来拆解物-场模型是可能的，则可以应用切断物体铁磁特性的现象来解决问题，比如，应用冲击或加热到居里点以上的退磁现象，如图 5 - 18 所示。

图 5 - 18　切断磁影响

第 2 级主要是强化物-场模型，4 个子级，共计 23 个标准解，详见表 5 - 12。

表 5 - 12　标准解法第 2 级

序　号	名　称	编　号	所属子级	所属级
1	链式物-场模型	S2.1.1	S2.1 向合成物-场模型转化	
2	双物-场模型	S2.1.2		
3	使用更可控制的场	S2.2.1		第 2 级 强化 物- 场 模 型
4	物质 S_2 的分裂	S2.2.2		
5	使用毛细管和多孔的物质	S2.2.3	S2.2 加强物-场模型	
6	动态性	S2.2.4		
7	构造场	S2.2.5		
8	构造物质	S2.2.6		

序　号	名　　称	编　号	所属子级	所属级
9	匹配场 F、S_1、S_2 的节奏	S2.3.1	S2.3 通过匹配节奏 加强物-场模型	
10	匹配场 F_1 和 F_2 的节奏	S2.3.2		
11	匹配矛盾或预先独立的动作	S2.3.3		第 2 级 强化 物-场 模型
12	预-铁-场模型	S2.4.1	S2.4 铁磁-场模型 （合成加强物-场模型）	
13	铁-场模型	S2.4.2		
14	磁性液体	S2.4.3		
15	在铁-场模型中应用毛细管	S2.4.4		
16	合成铁-场模型	S2.4.5		
17	与环境一起的铁-场模型	S2.4.6		
18	应用自然现象和效应	S2.4.7		
19	动态性	S2.4.8		
20	构造	S2.4.9		
21	在铁-场模型中匹配节奏	S2.4.10		
22	电-场模型	S2.4.11		
23	流变学的液体	S2.4.12		

3. S2.1 向合成物-场模型转化

S2.1.1 链式物-场模型。如果必须强化物-场模型,则可以通过将物-场模型中的一个元素转化成一个独立控制的完整模型,形成链式物-场模型来解决问题,如图 5 - 19(a)所示。

链式物-场模型可以通过将链接转化为完整物-场模型来建立。在这种情况下,将 $F_2 - S_3$ 引入 $S_1 - S_2$ 的链接中,如图 5 - 19(b)所示。

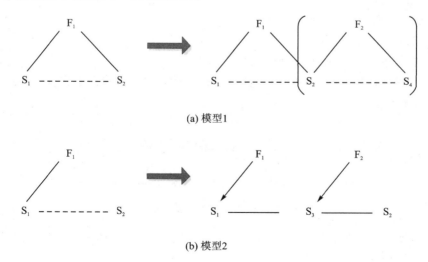

(a) 模型1

(b) 模型2

图 5 - 19　链式物-场模型

S2.1.2 双物-场模型。如果需要强化一个难以控制的物-场模型,而且禁止替换元素,可以通过加入第 2 个易控制的场来建立一个双物-场模型来解决问题,如图 5 - 20 所示。

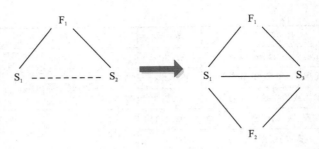

图 5 - 20　双物-场模型

4. S2.2 加强物-场模型

S2.2.1 使用更可控制的场。物-场模型可以通过使用更易控制的场来替换不能控制或难以控制的场而得到加强,比如用机械场替换重力作用,用电场替换机械作用。

S2.2.2 物质 S_2 的分裂。通过加大物质 S_2(工具)的分裂程度,可以加强物-场模型,如图 5 - 21 所示。

图 5 - 21　物质 S_2 的分裂

S2.2.3 使用毛细管和多孔的物质。一种特别的物质分裂形式是从固体物转化到毛细管和多孔物质。将根据以下所列的路径进行转化:

① 固体;

② 一个洞的固体;

③ 多个洞的固体,或穿孔物质;

④ 毛细管和多孔的物质;

⑤ 有特殊结构、尺寸毛孔的毛细管和多孔物质。

随着物质根据这些路径的发展,将液体放入孔或毛孔中的可能性也在增长,也可以应用自然现象,如图 5 - 22 所示。

图 5 - 22　使用毛细管和多孔的物质

S2.2.4 动态性。通过增加动态性水平来加强物-场模型。即让系统结构更具柔性和更易变化,如图 5 - 23 所示。

注释 5 - 4:物质 S_2 的动态性最常见的是分裂到两个铰链部分。随后动态性沿着以下路径:单铰链—多铰链—柔性的 S_2。

注释 5 - 5:场 F 动态化最容易的途径是用脉冲作用模式来替代场与 S_2 一起的持续作用。

图 5 - 23　动态性

特别地,系统动态化可通过应用一级相变或二级相变来达到有效提升。

S2.2.5 构造场。通过使用异质场或持久场,或可调节立体结构替代同质场或无组织的场,来加强物-场模型,如图 5 - 24 所示。

图 5 - 24　构造场

S2.2.6 构造物质。通过使用异质物质或固定物质或可调节立体结构替代同质物质或无组织物质,以加强物-场模型,如图 5 - 25 所示。

图 5 - 25　构造物质

5. S2.3 通过匹配节奏加强物-场模型

S2.3.1 匹配场 F、S_1、S_2 的节奏。物-场模型中的场作用可以与工具或工件的自然频率匹配(或故意不匹配)。

S2.3.2 匹配场 F_1 和 F_2 的节奏。合成物-场模型中所使用的场的频率,可进行匹配或故意不匹配。

S2.3.3 匹配矛盾或预先独立的动作。如果两个动作是矛盾的,比如生产和测量,一个动作必须在另一个动作停止时进行。一般而言,这个停止间隙可以用另一个有用动作来填补。

6. S2.4 铁磁-场模型(合成加强物-场模型)

S2.4.1 预-铁-场模型。同时利用铁磁物质和磁场加强物-场模型,如图 5 - 26 所示。

图 5 - 26　预-铁-场模型

注释 5 - 6:铁磁物质是固体,所以我们只好以预-铁-场模型作为铁-场模型的中间步骤。

注释 5 - 7:解法可用于合成物-场模型,也可用于与环境一起的物-场模型。

S2.4.2 铁–场模型。铁–场模型如图 5－27 所示。为加强系统的可控性,建议用铁–场模型取代物–场模型或预–铁–场模型。这么做,铁磁颗粒可以替换(或加入)模型中的一种物质,且可以应用磁场或电磁场。碎片、颗粒、细粒等都可以视为铁磁颗粒。控制效率将随着铁磁颗粒的分裂程度的加剧而提高。因此,铁–场模型的进化遵循下列路径:颗粒–粉末–铁磁微粒。控制效率也沿着与铁粒子包含的物质相关的路径提高:固体物质–颗粒粉末–液体。

图 5－27　铁–场模型

注释 5－8:铁–场模型的转化可当作以下两个标准解法的结合点:标准解法 S2.4.1 预–铁–场模型、标准解法 S2.2.2 物质 S_2 的分裂。

注释 5－9:物–场模型转换到铁–场模型,重复了进化的完整周期但处在一个新的水平上,因为铁–场模型更可控、更有效。子组 S2.4 中的所有标准解法可看作是子组 S2.1～S2.3 标准解法的正常顺序的修改。将铁–场模型放在一个单独组,至少可以由这些解决问题模型的关键重要性,来证明标准解法系列在进化的这个阶段是恰当的。此外,铁–场模型的进化次序是一个分析物–场模型进化正常顺序和预测其未来发展的方便的研究工具。

S2.4.3 磁性液体。利用磁性液体可以加强铁–场模型。磁性液体是一种有铁磁颗粒的胶质溶液,如同煤油、硅脂、水等。标准解法 S2.4.3 可认为是标准解法 S2.4.2 进化的终极状态。

S2.4.4 在铁–场模型中应用毛细管结构。铁–场模型的加强,可通过利用这种模型中很多内部的毛细管和多孔结构来实现。

S2.4.5 合成铁–场模型。如果系统可控性可以通过转化到铁–场模型得到加强,而且禁止使用铁磁粒子代替物质,则转换可通过给一个物质引入附加物、创建内部或外部的合成铁–场模型来实现,如图 5－28 所示。

图 5－28　合成铁–场模型

S2.4.6 与环境一起的铁–场模型。如果系统可控性可以通过转化铁–场模型得到加强,而且禁止使用铁磁粒子代替物质又禁止引入附加物,则可将铁磁粒子引入环境。系统控制通过应用磁场改变环境参数得以实现(参照标准解法 S2.4.3),如图 5－29 所示。

图 5－29　与环境一起的铁–场模型

S2.4.7 应用自然现象和效应。铁–场模型的可控性可以通过利用某些自然现象和效应来加强。

S2.4.8 动态性。铁–场模型可以通过动态性来加强,即转向柔性的、可更改的系统结构,如图 5 – 30 所示。

图 5 – 30　动态性

S2.4.9 构造。通过使用异质的或结构化的场代替同质的松散的场,以加强铁–场模型,如图 5 – 31 所示。

图 5 – 31　构造铁–场模型

S2.4.10 在铁–场模型中匹配节奏。通过匹配组成铁磁场模型中的场与物质元素的频率来获得增强原铁–场模型或铁–场模型。

S2.4.11 电–场模型。如果引入铁磁粒子或磁化一个物体有困难,可以利用外部电磁场与电流的效应,或者两个电流之间的效应。电流可以由与电源的电接触产生,或者由电磁感应产生。

注释 5 – 10:铁–场模型是一个有铁磁粒子的系统模型,电–场模型是其中有电流作用或互相作用的模型。

注释 5 – 11:电–场模型及铁–场模型的进化,遵循的一般路径是:简单的→合成的→与环境共同的→动态的→构成的→匹配的电–场模型。在积累电场模型的信息后,需要进行一个分析,可分解出一组描述铁–场模型应用的特殊标准解。

注释 5 – 12:应用铁–场模型的标准解是由 Igor VikenSyev 提出的。

S2.4.12 流变学的液体是一种特别的电–场模型,是用电场控制黏度的电–流变学的液体,比如,甲苯与细石英粉的混合物。如果磁性液体不能使用,则可使用电–流变学的液体。

第 3 级主要是向超系统或微观级转化,2 个子级,共计 6 个标准解。详见表 5 – 13。

表 5 – 13　标准解法第 3 级

序　号	名　　称	编　号	所属子级	所属级
1	系统转化 1a:创建双、多系统	S3.1.1		
2	加强双、多系统内的链接	S3.1.2	S3.1 向双系统和多系统转化	第 3 级向超系统或微观级转化
3	系统转化 1b:加大元素间的差异	S3.1.3		
4	双、多系统的简化	S3.1.4		
5	系统转化 1c:系统整体或部分的相反特性	S3.1.5		
6	系统转化 2:向微观级转化	S3.2.1	S3.2 向微观级系统转化	

7. S3.1 向双系统和多系统转化

S3.1.1 系统转化 1a:创建双、多系统。处于任意进化阶段的系统性能可通过系统转化 1a,系统与另外一个系统组合,从而建立一个更复杂的双、多系统来得到加强。

注释 5-13:建立双、多系统最简单的途径是组合两个或多个物质 S_1 或 S_2 建立一个双物质或多物质的物-场模型。

注释 5-14:标准解法 S2.2.1 也可以当作向多系统的转化,虽然它更适合当作增加多系统的级别,这是"矛盾统一规律"的一个很好的例证,既分解又合成通向双、多系统的建立。

注释 5-15:创立双、多场系统,也创立具有多重的场和物质的系统也是可能的。有时,物-场模型对是增加的;有时,整个物-场模型是增加的。

注释 5-16:人们曾经认为向超系统的转化是系统的最终进化阶段,设想系统潜能首先在自己的水平上消耗殆尽,然后转换到超系统去。然而,据很多信息表明这个转化可在进化的任意阶段发生。此外,未来的进化遵循两条路径,建立的超系统在进化,原系统也在进化中。化学中的某些事物可看作是相似的:一个更复杂的化学元素既可通过新的电子轨道的产生形成,也可通过不完整内部轨道的填充获得。

S3.1.2 加强双、多系统内的链接。双、多系统可以通过进一步强化元素间的链接来加强。

注释 5-17:最新的创建双、多系统经常有一个所谓的"零的链接"(由 A. Timoshchuk 提出),也就是说,它们呈现成一堆没有链接的元素。一方面,强化元素间的链接是一个进化趋势;另一方面,最新创建系统中的元素有时进行刚性链接,在这种情况下,进化遵循链接的动态性。

S3.1.3 系统转化 1b:加大元素间的差异。双、多系统可通过加大元素间的差异来加强:从同样的元素(比如,一组铅笔)到变动特性(比如,一组多色铅笔),到一组不同元素(比如,一盒绘图仪器),到反向特性组合或"元素和反元素"(比如,有橡皮头的铅笔)。

S3.1.4 双、多系统的简化。双、多系统可通过简化系统得到加强,首要的是通过牺牲辅助零件来获得。比如,双管猎枪只有一杆枪柄,完全地简化双、多系统又成为一个单一系统,而且在一个新的水平上再重复整个循环。

S3.1.5 系统转化 1c:系统整体或部分的相反特性。双、多系统可通过在系统整体或部分间分解矛盾特性来加强。结果,系统在两个水平上获得应用,与整个系统一起具有特性"F",其部分或粒子具有相反的特性"-F"。

8. S3.2 向微观级系统转化

S3.2.1 系统转化 2:向微观级系统转化。系统可在任何进化阶段通过系统转化 2 得到加强:从宏观级向微观级。系统或零件由能在场的影响下完成要求作用的物质所替代。

注释 5-18:泵的本身没有什么改变,然而,到底什么是新的呢?专利法的不足导致"可控泵"能够注册专利,尽管泵本身没有改变,而且真正的创新只体现在泵的控制方式中。本专利提出了一种新的热控制方式,从而代替了笨重低效的机械装置。

注释 5-19:以前认为向微系统的转化只适合于在系统耗尽资源的时候。现在的观点是,向微系统的转化在系统进化的任何阶段都是可能发生的。

注释 5-20:从宏观级向微观级的转化是个通用概念,有很多微观水平(群、分子、原子等),就会有很多向微观级转化的可能性,也可以从一种微观级转化到另一个基本的级。关于这些转化的信息正在积累中,并期待标准解法 S3.2 的下一级子级的出现。

第 4 级主要是检测和测量的标准解法,5 个子级,共计 17 个标准解,详见表 5 - 14。

表 5 - 14　标准解法第 4 级

序　号	名　称	编号	所属子级	所属级
1	以系统的变化代替检测或测量	S4.1.1		
2	应用拷贝	S4.1.2	S4.1 间接方法	
3	测量当作二次连续检测	S4.1.3		
4	测量的物–场模型	S4.2.1		
5	合成测量的物–场模型	S4.2.2	S4.2 建立	
6	与环境一起测量的物–场模型	S4.2.3	测量的物–场 模型	
7	从环境中获得添加物	S4.2.4		
8	应用物理效应和现象	S4.3.1		第 4 级检测
9	应用样本的谐振	S4.3.2	S4.3 加强测量 物–场模型	和测量的
10	应用加入物体的谐振	S4.3.3		标准解法
11	测量的预–铁–场模型	S4.4.1		
12	测量的铁–场模型	S4.4.2		
13	合成测量的铁–场模型	S4.4.3	S4.4 向铁–场 模型转化	
14	与环境一起测量的铁–场模型	S4.4.4		
15	应用物理效应和现象	S4.4.5		
16	向双系统和多系统转化	S4.5.1	S4.5 测量系统的	
17	进化方向	S4.5.2	进化方向	

9. S4.1 间接方法

S4.1.1 以系统的变化代替检测或测量。

检测是指检查某种状态发生或不发生。测量则具有定量化及一定精度的特点。

通过改变系统的方法来代替测量或检测,使测量或检测不再需要。

S4.1.2 应用拷贝。如果遇到检测和测量问题,不可能使用标准解法 S4.1.1,则使用物体的复制品或图片来代替物体本身。

S4.1.3 测量当作二次连续检测。如果遇到检测和测量问题,不可能使用标准解法 S4.1.1 和 S4.1.2,则将问题转化成两次连续的、变化的检测。

注释 5 - 21: 所有的测量都受限于精确性,所以,如果必须测量某件东西,则经常将其分解为由两个连续的检测所组成的一些"基本测量动作"。比如,让我们分析抛光轮子直径测量的问题,进行一定精度的测量是必需的,通常做成一些清晰的精确排列,比如要求 0.01 mm 的精度,这就意味着轮子可模型化为一对间距为 0.01 mm 同心圆,现在,问题变为一个从一个圆变化到下一个圆的检测问题。通过检测这个变化量,我们就可以计算出抛光轮子的直径。模糊的"测量"转换成清晰的"二次连续检测",使这个问题得到了一定程度的简化。

10. S4.2 建立测量的物–场模型

S4.2.1 测量的物–场模型。如果一个不完整的物–场模型难以进行测量和检测,则问题可以通过完整成一个合格的,或输出具有场的双物–场模型来得到解决,如图5–32所示。

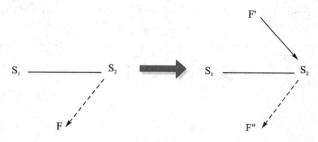

图5–32　测量的物–场模型

　　S4.2.2 合成测量的物–场模型。如果一个系统或零件难以进行测量和检测,则问题可以通过与易检测附加物合成转化到内部或外部的合成物–场模型来解决,如图5–33所示。

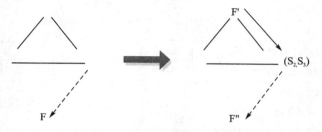

图5–33　合成测量的物–场模型

　　S4.2.3 与环境一起测量的物–场模型。如果一个系统难以在某些时刻进行测量和检测,而且不可能引入附加物和产生易检测场的附加物,则可以引入环境,环境状态的改变可提供系统中所改变的信息,如图5–34所示。

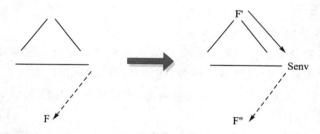

图5–34　与环境一起测量的物–场模型

　　S4.2.4 从环境中获得添加物。如果根据标准解法S4.2.3,不可能在环境中引入附加物,则附加物可以在环境中产生。比如,通过破坏或改变相态产生附加物。特别地,经常使用电解、气穴现象或其他方法来获得气体或水蒸气泡沫。

　　11. S4.3 加强测量物–场模型

　　S4.3.1 应用物理效应和现象。测量和检测物–场模型的有效性可以通过利用物理现象来加强。

　　S4.3.2 应用样本的谐振。如果不能直接探测和测量一个系统的变化,而且也不可能用场来穿过系统,则通过产生系统整体或者部分的谐振来解决问题。谐振频率上的变差提供了系统的变化信息,如图 5 - 35 所示。

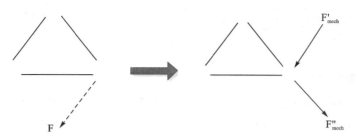

图 5 - 35　应用样本的谐振

S4.3.3 应用加入物体的谐振。如果不能应用标准解法 S4.3.2,则系统状态的信息可以通过加入或与系统相连的环境中物体的自由振荡来获得。

12. S4.4 向铁–场测量模型转化

S4.4.1 测量的预–铁–场模型。无磁场的物–场模型倾向于转化成包含磁性物质和磁场的预–铁–场模型。

S4.4.2 测量的铁–场模型。物–场模型或预–铁–场模型的测量或探测的有效性可以通过应用铁磁粒子代替其中的一个物质或加入铁磁粒子从而转化到铁–场模型得到加强。通过磁场的探测或测量可得到需求的信息,如图 5 - 36 所示。

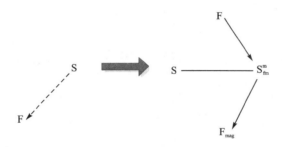

图 5 - 36　测量的铁–场模型

S4.4.3 合成测量的铁–场模型。如果测量或探测的有效性可以通过转化到铁–场模型得到加强,但不允许用铁磁粒子代替物质,则可以通过给一个物质引入附加物、形成合成铁–场模型来完成转换,如图 5 - 37 所示。

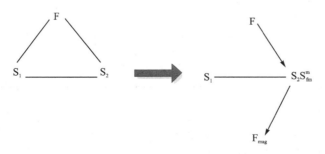

图 5 - 37　合成测量的铁–场模型

S4.4.4 与环境一起测量的铁–场模型。如果测量或探测的有效性可以通过转化到铁–场模型得到加强,但不允许引入铁磁粒子,则粒子可以被引入到环境中。

S4.4.5 应用物理效应和现象。物-场模型或预-铁-场模型的测量或探测有效性,可以通过应用物理现象和效应得到加强。比如,居里效应、霍普金森效应、巴克豪森效应、霍尔效应、磁滞现象、超导性等。

13. S4.5 测量系统的进化方向

S4.5.1 向双系统和多系统转化。物-场模型、预-铁-场模型的测量或探测有效性,在某些进化阶段,可以通过建立双系统和多系统得到加强。

S4.5.2 进化方向。测量和检测系统沿着以下方向进化:

① 测量一个功能;

② 测量功能的一阶导数;

③ 测量功能的二阶导数。

第 5 级主要是简化与改善策略,5 个子级,共计 17 个标准解,详见表 5-15。

表 5-15 标准解法第 5 级

序　号	名　　称	编　号	所属子级	所属级
1	间接方法	S5.1.1	S5.1 引入物质	第 5 级简化与改善策略
2	分裂物质	S5.1.2		
3	物质的"自消失"	S5.1.3		
4	大量引入物质	S5.1.4		
5	可用场的综合使用	S5.2.1	S5.2 引入场	
6	从环境中引入场	S5.2.2		
7	利用物质可能创造的场	S5.2.3		
8	相变 1:变换状态	S5.3.1	S5.3 相变	
9	相变 2:动态化相态	S5.3.2		
10	相变 3:利用伴随的现象	S5.3.3		
11	相变 4:向双相态转化	S5.3.4		
12	状态间作用	S5.3.5		
13	自我控制的转化	S5.4.1	S5.4 应用物理效应和现象的特性	
14	放大输出场	S5.4.2		
15	通过分解获得物质粒子	S5.5.1	S5.5 产生物质粒子的更高或更低形式	
16	通过结合获得物质粒子	S5.5.2		
17	应用标准解法 S5.5.1 及标准解法 S5.5.2	S5.5.3		

14. S5.1 引入物质

S5.1.1 间接方法。如果工作状况不允许给系统引入物质,可以利用下面的间接方式:

① 用"虚无(空地、空间)"代替实物;

② 引入一个场来代替物质;

③ 应用外加物代替内部物;

④ 引入少量激活性添加物；

⑤ 只在特别位置引入少量浓缩的添加物；

⑥ 临时引入添加物；

⑦ 利用模型或复制品代替实物，允许引入添加物；

⑧ 通过引入化学品的分解得到所需要的添加物；

⑨ 通过电解或相变，从环境或物体本身分解得到所需要的添加物。

S5.1.2 分裂物质。如果系统不可被改变，又不允许改变工具，也禁止引入附加物，则利用工件间的相互作用部分来代替工具。

S5.1.3 物质的"自消失"。在完成工作后，引入的物质在系统或环境中消失或变成与已存在物质相同。

S5.1.4 大量引入物质。如果工作状况不允许大量物质的引入，应用膨胀结构或泡沫的"虚无"来代替物质。

注释 5 - 22：使用充气结构是一个宏观级的标准解法；应用泡沫是一个微观级的标准解法。

注释 5 - 23：标准解法 S5.1.4 常与其他标准解法一同使用。

15. S5.2 引入场

S5.2.1 可用场的综合使用。如果可以给物-场模型引入场，首先应用物质所含有的载体中存在的场。

S5.2.2 从环境中引入场。如果可以给物-场模型引入场，但是又不能依据标准解法 S5.2.1 那样去做，则尝试应用环境中所存在的场。

S5.2.3 利用物质可能创造的场。

16. S5.3 相变

S5.3.1 相变 1：变换状态。物质的应用有效性（不引入其他物质）可以通过相变 1 来改进，也就是，通过一个已存在物质的状态转换。

S5.3.2 相变 2：动态化相态。物质的双特性可以通过相变 2 来实现，也就是利用物质依赖工作环境来改变相态。

S5.3.3 相变 3：利用伴随的现象。系统可用相变 3 来加强，也就是利用相变时伴随的现象。

S5.3.4 相变 4：向双相态转化。系统的双特性可以通过相变 4 来实现，也就是用双相态来代替单一相态。

S5.3.5 状态间作用。系统的有效性可以应用相变 4 来加强，也就是通过在零件或系统的相态间建立交互作用。

17. S5.4 应用物理效应和现象的特性

S5.4.1 自我控制的转化。如果物体必须周期性地在不同的物理状态中存在，这种转化可以通过利用物体本身可逆的物理转化来实现，比如，电离-再结合，分解-组合等。

S5.4.2 放大输出场。如果要求弱感应下的强作用，物质转换器需接近临界状态。能量聚集在物质中，感应就像"扣扳机"一样来工作。

18. S5.5 产生物质粒子的更高或更低形式

S5.5.1 通过分解获得物质粒子。如果需要一种物质粒子（比如：离子）以实现解决方案，但又不能直接得到，则可以通过分解更高结构级的物质（比如：分子）来得到。

S5.5.2 通过结合获得物质粒子。如果需要一种物质粒子（比如：分子）以实现解决方案，但不能直接得到，又不能使用标准解法 S5.5.1，则可以通过完善或组合更低结构级的物质（比如：离子）来得到。

S5.5.3 假如高等结构物质需要分解，但又不能分解，则由次高一级的物质状态代替。反之，如果物质是通过低结构物质组合而成的，而该物质不能应用，则采用高一级的物质代替。

5.4.3　标准解法的应用

以上的5级、18个子级共76个标准解法，给问题提供了丰富的问题解决方法，在物–场模型分析的基础上，可以快速有效地使用标准解法来解决那些在过去看来似乎不能解决的难题。

标准解法共76个，数量庞大，但同时也给使用者带来的是另一方面的难题，如何快速找到合适的标准解法？尤其是初学者，更会觉得一头雾水，不知从何处下手。不恰当的选择，将导致问题解决者走上弯路甚至百思不得其解，浪费时间和精力，从而降低应用76个标准解解决问题的效率。所以，理清76个标准解法间的逻辑关系，掌握问题解决过程中标准解法的选择程序，是有效应用76个标准解法的必要前提。

应用标准解法来解决问题，可遵照下列四个步骤来进行：

第一步，确定所面临的问题类型。首先要确定所面临的问题是属于哪类问题，是要求对系统进行改进，还是要求对某件物体有测量或检测的需求。问题的确定过程是一个复杂的过程，建议按照下列顺序进行：

① 问题工作状况描述，最好有图片或示意图配合问题状况的陈述；

② 将产品或系统的工作过程进行分析，尤其是物流过程需要表述清楚；

③ 组件模型分析包括系统、子系统、超系统3个层面的组件，以确定可用资源；

④ 功能结构模型分析是将各个元素间的相互作用表述清楚，用物–场模型的作用符号进行标记；

⑤ 确定问题所在的区域和组件，划分出相关的元素，作为接下来工作的核心。

第二步，如果面临的问题是要求对系统进行改进，则

① 建立现有系统或情况的物–场模型；

② 如果是不完整物–场模型，应用标准解法 S1.1 中的8个标准解法；

③ 如果是有害效应的完整模型，应用标准解法 S1.2 中的5个标准解法；

④ 如果是效应不足的完整模型，应用标准解法第2级中的23个标准解法和标准解法第3级中的6个标准解法。

第三步，如果问题是对某件东西有测量或检测的需求，应用标准解法第4级中的17个标准解法。

第四步，当你获得了对应的标准解法和解决方案，检查模型（实际是系统）是否可以应用标准解法第5级中的17个标准解法来进行简化，也可以考虑标准解法第5级是否有强大的约束限制着新物质的引入和交互作用。

在应用标准解法的过程中，必须紧紧围绕系统所存在问题的最终理想解，并考虑系统的实

际限制条件,灵活进行应用,并追求最优化的解决方案。很多情况下,综合应用多个标准解法,对问题的解决具有积极意义,尤其是第 5 级的 17 个标准解法。

根据以上 76 个标准解法的应用步骤,用流程图来表达,如图 5 - 38 所示。

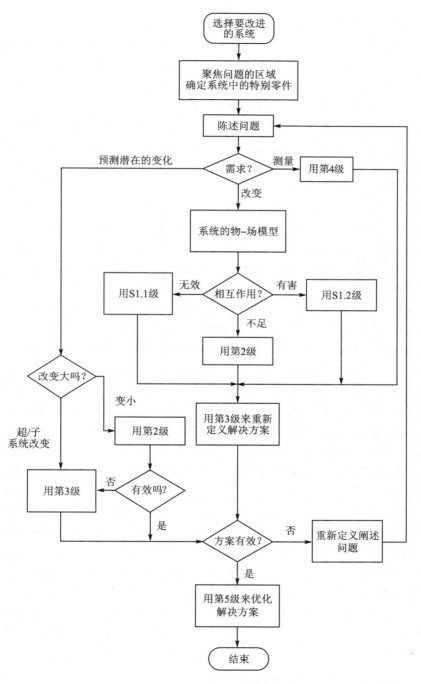

图 5 - 38　76 个标准解法的应用流程

5.5　发明问题解决算法（ARIZ）

5.5.1　ARIZ 概述

ARIZ（发明问题解决算法的俄文缩写；英文缩写为 AIPS），是发明问题解决过程中应遵循的理论方法和步骤。ARIZ 是基于技术系统进化法则的一套完整问题解决的程序。最初由根里奇·阿奇舒勒于 1956 年提出，随后经过多次完善才形成了比较完整的理论体系。

以下 3 条原则构成了 ARIZ 的理论基础：

① ARIZ 是通过确定和解决引起问题的技术矛盾，以进行发明问题转化的一套连续过程的程序。它采用步步紧逼的方法，将一个状况模糊的原始发明问题转化为一个简单的问题模型，然后构想其理想解，再进行分析和解决矛盾。依据这种结构和规则形成具有一系列步骤的程序，它也反映了技术系统的进化法则。

② 问题解决者一旦采用了 ARIZ 来解决问题，其惯性思维因素必须加以控制。比如，有必要抑制惯性思维以激发其想象工作。在一定程度上讲，单纯地使用 ARIZ，可以有效地改变使用者的思维。例如，ARIZ 步骤的固定次序避免了其他的一些常见错误，可增强使用者解决问题的能力和信心，刺激使用者超越其专业领域的限制，更为重要的是，会使其驾驭着自己的思维沿着更有前途的方向前进，最终迈向成功。

除以上固有的特性外，ARIZ 也包含一些特别的目的性的心理算法。其中之一是尽量避免使用专业术语，像惯性思维中常使用的那些"带电体"来描述关于特殊化区域的颗粒。这个算法包括帮助使用者确定并消除特殊术语的规则，然后用非专业术语来进行替代，可以表达出"确切的"意思。另外一个算法是聪明的小矮人法（SLP）：矛盾状况的重要图形表达法，用一组聪明的小矮人来发挥主要的作用。

③ ARIZ 也不断地获得广泛的、最新的知识基础的支持。知识基础的基本构成是物理、化学、几何等学科的效应和现象等。理想的解决方案，也就是取得完整的结果而不必付出"代价"。但实际上这很少能够完全做到，尽管 ARIZ 一直聚焦于理想化，只允许最重要的 ARIZ 的原理实现，也就是对原系统做最小改变的原理，此原理的唯一目的是确保在解决方案的实现过程中，系统的状态尽可能地保持平稳。

初次应用 ARIZ，或许不能一次就产生问题解决者所期望的结果。所以，ARIZ 的设计允许并支持多轮次的反复应用，每轮次的应用，ARIZ 均会带来一种全新的问题解决方案。

遵照 ARIZ 来解决问题是一个不断探索的过程，其结果比单单解决一个具体问题更为重要。几乎所有的解决方案都可被补充、提升、应用，来解决其他的尚未解决的问题，以及那些被遗忘在历史角落里的问题。ARIZ 也综合了各个特别的步骤，并专注于这些焦点问题的解决。

从 1956 年 ARIZ 诞生起，TRIZ 专家们一直在不断对其进行完善和修订，以保证 ARIZ 的与时俱进，所以，截至目前，各种版本的 ARIZ 发表了很多。本书以根里奇·阿奇舒勒提出的 ARIZ‑85 版本为主，来介绍 ARIZ 的理论方法和步骤。

5.5.2　ARIZ 的求解步骤

根里奇·阿奇舒勒的 ARIZ‑85 共有 9 个关键步骤，每个步骤中含有数量不等的多个子步骤。在一个具体的问题解决过程中,并没有强制要求按顺序走完所有的 9 个步骤,而是,一旦在某个步骤中获得了问题的解决方案,就可跳过中间的其他几个无关步骤,直接进入后续的相关步骤来完成问题的解决。详细内容请参照各个步骤详解中的相关描述。ARIZ - 85 的 9 大步骤:

步骤 1:分析问题

本步骤的主要目的是促进一个状态含糊的问题转化为一个可准确描述的极其单一化的模型——问题模型。本步骤有 7 个子步骤:陈述"迷你"问题,定义冲突的元素,建立技术矛盾的图解模型,为后续分析选择一个模型图,强化冲突,陈述问题模型,应用标准解法系列。

(1)陈述"迷你"问题

使用非专业术语,依据下列模式陈述"迷你"问题:

技术系统为(陈述系统的目的)包括(列出系统的主要组件)。

技术矛盾 TC - 1:如果 A,那么 B 会得到改善,而 C 会恶化。

技术矛盾 TC - 2:如果非 A,那么 C 会得到改善,而 B 会恶化。

必要时,可以对系统做最小的改动,以(陈述要求的结果)。

注释 5 - 24:"最小"问题是通过引入约束从问题情境中获得的:当系统中的各个元素保持不变或变得稍微复杂的时候,期望的作用(或特性)会呈现,同时有害作用(或特性)会消失。将问题情境转化为"最小"问题并不意味我们只想解决小的问题,而是通过引入旨在不改变系统的前提下能获得期望结果的附加要求,引导我们来突出矛盾,从一开始就紧紧锁定交替换位的路径。

注释 5 - 25:在制定本步骤时,不但要指明系统的技术元件,还应该指出与系统相互作用的"自然"组件。

注释 5 - 26:技术矛盾表示系统内的相互作用,由此既会产生有益作用也会产生有害作用,换句话说,通过引入或改善有益作用,或者消除或减小有害作用,有时会造成全部或部分系统的降级(有时降幅非常大)。

注释 5 - 27:为减少惯性思维,要用通俗易懂的词语来代替与工具和环境相关联的专业术语。原因是专业术语:

① 会在人们的脑海里打下那些习惯使用的工具和工作方法的烙印。比如,在"破冰船破冰"惯性思维导向下,人们不会想到可以不用破冰而将冰移走。

② 在问题情境描述中,可能会隐藏掉元件的某些特性。

③ 缩小了物质可能存在状态的范围。如使用术语"油漆",将导致人们只想到液体或固态油漆,然而,油漆也可以是气态的。

例如,天文望远镜无线电波接收系统。无线电波接收技术系统包括无线天线、无线电波、避雷针和闪电。

TC - 1:如果系统有较多的避雷针,可以有效保护天线免遭雷击。但是,避雷针会吸收无线电波,从而削弱了天线可接收的无线电波的强度。

TC - 2:如果系统只有极少数的避雷针,将不会吸收掉大量的无线电波,但在这种情形下,避雷针可能会不足以完全保护天线免遭雷击。

必要时,可以对系统做最小的改动:在保护天线免遭雷击的同时又不吸收掉无线电波。

（2）定义冲突的元素

冲突的元素包括一个工件和一个工具。

规则5-1：如果工具可有两种情形，则按照问题情境的描述，需指明这两种情形。

规则5-2：如果问题情境描述涉及几对类似的相互关联的元件，则只考虑其中的一对就足够了。

注释5-28：工件是问题情境中要求"加工"的元件（"加工"意味着制造、移动、调整、改进、保护、探测、测量等）。有些元件常因为其用途而被看作是工具，但在与测量和/或探测的问题中，可视为工件。

注释5-29：工具是直接作用在工件上的元件，比如火焰（而非火炉）。环境的一些特别部分也可看作是工具，工件装配中的标准零部件也可被认为是工具。

注释5-30：矛盾对中的一个元件也可以是双重的。比如，可以有两个不同的工具同时作用在一个工件上，一个工具干扰另外一个工具。也可以有两个工件由同一个工具作用，一个工件干扰另外一个工件。

比如，在天线保护的例子中，工件为闪电和无线电波；工具为导电的天线。

（3）建立主技术矛盾的图解模型

注释5-31：如果非标准的图解模型更贴近反映矛盾的本质，则允许使用那些非标准的图解模型。

注释5-32：有些问题具有多重矛盾。在建立图解模型时，可以转化为若干个单层模型图。

注释5-33：冲突（矛盾）不光指存在于空间上的，也指时间上的。

注释5-34：步骤1中的（2）和（3）改进和提炼了问题情境的总体描述。因此，在完成（3）后，有必要返回（1）并检查在（1）→（2）→（3）路径中是否存在不一致的地方。如果存在不一致，则必须消除不一致并修正路径。

建立技术矛盾的图解模型。比如，在天线保护的例子中：

TC-1：使用多数避雷针见图5-39。

TC-2：使用少数避雷针见图5-40。

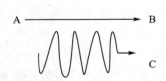

A—避雷针；B—闪电；C—无线电波

图5-39　使用多数避雷针模型

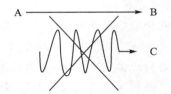

A—避雷针；B—闪电；C—无线电波

图5-40　使用少数避雷针模型

（4）为后续分析选择一个模型图

从两个冲突模型图中，选择一个能表达关键制造流程最好性能的图。陈述关键制造流程是什么样的。

注释5-35：当从两个冲突模型图中选择一个时，我们就从工具的两个相反的状态中选择了一个状态。ARIZ禁止将"极少数装置"转化为一些"最佳数量装置"，其目的是突出而不是掩饰冲突。如果我们保持工具的一种状态，稍后我们可获得这种状态下要求工具的相反特性，即使这种特性是工具在另一个状态下的固有特性。

注释 5－36：在解决与测量和/或检测有关的问题时，有时难以确定主要生产过程。最终，测量大多数都履行更改的目的，也就是加工工件、生成某物等。所以，在测量问题中，关键制造流程是整个系统的关键制造流程，不仅仅是需要测量零件，但科学目的的测量问题可以除外。

比如，在无线电天文望远镜天线保护问题中，关键制造过程是接收无线电波。所以，我们选用 TC－2：少数避雷针，在这种情形下，导电避雷针不吸收无线电波。

（5）强化冲突

通过指出元件的限制状态（作用）来强化冲突。

（6）陈述问题模型

阐述以下各点来陈述问题模型：

① 冲突的元件；

② 冲突的强化（比如：强调，夸大）规则；

③ 通过添加的元素，这个称为 X 的元素可以给予什么，比如保持、消除、改进、增加等，将其引入系统来解决问题。

注释 5－37：这个问题模型是一个典型的提取问题，在人工选择技术系统的一些元件的同时，将其他元件临时放到界限外。

注释 5－38：步骤 1 中的（6）后，需要返回（1）检查建立的问题模型的逻辑性。有时，选择的冲突模型图通过指出 X－元素的作用而提炼。

注释 5－39：X 元素不一定是代表系统的某个实质性的组件，但可以是一些改变、修改，或系统的变异，或全然未知的东西。比如，系统元素或环境的温度变化或相变。

比如，在天线保护的例子中，已知：一个缺失的装置和闪电，缺失的装置不阻碍天线接收无线电波，但不能提供免遭雷击的保护。要求：寻找 X，具有以上缺失装置的特性（不阻碍天线接收）同时也能保护天线免遭雷击。

（7）应用标准解法系列

考虑应用标准解法的系列解法来解决问题模型，如果问题不能获得解决，则进入步骤 2；如果问题解决了，则可以直接跳到步骤 7，当然，ARIZ 建议仍然进入步骤 2 来继续分析问题。

注释 5－40：步骤 1 中所进行的分析和建立的问题模型，能有效地阐明发明问题，并在很多情况下在非标准问题中辨别出标准元件。所以，在问题解决过程的这个阶段应用标准解法比在初始问题阶段更有效。

步骤 2：分析问题模型

主要目的是创建用来解决问题的有效资源的清单（空间、时间、物质和场）。

（1）定义操作区域（OZ）

在最简单的情况下，操作空间就是冲突在问题模型中所表明并呈现出来的范围。

注释 5－41：在最简单的情况下，操作区就是冲突在问题模型中所表明并呈现出来的范围。

（2）定义操作时间（OT）

操作时间是有效的"时间资源"，"由冲突发生中的时间（T_1）和冲突发生前的时间（T_2）所组成"。

注释 5-42：操作时间是有效的"时间资源"，由冲突发生中的时间（T_1）和冲突发生前的时间（T_2）所组成。冲突，尤其是如飞逝的、瞬间的或短期的，经常可在 T_2 中进行有效预防。

（3）定义物质和场资源

定义并分析系统的物质和场资源（SFR）、环境、工件，创建资源清单。

注释 5-43：SFR 是已经存在的那些物质和场（现有资源），或者根据问题描述可容易获得的。共存在 3 种类型的 SFR：

① 内部的 SFR：

  工具的 SFR；

  产品的 SFR。

② 外部的 SFR：

  特定问题所属环境下的 SFR，比如，在观察洁净液体中小粒子的问题中，水就是 SFR。

  共存于环境中的 SFR，包括背景中的场，如重力或地球磁力场。

③ 超系统（环境）的 SFR：

  根据问题描述，如果有可用的其他系统的废料。

  廉价物质，也就是无成本的"外界"元素。

在解决"最小化"问题时，以最小的资源付出来获得需求的结果才是值得的。所以，内部 SFR 的利用首先要被考虑。但在制定解决方案和/或预测（即最大问题）时，应考虑尽可能广泛的范围内的可能资源。

注释 5-44：工件（产品）被认为是不可改变的元素，那么，这种不变的元素会有些什么类型的可用资源呢？确实，产品不能被改变，在解决"最小化"问题的时候更不适合进行改变。但是，工件有时可以：

① 改变自身；

② 允许部分的改造，在这些部分大量存在的地方（比如：河中的水，风等）；

③ 允许向超系统转换（比如：砖块不能做改变，但房子可以进行变化）；

④ 考虑包含微观级的结构；

⑤ 允许与"无物"（真空）结合；

⑥ 可进行暂时性的改变。

因此，工件（产品）可被当作是一个 SFR，但仅适用于无需修改就能轻易获得更改的情况下，这种情况比较少见。

注释 5-45：SFR 是现有的可用资源，所以首先要进行利用。如果没有现有资源，则其他物质和场可以被考虑。也就是说 SFR 的分析，初步构建了一个分析结果。

比如，在天线保护的例子中，考虑"并不存在的"避雷装置，所以 SFR 包括环境中的物质和场，空气被看作 SFR。

步骤 3：陈述 IFR 和物理矛盾

经过本步骤，可获得最终理想解 IFR 的未来图像，也确定了阻碍获得 IFR 的物理矛盾。虽然理想解不会轻易获得，但却可以指引出获得理想解的方向。

（1）确定 IFR 的第 1 种表达式（IFR-1）

用以下模板来确定并记录 IFR 的第 1 种表达式：X（元件）的引入，在操作空间和时间内，不会以任何方式使系统变复杂,也不产生任何的有害效应,而且消除了原有害功能,并保持了工具有用行动的执行能力。

注释 5 - 46:除了"有害作用常与有益作用联系在一起"的矛盾冲突外,也可能发生其他类型的冲突,比如,"引入一个新的有益作用导致系统变复杂了",或"一个有益作用与另一个作用相矛盾了"。所以确定 IFR - 1 只是一个图像(更确切地说,也可以应用到其他的 IFR 表达式)。

(2) 强化的 IFR - 1

通过引入附加要求来强化 IFR - 1:给系统引入新的物质和场,只能使用步骤 2 中(3)所列出清单中的 SFR,禁止引入其他的物质和场。

注释 5 - 47:按注释 5 - 20 和注释 5 - 21,在解决"最小化"问题时,应按下列顺序来考虑物质和场资源:

① 工具的 SFR;

② 环境的 SFR;

③ 外部的 SFR;

④ 工件的 SFR。

以上各种资源类型就决定了未来分析的 4 条路线,另一方面,问题情境描述也会切断这些路径中的某些有效性。在解决"最小化"问题时,分析这些路线只可能让我们一直下去直到获得解法方案的终点;如果在"工具线"上获得了点子,就不必再考虑其他的路线。但是在解决比较庞大的问题时,所有可用路线都需要考虑。

当掌握了 ARIZ 时,一条连续的、线性分析将被平行的分析所代替,因为问题解决者获得了一种将一条思路转化到另一条思路上的能力,也就是说,形成了一种"多元化"的思维方式,具备同时考虑超系统、系统、子系统多层面变化的能力。

注意:问题的解决伴随着一个打破旧概念且诞生新概念、一个无法用一般言语进行充分表达的过程。比如,涂料不用溶解就成为液体,或未经涂色就有了色彩的情况下,如何描述涂料的特性呢?

如果你与 ARIZ 共事,那么你必须用简单的、没有专业化的、儿童般的词语来写出你的注释,避免可能强化惯性思维的专业术语。

比如,在天线保护的例子中,关于天线保护问题的模型中没有包含工具。

(3) 从宏观级表述物理矛盾

根据下列模板,从宏观级来表述物理矛盾:在操作时间和空间内,应该是(指出物理的宏观状态,比如"热的"),以形成(指出矛盾的作用之一),又应该是(指出相反的物理的宏观状态,比如"冷的")以形成(指出另一个冲突作用或需求)。

注释 5 - 48:物理矛盾表示与操作区的物理状态相对立的要求。

注释 5 - 49:如果要创建一个完整的物理矛盾表达式是困难的,那么试着按以下模式来阐述一个简要的物理矛盾:

元件(或其部分)必须在操作区内以形成(指明作用),又不应该在操作区内以避免(指明另一种作用)。

注意:在使用 ARIZ 解决问题时,解决方案的是缓慢形成的。从灵感第一次闪现开始,就永远不要停止问题的解决过程,否则随后你可能会发现自己获得的只是一个不完整的方案。

我们要将 ARIZ 解决问题的过程进行到底!

比如,在天线保护的例子中,空气在操作时间内应该是电传导的以移走闪电,又应该是非导电的以避免吸收无线电波。

(4) 从微观级表述物理矛盾

根据下列模板,从微观级来表述物理矛盾:物质的粒子(指出它们的物理状态或作用)必须在操作区域内(指出依据(3)所要求的宏观状态),又不能在那里(或必须有相反的状态或作用),以提供(指出依据(3)所要求的另一种宏观状态)。

注释 5-50:在这里,不一定要准确地定义出粒子的概念,领域、分子、原子、离子等均可被认为是粒子。

注释 5-51:粒子可以是以下 3 种元素的部分:

① 物质;

② 物质和场;

③ 场(虽然很少见)。

注释 5-52:如果问题只能在宏观级上进行解决,则可能无法进行步骤 3 中(4)的表述。此外,尝试在微观级表述物理矛盾被证明是有益的,只要它可给我们提供问题在宏观级必须加以解决的附加信息。

注意:ARIZ 的前三个步骤基本上是改变原来的"最小"问题;步骤 3 中(5)将总结这些改变。通过表述 IFR 的第二个表达式(IFR-2),让我们获得一个全新的问题、一个物理问题。从此,我们将聚焦于这个新的问题。

比如,在天线保护的例子中,自由电荷在雷击时必须在空气里,以提供电传导来移走闪电,其余时间又不能在那里,需要消除电传导性以避免吸收无线电波。

(5) 表述 IFR-2

根据下列模板,表述 IFR-2:在(指定的)操作时间和(指定的)操作空间内,需要依靠它自己来提供(相反的宏观或微观状态)。比如,在天线保护的例子中,空气中的中性分子需要依靠自己在雷击时转化为自由电荷。闪电后释放电荷,需要依靠自己再转化为中性分子。

这个新的问题的意思是:在闪电期间,空气里需要依靠自己呈现为自由电荷,这种情况下,电离空气担当闪电导体和吸引闪电的角色。放电以后的短时间内,空气中的自由电荷需要依靠自己又变回中性的分子。

(6) 尝试用标准解法来解决新问题

尝试用标准解法解决新问题。如果问题仍然没有得到解决,则进入步骤 4。如果使用标准解法解决了问题,则可以直接跳到步骤 7,当然,ARIZ 仍建议进入步骤 4 来继续分析问题。

步骤 4:动用物-场资源

在步骤 2 中(3)已经确定了可免费使用的可利用资源。步骤 4 则由通过对 SFR 生产的、对已可用资源进行微小改动且几乎免费获得的、导向增加资源可用性的一系列过程所组成。步骤 3 中(3)~(5)已开始了基于物理知识的应用,将问题转化到解决方案。

注释 5-53:规则 5-3 至规则 5-6 提供了 ARIZ 步骤 4 的全部内容。

规则 5-3:处于一种状态的任何种类的粒子只应执行一种作用。也就是说,不使用粒子"A"去同时执行作用 1 和作用 2,而只是完成作用 1;另外需要引入粒子"B"以达到执行作用 2 的目的。

规则 5－4:引入的粒子"B"可以分成 2 组:B-1 和 B-2。通过安排 2 组"B"的交互作用,获得"免费"的机会完成附加作用 3。

规则 5－5:如果系统只能包含"A"粒子,也可以将其分成 2 组:一组粒子保持原来的状态,另一组粒子的主要参数(因为与问题是相关的)而被改变。

规则 5－6:被分解或引入的粒子组在完成其功能后,应该立即变回与其他粒子或原存在的粒子无法区分的状态。

步骤 4 将在此路线上继续沿着如下的 7 个子步骤前进。

(1)聪明小矮人仿真

① 使用聪明小矮人来创建一个冲突模型图;

② 修正这个冲突模型图,以便使聪明小矮人没有冲突地参与工作。

注释 5－54:小矮人法将冲突要求设想为由一组(或多组、一群等)小矮人执行所需功能的简图模式,SLP 需要扮演成问题模型(工具和/或 X-元素)的可变元件。冲突需求就是问题模型中所表达的冲突描述,或者步骤 3 中(5)所确定的相反物理状态,后者或许是最佳的,但是还没有严格的规则来将物理问题(步骤 3 中(5))转化成 SLP 模型。问题模型中的冲突经常容易进行简图化,有时我们可以通过将两个简图组合到一个图上,以编辑冲突的模型图,将"好的作用"和"坏的作用"一同表达出来。如果问题在时间上是不断发展的,可适当考虑创建一系列的连续简图。

注意:本步骤中大多数常见错误是以草率的简图而告终。好的图形应满足以下要求:

① 没有文字也具有表现力、易懂;

② 提供了物理矛盾的附加信息,表现出问题可获得解决的一般路径。

注释 5－55:步骤 4 中(1)是一个辅助的步骤,其功能显现了操作区范围内粒子的作用。小矮人法考虑到了对无物理的(如何做)理想作用(做什么)的更清晰的理解,同时用来消除惯性思维并赋予创造性的想象力,所以 SLP 仿真可以认为是一种思考方法,并形成了与技术系统进化法则相一致的使用,这就是它为什么会通向问题的解法概念。

提醒:解决"最小"问题时动用资源的目的并不是要全部利用,而是在最小资源花费下获得强有力的解法概念。

(2)从 IFR"返回去"

如果你知道渴求的系统是什么,那么唯一的问题就是寻找获得这个系统的路径,从 IFR"走回去"可能会有帮助。期望的系统被简化,之后应用最小拆分改变。比如:依据 IFR,两个零件需要连接,"走回去"就是认为在二者之间存在着间隙,那么一个新的问题就出现了:如何消除这个间隙? 这个问题常常很容易解决,解决办法就提供了一条通向一般问题解决之路的线索。

(3)使用物质资源的混合物

考虑使用物质资源的混合体来解决问题。

注释 5－56:如果使用现有物质资源可能解决问题,那么这个问题可能永远不会出现或已"自动"得到解决。最常见的是需要引入新的物质来解决问题,但引入新物质会使复杂化或出现有害的作用等。SFR 分析的本质就是为了避免这个矛盾:采用新物质但不用引入它们。

注释 5－57:在最简单的情况下步骤 3 中(4)所推荐的将两种单一物质转化为异类的双物质,问题就上升为这种转化是否可行的问题。与同类双系统或多系统相似的系统转换被广泛使用并在标准解法S3.1.1中进行了描述。但是,该标准解所结合的是系统而不是步骤4中(3)所要求的物质。集成两个系统的结果是成为一个新系统,集成两种物质的结果(系统的两块)是成为由数量增加的物质所组成的一个新模块。通过集成相似系统建立新系统的一种机制是保持新系统中所集成系统的边界。比如,如果我们认为一张纸是单系统,笔记簿可认为是相应的多系统。保持边界要求第二种物质的引入(边界物质),即使这种物质是真空。所以,步骤4中的(4)描述了使用真空当作第二种边界物质的异类准多系统的创造。真空确实是一种很不寻常的物质。当物质和真空混合时,边界不再清晰可见,但是,所需求的结果、新特性出现了。

(4)使用真空区

考虑使用真空区或物质资源混合物与真空区一起来代替物质资源解决问题。

注释5-58:真空是一种非常重要的物质资源,非常廉价且数量不受限制,容易与可利用物质进行混合来产生空洞、多孔结构、泡沫、气泡等。真空区未必就是空间,如果物质是固体,则其内部的真空区可以填充液体或气体;如果物质是液体,则其内部的真空区可以是气泡。对于特殊水平的物质结构,低水平的结构可能会在真空区呈现(参见注释5-60)。例如,分解的分子可以当作是晶体结构的真空区;原子可当作是分子的真空区,等等。

比如,在天线保护的例子中,稀薄的空气可认为是空气和真空区的混合物,物理学认为减小气体压力会降低放电所需电压。

(5)使用派生资源

考虑使用派生资源、派生资源与真空区的混合体来解决问题。

注释5-59:派生资源可以通过物质资源的相变来获得。比如,如果物质资源是液体,则可以考虑将冰或水蒸气当作资源。破坏物质资源所获得的产品也可当作是派生资源,例如,氧和氢就是水的派生资源,组分是多组分物质的派生资源。物质分解或燃烧获得的物质也是派生资源。

规则5-7:如果要求物质粒子是离子,但是无法依据问题描述来直接获得,则可以通过分解物质的高一级结构(如:分子)来获得。

规则5-8:如果要求物质粒子是分子,但是无法依据问题描述来直接获得或使用规则5-7来获得,则可以通过构造或集成低一级的结构(如:离子)来获得。

规则5-9:应用规则5-8的最简单的方法是破坏靠近的更高的"完整"或"多余"层次(如:负离子);应用规则5-9的最容易的方法是通过完整靠近低级的"不完整"。

注释5-60:可将一种物质看成是多层次的分级系统。具备能充分满足实际应用的准确度,思考以下层次会有所帮助:

① 加工到最少的物质(某种简单的材料,比如电线);

② "超分子",比如晶体结构、聚合体、分子结合等;

③ 复杂分子;

④ 分子;

⑤ 分子组分,原子群;

⑥ 原子;

⑦ 原子的成分;

⑧ 本粒子;

⑨ 场。

规则 5-8 陈述了新物质可以通过间接途径获得：破坏可引入系统的物质资源或物质的大结构来获得；规则 5-9 陈述了还有另外一条路径：使较小的结构"完整"起来。

（6）使用电场

考虑通过引入一个电场或两个交互作用的电场是否比引入物质更能解决问题。

注释 5-61：根据问题描述，如果无法获取可以利用的派生资源，则可以使用电子（电流）。电子可被认为是存在于任何物体中的物质。此外，电子与高度可控的场相关联。

（7）使用场和场敏物质

考虑使用场和物质，与场有响应的物质添加剂来解决问题。典型的是磁场和铁磁材料、紫外线和发光体、热与形状记忆合金等。

注释 5-62：在步骤 2 的（3）中我们探索了可利用 SFR，在步骤 4 的（3）～（5）中我们考虑了派生资源。步骤 4 中的（6）讨论的是引入"外来"场，因此放弃了部分现有资源和派生资源。所耗费的资源越少，越有可能获得更理想的解决方案。但是，并非总是只消耗少量资源就能解决问题。有时，我们必须回到之前的步骤并考虑引入"外来"物质和场，但只能在绝对必要的情况下（无法使用 SLP）这么做。

步骤 5：应用知识库

很多情况下步骤 4 可帮助我们找到解法方案并直接进入步骤 7，如果没有找到解法，则推荐使用步骤 5。步骤 5 的目的是动用 TRIZ 知识库里积累的所有经验。所以，导向知识库的应用是极可能获得成功的。步骤 5 的 4 个子步骤如表 5-16 所列。

表 5-16　步骤 5 的四个子步骤

序　号	子步骤名称	简要说明
1	考虑应用标准解法来解决物理矛盾	考虑引入附加物
2	考虑应用已有解决方案 （考虑应用哪些用 ARIZ 已经解决的非标准 问题的解决方案来解决问题）	寻找有类似矛盾的 解决方案来模拟
3	考虑利用分离原理来解决物理矛盾	四大分离原理
4	考虑利用自然知识和现象库来解决物理矛盾	物理、化学、几何效应

（1）考虑应用标准解法来解决物理矛盾

制定为 IFR-2，牢记步骤 4 中所考虑到的可用 SFR。

注释 5-63：实际上，我们在步骤 4 中的（6）、（7）已经返回到标准解法系统，在这些步骤之前，主要注意力集中在应用可用 SFR，避免新物质和场的引入上。如果我们单单应用现有资源和派生资源则可能会错失问题的解决机会，所以需要引入物质或场。大部分标准解法都涉及了引入附加物的方法。

（2）考虑应用已有解决方案

如 IFR-2 表达的，牢记步骤 4 中所考虑到的可用 SFR。

注释 5-64：虽然存在无数的发明问题，但与这些问题相关的物理矛盾相对较少，所以，从含有一个类似矛盾的问题中抽出一种模拟就能解决许多问题。这些问题可能看起来并不相同，因此，只有在物理矛盾的层次上进行分析，才能发现合适的模拟。

（3）考虑利用分离原理来解决物理矛盾

规则 5-10：只有完全匹配（或接近）IFR 的解决方案是可以接受的。

（4）考虑利用自然知识和现象库来解决物理矛盾

利用自然知识和现象库来解决物理矛盾是一种有效的策略，它涉及对物理矛盾的深入理解和创造性解决方案的提出。这种方法强调从自然界的规律和现象中寻找灵感，以解决看似矛盾的问题。

步骤 6：转换或替代问题

简单问题可通过物理矛盾的克服得到解决，比如，通过相矛盾的需求在时间上或空间上的分离。解决难缠的问题时，常常需要与问题的状态转化相联系，也就是消除那些由惯性思维所产生的、从一开始就非常明显的初始限制，比如，观察水产生紊流的模型，模型上覆盖着可以在水中移动时进行染色的特殊染料，由于使用了电解法，所产生的气泡替代了染料，气泡本身就提供了足够明显的标记。

正确地理解并解决问题，发明问题不可能在一开始就能得到精确地表述，问题解决过程本身也伴随着修改问题陈述的过程。

① 如果问题得到解决，则要将理论解决方案转化为实际方案：阐述作用原理，并绘制一个实现此方案的装置原理图。

② 如果问题没有获得解决，则检查步骤 1 所描述的陈述是否是几个问题的联合体，然后，按照步骤 1 中（1）再重新进行描述、分解问题，必须立刻解决这些问题。通常，这足以正确解决主要的问题。

③ 如果问题仍然不能得到解决，则通过选择步骤 1 中（4）的另外一对技术矛盾来转换问题。比如，如果要解决一个测量或检测的问题，则选择另外一对技术矛盾经常意味着抛弃测量零件的改进而尝试改变整个系统以使不再存在测量的需求。

④ 如果问题依然不能得到解决，则回到步骤 1，重新定义关于超系统的"迷你"问题。如果必要，则与下面几个连续的超系统一起来重复进行再描述的过程。

步骤 7：分析解决物理矛盾的方法

该步骤的主要目标是检查解决方案的质量。物理矛盾需要最理想而又"无花费地"进行解决。再花费额外的两三个小时来获得一个新的、强有力的解决方案，而不是浪费半辈子去研究一个弱的、难以实现的想法。步骤 7 的 4 个子步骤如下：

（1）检查解决方案

仔细考虑每种引入的物质和场，是否可以用可利用现成资源或派生资源来替代要引入的物质和场，是否可应用自我控制的物质，从而修正解决方案。

注释 5-65：自我控制物质是指当环境条件改变时，会以特定方式变换自身状态的物质，比如，加热到居里点以上磁粉失去了磁性。应用自我控制物质允许不依靠外加设备来进行系统的改变或状态的更改。

（2）解决方案的初步评估

对方案的初步评估包括：

① 解决方案是否满足 IFR-1 的主要需求？

② 解决方案解决了哪一个物理矛盾？

③ 新系统是否包含了至少一个易控元素，是哪一个元素，是如何控制的？

④ 用于"单周期"问题模型的解决方案是否符合现实生活中的"多周期"情况？如果解决方案不能遵从以上所有各点，则返回步骤 1。

（3）通过专利搜索来检查解决方案的新颖性

通过专利网检索，查询解决方案是否已有专利，从而检查其是否具有新颖性。

（4）子问题预测

预测哪一个子问题会在新的技术系统的发展中出现，注意这些子问题可能要求创新、设计、计算并克服组织挑战等。

步骤 8：利用解法概念

一个创新的概念不单单用于特定问题的解决，而且也为其他类似问题的解决提供了一把万能钥匙。步骤 8 的目的就是将由你所发现的解决方案除去面纱，获得资源的最大化应用。

（1）定义改变

定义包含已变化系统的超系统该如何进行改变。

（2）检查应用

检查被改变的系统或超系统，看是否能以另一种方式来进行应用。

（3）应用解决方案解决其他问题

① 简洁陈述一个通用解法原理。

② 考虑该解法原理对其他问题的直接应用。

③ 考虑使用相反的解法原理来解决其他问题。

④ 创建一个包含了解决方案所有可能的更改的形态矩阵，并仔细考虑从矩阵所产生的每一种组合。比如，"放置零件"对"工件的相态"；"应用场"对"环境的相态"等。

⑤ 仔细考虑解法方案的更改将导致由系统尺寸或主要零件引起的变化，想象如果尺寸趋于零或伸展到无穷大的可能结果。

注释 5 - 66：如果你的目标不仅仅是解决特定的生产问题，那么准确按照步骤 8 中（3）可以发起基于此解法方案的广义理论的发展。

步骤 9：分析问题解决的过程

使用 ARIZ 解决每一个问题都能很好地增长使用者的创新潜能，然而要想获得这些，要求对解法过程进行透彻的分析，这就是步骤 9 的主要目的。

① 将问题解决的实际过程与理论进行比较（更确切地说，依照 ARIZ），记下所有偏离的地方。

② 将建立的解法方案与 TRIZ 知识库（标准解法、分离原理、效应和现象知识库等）的信息进行比较，如果知识库中没有包括解决问题所使用的原理，则记录这个原理，以便在 ARIZ 修订时被考虑纳入。

注意：ARIZ - 85 已经在很多问题上进行了检验（在几乎每个发现的可用问题上），并用来进行 TRIZ 理论的研究、讲授，一些使用者似乎不记得这些，在基于解决了一个问题的经验上就建议改进 ARIZ，甚至傲慢地将只适用于特殊问题的特定建议当作规则来改进一个问题的解决，却导致其他问题的解决更加困难。基于此，所有建议需要先在 ARIZ 以外当作案例来进行检验，比如，和 SLP 仿真一起进行检验；然后，再纳入 ARIZ，任何的改变都必须经过 20～25 个相当具有挑战性问题的解决来检验。

5.5.3 发明 Meta－算法

基于 Meta－算法的"发明 Meta－算法"简称"Meta－ARIZ"，该算法由著名 TRIZ 理论专家米哈依尔·奥尔洛夫提出，可以认为是 ARIZ 的简化版本，但绝不是简单的简化。其形式使对高素质的专家、大学生甚至中小学生进行 TRIZ 理论知识教育显得更容易些。

任何设计师和研究人员、发明者和创新者都需要一个简单高效的"思路引导图"，Meta－ARIZ 就是这样的一个"引导图"。Meta－ARIZ 在结构上最接近于阿奇舒勒在 1956 年和 1961 年早期提出的"最明了"ARIZ。可以这样认为：ARIZ－85 是往更"专业化"方向发展的结构，而 Meta－ARIZ 则是走了"最便捷工具"的路线。Meta－ARIZ 的结构如图 5－41 所示。

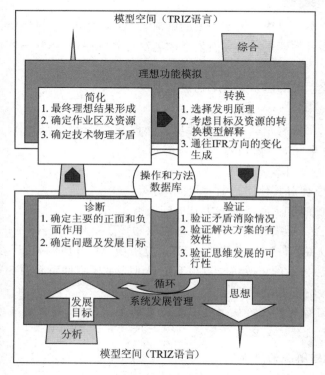

图 5－41　发明 Meta－算法综合图表（Meta－ARIZ）

图 5－42 所示为一个更简单的 ARIZ 模型，该模型被称为小型 ARIZ 或转换的小型算法。

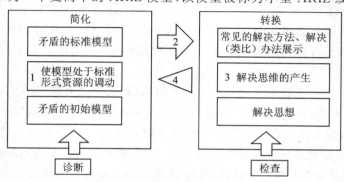

图 5－42　小型 ARIZ（转换的小型算法）

在图中,小型 ARIZ 的两个主要步骤:1 号步骤和 3 号步骤,分别属于简化阶段和转换阶段,并且直接与具体矛盾的解决思路有关。2 号反映简化阶段和转化之间的过渡,4 号的箭头表明可能返回简化阶段,例如,用于补充确认模型或寻找新资源。

5.6　创新案例

案例一:汽车的 ABS 刹车系统

1. ABS 系统原理

ABS(Anti Lock Braking System 或 Anti-skid Braking System)最早出现在铁路机车上,1908 年 J. E. Francis 设计了第一套 ABS 并安装在铁路机车上,获得成功。20 世纪 90 年代 ABS 系统进一步简化结构、提高性能、降低成本,并以此为基础作为必备的安全装备在各种不同车型上广泛采用。ABS 系统的组成示意图如图 5 - 43 所示。

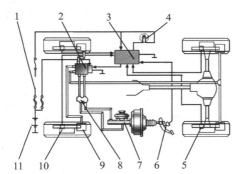

1—点火开关;2—制动压力调节装置;3—ABS 电控单元;4—ABS 警告灯;
5—后轮速度传感器;6—停车灯开关;7—制动主缸;8—比例分配阀;
9—制动轮缸;10—前轮速度传感器;11—蓄电池

图 5 - 43　ABS 系统的组成(分置式)

制动过程中,ABS 电控单元(ECU)3 不断地从传感器 10 和 5 获取车轮速度信号,并加以处理,分析是否有车轮即将抱死拖滑。

如果没有车轮即将抱死拖滑,则制动压力调节装置 2 不参与工作,制动主缸 7 和各制动轮缸 9 相通,制动轮缸中的压力继续增大,此即 ABS 制动过程中的增压状态。

如果电控单元判断出某个车轮(假设为左前)即将抱死拖滑,则即向制动压力调节装置发出命令,关闭制动主缸与左前制动轮缸的通道,使左前制动轮缸的压力不再增大,此即 ABS 制动过程中的保压状态。

若电控单元判断出左前轮仍趋于抱死拖滑状态,则即向制动压力调节装置发出命令,打开左前制动轮缸与储液室或储能器(图中未画出)的通道,使左前制动轮缸中的油压降低,此即 ABS 制动过程中的减压状态。

2. 现有系统不足之处

① 安全性:有两个原因产生,一是刹车打滑,由刹车装置和轮胎所致;二是汽车碰撞,由汽车翻车或撞车引起的驾驶员受伤,可以通过安全带和安全气囊来解决。

② 环境污染：汽车尾气造成环境污染。目前的解决办法是采用氢气代替原有燃料，这样排出的尾气是水蒸气。

③ 轮胎磨损：可以通过增加轮胎纹路、选择填充多孔聚合物颗粒和凝胶材料的轮胎来解决。

④ 驾驶疲劳：因为在高速公路上，驾驶员长期处于一种姿势或路况下易产生疲劳感。这种情况可以通过设置车内提醒或路面变化弯道增加来解决。

限于篇幅，我们只举这4个主要缺点。分析上述的几种情况，汽车本身的安全性是至关重要的，因此选取刹车打滑问题作为主要矛盾，比如，在北方冬季，因下雪路面滑，常常发生大大小小的交通事故。

3. 刹车系统的矛盾分析

管理矛盾：如何在刹车时防止轮胎打滑，提高汽车运行的安全性。

技术矛盾：提高刹车安全性，却不降低刹车性能。

矛盾参数：安全性——可靠性，对应39矩阵的27行；刹车性能——刹车力，车运行速度，轮胎对地面的压力，分别对应39矩阵的第10,9,11列。相应的矛盾矩阵查找结果如表5－17所列。

表5－17　矛盾矩阵查找结果

	10	9	11
27	(8),(28),(10),(3)	(21),(35),(11),(28)	(10),(24),(35),(19)

涉及的40个法则：(8)巧提重物法；(28)系统替代法；(10)预先作用法；(3)局部质量改善法；(21)快速法；(35)性能转换法；(11)预置防范法；(24)中介法；(19)离散法。

根据系统特点，可用原理为(28)、(3)。其中的(3)可通过轮胎的材料和重量来改变轮胎对地面的摩擦力，起到防止打滑的作用，但是，当车速过快时，该方法失去作用，必须利用系统替代法来代替或辅助现有的刹车系统，所以目前防止打滑、提高安全性的最有效的方法是辅加一个ABS系统。

案例二：防火报警信号装置缺陷的改进

一种防火报警信号装置，由压缩气罐和以弹簧为动力的气罐阀门控制装置组成。其工作原理是：用易熔物封住压缩的弹簧。当火灾发生时，易熔物熔化，弹簧带动连杆，推开压缩气罐阀门，吹动气哨报警，如图5－44所示。但时间长了弹簧会失去弹性，易熔物可能变质，所以影响系统的可靠性，如何改进？

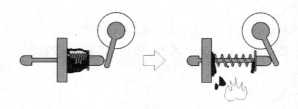

图5－44　防火装置工作原理图

这种防火报警信号装置进一步改进的关键是压缩气罐阀门打开装置。为使问题最小化，我们将该装置的阀门控制子系统作为当前系统来分析。

系统名称：阀门热控制装置。

主要有用功能：打开阀门。

系统特性：变形。

作用客体：阀门。

工作原理：火灾发生时，易熔物熔化，弹簧势能释放，推动弹簧连杆，连杆顶端推动压缩气罐阀门打开。

操作区域：压紧的弹簧与易熔物体。

操作时间：火灾发生时。

资源分析：如表 5 - 18 所列。其中，易熔物是有益资源，但随着时间推移会老化，变得有害；易熔物产生的粘结力是有益资源，随着温度变化而变化，但随着易熔物的老化板结，可能在操作时间内不能有效降低以释放弹簧，因而变得有害；弹簧的弹性势能是有益的，但随着时间推移可能会不足；火灾发生时的热能对环境有害，但对系统的释放是有益资源；时间间隔是有害资源，因为其越长，越容易使易熔物老化和弹性势能降低。

表 5 - 18　资源分析表

名　称	类　型	位　置	价　值	质　量	数　量	可用性
弹簧	物质资源	操作区	廉价	有益	足够	成品
连杆	物质资源	系统内	廉价	有益	足够	成品
易熔物	物质资源	操作区	廉价	有益/有害	足够	成品
粘结力	场资源	操作区	免费	有益/有害	足够	成品
弹性势能	能量资源	操作区	免费	有益	足够/不足	成品
热能	场资源	超系统	免费	有益	足够	成品
时间间隔	时间资源		免费	有害	足够	成品

系统分析：应用完备性法则分析当前系统，如图 5 - 45 所示。

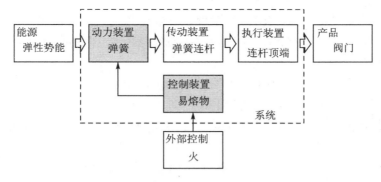

图 5 - 45　应用完备性法则

问题集中于控制装置（易熔物）和动力装置（弹簧）两个部分。对于控制装置，我们应该寻找廉价可靠的其他控制方式，或者能否简化掉，改由直接的外部控制（见图 5 - 46（a））。对于动力装置，弹簧必须压缩以获得足够的弹性势能。但长时间处于压缩状态会减弱或失去弹性，这是弹簧的固有性质。系统特性是"变形"，考虑到"弹簧"是术语，我们改由"变形物"来描述。

该变形物应该在任何时候都能保持足够的变形能力。或者干脆,该变形物自身即具有随温度变化而变形的特性,因为触发系统工作的条件是"热",所以,如果变形物本身具有"热变形"属性无疑更具意义(见图5-46(b))(事实上,到这里问题的答案已经呼之欲出了)。

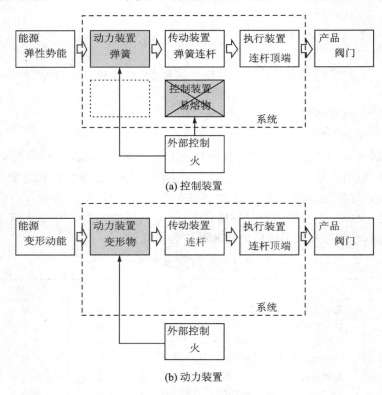

图 5-46 系统完备性分析

最终理想解:设有 X 资源,不增加系统的成本和复杂性,可永久保持变形物的特性,并在火灾热场的作用下产生有效的位移变形。

技术矛盾 1:由于弹簧会减弱弹性,我们可以尝试将弹簧做得更粗,装置可以保持更长时间的有效推力,但此时需要更多的易熔物来固封,粗的弹簧和更多的易熔物导致了系统体积的增大。

改善的参数:参数 10 力;恶化的参数:参数 8 静止物体的体积。

查找阿奇舒勒矛盾矩阵,获得原理序号如图5-47所示。

技术矛盾 2:由于易熔物可能老化,所以影响系统的可靠性,这是必须改进的,但同时该装置应该设计简单,控制装置不宜过于复杂。

改善的参数:参数 27 可靠性;恶化的参数:参数 37 控制复杂性。

查找阿奇舒勒矛盾矩阵,获得原理序号如图5-48所示。

原理 2——抽取原理(不适用)。

原理 36——相变原理(易熔物本身就是应用这个原理,不适用)。

原理 18——机械振动原理(不适用)。

原理 37——热膨胀原理:① 利用热胀冷缩的性质;② 利用热膨胀系数不同的材料。

图 5-47 技术矛盾 1 矩阵查询结果   图 5-48 技术矛盾 2 矩阵查询结果

原理 27——一次性用品替代原理:用廉价的物品代替一个昂贵的物品,在性能上稍作让步。

原理 40——复合材料原理:用复合材料替代单一材料。

原理 28——机械系统替代原理:①用光学、声学、味学等设计原理代替力学设计原理;②采用与物体相互作用的电、磁或电磁场;③用可变场替代恒定场,随时间变化的可动场替代固定场,随机场替代恒定场;④利用铁磁颗粒组成的场。

解决方案如图 5-49 所示。

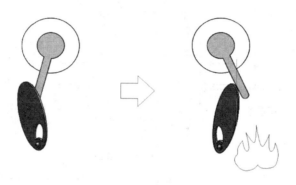

图 5-49 解决方案图示

解决方案:根据原理 37,X 资源由热膨胀系数不同的材料构成;根据原理 27,X 资源是一种变形物,可替代需要预压缩的弹簧结构;根据原理 40,X 资源应该是采用复合材料制成的变形物。延伸"复合"的含义,X 资源既可以通过自身变形提供系统工作的动力,又可以利用火灾热场实现变形;根据原理 28,用可变场替代恒定场,即在动力方面,X 资源具有可随温度变化的场(随温度变形产生具有推力的场),来替代"恒定"的弹性势能的场,同时可以取代不可靠的易熔物进行"自控"。

查找上述资源列表,没有符合 X 资源要求的资源。通过对 X 资源应具属性分析和类比,如双金属片温控器,最后确定:采用双金属片动力(控制)结构替代弹簧/易熔物结构。

案例三:基于 TRIZ 理论的采煤机的设计

案例背景:随着我国煤炭需求量的增加,矿山企业对采煤机的生产率要求提高,这导致了对采煤机牵引机构提出更高的要求。目前,矿井煤炭开采所使用的电牵引采煤机主要存在能耗大和相对于装机功率的增加牵引力低两个方面问题。由相关资料可知,与这两个方面相关的分功能是采煤机的截煤运动和进给运动,映射于采煤机的结构为螺旋截割滚筒和牵引机构传动系统及其牵引机构。本案例将通过 TRIZ 理论的功能分析找出解决问题的途径。

1. 对技术系统进行初步分析

（1）系统定义、系统属性、有效功能及作业客体

系统定义：电牵引采煤机针对不同的煤层厚度，通过截割滚筒，使煤层松动，实现在煤壁上截煤。

执行机构：截割滚筒。

作用客体：煤层（含岩石）。

系统特性：使固体（煤）破碎。

有益功能：截割。

（2）系统的黑箱图

根据采煤机械的功能设计要求，电牵引采煤机械的黑箱图如图5-50所示。

系统的总功能是电牵引采煤机工作时，将煤壁上的煤剥离下来并移位。其工艺过程是：当电牵引采煤机工作时，采煤机自动适应载荷的情况，在保证不超载的情况下，剥离煤炭并移位。

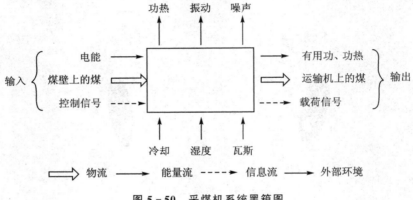

图 5-50　采煤机系统黑箱图

（3）系统的九屏图

九屏图可以反映出三种形式的系统即当前系统、过去系统和未来系统，以及这三种形式各自的子系统和超系统。这样便于从子系统和超系统上寻求当前系统的改进和完善。系统的九屏图如图5-51所示。

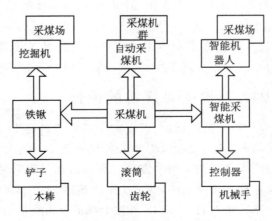

图 5-51　采煤机的九屏图

系统"采煤机"的过去是铁锹。为什么是铁锹呢？在采煤机出现之前，人们挖掘的工具根据从近及远的顺序可能是：铁锹、磨制的金属材料、磨制的石料、木材等。因此离现在最近的系统可能是铁锹。

铁锹的子系统包括：前端的铲子、后端的木柄；超系统是能够连续作业的挖掘机械、采煤场等。

系统"采煤机"的未来是智能采煤机。为什么是智能采煤机呢？我们确定，系统要根据客观规律发展。根据动态程度提高法则和提高理想度法则，系统的要素应该能够越来越灵活，系统的资源消耗越来越少，功能越来越俱全。因此，伴随计算机、人工智能的发展，传统采煤机将逐渐转化为人工参与少，智能化程度高的安全、高效的智能采煤机。

智能采煤机的子系统包括：控制器、机械手、导线、传感器等；超系统是智能化程度更高的智能机器人等。

（4）系统的功能分解

机器一般都是由 5 部分组成：原动机、传动部分、工作机构、控制和支撑。其技术过程通常是：原动机→传动→控制→工作机构，而这 4 部分都安装在支撑部件上。

执行装置的工艺动作是在接收到系统给出的落煤和进给信号时，由驱动元件给出落煤运动和进给运动，将煤壁上的煤剥离并移位。

检测装置的工艺动作是收集采煤机的运行状态，采煤机可检测到的运行状态主要有落煤载荷、进给载荷、进给运动速度、环境的瓦斯、湿度以及能源装置的温度、过流、过频、失速、欠压、漏电、压力等。

信号处理装置即控制装置，其工艺动作是根据收集到的检测信号进行推理计算，并得出相应的控制信号传递给执行装置。

根据功能分解建立电牵引采煤机物理关系的功能结构如图 5 - 52 所示。

（5）系统的工作原理

电牵引采煤机系统的工作原理图如图 5 - 53 所示，它的工作原理是：电牵引采煤机工作时一般骑在刮板输送机上（爬底板的薄煤层采煤机除外），通过导向滑架 9 可沿着刮板输送机的导向管运行，支撑滚轮在导向划架的另一侧起支撑采煤机机重的作用。动力来自牵引部箱 4 中的两台水冷防爆电动机（也有一台情况）。电动机驱动机械传动系统拖动无链牵引机构沿着刮板输送机的轨道前进或后退运行，实现采煤机的截割进给。电牵引采煤机的左右 2 个截割部（包括截割电动机 1、摇臂减速器 2 和滚筒 3）分别由两台电动机驱动。水冷防爆电动机驱动机械传动系统拖动滚筒转动，实现采煤机在煤壁上截煤。采煤机截煤运动实际上是截割运动和进给运动的复合运动。为了使采煤机能够把煤截落并把煤装入刮板输送机，滚筒具有截齿和螺旋叶片，同时安装有喷雾灭尘喷嘴以扑灭采煤过程中的粉尘。

采煤机沿着采煤工作面工作过程中，煤层的厚度往往是变化的。截割部与牵引部是通过销轴铰接在一起，调高油缸 8 可以调整左右两个截割部的摆动角度以适应这种变化。挡煤板可以拾浮煤和降低粉尘，它的位置可以调整至采煤机运行方向滚筒的后侧。

电控箱 7 一般由高压控制箱和牵引控制箱组成，采用变频调速器对牵引部电动机进行控制，以适应煤层截割状况变化而引起的载荷变化。通过微电脑控制调高电磁阀和挡煤板翻转电磁阀，并为截割电动机监测任务提供数字采集、处理、显示、监控、故障诊断及发出指令等服务。

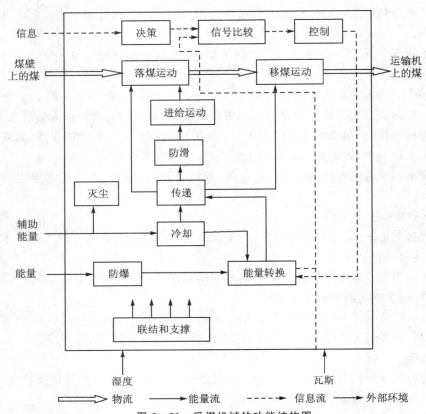

图 5-52 采煤机械的功能结构图

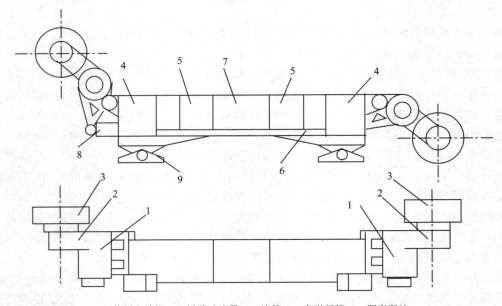

1—截割电动机;2—摇臂减速器;3—滚筒;4—牵引部箱;5—调高泵站;
6—底托架;7—电控箱;8—调高油缸;9—导向滑架

图 5-53 系统的工作原理

采煤机的运行和操作均可通过装在机身两端的遥控器来进行控制,可以采用有线式和无线式两种方式,主要操作内容为两端摇臂的升降,两个弧形挡煤板的翻转,牵引方向及速度的调整、迅速停机和全机紧急停车、开停冷却喷雾水和开启消防灭火水。

底托架 6 可以把电控箱、牵引部和调高油缸及其液压泵站 5 安装在一起。

2. 按照技术系统进化法则分析系统的进化

(1) 提高理想度法则

在该系统中,对于有益功能而言,是能进行有效率的截割煤层。

截割煤层的参数是刀具(截割滚筒)的质量参数。

刀具质量参数包括:滚筒的尺寸、形状(截齿的布置)、刀具的强度、刀具的运转速度(由牵引机构决定)。

有害功能:能耗大,能耗大则成本高。

提高理想度最理想的途径是降低有害功能,即降低成本,在采煤机中,就是降低采煤能耗。

采煤机工作过程中,装机功率的 $80\%\sim90\%$ 消耗在截割滚筒上。根据能量消耗所占的比例可知,截割滚筒节能是问题的关键,分析截割滚筒的能量流才能了解该技术系统的哪些组件参与能量消耗,最终消耗在哪个组件。由采煤机滚筒的功能关联模型可知,截割滚筒的能量流如图 5 - 54 所示。

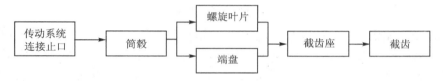

图 5 - 54　截割滚筒的能量流

采煤机截割煤炭能耗主要取决于截割滚筒的能耗,其主要原因有截齿耗能大、滚筒装煤能耗大和滚筒转动不灵活三个方面,根本原因分析框图如图 5 - 55 所示。

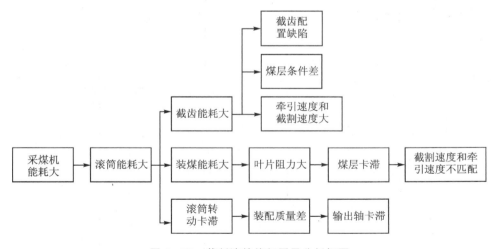

图 5 - 55　截割滚筒能耗因果分析框图

（2）S 曲线进化法则

通过对大量专利的分析，Altshuller 发现产品的进化规律满足 S 曲线。而且产品的进化过程主要是依靠设计者推动的，当前产品如果没有设计者引入新技术，产品将停留在当前的水平上，新技术的引入使产品不断沿某个方向进化。TRIZ 中的 S 曲线简化为分段线性曲线，如图 5-56 所示。Altshuller 通过研究发现，任何系统或产品都按生物进化的模式进化，同一代产品进化分为婴儿期、成长期、成熟期、退出期四个阶段，这四个阶段可用生物进化中的 S 曲线表示。

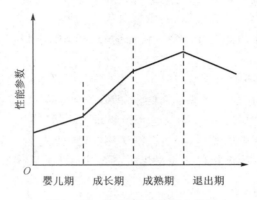

图 5-56　**TRIZ 分段线性 S 曲线**

在第一阶段，即技术系统的婴儿期，主要指标增长非常缓慢，这主要是由于各种原因还不能满足社会的需求，因此不能在实际中应用；在第二阶段的成长期，系统在相对降低支出的同时，其主要指标快速增长，通常表现为产量的增长；在第三阶段的成熟期，其各主要指标增长速度放缓；在第四阶段的退出期，技术系统已达到极限，不会有新的突破，该系统因不再有需求的支撑而面临市场的淘汰。结合该采煤机系统，图 5-57 给出了从生产率、稳定性、可靠性 3 个主要性能参数和经济利润共 4 个方面对系统进行的描述。

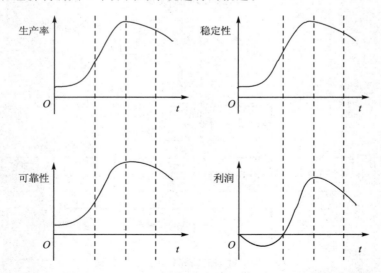

图 5-57　**采煤机系统各阶段生产率、稳定性、可靠性和利润的发展趋势**

S 曲线上的拐点具有十分重要的意义。第一阶段的拐点确定之后,产品由原理发明阶段的研究转入商品化开发阶段。出现第二个拐点时,产品的技术已进入成熟期,需研究高于该产品工作性能的更高一级的核心技术,以便在合适的时候替代现有的产品。因此,随着一条 S 曲线的结束,另一条 S 曲线逐渐形成,意味着技术系统的核心技术不断发展,推动产品的不断创新,同时该过程可由 S 曲线族来表示。以采煤机的生产率为例,如图 5-58 所示。

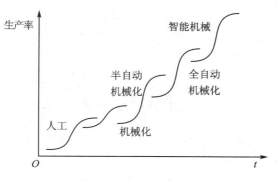

图 5-58　采煤机系统的生产率 S 曲线族

(3) 协调-失调法则

电牵引采煤机的牵引速度直接影响截割效果,常常出现的问题是系统参数的不协调,牵引力产生的牵引速度与刀具的截割速度不协调。

1) 牵引力不足

牵引速度参数,牵引力不足,制造精度差,啮合性不好。

截割速度参数,截割滚筒的参数。

牵引力不足,牵引机构强度低,托架和机身强度。

技术矛盾:如果提高牵引机构的强度,那么牵引速度会增加,但是采煤机能耗将会增大,占空间也会增大。

如果降低牵引机构的强度,那么采煤机能耗将会降低,占用空间会缩小,但是牵引速度会降低。

物理矛盾:牵引机构的强度既要高,又要低。

解决方式:空间分离原理,采用双牵引机构(子系统超系统)。根据空间分离原理,把截割部与机身部分分离,不让其承受推进阻力和截割阻力。改进型产品概念设计是找出其可利用资源,提高其理想化水平的方法,由冲突表达中提到的底托架可能存在强度不足的问题,对其进行改造,在增强其强度的同时利用创新原理一维变多维,进行底托架的变形设计,让它承受采煤机工作过程中的推进阻力和截割阻力,同时去除机身与截割部的铰点,把铰接点设于底托架。

随着客户对采煤机的生产率要求的提高,采煤机的装机功率也会增大,滚筒直径也会增大,使同时参与截割的截齿数增多。滚筒的综合切削力和采煤机推进阻力也会增大。其能量流如图 5-59 所示。

相对于装机功率的增加,电牵引采煤机的牵引力小的主要原因有构件的强度和驱动系统能力的限制。根据图 5-59 所示能量流,得到根本原因分析框图如图 5-60 所示。

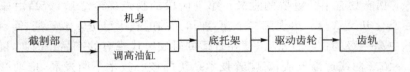

图 5 - 59 牵引机构能量流

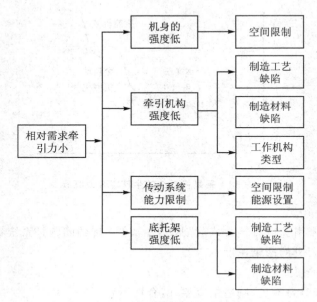

图 5 - 60 牵引机构力的因果分析框图

2) 截齿配置

密集,能耗大截割力小;

稀疏,能耗小截割力大。

螺旋滚筒在截割煤岩之后,在围岩的作用下,煤层深处受到三向挤压(见图 5 - 61),而裸露表层则产生沿 x 轴方向的拉伸应变,称为压张。在压张区内煤层的节理裂纹增加,截割阻

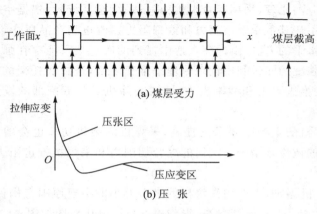

图 5 - 61 煤的压张效应

抗降低,使得截割机构的截割力和截煤比能耗也降低。螺旋滚筒设计的截深就是为了让其充分利用煤的压张效应。

为了照顾到远离煤壁处的截割条件差的情况,滚筒端盘截齿配置数量多,而且按照压张效应的强弱配置截齿逐渐减少;螺旋叶片截齿布置得少,而且是沿着叶片螺旋线排列。截齿螺旋滚筒上的配置情况用截齿配置图来表示,是截齿齿尖所在圆柱面的展开图。典型截齿配置图如图 5-62 所示。圆圈表示安装角度为 0°的截齿,黑点表示安装角度不等于 0°。

截齿配置的原则是:保证煤的截落;块度大、煤尘少和比能耗小;滚筒载荷均匀、动载小;采煤机运行平稳。

根据压张效应引起的煤层从工作面到煤层某一深度处其节理情况不同,截齿采取由疏到密的布置方法。端盘截齿配置较合理,需要完善的是叶片上的截齿配置。由于滚筒螺旋叶片的截距按照最佳截距布置,所以通过改变截线上的截齿数达到适应煤层压张效应的变化。对于煤壁处的截齿在截割煤岩时,由于此处煤层的节理特别发达,采用很小的力就会截落较大的煤块,截煤不是按照严格的月牙形,所以去除多余的截齿。

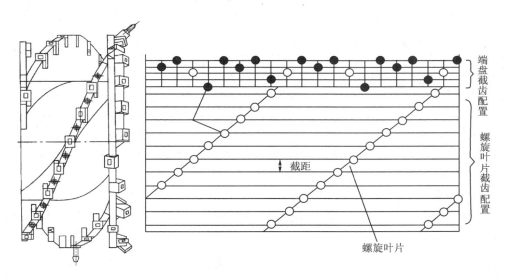

图 5-62　截割滚筒和截齿配置图

(4)提高动态性法则和向微观级进化法则

按照提高动态性法则、向微观系统进化法则,电牵引采煤机的截割刀具采用气体或液体进行截煤。

(5)超系统进化法则

根据超系统进化法则,电牵引采煤机能像坦克一样具有多功能。

3. 系统的矛盾及解决原理的运用

根据图 5-62,截割滚筒能耗因果分析框图中列出了所有可能的原因。其中,①输出轴卡滞出现的最直接的原因就是轴承损坏,属于正常损耗,装配质量差是管理矛盾。②截割速度和牵引速度不匹配是使用者的原因,加强培训就可以避免。③煤层条件差,但牵引速度及截割速度大是矿山企业为了提高采煤机生产率必须做的,这与滚筒能耗之间形成了技术矛盾。④截齿配置的密疏程度对能耗有影响,截齿布置密集,比能耗大截割力小;截齿布置稀疏,比能耗小截割力大,构成物理矛盾。

综上分析:

① 技术矛盾用 TRIZ 中 39 个通用工程特性描述如下:

希望改进的特性:采煤机生产率;

特性改善会产生负面影响的特性:采煤机滚筒能耗。

② 物理矛盾描述如下:

$$截齿配置 \begin{cases} 密集,比能耗大截割力小; \\ 稀疏,比能耗小截割力大。 \end{cases}$$

将上述希望改进的特性及其可产生的负面影响的特性带入 TRIZ 矛盾矩阵表,得到截割滚筒的矛盾矩阵,如表 5－19 所列。表中给出的数字就是 40 条发明创新原理中的方法排序号,如"10"就是指 10 号发明原理:预先作用。

表 5－19　矛盾矩阵表

产生负面影响的特性 希望改进的特性	…	18 照度	19 运动物体能量消耗	20 静止物体能量消耗	…
…					
38 自动化程度		8,32,19	2,32,13		
39 生成率		26,17,19,1	35,10,38,19		

希望改进的特性(Ⅰ)"采煤机生产率"与产生负面影响的特性(A)"采煤机滚筒能耗"可以从矛盾矩阵中查到以下 4 个发明方法,序号是 10,19,35,38;对应的 4 个发明方法为:预先作用、周期性作用、性能转换变化、加速强氧化。

各创新方法及其相应解决技术矛盾的原理和内容如表 5－20 所列。

从上述各创新原理中选择创新方法 10 预先作用作为截割滚筒技术矛盾的解决原理。

4. 物-场分析

根据表 5－20 所列的创新方法,依据该方法解决技术冲突的原理和内容,可建立截割滚筒创新设计方案。截齿在截割煤岩时,其坚硬度和脆性是影响截割过程能耗的主要因素,故选用预先作用方法建立电牵引采煤机螺旋滚筒的创新方案。采煤机螺旋滚筒"有用"的结构设计创新方案为:采用水射流辅助截割煤岩,即在采煤机滚筒上截齿截煤之前预先由水射流预破碎煤岩,使煤岩局部或全部产生松动可解决"采煤机生产率"与"采煤机滚筒能耗"之间的冲突。根据改进型产品概念设计是找出概念产品的可利用资源,提高其理想化水平的方法,利用改变喷嘴的位置、改进喷嘴的结构和提高喷雾水的压力三种方法实现该方案。

该创新方案可以通过物-场分析的方法得到。如图 5－63 所示的加 1 种物质表示的新物-场模型,采用双物-场模型。螺旋滚筒的截齿对煤层的作用不充分,通过水射流的冲击力辅助预先作用于煤层,完善螺旋滚筒的截割性能。

这种技术矛盾解决方案有一个负面效果即水射流也会消耗能量,但采用水射流辅助截割的截割滚筒远比没有采用的节能,水射流喷嘴所引起的能量消耗相比之下是微小的。水射流辅助截齿座的示意图,如图 5－64 所示。

表 5-20 解决技术矛盾的原理和内容

序 号	创新原理	解决技术矛盾的原理和内容
10	预先作用	(1)在操作开始前,使物体局部或全部产生所需的变化; (2)预先对物体进行特殊安排,使其在时间上有准备,或已处于易操作的位置
19	周期性作用	(1)用周期性运动或脉动代替连续运动; (2)对周期性运动改变其运动频率; (3)在两个无脉动的运动之间增加脉动
35	性能转换	(1)改变物体的物理状态,即使物体在气态、液态、固态之间变化; (2)改变物体的浓度或黏度; (3)改变物体的柔性; (4)改变温度
38	加速强氧化	使氧化从一个级别转变到另一个级别,如从环境气体到充满氧气,从充满氧气到纯氧气,从纯氧气到离子态氧

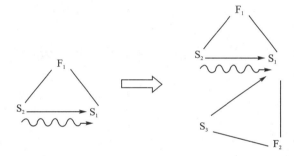

F_1—机械场;F_2—机械场;S_1—煤层;S_2—截齿;S_3—水

图 5-63 物-场模型

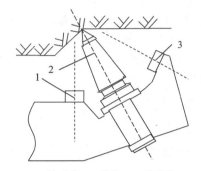

1—前喷嘴;2—截齿;3—后喷嘴

图 5-64 水射流辅助截齿座

该案例遵循了技术系统进化中提高理想度的法则,针对改进型产品概念的设计,主要是通过找出产品概念中的可利用资源来提高产品的理想化水平,解决了为适应市场需求而引发的电牵引采煤机设计中的典型工程问题。由根本原因分析的结果定义技术矛盾和物理矛盾,应用 TRIZ 理论的 40 条发明创造方法和物-场分析方法提出了电牵引采煤机创新概念设计模型。该过程为改进型产品概念设计提供有效的工程问题解决思路,具有十分重要的意义。

案例四:真空吸放机械手问题的解决

为了抓住较薄的脆性零件(如玻璃),使用真空吸放机械手(见图 5-65)。小型真空泵 1 置于吸盘 2 的壳体上,吸盘边缘有弹性密封 3,能够紧紧与玻璃 4 接触。在吸盘下建立真空,抓住玻璃并将其放到下一个工位。如果玻璃上有缺陷 5,那么由于真空密封被破坏,机械手就

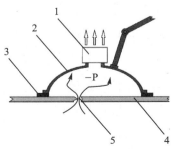

1—真空泵;2—吸盘;3—弹性密封;
4—玻璃;5—缺陷

图 5-65 真空吸放机械手问题

不能很好地工作。尝试用更大功率的泵,真空机械手的重量和尺寸都会增大,后来又将更大的真空泵从壳体上拆下,放到另外一个地方,这样机械手的重量和尺寸就不会增加但连接真空的管又会损耗一定的真空,所以真空泵的功率还要增大。大功率真空泵增加了系统的复杂度、功耗和设备成本,且大功率真空泵很难买到。那么在不改变真空有序放机械手现有工作方式情况下,如何解决所遇到的问题呢?

下面主要应用 ARIZ - 85 来解决此问题。

第一阶段:构建与分析原有问题

步骤一:分析问题

1. 描述最小问题

真空吸放机械手系统包括:真空泵、吸盘壳体、弹性密封。

TC1:必须加强真空效果,以保证玻璃(薄的脆性零件)有缺陷时机械手也能正常工作,但需要使用大功率真空泵,这样会增加系统的复杂性,且大功率真空泵很难买到。

TC2:不用加强真空效果,这样就不必采用大功率真空泵,但遇到有缺陷的玻璃时机械手不能正常工作。

必须对系统进行最小的改变,保证在任何情况下真空吸附的效果,同时不必采用大功率真空泵。

2. 产品-工具

产品:玻璃(A); 工具:真空(C)。

3. 技术矛盾1与技术矛盾2示意图

技术矛盾模型图如图 5 - 66 所示。

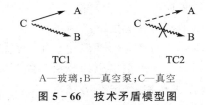

A—玻璃;B—真空泵;C—真空

图 5 - 66 技术矛盾模型图

4. 选择技术矛盾

TC1 有利于玻璃吸放工作的完成,选择 TC1。

5. 强化技术矛盾

需要产生非常强的真空,但需要功率非常大的真空泵,系统会变得很复杂。

6. 表述问题模型

需要产生非常强的真空效果,此时最有利于吸起玻璃,但需要大功率真空泵,系统变得复杂,且大功率真空泵很难买到。必须找到 X -元素,它能够保证足够强的真空的形成,但不需要更换大功率真空泵。

7. 应用标准解系统

没有找到适用的标准解。

步骤二：分析问题模型

1. 查明操作区

真空机械手吸盘壳与玻璃围成的空间，如图 5－67 所示。

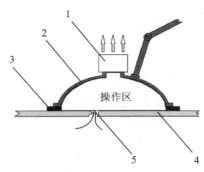

1—真空泵；2—吸盘；3—弹性密封；4—玻璃；5—缺陷

图 5－67　操作区

2. 操作时间

真空机械手吸附玻璃时。

3. 查明资源

物质资源：真空泵、吸盘壳体、弹性密封、空气；

能源资源：真空、真空泵抽取空气的机械能；

空间资源：吸盘壳与玻璃围成的空间。

步骤三：陈述 IFR 和物理矛盾

1. 最终理想解（IFR）1

X－元素存在于资源中，可以保证产生足够强的真空，且不需要大功率真空泵。

2. 加强 IFR1

X－元素是资源中有的，不用加以改变，不用引入新的物质和场。

在现有资源中，可用作 X－元素的资源有：弹性密封、空气、壳内空间、壳体。

3. 宏观水平上的物理矛盾

在操作时间的操作区内，能够产生足够强的真空，在玻璃有缺陷时也能很好地吸附玻璃；但同时不能产生足够强的真空，因为有缺陷的玻璃破坏了密封环境。

4. 微观水平上的物理矛盾

在操作时间的操作区内，为了保证吸附效果，应该有尽量少的空气分子；但同时操作区中不能保证有尽量少的空气分子，因为有缺陷的玻璃破坏了密封环境。

5. 最终理想解 2

在操作时间的操作区内,弹性密封能够自己保障密封环境,而不需要更换大功率真空泵。

6. 物-场分析

根据最终理想解 2,问题的关键集中在如何改善弹性密封的密封效果上。依据标准解法 S1.2.2:引入改进的 S_1 或(和) S_2 来消除有害作用。如果物-场模型中的 2 个物质间同时存在着有用和有害的作用,而且物质间的直接接触不是必需的,可是问题的描述中包含了对外部物质引入的限制,则可以通过引入 S_1 或 S_2 的变形体(S_1' 或 S_2')来解决问题。物-场分析图如图 5 - 68 所示。

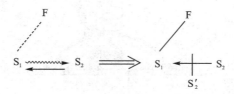

S_1—玻璃;S_2—弹性密封;S_2'—改进的弹性密封;F—真空场

图 5 - 68　物-场分析图

第二阶段:移除实体限制

步骤四:利用资源

小人模型

玻璃存在缺陷,空气小人通过缺陷处进入操作区,影响真空形成。玻璃的缺陷如图 5 - 69 所示。

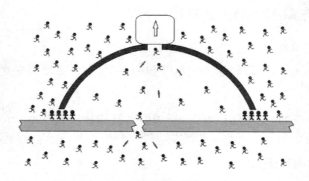

图 5 - 69　玻璃的缺陷

考虑向多系统发展,用多个小型的吸盘代替原来单一的大吸盘,问题得到改善,但需要多个微型真空泵。小人自动解决缺陷如图 5 - 70 所示。

进一步发展系统,弹性密封小人在操作区自动围成多个吸盘,真空泵工作时,操作区上部空间形成负压,使弹性密封小人围成的小吸盘向上移动,造成下部各个小空间扩大,形成真空状态,有缺陷的部分虽然未形成真空,但空气小人不能进入操作区上部空间,所以对真空泵工

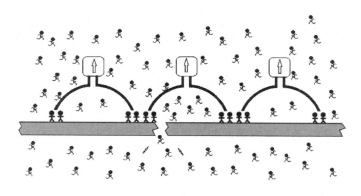

图 5-70　小人自动解决缺陷

作未产生影响。弹性密封小人自动围成多个吸盘如图 5-71 所示。

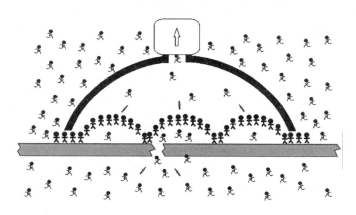

图 5-71　弹性密封小人自动围成多个吸盘

　　至此,我们已经获得了本例的解决方案:向微观级和多系统发展。X-元素可能通过对现有物质资源"弹性密封"的改变获得。应用空间分离原理,将真空吸盘底部制成多个富有弹性的小吸盘,各个小吸盘与大吸盘之间形成一个封闭的空间,这个空间形成负压时就会使下面的各个弹性小吸盘工作。

　　由于方案已经获得,可直接进入第三阶段。

第三阶段:分析问题答案

步骤五:分析解决物理矛盾的方法

1. 检查解决方案

本方案应用了操作区内已存在的物质资源——弹性密封的改进,没有引入其他物质和场。

2. 解决方案的初步评估

① 解决方案满足了 IFR-1 的主要需求,即:X-元素存在于资源中,可以保证产生足够强

的真空,且不需要大功率真空泵。

② 解决方案解决的物理矛盾:在玻璃有缺陷时需要产生足够强的真空,但由于缺陷的存在不能产生足够强的真空。

③ 新系统因为弹性密封子系统向微观级的改进,可以"自动"解决因玻璃缺陷产生的问题,使系统的可控性大大加强。

④ 新系统适用于绝大多数情况下对较薄脆性零件的吸附操作。

3. 通过专利搜索来检查解决方案的新颖性

(略)

4. 子问题预测

在新技术系统的开发过程中可能会增加弹性密封制作时工艺的复杂性,但通过分析可知,弹性密封由模具生产,这种改进对弹性密封制作工艺影响很小;新系统改变了吸盘壳体内空间的分配,可能产生空间不足问题,可以稍稍加大吸盘壳体予以弥补。

步骤六:应用解决方案

1. 定义改变

通过对真空吸附器件向微观级、多系统的转化,可以有效解决因被吸附体缺陷带来的吸附力不足问题。

2. 检查应用

新系统的解决方案可以应用于对绝大多数真空吸附器件的改进(如真空挂钩)。

3. 应用解决方案解决其他问题

① 简洁陈述通用解法原理:对于真空吸附问题,可以通过向微观级和多系统的转化,来改善吸附效果。

② 考虑直接将该解法原理应用于其他问题:如果工具和零件之间需要紧密接触,则可以将工具与零件接触的表面分割为多系统。该应用也符合动态化原理。

③ 考虑将相反的解法原理应用于其他问题:如果系统的子系统受作用客体影响发生位置的不良改变,则考虑加强子系统之间的联合(如赤壁之战曹操将战船连接起来以对抗风浪)。

④ 新系统对弹性密封的改变没有引起系统尺寸的太大变化,弹性密封子系统主要是向微观级进行了转化,这种转化不能趋于"无限小",因为那样会使弹性密封变成一块"平板"而失去形成真空的能力。

步骤七:分析解决问题的过程

(略)

习 题

5-1 针对每个发明原理,结合日常生活和所学专业举出自己的例子。

5-2 找出三个日常生活中遇到的技术矛盾,并尝试查找矛盾矩阵解决它。

5-3　简述物理矛盾的定义,解决物理矛盾的分离原理有哪些?

5-4　绘制下列系统的物-场模型:

系　统	物-场模型	系　统	物-场模型
剃须刀		订书器	
手电筒		放大镜	

5-5　描述下列物-场模型的意义:

物-场模型	意　义	物-场模型	意　义
F / $S_1 \to S_2$		F / $S_2 --- S_1$	
F / $S_1 S_3 --- S_2$		F / $S_1 \rightleftarrows S_2$	

5-6　应用标准方法解和 ARIZ-85 的步骤分别是什么?

5-7　对洗衣机系统进行分析,并结合矛盾及解决原理的运用回答以下问题:

1)详细分析系统需要改善的部位或者零部件的参数,列出原因;

2)列出运行的技术系统的不足之处和有益之处;

3)分析对系统进行改善时,系统存在问题的根本原因;

4)对改善技术系统提出问题,增加有效功能的问题,缩减有害功能的问题;

5)根据技术矛盾索引表,列出所有涉及的创新原理;

6)对涉及的创新原理进行分析,确定最终解决矛盾的原理方案;

7)描述排除矛盾后的技术系统。

5-8　结合题 5-7,进行物-场分析的运用。

按照题 5-7 中对洗衣机系统的分析步骤,对系统中需要改善的问题运用物-场分析方法进行分析,列出物-场分析的简图(最好给出没有改进前的物-场模型和系统改进后的物–场模型）。

参考文献

[1] Altshuller G S, Shapiro R V. About a technology of creativity[J]. Questions of Psychology, 1956,6:37 – 49.

[2] Altshuller G S. Creativity as an exact science[M]. Moscow：Sovietskoe radio, 1979.

[3] 张志远，何川. 发明创造方法学[M]. 成都：四川大学出版社,2003.

[4] 伊万诺维奇. 解决发明问题的理论与实践[M]. 俄罗斯共青城市：国立工业大学,2004.

[5] 徐起贺. 基于 TRIZ 理论的机械产品创新设计研究[J]. 机床与液压,2004,7:32 – 33.

[6] 胡家秀，陈锋. 机械创新设计概论[M]. 北京：机械工业出版社. 2005.

[7] 张美麟. 机械创新设计[M]. 北京：化学工业出版社,2005.

[8] 杨清亮. 发明是这样诞生的：TRIZ 理论全接触[M]. 北京：机械工业出版社,2006.

[9] 黑龙江省科学技术厅. 发明问题解决理论基础[M]. 哈尔滨：黑龙江科学技术出版社,2007.

[10] 阿奇舒勒. 创新算法[M]. 武汉：华中科技大学出版社,2008.

[11] 姜台林. TRIZ 创新问题解决实践[M]. 桂林：广西师范大学出版社,2008.

[12] 黑龙江省科技厅. TRIZ 理论应用与实践[M]. 哈尔滨：黑龙江科学技术出版社,2008.

[13] 曹福全. 创新思维与方法概论：TRIZ 理论与应用[M]. 哈尔滨：黑龙江教育出版社,2009.

[14] 檀润华. 面向制造业的创新设计案例[M]. 北京：科学技术出版社,2009.

[15] 奥尔洛夫. 用 TRIZ 进行创造性思考使用指南[M]. 北京：科学出版社,2010.

[16] 赵峰. TRIZ 理论及应用教程[M]. 西安：西北工业大学出版社,2010.

[17] 王传友. TRIZ 新编创新 40 法及技术矛盾与物理矛盾[M]. 西安：西北工业大学出版社,2010.

[18] 颜惠庚，李耀中. 技术创新方法入门：TRIZ 基础[M]. 北京：化学工业出版社,2011.

[19] 亚历山大洛维奇. TRIZ 发明问题解决理论一级教材[M]. 哈尔滨：黑龙江科学技术出版社,2011.

[20] 沈萌红. TRIZ 理论及机械创新实践[M]. 北京：机械工业出版社,2012.

第6章　创新方法在科技创新竞赛中的应用

6.1　案例一：多功能海洋牧场机器人

本产品以现有的抓捕式捕捞机器人为基础，通过体感技术仿照水下捕捞装置设计一定比例的机械装置，通过改变此机械装置完成对水下捕捞装置的控制，从而降低操作难度；采用双摄像头结合水下图片去雾技术和多目标识别技术，提高水下视频清晰度并辅助发现海参；采用刚性双机械臂，橡胶覆盖机械爪，在捕捞的同时不损伤海参；为减小水下机器人的阻力，保持机体在水下维持平衡，采用镂空框架结构，这样在减小了阻力的同时也减轻了捕捞机器人的质量。本产品应用生命曲线、九屏图、资源分析等 TRIZ 理论对系统进行创新改进，并通过技术矛盾、物理矛盾、物-场分析和技术系统进化法则来解决问题，共提出概念方案43个，并寻找最优解组合方案解决海参捕捞机器人效率低下的问题。

下面对该组作品的 TRIZ 应用部分进行介绍。

6.1.1　项目竞争分析

作者团队对目前在研的海参捕捞机器人的种类、特性进行归纳分析，在研的海参捕捞机器人主要分为两种：吸取式捕捞机器人和抓取式捕捞机器人。下面分别对两种海参捕捞机器人进行优劣分析。

吸取式海参捕捞机器人：此类型的捕捞机器人主要特征在于吸入口、射流器、海参吸口、涡轮抽吸装置等结构的设置，其采用真空射流技术，利用软管将海参快速吸入并自动进行分离。

专利文献"一种沉浮控制装置及多工况可沉浮海参搜索捕捞器 201310539070X""一种具有可升降支撑腿的海底捕捞器 2014203191839""一种具有旋转底盘的海参捕捞器 2014204084177"均采用了吸纳的方法进行海参吸捕。吸取式海参捕捞机器人结构如图 6-1 所示。

优势：吸取式最大的优势在于造价低且效率高。这是由于其获取海参方式的改变使吸取式机器人不需安装结构复杂、价格昂贵的机械手，而采用价格低廉的软管代替，大大降低了成本。且吸取式捕捞机器人只需大致对准海参后打开吸入装置即可完成海参的捕捉，不需精确对位，这在一定程度上提高了捕捞准确度。

劣势：与其巨大优势同样明显的特征也表现在其劣势当中。吸取式海参捕捞机器人在吸取海参时会同步带起泥沙、海底微生物，严重破坏海底生态环境。并且随之带起的泥沙还会使海底变得浑浊，大幅降低水下可视度，影响后续的捕捞效率。

图 6-1　吸取式海参捕捞机器人

由于其对海底环境的严重破坏,2018年度獐子岛水下机器人目标抓取大赛明确提出禁止吸取式水下机器人参赛。

抓取式海参捕捞机器人:其主要特征为在实现海参定位后通过多自由度的机械手对目标进行抓取并放入海参储藏箱之中。

专利文献"一种海参捕捞机器人辅助捕捞装置 CN201821559726.9""海参捕捞机器人 CN201821957342.2""一种开架式全方位海参捕捞机器人 CN201711192467-0"均采用了多自由度机械手进行海参抓捕。海参捕捞机器人结构如图6-2所示。

图6-2 抓取式海参捕捞机器人

优势:抓取式海参捕捞机器人的优势在于捕捞准确度高,操作灵活,对海底生态环境影响很小。由于此种捕捞方式是先进行海参定位再利用机械手捕捞,因此有90%以上的单次捕捞成功率。多自由度机械手臂使操作灵活性增强,可以适应各种复杂的捕捞场景。并且,抓取式捕捞机器人在工作时对周围环境的影响很小。

劣势:造价高昂,操作烦琐,效率较低。

机械手臂的结构复杂,并且自由度越高其造价也就越高,在追求灵活性的过程中也同时牺牲了成本的经济性。目前抓取式海参捕捞机器人机械臂的操作方式多为旋钮,按键式操作复杂,进而导致抓捕海参效率较低。吸取式与抓取式两种捕捞机器人优劣对比如表6-1所列。

表6-1 吸取式与抓取式两种捕捞机器人优劣对比

捕捞方式	优 势	劣 势	评 价	可行性
吸取式	造价低,效率高	严重破坏海底生态环境,水下可视度低	劣势十分明显,影响不可忽视且无法降低	不可行
抓取式	捕捞准确度高,操作灵活,对海底生态环境影响很小	造价高昂,操作烦琐,效率较低	优劣式分布较为均匀,优势初步满足市场需求	可行

小结:虽然吸取式海参捕捞机器人有着巨大的优势但是由于其在使用过程中会对海底生态环境造成严重的破坏,违反了《中华人民共和国海洋环境保护法》第二章第十三条"国家加强防治海洋环境污染损害的科学技术的研究和开发,对严重污染海洋环境的落后生产工艺和落后设备,实行淘汰制度。企业应当优先使用清洁能源,采用资源利用率高、污染物排放量少的清洁生产工艺,防止对海洋环境的污染。"2018年度獐子岛水下机器人目标抓取大赛明确提出禁止吸取式水下机器人参赛。因此吸取式海参捕捞机器人不可行。而抓取式海参捕捞机器人虽然存在不足,但基本满足市场需求,因此作者团队选取抓取式海参捕捞机器人作为研究对象。

6.1.2 解题思路

1. 初始形式分析

对抓取式海参捕捞机器人进行初始形式分析,系统清单如表6-2所列。

表 6 - 2　抓取式海参捕捞机器人系统清单

系统功能	对海参进行抓捕
系统组成	①机架；②控制仓；③配重仓；④升降仓；⑤捕捞装置；⑥动力源；⑦摄像头
工作原理	机械爪连接在连杆机构上，连杆机构连接在潜水装置上，潜水装置驱动机械爪抓取或者释放海参
技术参数	①下潜最大深度 50 m；②捕捞效率 35 kg/h
主要问题	①捕捞效率低；②寿命短，更新快；③造价昂贵
解决目标	①提高每小时捕捞效率；②降低使用成本

通过初始问题分析我们可以得到，目前海产品捕捞机器人存在的问题如下：

① 捕捞海参效率较低；

② 产品制造成本较高。

2．可行性分析

可行性分析是通过对海参捕捞机器人的主要内容和硬件条件，从技术、成本等方面进行评估，将可行性分为 3 个等级：A 级——非常可行；B 级——基本可行；C 级——可能可行。

3．系统分析——因果链分析

因果链分析是全面识别工程系统缺点的分析工具。因果链分析始于项目目标决定的初始缺点，分析其影响因素，得出中间缺点，进而继续挖掘下一层级的影响因素，直到末端缺点。因果链分析流程如图 6 - 3 所示。

通过因果链分析可以得到：海参捕捞机器人捕捞效率低，主要集中在操作问题、捕捞装置设计问题、水下环境适应问题。

根据因果链分析得到的原因可以得到以下方案，如表 6 - 3 所列。

表 6 - 3　因果链分析的方案

方案编号	方案来源	具体方案	评级
01	1 - 1	进行更长时间的培训	B
02	1 - 2 - 1	减少按键数量	A
03	1 - 2 - 2	另一种无按键的操作方法	B
04	1 - 3 - 1	自动水下巡航	B
05	1 - 3 - 2	减少机械臂自由度	B
06	2 - 1 - 1	增加自由度	C
07	2 - 2	设计其他抓夹结构	B
08	2 - 3 - 1	增大机械装置电机功率	B
09	2 - 4 - 1	设计瞄准器帮助定位捕捞	A
10	2 - 4 - 2 - 2	设计微动操作帮助精准操作	A
11	3 - 1 - 1	换用高像素的摄像头	A
12	3 - 1 - 2	增加摄像头数量	A
13	3 - 1 - 3 - 1	增大照明设备功率	A
14	3 - 1 - 1 - 2	设计整流罩减少推进器扬起泥沙	B
15	3 - 2 - 1	改造机体	B
16	3 - 2 - 2	增大推进器动力输出功率	C
17	3 - 2 - 2	增加推进器数量	B

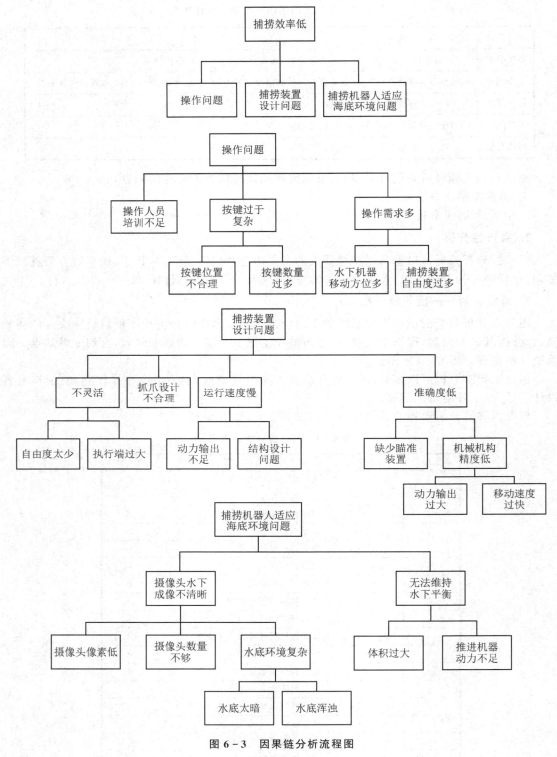

图 6-3　因果链分析流程图

4. 九屏图分析

为了打破思维惯性,找出清晰的思维路径,现采用九屏图分析,通过九屏图直观地反映水下机器人过去发展过程和未来的发展趋势,通过产品纵向和横向发展历程,找到改进重点。本案例采用九屏图分析法,分析过程如图 6－4 所示。

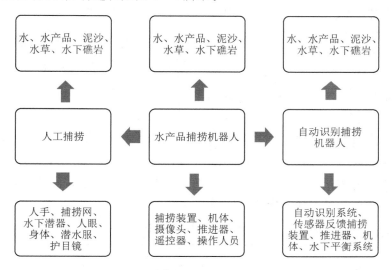

图 6－4　捕捞机器人九屏图分析流程

通过九屏图分析可以看出水产品捕捞机器人正向智能化和自动化方向发展,未来的海参捕捞机器人无需人工操作,便能自动识别海参,完成海参捕捞工作,并且捕捞过程中不会对海底水下环境产生影响。

根据九屏图分析得到解决捕捞机器水下平衡、海参捕捞装置、视频处理的相应解决方案如表 6－4 所列。

表 6－4　九屏图的方案

方案编号	方案来源	改进方案	评级
18	过去海参捕捞子系统	涂上特殊材料减小阻力	B
19		让摄像头如同人眼一样能四处移动	A
20		仿生——仿人手设计捕捞手	B
21		设计为能够夹取闭合的网子,网兜爪子	A
22	未来海参捕捞子系统	编程水下自动巡航	B
23		编程部分大致定位操纵由电脑完成	B
24		让识别系统识别海参	A
25		让视频系统发现海参后可以锁定位置	B
26		增加四旋翼无人机类似程序平衡系统	A

5. 资源分析

在设计过程中,合理地利用资源可以使问题更容易接近理想解。通过对各种资源的总结分析寻找出可以加以改进利用的资源。

根据海参捕捞装置工作原理和工作环境，分析得出其存在的各种资源类型，创建资源分析表，确定目前拥有和需要改进的资源结构，如表6-5所列。

表6-5　目前拥有和需要改进的资源结构

种　类	物质资源	能源资源	信息资源	空间资源	时间资源	功能资源
系统资源	下潜系统	电能、机械能	声波信号	机体、密封舱	捕捞时间、下潜时间、上浮时间、操作时间	保持姿态稳定、图片传输清晰、操作准确反馈
子系统资源	推进器	电能、机械能	声波信号	捕捞网	电能工作时间、部件服役时间	捕捞装置准确抓取、电力供应充足、动力推进足够
超系统资源	水、泥沙	水能、动能	压力、温度、图像	海底空间、岸上空间	海产品养殖时间	水浮力资源

对所发现的资源进行分析整理，资源的合理选择利用将有助于降低成本提高系统理想度。确定各种资源的选择顺序如表6-6所列。

表6-6　各种资源的选择顺序

资源属性	选择优先级
质量	有益＞中性＞有害
价值	免费＞廉价＞昂贵
可用性	成品＞改变后可用＞重新塑造
数量	无限＞足够＞不足

现有资源比对情况表如表6-7所列。

表6-7　现有资源比对情况表

资源类型	数　量	质　量	可用性	成　本
人力	不足	有益	改变后	昂贵
水	无限	中性	成品	免费
网子	足够	有益	改变后	廉价
海草	足够	有害	重新塑造	免费
泥沙	无限	有害	重新塑造	免费
推进器	足够	有益	成品	昂贵
机械装置	足够	有益	改变后	昂贵
缆线	足够	有益	成品	昂贵
钢材	足够	中性	改变后	廉价
塑料	足够	中性	改变后	廉价
摄像头	不足	有益	成品	昂贵

通过资源分析，利用现有的资源网子和推进器，可以得到解决姿态稳定和捕捞装置问题的

方案,如表 6 - 8 所列。

表 6 - 8　解决姿态稳定和捕捞装置问题的方案

方案编号	选取的资源	具体方案	评　级
27	网子	利用改进的网子捕捞海参	A
28	推进器	通过增加推进器数量保持水平衡	C
29	推进器	提高推进器动力输出使机体维持平衡	C

6. 最终理想解

通过定义问题的最终理想解,以明确理想解所在的方向和位置,确保在问题解决过程中沿着此目标前进并获得最终理想解,从而避免了传统创新设计和解决问题的弊端,提高解决问题的效率。

通过最终理想解寻找到解决视频系统问题的方案如表 6 - 9 所列。

表 6 - 9　解决视频系统的问题方案

方案编号	改进方向	具体方案	评　级
30	扩大摄像头视野	将防水罩设计成凹透镜	A
31		架设多个方向的摄像头	B
32	提高海参辨别度	通过图片学习系统,使电脑优化采集的图像	A

7. 技术矛盾分析

技术矛盾在一个系统中在改善某方面的同时使另外一方面变坏。

通过分析我们发现捕捞系统在提高机械臂的灵活度时能提高捕捞海参的效率,但与此同时将导致系统的操作难度的提高,技术矛盾分析结果如图 6 - 5 所示。

如果A+:机械臂灵活度增加 那么B+:抓取效率提高 •但C+:操作难度提高	如果A-:机械臂灵活度降低 那么C-:操作难度降低 •但B-:抓取效率降低	改善参数:24运行效率 恶化参数:34使用方便性 •创新原理 •25自动服务、1分割原理、3局部特征原理、26仿制

图 6 - 5　技术矛盾分析结果

为了提高抓取效率,在提高机械臂灵活度的情况下不加大操作难度。通过运用发明原理可以得到以下解决方案,详情如表 6 - 10 所列。

表 6 - 10　发明原理解决方案

方案编号	发明原理	具体方案	评　级
33	1分割原理	两种按键,一种用于快速移动,另一种为微调	A
34	1分割原理	将机器人机械臂和潜水操作分为两个操作	C
35	3局部特征原理	调节机械臂各个部分的长度比例,使得前端移动范围小,后端移动范围大	B

方案编号	发明原理	具体方案	评级
36	25 自动服务原理	机器人发现海参位置后机械臂自动移动到此位置	C
37	26 仿制	通过在岸上仿制一个缩小比例的机械装置,通过改变它来操作水下捕捞机械装置	A

8. 物理矛盾分析

物理矛盾是指对某个技术系统的工程参数具有相反的需求。

海参抓取机械臂:抓取机械臂硬容易控制,但在捕捞过程中容易伤害海参;机械臂软将会使控制难度提高,成本增加。图 6 - 6 所示为软硬抓取的方案对比。

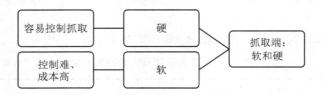

图 6 - 6　软硬抓取方案对比

对于以上物理矛盾,采用整体与部分分离和条件分离,得到两组解决方案如表 6 - 11 所列。

表 6 - 11　整体与部分分离和条件分离解决方案

方案编号	发明原理	具体方案	评级
38	局部质量	只有抓取前端使用软体机械,后半部分使用刚性机械	B
39	嵌套原理	把柔性机械臂和刚性臂捆绑在一起,在粗调快速移动时用刚性臂,在抓捕时用柔性臂	B

综上所述,得到所有可行方案明细如表 6 - 12 所列。

表 6 - 12　可行方案明细表

序　号	分析工具	方案总数	可行性方案
1	因果链分析	17	10
2	九屏图分析	9	4
3	资源分析	3	1
4	最终理想解	3	2
5	技术矛盾	5	1
6	物理矛盾	2	0

根据所得方案,选取评级为 A 的方案进行汇总,从而寻找出最为合适的组合方案解决海参捕捞机器人效率低下问题。

6.1.3　确认最终方案

以现有的抓捕式捕捞机器人为基础,通过体感技术仿照水下捕捞装置设计一定比例的机械装置,通过改变此机械装置完成对水下捕捞装置的控制,从而减小操作难度;采用双摄像头结合水下图片去雾技术和多目标识别技术,提高水下视频清晰度辅助发现海参;采用刚性双机械臂,橡胶覆盖机械爪,在捕捞的同时不损伤海参;为减小水下机器人阻力,保持机体在水下平衡,通过镂空框架结构不仅减小了阻力,而且减轻了捕捞机器人的质量。

1. 体感操作系统

将岸上的装置设计成小号的机械臂,在关节处放置轴承与转角电位器,单片机读取电位器数值,经过解算后变成抓取机械手应该有的位置数据,通过载波电缆传递给下位机,下位机通过串口通信将指令传递给机械手控制模块,由于捕捞机械手具备角度传感器闭环单元,可到达与岸上电位器数值对应的位置,从而实现同步操作。由于控制器同时读取解算传输多路控制器的状态,因此它的控制是实时的,可大幅度提高作业效率。小号机械臂模型如图 6 - 7 所示。

图 6 - 7　小号机械臂模型

2. 双摄像头水下去雾技术

水下去雾过程如图 6 - 8 所示。

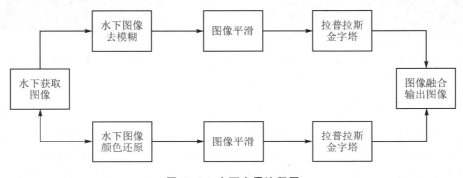

图 6 - 8　水下去雾流程图

水下去雾主要在电脑端完成,其算法流程如下:

① 水下获取源图像:由于本文所考虑的水体较为浑浊,因此选取大功率水下照明器,可在浑浊水体中依然获得有目标物的图像。

② 水下图像去模糊:将获得的水下源图像进行暗原色向处理,达到去模糊的目的,提高图像的对比度。

③ 水下图像颜色特征处理:将获得的水下源图像使用彩色图像直方图均衡化的方法。该方法对颜色均衡起到一定的作用,将颜色特征重新分布处理,提高颜色真实度的效果。

④ 图像平滑:将处理后的两幅输入图像分别进行高斯平滑处理,能有效平滑图像,减少图像噪声影响。

⑤ 拉普拉斯金字塔:将获得的高斯金字塔进行差分处理,留下较为明显的轮廓细节,得到图像拉普拉斯金字塔。

⑥ 图像融合:将上一步获得的两组拉普拉斯金字塔,分别比较其对应层的灰度值,两组图像中灰度值大的像素被提取,灰度值小的像素被舍弃,由此获得的图像组成最终拉普拉斯金字塔,再逆方向高斯转换,最后逆方向恢复得到输出图像。

⑦ 输出图像:最终输出的图像结合了两种方法的优点,输出图像在颜色上得到一定的恢复,具有真实度,对比度有所提高,边缘轮廓较为清晰,增加了细节信息量。

3. 双机械臂

采用刚性双机械臂,橡胶覆盖机械爪,在捕捞的同时不损伤海参,配备灵活的机械手臂,采用电机驱动,一个机器人需装备两个机械臂,能够熟练捕捞海参,结构如图 6 - 9 所示。

4. 水下平衡

为减小水下机器人的阻力,保持机体在水下平衡,通过镂空框架结构不仅减小了阻力,而且减轻了捕捞机器人的质量。镂空结构如图 6 - 10 所示。

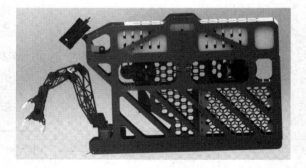

图 6 - 9　捕捞机器人——双机械臂示意图　　　　图 6 - 10　镂空结构示意图

6.1.4　最终成果运用及效果

最终设计出双机械臂式捕捞机器人,该机器使用双摄像头水下去雾技术提高了水下成像质量,通过镂空结构减小水下阻力引起的机体波动,最后结合体感技术进行遥控。

通过测试,捕捞机器人最大下潜深度由 50 m 提高到 100 m,平均每小时捕获量从 17.5 kg 提升为 32.5 kg,可以实现全天作业,每台机器人的制造成本由 50 万元下降到 30 万元。机器人实物图如图 6－11 所示。

图 6－11　抓取式海参捕捞机器人

6.2　案例二：基于 TRIZ 的槽道型气泡减阻滑行艇

目前,槽道滑行艇在高速航行时阻力较大,艇体兴波严重的问题并没有得到很好的解决。本项目以改进搜救艇航速和稳定性为基本出发点,适当进行绿色船舶的优化,运用 TRIZ 理论进行了可行性分析、因果分析、九屏图分析、S 曲线分析、资源分析、功能分析,并建立 TRIZ 模型进行分析,最后得到最优的方案。接着用模型进行仿真验证,得出结论为倒 V 形槽道在船体稳定性上优于常规船体和矩形槽道;在此基础上设置了 15 个槽道尺寸工况,从槽道高度、槽道宽度和槽道侧壁角度 3 个方面对倒 V 形槽道的尺寸进行仿真分析和优化,最后确定采用高 0.04 m、顶宽 0.05m、侧壁角度 8°的槽道作为最终设计,并以此为标准进行产品生产。

目前已有的公开专利如图 6－12 所示。

□ 一种气泡减阻槽道滑行艇　【公开】　同族：0　引证：0　被引：0
申请号:CN201910118314
申请日:2019.02.15
公开(公告)号:CN109808827A
公开(公告)日:2019.05.28
IPC分类号:B63B1/38 ;B63B1/32 ;B63H5/08 ;
申请(专利权)人:哈尔滨工程大学 ;
发明人:史冬岩;巨浩天;马睿;冯百强;王远达;李淼;邢程程;梁啸宇 ;

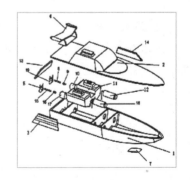

图 6－12　已公开的气泡减阻滑行艇专利

运用 TRIZ 理论进行一系列分析,得到了 71 种改进方案。下面介绍本案例的 TRIZ 理论运用。

6.2.1 可行性分析

可行性分析是通过对搜救艇的主要内容和硬件条件,从技术、成本等方面进行评估,将可行性等级分为 5 个:Ⅰ级——非常可行;Ⅱ级——可行;Ⅲ——一般可行;Ⅳ——可能可行;Ⅴ——不可行。

通过对目前搜救艇的解决方案及其存在的问题和不足进行分析,列出具体方案如表 6-13 所列。

表 6-13　搜救艇改进方案(1~12)

序　号	解决思路	具体方案	可行性指标
1	减小阻力	优化船体外形	Ⅰ
2		船体表面刷涂减阻材料	Ⅲ
3		减轻船体质量	Ⅲ
4		减少搭载人员数量	Ⅳ
5	增大功率	增大发动机功率	Ⅱ
6		采用新型能源	Ⅲ
7		采用新型推进器	Ⅱ
8		优化传动机构,提高传动效率	Ⅱ
9		对发动机进行改良	Ⅲ
10	提高适航性	对船型进行改良	Ⅱ
11		增加减摇水翼	Ⅱ
12		降低船舶重心	Ⅱ

6.2.2 系统分析

1. 因果分析

本案例的主要目的是解决搜救艇的速度问题,为了搜索最佳解决方案,绘制因果分析链如图 6-13 所示。

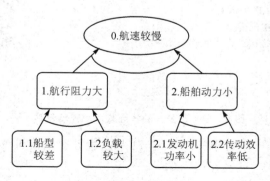

图 6-13　因果分析链示意图

根据因果分析链,列出可行性方案,如表 6-14 所列。

表 6-14　搜救艇改进方案(22～33)

序　号	关键问题	具体方案	可行性指标
22	1.1 船型较差	进行船型优化	Ⅰ
23		采用柔性船壳	Ⅲ
24		改变船舶周围流体介质	Ⅲ
25		减小船舶附体	Ⅱ
26	1.2 负载较大	减少不必要的负载	Ⅰ
27		减少船上人员搭载	Ⅲ
28	2.1 发动机功率小	更换发动机	Ⅱ
29		增大发动机功率	Ⅱ
30		采用新型能源	Ⅱ
31	2.2 传动效率低	对传动系统进行优化	Ⅰ
32		充分润滑传动部分	Ⅱ
33		提高螺旋桨效率	Ⅱ

2. 九屏图分析

为了打破思维惯性,找出清晰的思维路径,对现有的搜救艇搜救技术进行了九屏图分析。九屏图可以直观地将产品的过去发展过程和未来发展趋势展现出来,有利于看清产品的纵向和横向发展历程,找到改进重点。九屏图分析示意图如图 6-14 所示。

根据九屏图分析可看出搜救艇,或者说滑行艇正在向智能化、自主化方向发展,限制搜救艇快速性的主要原因在于其子系统艇体及发动机,根据九屏图的分析得出相应的解决方案如表 6-15 所列。

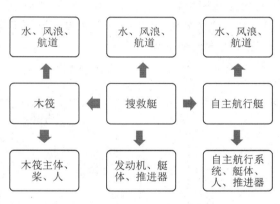

图 6-14　九屏图分析示意图

表 6-15　九屏图改进方案(34～44)

序　号	改进方向	具体方案	可行性指标
34	改进方向	对现有的滑行艇艇体进行改良	Ⅱ
35		采用槽道滑行艇作为主艇体	Ⅰ
36		采用新型艇体	Ⅰ
37		在现有艇体上增加减阻组件	Ⅱ

续表 6 - 15

序　号	改进方向	具体方案	可行性指标
38		增大发动机功率	Ⅲ
39		降低发动机不必要的能量损耗	Ⅱ
40		提高推进器效率	Ⅱ
41	艇体	采用新型推进器	Ⅱ
42		采用仿生推进器	Ⅲ
43		提高螺旋桨效率	Ⅲ
44		采用自主航行系统	Ⅲ

3. S 曲线分析

根据九屏图分析,拟采用方案 35 选择槽道滑行艇作为主艇体可行性最高。我们对现有的槽道滑行艇进行分析,通过检索相关专利以及对相关信息进行调查,本小组发现:槽道滑行艇从 20 世纪 70 年代开始出现,最初只是一种新型的概念,但是在近几年滑行艇的广泛应用后,人们逐渐发现槽道滑行艇这种双体滑行艇阻力小、适航性好等多方面的优点,因而受到了人们的广泛关注。因此槽道滑行艇目前处于接近成熟的成长期。该时期的特征是:专利级别开始下降,但专利数量开始上升,经济效益快速上升。该时期的战略目标是:解决系统的适应性问题,系统应按照市场需求发展,对系统的结构、某些部件进行改进、优化。根据图 6 - 15 所示的 TRIZ 的 S 曲线分析,槽道滑行艇正处于成长期,有很大的发展潜力,因此本书确定采用槽道滑行艇作为搜救艇的船体。

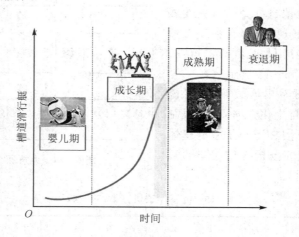

图 6 - 15　S 形进化曲线

4. 资源分析

根据搜救艇的工作原理与工作环境,分析得出其存在的各种资源类型,创建资源分析表,确定目前拥有和需要改进的资源结构,如表 6 - 16 所列。

表 6 - 16　资源分析表

资源类型 ＼ 资源选择	现有资源	派生资源
物质资源	水、空气、钢材、塑料	水翼、推进器、螺旋桨
空间资源	水面、水下	引气槽、甲板
时间资源	闲置时、搜救作业时	搜救过程、航行过程
场资源	重力场、机械场	机械场与重力场的叠加
信息资源	电磁波、位置信息	有规律的电磁波、位置坐标
功能资源	水面搜救	人员救援、沉船定位

表 6 - 17 所列为本次资源分析中资源的选择顺序。

表 6 - 17　资源选择顺序表

资源属性	选择顺序
价值	免费→廉价→昂贵
质量	无限→足够→不足
数量	有害→中性→有益
可用性	成品→改变后可用→需要建造

表 6 - 18 所列为分析所得资源的对照比较表。

表 6 - 18　现有资源比较表

资源类型	成　本	数　量	质　量	可用性
钢材	廉价	有限	中性	改变后可用
塑料	廉价	有限	中性	改变后可用
水	免费	无限	有益	成品
空气	免费	无限	中性	改变后可用
螺旋桨	昂贵	有限	有益	成品
推进器	昂贵	有限	有益	改变后可用
机械装置	昂贵	有限	有益	改变后可用
水下	免费	无限	中性	改变后可用
引气槽	昂贵	有限	有益	成品
电磁波	廉价	有限	中性	成品
机械场	廉价	足够	有益	改变后可用

通过资源分析,采用表 6 - 18 中加灰色底纹的资源来解决现有搜救艇所存在的问题,所得方案如表 6 - 19 所列。

表 6 - 19　资源分析可行性方案(45～49)

序　号	选取资源	具体方案	可行性指标
45	螺旋桨	进行螺旋桨优化	Ⅱ
46	推进器	进行推进器改良	Ⅱ
47	机械装置	添加机械装置提升传动效率	Ⅱ
48	引气槽	增添引气槽以减小阻力	Ⅰ
49	水	改善船与水间的作用效应	Ⅱ

5. 功能分析

为解决现有搜救艇的问题,我们对其动力系统进行功能分析。动力系统的主要功能是提供搜救艇的速度,包括大小及方向。

动力系统组成部件有:推进装置、控制装置、转向装置、传动装置、动力源。

超系统组成部件有:水、壳体。

动力系统及超系统组件分析如表 6 - 20 所列。

表 6 - 20　组件相互作用表

功能载体	作　用	功能对象	改变参数	功能种类	性能水平
动力源	提供动力	传动装置	运动状态	有益	不足的
控制装置	控制	传动装置	运动状态	有益	恰当的
动力源	提供动力	控制装置	工作状态	有益	恰当的
控制装置	控制	推进装置	工作状态	有益	恰当的
控制装置	控制	动力源	工作状态	有益	恰当的
传动装置	传动	转向装置	相对位置	有益	恰当的
传动装置	传动	推进装置	运动状态	有益	恰当的
控制装置	控制	转向装置	工作状态	有益	恰当的
外壳	搭载	推进装置	相对位置	有益	恰当的
外壳	搭载	转向装置	相对位置	有益	恰当的
转向装置	推动	水	相对位置	有益	不足的
水	托起	外壳	相对位置	有益	恰当的

将功能模型图形化,如图 6 - 16 所示。

根据功能模型的模型化表示可以看出,现在的搜救艇动力系统存在几点不足,针对不足我们设计了如表 6 - 21 所列的可行性方案。

6. 小　结

根据以上各个方案的可行性指标和相关分析,鉴于槽道滑行艇阻力小、适航性好等多方面的优点,我们决定对现有的滑行艇进行改进,将槽道滑行艇作为本书的艇身设计。

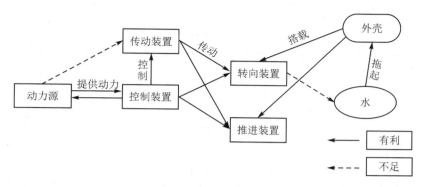

图 6 - 16 功能模型图

表 6 - 21 功能分析可行性方案(50～54)

序　号	不　足	具体方案	可行性指标
50		增加动力	Ⅱ
51	动力源对传动装置不足	优化传动机构	Ⅱ
52		减少传动磨损	Ⅲ
53	转向装置对水作用不足	对舵进行优化	Ⅰ
54		优化转向结构	Ⅱ

6.2.3　建立 TRIZ 模型并进行分析

1. 最终理想解

理想解中各系统如下:

① 系统作用的客体(产品):操作人员、作业水域、沉没船只、遇险人员;

② 系统工具:搜救艇;

③ 系统的性质:能够在水面上进行迅速且较为平稳的航行;

④ 系统的主要有益功能:进行水面搜救;

⑤ 操作区间:作业水域及目前水域到作业水域间的距离;

⑥ 操作时间:需要搜救作业时间。

通过对各系统和条件的分析,逐步确定最终理想解(IFR),其过程如表 6 - 22 所列。

表 6 - 22 最终理想解的确立步骤

序　号	步　骤	分析结果
1	设计的最终目的	搜救艇能够在紧急搜救时迅速抵达搜救作业地点
2	理想解	搜救艇具有优秀的适航性
3	理想解的障碍分析	目前单体滑行艇阻力较大无法满足要求
4	障碍的影响面	滑行艇与水接触面积较大,从而增大了阻力
5	障碍消除的条件	减小船舶与水的接触面积
6	创造这些条件存在的可利用因素	船底增加气垫,增加冲翼式水翼,船底增加槽道

通过最终理想解的分析得到解决方案,如表 6-23 所列。

表 6-23　理想解可行性方案(55~60)

序　号	解决思路	具体方案	可行性指标
55	减小船舶与水接触面	增添引气槽	I
56		减轻船舶质量	II
57		传递增加气垫	II
58	减小艇体阻力	优化艇型	II
59		表面喷涂减阻材料	III
60		进行更完备的艇型设计	II

2. 模型分析

原始问题:本系统中,在搜救艇高速航行时,对于阻力的产生来说水为工具,搜救艇为作用对象,摩擦力属于其中的场。

综合上面分析可以发现,摩擦力与搜救艇之间存在有害效应。根据水和搜救艇的物-场模型可以得出该物-场模型属于有害效应模型:功能的三要素存在,但场与物 S_2 之间存在有害效应,水和搜救艇的物-场模型图如图 6-17 所示。

根据物-场分析的一般解法,针对有害效应的模型来说,一般存在如下解法:

① 增加另一个场 F_2,来抵消原来场 F 的效应。

② 系统地研究各种能量场。

根据物-场分析的一般解法②:系统地研究各种能量场,通过物-场分析得出了物-场模型 1,即通过增添装置来使船舶运行时在船舶表面喷洒润滑液,以减轻原有机械场-摩擦力对船舶的阻碍。物-场模型 1 如图 6-18 所示。

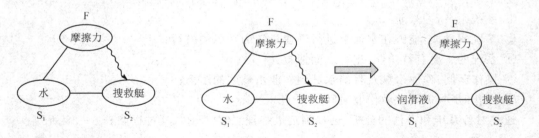

图 6-17　水和搜救艇的物-场模型　　　　　　图 6-18　物-场模型 1

根据物-场分析的一般解法①:增加另一个场 F_2,来抵消原来场 F 的效应,通过物-场分析得出了物-场模型 2。通过在艇体底部增加槽道,使快速行驶时的搜救艇艇底形成空气层这一气动场,从而减小船舶航行时的阻力。而根据标准场资源清单,空气场属于通常廉价的场资源,符合设计要求。物-场模型 2 如图 6-19 所示。

综合物-场分析,可行设计方案如表 6-24 所列。

3. 技术矛盾

矛盾描述:本设计通过增添槽道来减小搜救艇在水面航行时的阻力,而随着搜救艇在水面阻

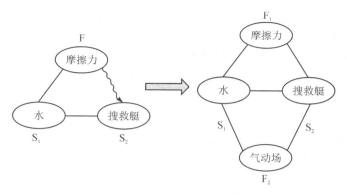

图 6-19　物-场模型 2

力的减小,搜救艇对风浪等恶劣海况的抵抗性也会因此降低,对整个系统的稳定性造成影响。因此改善的参数是能量损失、运动物体的能量,恶化的参数是可靠性、适用性及多用性。这些参数构成了技术矛盾。根据阿奇舒勒矛盾矩阵分析解决办法,阿奇舒勒矛盾矩阵如表 6-25 所列。

表 6-24　物-场分析可行方案(61～64)

序　号	解决思路	具体方案	可行性指标
61	物-场模型	航行时在船舶表面不断喷洒润滑液	Ⅲ
62		在船舶表面喷洒不易脱落的润滑液	Ⅲ
63		增加喷气装置	Ⅲ
64		增加引气槽以形成气动场	Ⅰ

表 6-25　阿奇舒勒矛盾矩阵

恶化的参数 改善的参数	速　度	可靠性	适用性及多用性
运动物体的能量	8,15,35	19,21,11,27	19,17,34
能量损失	16,35,38	—	11,10,35

　　从表 6-25 可以看出,此技术矛盾可以从 10,11,17,19,21,27,34,35 号发明原理中找到解决方法。通过查阅 TRIZ 理论解决问题的 40 个标准解法,我们可以得到 1-分割原理、10-预先作用原理、11-预置防范原理、17-多维原理、19-周期性动作原理、21-快速原理、27-替代原理、32-色彩原理、34-自生自弃原理、35-性能转换原理。由矛盾矩阵得到的发明原理及解释如表 6-26 所列。

表 6-26　由矛盾矩阵得到的发明原理及解释

创新原理	发明原理的解释
1-分割原理	将整体切分
10-预先作用原理	在事件发生前执行某种作用,以方便其进行
11-预置防范原理	事先做好准备,做好应急措施,以提高系统的可靠性

创新原理	发明原理的解释
17 - 多维原理	通过改变系统的维度变化来进行创新
19 - 周期性动作原理	改变作用的执行方式,以期获得某种预期创新成果
21 - 快速原理	高速越过某过程或其个别阶段
27 - 替代原理	用一组廉价物体代替一个昂贵物体放弃某些品质
32 - 色彩原理	通过改变系统的色彩,借以提升系统价值或解决问题
34 - 自生自弃原理	抛弃与再生的过程合二为一,在系统中除去的同时对其进行恢复
35 - 性能转换原理	改变系统的属性,以提供一种有用的创新

对查得的 10 个原理进行评价和筛选,综合系统的复杂性和经济性分析,选用 1 - 分割原理、11 - 预置防范原理、17 - 多维原理、21 - 快速原理,进行具体方案的设计与开发,可行方案如表 6 - 27 所列。

表 6 - 27 技术矛盾分析可行方案(65～68)

序　号	发明原理	具体方案	可行性指标
65	1 - 分割原理	将船舶切分成三部分,制成三体船结构	Ⅲ
66	11 - 预置防范原理	加装重心调节装置,在船舶发生摇晃时通过调节重心以减小风浪的影响	Ⅲ
67	17 - 多维原理	在船舶外部增加一层水翼板,以增加其操纵性及稳定性	Ⅰ
68	21 - 快速原理	增加船舶速度,在风浪来临时船舶迅速加速脱离风浪	Ⅱ

4. 物理矛盾

矛盾描述:作品通过槽道(见图 6 - 20)进行减阻,通过船舶高速运行时槽道处在艇底处形成空穴,形成压力差以平衡船的重力。

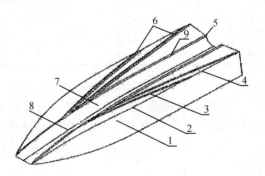

1—侧片体;2—舭部外折角线;3——断级;4—二断级;5—艇底内折角线;

6—凹槽;7—中央槽道;8—槽道顶线;9—引气槽

图 6 - 20 船底槽道示意图

随着船底槽道尺寸的增加,船舶阻力会减小。但与此同时船舶吃水也会增大,对船舶的初稳性以及船舶上装置的加装造成影响。当槽道尺寸增大到水线没过槽道口时,槽道不存在减阻作用。槽道变化示意图如图 6 - 21 所示。

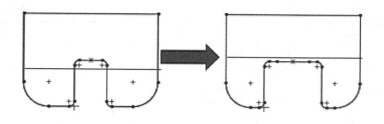

图 6 - 21　槽道变化示意图

综上所述,槽道尺寸不能过大也不能过小,这在结构上存在矛盾,因而对船型这一子系统在结构上提出了相反的要求,构成物理矛盾。

根据分离原理对物理矛盾进行解决,每个分离原理所对应的发明原理如表 6 - 28 所列。

表 6 - 28　分离原理与发明原理

分离原理	发明原理
空间分离	1,2,3,4,7,13,17,24,26,30
时间分离	9,10,11,15,16,18,19,20,21,29,34,37
条件分离	1,5,6,7,13,14,22,23,25,27,33,35
整体与部分分离	12,28,31,32,35,36,38,39,40

对于该物理矛盾,本设计采用空间分离原理,将其所对应的 10 个创新原理一一尝试,选取较好的方案列于表 6 - 29 中。

表 6 - 29　物理矛盾分析可行方案(69～71)

序　号	发明原理	具体方案	可行性指标
69	3 - 局部质量原理	在艇体表面添加涂料,提高引气槽的效率	Ⅲ
70	7 - 嵌套原理	将救生艇设计为可嵌套拆卸的槽道结构	Ⅲ
71	24 - 中介原理	在槽道与水之间增添空气泡沫	Ⅰ

根据上文所提出的 71 种改进方案,选取可行性为Ⅰ级的方案(见表 6 - 30)作为设计的参考,最后得出最终设计方案。

表 6 - 30　最终设计方案

序　号	解决思路	具体方案	可行性指标
1	问题分析	优化船体外形	Ⅰ
22	因果分析	进行船型优化	Ⅰ
26		减少不必要的负载	Ⅰ
31		对传动系统进行优化	Ⅰ
35	九屏图	采用槽道滑行艇作为主艇体	Ⅰ
36		采用新型艇体	Ⅰ
48	资源分析	增添引气槽以减小阻力	Ⅰ

序　号	解决思路	具体方案	可行性指标
53	功能分析	对舵进行优化	I
55	最终理想解	增添引气槽	I
64	物-场模型	增加引气槽以形成气动场	I
67	技术矛盾	在船舶外部增加一层水翼板,以增加其操纵性及稳定性	I
71	物理矛盾	在槽道与水之间增添气泡膜	I

6.2.4　确定最终方案及总结

以传统凹槽滑行艇为基础,通过艇底内部设计的引气槽来使艇航行时艇底出现空穴,从而较好地减小船舶的阻力。在船尾增加 U 形尾翼,减弱船体的"急停埋首"现象。在船体设置太阳能电池板,采用混合动力驱动。

1. 倒 V 形船底凹槽设计

槽道滑行艇具有优良的水动力性能,无论在快速性,或者是适航性等方面都明显优于常规船型以及一些其他类型的高性能船舶,首部呈喇叭状的槽道口在高速航行时导引、捕捉空气和首兴波等,在槽道中形成螺旋状的气水二相流,产生动升力,能迅速越过阻力峰,使艇体大大抬高,滑行状态下吃水非常小,因而可大幅度地减小阻力,且纵倾角小,此外槽道内的气水二相流可减缓波浪对艇底部的撞击,改善其耐波性能。槽道内空气贯通,在顶部形成了一个冲压空气层,起到空气润滑作用。在尾部,水流以喷柱形式射出,这种现象被称为"槽道效应"。

采用的艇体底部的滑行面是横向斜升型,在艇体底部的内折角线处设有贯穿全艇的气泡发生器,运用槽道效应原理,在航行过程中能够充分利用冲压空气进行减阻和支撑艇重,并具有较小兴波和飞溅,使航速较常规槽道滑行艇有了大幅提高。倒 V 形船底凹槽示意图如图 6 - 22 所示。

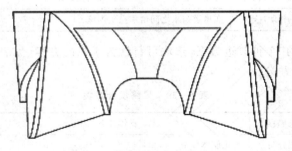

图 6 - 22　倒 V 形槽道示意图

2. 微气泡减阻装置

本设计通过气泡覆盖船底进而减小船舶与水面的接触阻力,提高船体的速度,使能源利用率大大提高。本设计将其引用在滑行艇上,通过上述的创新结构设计,减少无用功的输出,能源利用率相较于传统船体提高了 30%,在未来绿色船舶的世界里,会有很大的利用空间,达到高效减阻的最终目的。本设计气泡减阻装置主要通过船舶内气泵装置实现,气泡发射管自船中延伸至船尾(见图 6-23 和图 6-24);因为槽道的聚拢作用可使其均匀分布于船体下方。在航行时,通过太阳能电池板对气泵供电,气泵产生气泡从而产生减阻效果。

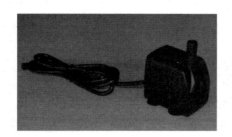

图 6-23　微气泡发生器

图 6-24　船底气泡发生装置

3. 太阳能辅助系统

如图 6-25 所示,为了更好地减少航行过程中消耗的能量,本设计采用多种能源混合能量进行驱动。通过船舶甲板处增添的太阳能电池板进行太阳能的采集。在船舶停泊或漂泊在水面时,通过太阳能电池板采集太阳能并对船舶内部电池充电(其电能可用于船舶行驶或者船上的电器工作)。在船舶进行航行作业时,通过太阳能电池板对气泵进行供电,从而减小船舶航行过程中的阻力。

图 6-25　作品模型侧视图(可见太阳能电池板)

4. U 形尾翼与压浪板设计

U 形尾翼部分设计如图 6-26 所示,为了改善滑行艇高速时的"随浪横甩""急停埋首"现象,本产品在船底设置压浪板,船尾 U 形板为对称尾翼,可有效平衡船体姿态,如果条件允许,可进一步将尾翼设置成可动式,根据船体姿态自动调节尾翼角度,进一步增强稳定性。

图 6 - 26　U 形尾翼部分设计

5. 总　结

在 TRIZ 理论的指导下对现有滑行艇状况进行分析，通过罗列的可行性方案，最后总结出 4 个产品的设计思路，如下：

① 采用倒 V 形槽道设计，提高船体稳定性；

② 采用微气泡减阻设备，减小船体航行阻力；

③ 采用太阳能辅助供电，降低航行燃料消耗；

④ 采用尾翼、压浪板等对船体适航性进行强化。

通过以上 4 点对传统滑行艇船体进行改进，重新制造新型气泡减阻槽道艇，以满足搜救工作需要。

习　题

6 - 1　请分析案例一多功能海洋牧场机器人使用初始形式分析的目的。

6 - 2　"案例一：多功能海洋牧场机器人"与"案例二：基于 TRIZ 的槽道型气泡减阻滑行艇"两个项目分别运用了哪些 TRIZ 理论工具？工业工程的学科范畴包括哪些主要知识领域？试述工业工程的内容体系。

6 - 3　案例一与案例二均运用了 S 曲线分析，请通过相关的资料查询，说出 S 曲线的定义，并说明 S 曲线共分为几个阶段，分别是什么？

6 - 4　"案例二：基于 TRIZ 的槽道型气泡减阻滑行艇"运用了九屏图分析，请说明在该项目中九屏图分析的作用。

参考文献

[1] 赵敏,史晓凌,段海波. TRIZ 入门及实践[M]. 北京:科学出版社,2009.

[2] 檀润华. TRIZ 及应用技术创新过程与方法[M].北京:高等教育出版社,2010.

[3] 徐承旭. 国家海洋装备智能化水下机器人试验场启动[J].水产科技情报,2016,43(6):330-331.

[4] 赖云波. 面向海洋牧场的水下机器人研究与设计[D]. 上海:东华理工大学,2019.

[5] 檀润华. 创新设计:TRIZ 发明问题解决理论[M]. 北京:机械工业出版社,2002.

[6] 新观点新学说学术沙龙. 海洋牧场的现在和未来[M]. 北京:中国科学技术出版社,2013.

[7] 颜惠庚,李耀中. 技术创新方法入门:TRIZ 基础[M]. 北京:化学工业出版社,2011.

[8] 王丽艳. 气泡减阻技术研究[EB/OL]. (2011 - 04 - 17)[2023 - 12 - 20]. https//www.
    docin. com/p-1349343015. html.

[9] 高扬. M 型高速槽道滑行艇概念设计[D]. 哈尔滨:哈尔滨工程大学, 2013.

[10] 刘胜军. 精益生产与现代 IE[M]. 深圳:海天出版社,2003.

[11] 王丽艳,郝思文. On the Development of Bubble Drag Reduction Technique[J]. 船海工
    程, 2011, 040(6):109-113.

[12] 谢芝馨. 新编工程力学学习指导书:创新思维和创新方法的指导[M]. 北京:机械工业出
    版社,2002.

[13] 余泽爽. 双 M 船水气两相特性与运动稳定性研究[D]. 武汉:武汉理工大学,2018.

第三篇
设计方法篇

第7章　连续体结构拓扑优化设计方法

7.1　结构拓扑优化概述

7.1.1　拓扑优化问题的数学表达

优化问题的数学描述即优化模型可由以下的一般表达式给出：

$$\begin{cases} \min_x f(\boldsymbol{x}) \\ \text{s.t.} \quad g_j(\boldsymbol{x}) \leqslant 0, j=1,\cdots,n_g \\ \qquad h_k(\boldsymbol{x})=0, k=1,\cdots,n_k \end{cases} \tag{7-1}$$

式中：$\boldsymbol{x}=(x_1,x_2,\cdots,x_n)^{\mathrm{T}}$代表一组可调整参数构成的列向量，这些可调参数在优化模型中被称为设计变量（注：本文中如果不做特殊声明，所有参数、变量和函数均在实数空间取值），n为设计变量个数。$g_j \leqslant 0$和$h_k=0$分别代表设计变量需满足的不等式和等式关系，被称为设计约束，相应的g_j和h_k被称为约束函数。不失一般性，本文中采用小于或等于不等式作为优化模型中不等式约束的标准形式，对于大于或等于不等式，只需在其两端同时乘以-1即可转化为标准形式。$f(x)$代表优化问题所指定的设计目标，由设计变量的标量函数表达。本文所讨论的优化模型大多采用最小化目标函数这一标准表达，如果优化问题需最大化某目标函数，则在该目标函数前加负号即可转化为标准形式。如果优化模型中的目标函数和所有约束函数均为设计变量的线性函数，则优化问题被称为线性优化问题；反之，若目标函数或任一约束函数为设计变量的非线性函数，则优化问题被称为非线性优化问题。

设计变量、设计约束和设计目标被称为优化模型的三要素。n个设计变量张成一个n维设计空间，一组具有确定值的设计变量对应于n维设计空间的一个点，称之为一个设计点，而一个满足所有约束的设计点则对应于一种可行设计（或可能设计）。由所有可行设计点所构成的点集被称为可行设计域，简称可行域。优化模型(7-1)的解所对应的一组设计变量值代表所有可行设计中使目标函数值最小的一种设计，也即最优设计。

优化模型(7-1)的解对应于一组具有确定值的设计变量，这样的优化问题又被称为离散参数优化问题，与之不同的还有另外一类优化问题，其设计变量被表达为某些连续变化的参数的函数，优化模型的解则对应于设计变量关于这些参数的某种最优的函数形式，此类优化问题被称为函数优化问题或分布参数优化问题。下面举例进行说明。

例 7-1　如图 7-1 所示，一个变截面悬臂梁上表面受分布载荷 $q(x)$ 作用，其横截面的弯曲惯性矩是纵向坐标参数 x 的函数，记作 $I(x)$，要求最优的 $I(x)$，使得梁结构总质量最小，同时最大挠度 $\omega_{\max}$ 不超过给定值 ω_0（假定材料质量密度 ρ 为常数）。

该问题可以用以下优化模型列式进行表述（这里梁模型采用经典的梁弯曲理论），即

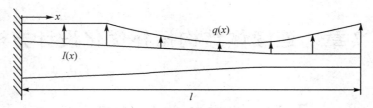

图 7 - 1　悬臂梁受弯

$$\begin{cases} \min\limits_{I_{(x)}} \left\{ m = \rho \int_0^l A\left(I\left(x\right)\right) \mathrm{d}x \right\} \\ \mathrm{s.\,t.} \quad \omega_{\max} - \omega_0 \leqslant 0 \\ \qquad \dfrac{\mathrm{d}^2}{\mathrm{d}x^2}\left(EI(x)\,\dfrac{\mathrm{d}^2\omega}{\mathrm{d}x^2}\right) - q(x) = 0, \quad 0 \leqslant x \leqslant l \end{cases} \tag{7-2}$$

式中：A 为梁横截面积，可以表达为梁弯曲惯性矩的函数(注：对于一些常见的横截面如矩形截面或圆形截面，梁的横截面积可以直接写为 $A = cI^p(x)$ 的形式，其中，c 和 p 为与横截面具体几何形式有关的常数)。优化模型(7-2)的解给出截面惯性矩沿纵向的最优分布函数，亦即设计变量 $I(x)$ 关于参数 x 的最优函数表达。

　　求解函数(或分布参数)优化问题的主要理论基础是变分原理。在结构优化技术发展的早期，特别是有限元技术广泛应用以前，针对梁、杆、板等简单结构承受简单约束的情况，人们进行了不少基于分布参数优化模型的解析和半解析求解方法的研究，这些研究对于我们理解结构优化问题的解的基本特性起到了相当积极的作用。但是，对于较复杂的结构优化问题，完全基于分布参数优化模型的解析或半解析求解很难进行，这时需要借助有限元等数值离散技术，把问题模型转化为更为常见的离散参数优化模型，然后可以采用各种数值优化技术进行求解。

　　仍以图 7-1 所示的悬臂梁为例，假设梁结构被离散为若干等截面的梁单元，如图 7-2 所示，则悬臂梁优化问题可以表述为如下的离散参数优化模型：

$$\begin{cases} \min\limits_{I_1,I_2,\cdots,I_{n_e}} \left\{ m = \sum_{i=1}^n m_i\left(I_i\right) \right\} \\ \mathrm{s.\,t.} \quad \omega_{\max} - \omega_0 \leqslant 0 \\ \qquad \boldsymbol{Ka} - \boldsymbol{P} = 0 \end{cases} \tag{7-3}$$

式中：n 为离散后的单元总数，设计变量 $I_i(i=1,\cdots,n)$ 为各单元的弯曲惯性矩，等式约束代表离散后的系统的小位移平衡方程，$\boldsymbol{K}$ 为结构刚度矩阵(I_i 的函数)，$\boldsymbol{a}$ 为结构节点位移列阵，对于经典梁单元该列阵由节点挠度和转角构成，$\boldsymbol{P}$ 为结构节点载荷列阵。由平衡方程可以解出各节点挠度，进而由插值函数可计算出梁上任一点的挠度，由此可得到最大挠度 $\omega_{\max}$。

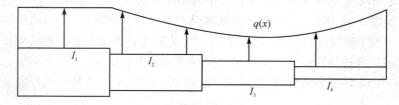

图 7 - 2　悬臂梁受弯(离散情况)

7.1.2　拓扑优化问题的概述与分类

结构优化简单来说就是在满足一定的约束条件下通过改变结构设计参数以达到节约原材料或提高结构性能的目的。结构优化问题有包含 3 个基本要素:目标函数、设计变量和约束条件。目标函数是用来衡量结构"优劣"的指标;设计变量是可供设计人员调整的结构的参数;约束条件是对设计变量的限制。结构优化的任务就是对于一个结构寻求设计变量最优值使其既满足约束条件又使得目标函数最优。

结构优化是从 20 世纪 60 年代开始随着计算机技术和有限元方法迅速发展起来的一个力学分支,研究如何为工程师提供可靠、高效的方法以改进结构的设计,有很强的应用背景。经过各国学者的不懈努力,其基本理论和求解手段已经逐渐成熟,随着有限元技术和计算机技术的发展,以及不断增长的市场需求的推动,结构优化技术有了飞速的发展并且在航空航天、汽车制造等很多行业有了很多成功的应用,对产品进行结构优化目前已经成为生产过程中一个必须的而且是至关重要的环节。目前众多的大型商业 CAE 软件如 OptiStruct、Ansys、Nastran 等,都提供了结构优化的功能。

根据结构优化问题的特点,通常将结构优化划分为 3 个层次(见图 7 - 3):截面尺寸优化、几何形状优化和拓扑布局优化,分别对应产品的详细设计阶段、基本设计阶段和概念设计阶段。尺寸优化的设计变量是板的厚度、两力杆的截面积以及梁截面的高度等结构的尺寸参数,尺寸优化的目的是要在满足结构的力学控制方程、边界条件以及诸多性态约束条件的前提下,寻求一组最优的结构尺寸参数,使得关于结构性能的某种指标函数达到最优。板在体积约束下,使得柔顺性最小的最优厚度分布设计,桁架结构在应力、位移约束下的质量极小化设计,Bemouli 梁在体积约束下,使得基频最大化的最优高度分布设计都属于此类优化设计问题。

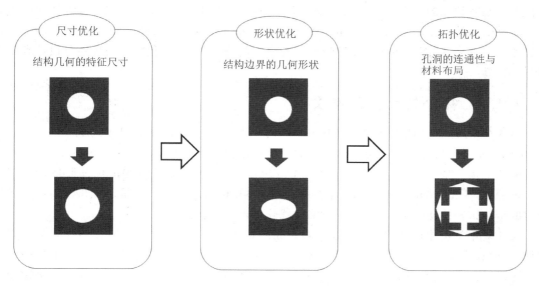

图 7 - 3　结构优化层次

尺寸优化(Sizing Optimization):在保持结构的形状和拓扑结构不变的情况下,通过优化截面面积、选择板的最佳厚度等,寻求结构组件的最佳截面尺寸与最佳材料性能的组合关系。

如对于桁架结构中的杆件各端面半径尺寸的优化。尺寸优化的一个重要特征是设计区域以及设计变量在优化设计之前就已知，并且在整个优化设计过程中保持不变。尺寸优化由于设计区域固定，设计变量单一，因此较易用标准的数学规划方法建立数学模型，在实际应用中也得到了较为理想的优化设计结果。

形状优化（Shape Optimization）：设计域内的拓扑关系保持不变，而设计域的形状和边界发生变化，以寻求结构最理想的边界和几何形状。形状优化的优化变量为杆系结构的节点坐标或连续体的边界形状。形状优化力图通过调整结构的内外边界形状，来达到改善结构性能，节省材料使用的目的。如果结构的边界形状可以用一条曲线（曲面）的方程来描述，那么形状优化的目的就是要求得最佳边界形状所对应的曲线（曲面）方程。对于大多数实际的形状优化问题，结构的边界形状常常采用一组适当的基函数（如 B-Spline 函数）并附加一些可以自由变化的参数来描述，此时，这些自由参数就可以选作形状优化的设计变量。对于平面桁架结构，节点的位置亦可以作为形状优化的设计变量，变化节点的位置坐标可以大大改善结构的力学性能。

而对于结构拓扑优化（Topology Optimization）来说，其所关心的是离散结构中杆件之间的最优连接关系或连续体中开孔的数量及位置等。拓扑优化力图通过寻求结构的最优拓扑布局（结构内有无孔洞、孔洞的数量、位置、结构内杆件的相互连接方式），使得结构能够在满足一切有关平衡、应力、位移等约束条件的情形下，将外荷载传递到支座，同时使得结构的某种性能指标达到最优。拓扑优化的主要困难在于满足一定功能要求的结构拓扑具有无穷多种形式，并且这些拓扑形式难以定量地描述即参数化。

与尺寸优化和几何优化相比，结构拓扑优化不仅待确定的参数更多，而且拓扑变量对优化目标的影响更大，因而取得的经济效益更大，对工程设计人员更有吸引力，已经成为当今结构优化设计研究领域的一个热点。由于设计变量不再是具体的尺寸或节点坐标，而是具有独立层次的子区域的有无问题，拓扑优化的难度也是较大的，被公认为当前结构优化领域内最具有挑战性的课题之一，随着拓扑优化理论和工程研究的进展，拓扑优化将成为数字化设计和制造的有力工具。

7.1.3　拓扑优化方法的发展

结构优化的历史可以追溯到 Maxwell（1890 年）开始的对于桁架布局的研究。此后，Michell（1904 年）研究了一个给定作用点的一组共面力系荷载作用下应力约束的桁架，得到质量最轻的最优桁架所应满足的条件，后来称为 Michell 准则。这是结构优化设计理论研究的一个里程碑，满足 Michell 准则的桁架被称为 Michell 桁架。从本质上看，Michell 桁架是极为超前的结构拓扑优化研究，至今仍属于结构优化中最高层次的研究方向。

尺寸优化是优化设计的最低层次。虽然是结构优化中的最低层次，但它不仅有工程应用的价值，而且为加深认识结构优化问题和理解各种类型优化算法提供了宝贵的基础经验。结构优化设计正式成为一门学科是在 Michell 桁架提出 56 年后的 1960 年，Schmit 首次构造了多工况作用下弹性结构优化设计的数学模型，提出了应用数学规划来求解的方法，从此开始了结构优化设计的新阶段。为什么 Michell 的文章发表后当时没有追随者，成为一枝独秀的超前研究？为什么 Schmit 的文章一发表，立刻就有众多学者跟进？原因在于方法论与研究工具。Michell 依据的是准则思想，从而超前地提出了骨架结构（他在文章中用"Frame Structure",实际应写成"Truss Structure")材料的经济极限的思想。那时候还没有出现有限元方法和数学规划这两门学科,而它们分别是结构优化设计欲登科学殿堂的两个方法论——力学分析建立优化模型和数学优化求解优化模型的基础。

如果说 Maxwell 和 Michell 对结构优化设计尚未奠定基石就已构建了高层中的某个方向,那么,Schmit 的贡献则是:当构筑大厦的两个方法论刚一问世,他就敏锐地捕捉住了。不仅有很多学者跟随他,而且从截面尺寸、形状几何到拓扑布局一层又一层地构建起来,从而有了振臂跟进的效应。除了有两个方法论的软工具以外,还有一个不可或缺的硬工具计算机的发展。随后,针对应力、位移、频率等不同约束的结构优化问题,人们相继采用了线性规划方法、梯度投影方法、可行方向法以及罚函数法等各种方法进行求解。但由于直接利用的是数学规划的理论,尚无明确的建立优化模型的概念,在进行迭代计算时,工作量相当大。这种直接采用数学规划方法而不考虑力学特性的算法效率都不高,人们也在不断寻找新的更有效的解决优化问题的途径。

1968 年,Venkayya 和 Gellatly 等提出了最优性准则方法,即按照预先规定的最优性准则来选择设计变量的迭代模式,加快了收敛速度。虽然这样的方法从理论上讲不甚严密,但程序易于实现,且计算量小。其实准则方法的成功有其必然性,当数学优化方法尚未成为独立的学科时,力学家与工程师总是会凭借力学理念或工程直觉提出优化准则,其中,不仅有 Michell 桁架准则,而且有结构的满应力准则和构件的同步失效准则。如果说早期提出的是感性准则,那么可以说,1969 年以后就出现了理性准则。在结构优化准则方法发展的同时,结构优化的规划方法也在发展。

1976 年,Schmit 等通过设计变量连接,将设计变量分组,减少独立设计变量的个数,并在每次进行结构分析之后,删除无效约束,进而提高计算效率。1979 年,Fleury 首先把对偶理论引入到结构优化问题上来,利用可分离的对偶规划进行求解,也取得了与最优准则法相近的计算结果。1980 年,他又和 Schmit 利用虚载荷方法将某些临界应力约束作为有效的应力约束,其他的应力约束转化为上下界约束,提出了混合最优性准则方法。该方法迭代次数与设计变量的个数无关,计算效率较高,在每一步迭代过程中,通过判定有效约束和非有效约束、主动设计变量和被动设计变量,来减少约束个数和设计变量的个数,从而进一步提高计算效率。结构优化规划法的发展,使迭代次数也下降到了与准则方法的效率不相上下的程度。为什么会有如此的结果? 关键在于自觉或不自觉地建立了结构优化近似模型。

回过头来审视准则法,我们发现每一个准则的背后都潜藏着一个近似显式的优化模型,因此到了 20 世纪 70 年代末,结构优化规划方法与准则方法走到一起。也有个别学者尚未走到两者合流的阶段。例如:Khan 提出了最严约束法,在每次迭代过程中,通过结构应力分析,从所有的约束中挑选出最严的约束,利用射线步将设计点迁移到最严约束面上,这样每次迭代只考虑了一个有效约束,大大降了了计算量。这种方法有时会遭遇失败,例如当最优点同时落在两个或更多约束上时,最严约束法会出现振荡而不收敛的情况。

国内的研究人员也提出了许多新的解决方法。1973 年,在中国科学院力学规划座谈会上,钱令希做了题为《结构力学中最优化理论与方法的近代发展》的学术报告,引起了全国力学界和工程界对结构优化的关注和响应。20 世纪 80 年代以来,钱令希等人对于有限元组合的复杂结构的质量最轻问题,取截面尺寸的倒数为设计变量,将目标函数进行二阶展开,约束函数进行线性展开,利用 Kuhn - Tucker 条件导出了含 Lagrange 乘子的设计变量迭代格式,将非线性规划和准则设计两种方法结合起来,把应力约束和变位约束分开来处理,使结构重分析的次数有了进一步的减少。钱令希带领大连理工大学课题组开发出"多单元、多工况、多约束的结构优化设计——DDDU 系统,把力学概念和数学规划方法相结合,成功攻克了一些传统的难点,形成了结构优化的序列二次规划算法。

1983 年,王光远和霍达提出了结构两相优化方法。这种方法将结构优化设计分为两个阶段进行,第一阶段使准则条件充分满足;第二阶段求解结构的最轻设计,交替迭代。夏人伟等研究了以函数的二阶近似为基础的对偶算法,并提出了一种杆系结构几何优化的广义中间变量近似方法。隋允康应用两点有理逼近改进了牛顿法和对偶方法,利用曲线寻优的理论找到了较直线寻优更有效的近似解析方法及其逼近方法;并对非线性规划的序列有理规划 SRP 方法分别按等效的 LP 问题和 QP 问题进行了研究,提出了一种方便实用的有理逼近方法,利用前一步的迭代信息,避免了多次重分析和信息的浪费,改善了优化算法。孙焕纯等在离散结构优化方面也进行了探讨。Templeman 和 Yates 对于桁架结构的杆单元构造多节单元,每节对应离散解集中的一个面积,从而巧妙地把离散面积设计变量转换为对应的连续杆长设计变量,优化模型用线性规划求解。考虑到该方法转换为连续变量后,变量数目骤增,隋允康、彭克俭修改为在连续最优解附近构造两节单元,在每个杆总长度不变的条件下,连续杆长变量与离散截面数量相同,从而改进了 Templeman 和 Yates 的方法。又考虑到梁单元上逐点变化的内力无法应用上述方法,隋允康、林永明构造了无穷小的多节单元的无限组合,从而使 Templeman 和 Yates 的转换法适用于框架结构截面离散变量优化,隋允康还把这一方法推广到任意有限元结构的离散尺寸优化求解。

形状优化的早期工作是从 Zienkiewicz 和 Compbell 开始的,1973 年,他们以节点坐标作为设计变量,描述了水坝的结构外形,在结构分析方面使用了等参元,在优化方法上,使用了序列线性规划的方法,解决了水坝的形状优化问题。同年,Deslva 在类似的问题中,应用同样的数学方法和结构分析方法,优化了涡轮机盘的形状。然而,上述以节点坐标作为优化变量的方法使求解问题的规模受到了限制,求解精度也受到了影响,因此一些学者提出用某些固定的函数来描述形状。如 1974 年 Strond 和 Dexter 用多项式系数作为设计变量,即使用多项式来描述厚度分布。经过这样处理后,问题的规模大为减小,并可用已经成熟的参数优化方法来进行计算,Ramarkishman 也做了相似的工作,但是这就等于给优化对象加了一种人为约束,使设计对象的形状只能在固定模式下小范围内变化选优。更一般的方法是用函数作为设计变量,首先定义好形状函数,然后用已知的函数将其线性组合,构成待求最优形状的最初始状态。1979 年,Haug 提出了形状优化设计的变分原理,并用这种算法解决了一维和二维板的形状优化问题。

1985 年,Haug 和 Choi 提出了形状优化设计敏度分析的材料导数的方法,给出了以边界积分和面积分形式的敏度分析公式。1986 年 Belegundn 提出了基于自然设计变量和形状函数的形状优化方法,选择了作用在结构上的假想载荷等一系列自然变量,把由假想载荷产生的位移加到初始形状上产生新的形状,建立了网格节点位移和有限元分析产生设计变量的线性关系,解决了平面弹性问题。1987 年,Helder 等研究了运用混合变分公式的弹性体形状最优设计问题,运用混合有限离散化方法,提出了一种基于虚功原理的欧拉-拉格朗日公式。Oueau 和 Trompette 研究了轴对称结构在对称或非对称载荷作用下的形状优化问题。目标函数是使沿边界局部的应力均匀一致,以减少应力集中,同时用六节点或八节点等参元来进行结构分析,并与自动网格生成程序相连,提出了有关应力和刚度矩阵导数计算的改进措施,并用这种算法优化了直升机水平旋翼的部分形状。周明和 Rozvany 把 COC 理论与有限元结合起来,提出一种迭代的 COC 算法,能够较好地解决简单约束问题,计算效率很高,可求解大规模的问题。

在工程实际中,常常要解决多载荷工况的优化问题。1982 年,Botkin 研究了多载荷作用下结构的形状优化,其基本思想是在同一次优化迭代过程中,分别计算各种载荷条件下应变能密度的期望值与计算值的差值(即误差),并进行规格化处理,据此确定网格改进的区域,进行网格自动改进,为下一次迭代做准备。对于一个大型的复杂结构,往往只有一部分的结构形状允许变化,据此将整个结构划分成许多子块,于是,结构分成可变部分和不可变部分两类。每次迭代只需对可变部分重新生成网格,这样可大大减小有限元分析和灵敏度计算的工作量。另外,可将整体结构划分成几个子结构(区域),将区域内部的自由度压缩到区域的边界,进而建立了结构和结合面之间的关系。1988 年,Huang 提出了结构系统优化设计的子结构法。1991 年,Botkin 和 Yang 将子结构法应用于三维实体的形状优化。

国内也有许多学者致力于形状优化理论和方法的研究。隋允康、王希诚、王备等针对形状优化软件设计中用设计变量控制网格变动困难,提出了“二级控制”方法。在第一级,自然设计变量通过边界形状函数来决定关键点的坐标;在第二级,关键点通过网格节点在设计变量中的参数坐标来决定网格节点的坐标。隋允康从方法论的角度,把数学规划中的一些基本原理引入结构优化领域并开拓发扬,根据关系映射反演原则对线性规划和几何规划中的对偶算法和二次规划中的 Lemke 算法进行了分析,提出了用序列映射方法求解广义二次规划的算法。程耿东指出了形状优化方法的若干难点,对火车轮断面形状和某航空发动机涡轮盘进行了形状优化。程耿东与 Olohoff 一起,对微结构材料均匀性的形状优化进行了研究。顾元宪对形状优化的敏度分析和结构造型进行了研究,并应用到有热应力约束的形状优化中。邢杰、蔡平运用变分敏度分析技术和虚拟载荷方法,开发了集成化软件系统 FSOPD,并提出了一种形状优化方法,该方法以本质导数和变分敏度分析为基础,以局部和整体定义速度域,敏度分析的积分只在局部域进行,减小了计算量。张卫红提出并建立了自动选取独立设计变量的参数化结构形状优化设计方法,建立了基于有限元分析的网格扰动物理计算方法,以及基于简单比例计算的尺寸变量灵敏度分析方法,提出了多维人工变量法与多目标优化解的灵敏度分析技术措施。

尽管结构形状或几何优化尚未达到令人满意的程度,但结构拓扑优化却逐渐成为人们关注的主流研究方向。这是因为在工程结构设计的初始阶段结构拓扑优化能够提供一个概念性设计,帮助设计者灵活而理性地优选复杂结构与部件的方案,寻找最佳的承载路径。因而,它比截面或尺寸优化、形状或几何优化产生的经济效益更大。结构拓扑优化经历了从骨架优化为主向对连续体优化的过渡。工程结构作为一种人造的承载体系,多制成骨架,尤其是早期结构更是多以骨架结构为主,因此研究结构拓扑优化问题,从骨架结构入手是很自然的。骨架拓扑优化主要集中在桁架结构拓扑优化方面,对于框架类结构拓扑优化的研究相对较少。

结构优化设计的总体发展逻辑是由低层次向高层次的升华:截面或尺寸优化→形状或几何优化→拓扑或布局优化。实际的发展历史并不完全吻合逻辑的演进:其一,往往低层次尚未完善就开始着手高层次的研究;其二,偶尔也有超前且“孤独”的研究如 Maxwell 和 Michell 的工作。Michell 桁架理论在近几十年得到了重要发展。Cox 证明了 Michell 桁架也是最小柔度设计;Hegeminer 等将 Michell 准则推广到刚度、动力参数优化以及非线性弹性等;Hemp 纠正了其中的一些错误,求解了多种不同荷载形式下 Michell 桁架的具体形式;Rozvany 对 Michell 桁架的唯一性以及杆件的正交性做了讨论,对 Michell 准则做了进一步修正,求解了多种不同边界约束条件下 Michell 桁架的具体形式;周克民等采用有限元方法计算出了 Michell 桁架。

必须指出,对于 Michell 桁架的再研究,均是 20 世纪 60 年代以后的事情,原因在于:那时由于有限元方法、数学规划和计算机的发展导致结构优化成为一门独立学科。数值方法成为重要的手段,截面与形状层次的优化发展为拓扑层次的研究提供了基础。这个时期代表性的研究工作主要是以 1964 年 Dorn、Gomory、Greenberg 等提出的"基结构法"为基础。结构拓扑优化设计根据设计变量的性质,可分为连续变量优化问题和离散变量优化问题。

骨架类连续变量的结构拓扑优化设计通常是以杆内力或杆截面积为设计变量,以结构重量为目标函数,以平衡方程或刚度方程为线性等式约束,或者以位移、应力、稳定性等非线性约束来建立优化模型。由此将桁架结构拓扑优化问题转化为广义(截面)尺寸优化问题。如果优化的截面等于零或者比较小,则相应的单元被删掉;否则,该单元被保留。对此不少学者进行了研究,如段宝岩、叶尚辉对于多工况桁架结构在考虑性态约束时的研究,以及 Dobbs、Feltonk 和 Ringertz 等的研究。

人们知道,连续变量拓扑优化往往会遇到"奇异最优解"的问题。奇异最优解问题是 1968 年 Sved 和 Ginos 最先发现的,Sheu 和 Schmit 于 1972 年对这个问题进行了详细说明,Kirsch 对该问题做了进一步研究后指出,结构最优拓扑可能是设计空间的一个奇异点,并绘制了设计域的图形。程耿东等指出了应力约束函数在零截面处的不连续性是造成奇异最优解的根本原因,给出了问题可行域的表示,描述了奇异最优解问题的本质,并提出用 ε-松弛法改进拓扑优化模型来解决奇异最优解问题,周明利用光滑包络函数方法对应力奇异性的问题进行了处理。

以上的研究实际是将离散拓扑变量挂靠在低层次的截面或尺寸优化上,成为连续的截面优化问题,那么是否还能够有效地处理变量呢?有两种独立变量的处理途径:其一是隋允康 1996 年提出的 ICM(Independent Continuous and Mapping,即独立、连续、映射)方法,隋允康指导杨德庆运用 ICM 方法,先是求解了桁架拓扑优化问题,接着又求解了连续体拓扑优化问题;尽管大多数骨架类结构拓扑优化均在桁架范围内,但隋允康发现框架同桁架拓扑优化还是有不少差异的,于是指导杜家政和任旭春分别在博士学位论文和硕士学位论文中运用了 ICM 方法进行研究,发表了相关论文。其二是构造含有独立拓扑变量物理模型的方法,一个是隋允康指导于新等构造的有无复合体模型,不仅解决了桁架而且解决了膜、板、壳单元组成的复杂拓扑优化问题;另一个是段宝岩和 Templeman 将 Templeman 和 Yates 处理截面离散变量的转换法用于桁架拓扑优化问题,构造了 0-1 状态对应的两节单元,离散拓扑变量转换为连续杆长变量,采用基于最大熵原理的算法求解。

基于离散变量的拓扑优化研究,代表性的工作有:孙焕纯等提出的离散变量拓扑优化的序列二重二级优化方法,柴山、石连栓、孙焕纯等建立的包含截面和拓扑两类离散变量的结构拓扑模型等。另外也有一些算法采用了组合优化方法,如 Ringertz 采用的分支定界法,Grierson 和 Pak 以及许素强和夏人伟采用的遗传算法(GA),May 和 Balling 以及蔡文学和程耿东采用的模拟退火算法(SA),Svanberg 等采用的 MMA 法,陈建军等采用的基于可靠性的优化算法等,这些算法直接基于离散的拓扑变量,对于小规模的问题,概率搜索方法具有较好的全局收敛性,但收敛速度都较慢。当问题规模较大时,求解空间呈"爆炸式"变化,优化效率问题需深入研究。

7.2　结构拓扑优化建模方法

7.2.1　变密度法

1. 带罚因子的固体各向同性微结构/材料插值模型 SIMP

SIMP 的英文全称为 Solid Isotropic Microstructure/Material with Penalty,可翻译为"带罚因子的固体各向同性微结构/材料模型"。变密度法起源于均匀化方法,可以说是均匀化方法的一种过程的简化。如果细致地区分两种方法,均匀化方法是在结构中设置单元微观结构,并将其尺寸、位置都作为设计变量,成为材料密度的自变量;变密度法则是将材料密度作为独立影响结构的唯一非物理性的变量。变密度法中材料不再有扭矩,所以 SIMP 插值模型也意味着结构材料的各向同性属性。单元设计变量的减少也让其简化了许多。相比于其他优化方法,SIMP 法具有自己独有的优点。变量少,优化时间成本低,在计算机上容易实现都是 SIMP 法的优势所在,现在市面上最主要的有限元软件如 Ansys 等也应用了该方法。

目前为止使用最多的 SIMP 插值是于 1989 年提出的,插值规定单元材料弹性模量等于实际材料的弹性模量乘以材料密度的插值。SIMP 中,设计域中参数的维数非常高,经常会不收敛,我们判断优化是否收敛依靠的是点距准则、梯度准则和差值准则。在 SIMP 模型中,设计变量不再是微结构的尺寸参数 μ 和 γ,而是其材料相对体积密度 ρ,并允许 ρ 在区间 $[0,1]$ 上连续变化,结构的宏观材料属性如弹性矩阵 $\boldsymbol{D}$ 和微结构的材料相对体积密度 ρ 之间通过一个预定义的假想的显式插值模型关联起来,不再需要进行复杂的均匀化计算。由于伪密度是由人为假设设定故会造成较多的中间密度,这种现象在数值求解的过程中会造成不稳定、计算复杂等现象。所以在实际应用中必须对模型的中间密度进行有效的惩罚,使其尽量不出现在最终的优化结果中。

以常见的各向同性材料的单材料拓扑设计为例,SIMP 模型可表达为

$$\boldsymbol{D} = \boldsymbol{D}^* \rho^p \tag{7-4}$$

式中:$\boldsymbol{D}^*$ 为预先指定的各向同性材料的弹性矩阵;$\boldsymbol{D}$ 为具有周期性微结构(其单胞基础材料的弹性矩阵为 $\boldsymbol{D}^*$)的宏观结构点(或单元)的宏观等效材料矩阵;p 为中间密度惩罚因子,是一个大于 1 的常数,通常取值为 3。当微结构的材料相对体积密度 ρ 值取 1 时,$\boldsymbol{D} = \boldsymbol{D}^*$,微结构单胞全部由给定的实体材料(弹性矩阵为 $\boldsymbol{D}^*$)填充,代表相应的宏观结构点(或单元)为一个实体结构连接;当 ρ 值取 0 时,$\boldsymbol{D} = 0$,微结构单胞中没有基础材料,代表相应的宏观结构点(或单元)为一个孔洞。对于有限元离散后的结构,考虑到单元刚度矩阵 $\boldsymbol{K}_e$ 与 $\boldsymbol{D}$ 具有简单的线性关系,因此也可以用 $\boldsymbol{K}_e$ 和 $\boldsymbol{K}_e^*$ 代替式(7-4)中的 $\boldsymbol{D}$ 和 $\boldsymbol{D}^*$,作为 SIMP 模型的表达,即

$$\boldsymbol{K}_e = \boldsymbol{K}_e^* \rho^p \tag{7-5}$$

图 7-4 以各向同性材料的弹性模量插值为例,给出了 SIMP 模型的一个直观显示,图中 $p=3$ 对应的曲线代表基于 SIMP 模型的材料弹性模量的插值曲线,$p=1$ 对应的直线代表基于线性模型材料弹性模量的插值曲线。如果不考虑材料分布所带来的刚度效率上的差异,则

可以用材料的比刚度大小(用 E/ρ 度量)代表其效能。我们发现对于线性刚度模型,当 ρ 在区间 $[0,1]$ 上的不同点取值时,其材料效能是相同的。而基于 SIMP 模型的材料的效能在区间 $[0,1]$ 上的不同点是不同的,该效能在 ρ 值取 0 和 1 的两个端点处达到最大。这意味着,如果不考虑材料分布对刚度的影响,SIMP 模型中所有具有中间密度值的材料都是低效能的,从而有被优化算法排除在最优解以外的趋势。当然,p 值也并非越大越好,这是因为还要综合考虑 p 值对模型凸性以及模型迭代计算的稳定性的影响。经验表明,$p=3$ 通常是一个较好的选择,或者可以采用一种所谓的连续性技术,即在迭代开始时取 $p=1$,在迭代过程中令 p 值逐渐增加到 3 而后保持不变直至迭代终止。举一个例子,如图 7-5 所示,可以看出,当 $p=1$ 时,最优结果中仍存在大量的中间密度(可以理解为对应某种复合材料);当 $p=3$ 时,最优结果基本收敛到理想的 0-1 结果。

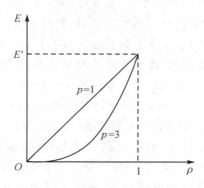

图 7-4 基于 SIMP 模型的材料($p=3$)与基于线性刚度模型的材料($p=1$)插值曲线对比

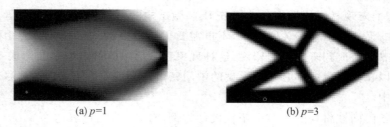

(a) $p=1$ (b) $p=3$

图 7-5 左端固支、右端中点受向下集中力的悬臂梁的最小柔度设计结果

当 SIMP 模型中的材料相对体积密度取区间 $[0,1]$ 的中间值时,与微结构构型间并无物理意义上的直接关联,因此该模型有时也被称为人工或假想材料模型。不过进一步的研究表明,在一定条件下,SIMP 模型具有明确的物理意义,不同的中间密度取值对应有明确具体的微结构构型。

作为单材料拓扑设计的 SIMP 模型的简单扩展,下面给出可用于双材料拓扑优化问题的材料插值模型(以单元刚度插值的形式表达):

$$\boldsymbol{K}_e = \rho_e^p \boldsymbol{K}_e^{*1} + (1 - \rho_e^p) \boldsymbol{K}_e^{*2} \tag{7-6}$$

式中:$\boldsymbol{K}_e^{*1}$ 和 $\boldsymbol{K}_e^{*2}$ 分别代表两种给定的实体材料(分别记为 *1 和 *2)的单元刚度矩阵。单元 e 内的材料微结构单胞全部由两种给定材料进行填充,ρ_e 代表材料 *1 的相对体积密度。当 $\rho_e=1$ 时,代表单元 e 完全由材料 *1 填充;当 $\rho_e=0$ 时,代表单元 e 完全由材料 *2 填充。因此,ρ_e 在宏观设计域内。0-1 分布对应于两种给定材料在宏观设计域内的拓扑分布。

类似的,还可以给出三材料拓扑优化时的材料插值模型:

$$\boldsymbol{K}_e = \rho_{e2}^p \left[\rho_{e1}^p \boldsymbol{K}_e^{*1} + (1 - \rho_{e1}^p) \boldsymbol{K}_e^{*2} \right] + (1 - \rho_{e2}^p) \boldsymbol{K}_e^{*3} \tag{7-7}$$

对于三材料模型,每个单元都需要引入两个拓扑设计变量 ρ_{e1} 和 ρ_{e2},当 $\rho_{e1} = \rho_{e2} = 1$ 时,单元 e 完全由材料 $*1$ 填充;当 $\rho_{e1} = 0$、$\rho_{e2} = 1$ 时,单元 e 完全由材料 $*2$ 填充;当 $\rho_{e2} = 0$ 时,单元 e 完全由材料 $*3$ 填充。作为三材料拓扑优化的一个特例,当 $\boldsymbol{K}_e^{*3} = 0$ 时,意味着设计域将由两种给定的实体材料 $*1$ 和 $*2$ 以及孔洞填充。

最后,当考虑基于动力学特性(如频率、频响等)的拓扑优化问题时,除了需要对单元刚度矩阵进行插值外,还需对单元质量矩阵进行插值。单元质量矩阵通常采用线性插值模型,以双材料拓扑优化为例,其表达式如下:

$$\boldsymbol{M}_e = \rho_e^q \boldsymbol{M}_e^{*1} + (1 - \rho_e^q) \boldsymbol{M}_e^{*2} \tag{7-8}$$

式中:$\boldsymbol{M}_e^{*1}$ 和 $\boldsymbol{M}_e^{*2}$ 分别代表两种给定的实体材料 $*1$ 和 $*2$ 的单元质量矩阵;因子 q 的值一般取 1。需要指出的是,在一些动力学计算中,SIMP 模型还需进行适当修正以消除所谓的局部化模态问题,在后面还将就此进行详细介绍。

2. 灵敏度求解

由前面的介绍可知,拓扑优化模型中的拓扑设计变量个数通常等于(或不少于)设计域离散后的有限单元个数,结构网格规模越大意味着优化问题的规模也越大。大规模结构优化问题通常采用基于梯度的求解算法,其求解效率主要取决于两方面:一是灵敏度分析的效率;二是系统重分析次数。下面以最小柔度设计问题为例进行说明,拓扑优化模型如下:

$$\begin{cases} \min\limits_{\rho_e, e=1,\cdots,n} \{C = \boldsymbol{P}^{\mathrm{T}} \boldsymbol{U}\} \\[2mm] \text{s. t.} \quad \sum\limits_{e=1}^{n} \rho_e V_e \leqslant V^* \\[2mm] \quad\quad 0 \leqslant \underline{\rho} \leqslant \rho_e \leqslant 1, \quad e = 1,\cdots,n \\[2mm] \quad\quad \boldsymbol{K}\boldsymbol{U} = \boldsymbol{P} \end{cases} \tag{7-9}$$

式中:单元材料相对体积密度 ρ_e 的下限用一个小的正数 $\underline{\rho}$ 取代零值以避免奇异性。灵敏度分析涉及目标函数和约束函数对设计变量的导数,当目标或约束显含设计变量时,式(7-9)中的材料体积约束,直接对设计变量求导即可获得灵敏度结果;当目标或约束非显含设计变量时,例如式(7-9)中的柔度,需利用链式求导法则进行灵敏度分析,具体如下(注:本章中的导数符号 "$\dfrac{\partial}{\partial \rho_e}$" 均指对变量 ρ_e 求全导数):

$$\frac{\partial C}{\partial \rho_e} = \left(\frac{\partial \boldsymbol{P}^{\mathrm{T}}}{\partial \rho_e} \boldsymbol{U} + \boldsymbol{P}^{\mathrm{T}} \frac{\partial \boldsymbol{U}}{\partial \rho_e} \right) \tag{7-10}$$

式中:$\dfrac{\partial \boldsymbol{P}}{\partial \rho_e}$ 表示总体载荷列阵对拓扑设计变量的导数,当载荷的大小、作用位置和方向不随设计(即 ρ_e)改变而改变时,称为设计独立载荷,相应的 $\dfrac{\partial \boldsymbol{P}}{\partial \rho_e} = 0$;反之,若载荷随设计改变而改变,则称为设计依赖载荷,其灵敏度计算通常采用有限差分法。式(7-10)中 $\dfrac{\partial \boldsymbol{P}}{\partial \rho_e}$ 代表总体位移列阵对拓扑设计变量的导数。利用伴随方法(参见前面灵敏度分析)不难得出以下结果:

$$\frac{\partial C}{\partial \rho_e} = 2\boldsymbol{U}^{\mathrm{T}} \frac{\partial \boldsymbol{P}}{\partial \rho_e} - \boldsymbol{U}^{\mathrm{T}} \frac{\partial \boldsymbol{K}}{\partial \rho_e} \boldsymbol{U} \tag{7-11}$$

以单材料 SIMP 模型为例,把材料插值模型引入到式(7-11)中,最终的目标函数的灵敏度表达式为

$$\frac{\partial C}{\partial \rho_e} = 2\boldsymbol{U}^{\mathrm{T}} \frac{\partial \boldsymbol{P}}{\partial \rho_e} - p\rho_e^{(p-1)} \boldsymbol{U}_e^{\mathrm{T}} \boldsymbol{K}_e^* \boldsymbol{U}_e, \quad e = 1, \cdots, n \tag{7-12}$$

式中:$\boldsymbol{U}_e$ 为单元位移列阵。式(7-12)的计算仅涉及矩阵和向量的乘法运算,效率较高。

在获得灵敏度结果后,优化模型的求解可以考虑两种方法。第一种方法是采用通用数值优化算法,该方法不仅适用于上面的柔度最小化问题,也适用于含有更复杂约束的一般优化模型。注意到目标函数及其灵敏度结果中均含有位移场,这意味着每次更新目标函数及灵敏度结果时均需先进行系统有限元分析,而通用数值优化方法通常需要大量反复进行上述计算,也就是说,如果直接针对原始优化模型采用通用数值方法求解,则需进行大量的系统重分析,计算代价很大。为了减少系统重分析次数,可以采用第二种序列规划方法进行处理,其中,MMA 方法在结构优化领域被广为采用,MMA 方法的思想是:在当前设计点处构造原物理优化模型的近似凸优化子模型,子模型的目标函数和约束函数均是设计变量的显式函数,可以利用通用数值优化算法高效求解,从而得到当前设计点的一个改进,再在新的设计点处重新构造原物理模型的近似子模型并进行直接求解,如此循环直至满足收敛条件。在这一过程中,针对原物理模型的系统重分析以及相应的灵敏度分析只需在每次构造近似显式子模型时进行,在近似子模型的优化求解中则不再需要进行上述分析,从而大大提升了优化效率。对于结构静柔度拓扑优化问题,近似模型构造次数的上限一般可设置为 50 次,基本都可以收敛到比较清晰的 0-1 拓扑结果。

除了采用序列规划的方法进行求解外,对于式(7-7)这样只含有简单的材料体积约束的拓扑优化模型,还可以考虑采用最优准则法进行迭代求解。从问题的 KKT 条件出发(或利用拉格朗日乘子法)不难得到该优化模型的最优性条件如下:

$$\frac{\partial C}{\partial \rho_e} + \Lambda V_e = 0, \quad e = 1, \cdots, n \tag{7-13}$$

式中:Λ 为非负的待定拉格朗日乘子。当载荷设计为独立载荷时:$\dfrac{\partial C}{\partial \rho_e} < 0$。将式(7-13)改写为

$$-\frac{1}{\Lambda V_e} \frac{\partial C}{\partial \rho_e} = 1, \quad e = 1, \cdots, n \tag{7-14}$$

由此可以构造固定点格式的迭代算法,如下:

$$\rho_e^{i+1} = \begin{cases} \alpha, & \bar{\rho}_e^{i+1} \leqslant \alpha \\ \bar{\rho}_e^{i+1}, & \alpha < \bar{\rho}_e^{i+1} < \beta, \\ \beta, & \bar{\rho}_e^{i+1} \geqslant \beta \end{cases} \quad \begin{cases} \alpha = \max\left[(1-\xi)\rho_e^i, \rho\right] \\ \beta = \min\left[(1+\xi)\rho_e^i, 1\right] \\ \bar{\rho}_e^{i+1} = \left[\dfrac{f(\rho_e^i)}{\Lambda V_e}\right]^\delta \rho_e^i \end{cases} \tag{7-15}$$

式中:$f(\rho_e^i) = \left(-\dfrac{\partial C}{\partial \rho_e}\right)^i$,$i$ 为当前迭代步数;ξ 和 δ 分别称为移动步长因子和阻尼因子,用于控制每次迭代的设计点的移动步长并使迭代稳定,一般在区间 $[0,1]$ 上取值,例如可取值为 0.5。利用 KKT 条件不难证明,在最优解处,体积约束将取等号,把式(7-15)代入到取等号的体积约

束中可以得到一个关于待定的拉格朗日乘子 Λ 的非线性代数方程,利用二分法求解就可以确定 Λ。

由于二分法求解在开始时需要给出一个包含解(即满足体积约束)的初始区间,如果该区间取得不合适则可能导致求解失败。一般的做法是取一个足够大的区间例如 $[0,10^{10}]$,但这样做一来效率较低,二来仍然无法从理论上保证在该区间内一定有解。注意,可以用 $\left(\dfrac{1}{\Lambda}\right)^{\delta}$ 取代 Λ 作为待求解的变量,作者建议取以下公式所确定的区间作为 $\left(\dfrac{1}{\Lambda}\right)^{\delta}$ 的初始区间,即

$$\left(\frac{1}{\Lambda}\right)^{\delta} \in \left[\min_{e=1,\cdots,n}\left\{\frac{\alpha}{\rho_e^i}\left(\frac{V_e}{f(\rho_e^i)}\right)^{\delta}\right\},\ \max_{e=1,\cdots,n}\left\{\frac{\beta}{\rho_e^i}\left(\frac{V_e}{f(\rho_e^i)}\right)^{\delta}\right\}\right] \tag{7-16}$$

可以证明,在由上述区间所给出的 Λ 的范围内,必包含一个满足体积约束的有效解。

另外,当载荷是设计依赖载荷时,$f(\rho_e^i) = \left(-\dfrac{\partial C}{\partial \rho_e}\right)^i$ 可能取负值,此时迭代公式(7-15)将失效。对于此问题,可以采用如下方法进行处理。首先,将最优性条件改写为

$$[-f(\rho_e)-\mu V_e] + (\Lambda+\mu)V_e = 0 \tag{7-17}$$

然后,定义 $f^*(\rho_e) = f(\rho_e)+\mu V_e$ 和 $\Lambda^* = \Lambda+\mu$,令 μ 取值为

$$\mu > \max_{e=1,\cdots,n}\left\{-\frac{f(\rho_e)}{V_e}\right\}$$

则有 $f^*(\rho_e) > 0$,由此可以得到放松后的最优性条件为

$$-f^*(\rho_e) + \Lambda^* V_e = 0, \quad e = 1,\cdots,n \tag{7-18}$$

由于 $f^*(\rho_e) > 0$,因此可以进行迭代计算。

3. 棋盘格问题和网格依赖问题

拓扑优化在连续体优化领域已经得到较好的发展,并已在工程制造领域中开始实践,但却还存在如下问题:棋盘结构、网格依赖性、局部极值等。在拓扑优化模型的求解过程中,如果对设计域采用低阶单元进行离散(例如二维问题采用 4 节点平面等参单元离散),则经常会得到如图 7-6 所示的黑白单元交错排列的类似于国际象棋棋盘格的拓扑结果。棋盘结构(Checkerboard Patterns)是指在具有连续性的材料得到最优拓扑构型的一定局部范围里设计变量在 0 和 1 之间交替产生,结构的拓扑关系为实体与空白交叉存在的形式,如图 7-6 所示。研究表明,该问题主要源于使用低阶单元计算时对仅通过角点相连的单元间结构(例如棋盘格结构)的刚度估计过高。Diaz 和 Sigmund 的研究证明表明,棋盘格结构的出现是由于刚度的数值建模错误所导致的。棋盘结构的存在使得最终拓扑构型难以应用于实际生产,所以必须避免棋盘结构在拓扑构型中出现。

棋盘结构的处理方法主要有:

① 光滑处理(Smoothing):对优化结果进行图像层面上的处理来消除缺陷,但是这种方法并没有真正对棋盘格进行修正。

② 高阶有限元模型(High-order Finite Elements):有关文献指出更多节点的有限元模型可以有效抑制棋盘结构,但会增加计算量。

③ 补丁技术(Patches):为节省计算时间,Bendsøe 提出了补丁技术,该方法引入一种"超元素"的有限元模型来抑制棋盘结构,但无法完全抑制棋盘格。

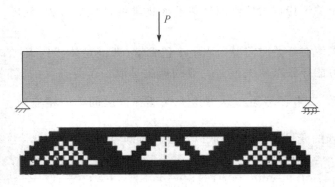

图 7-6　棋盘结构现象

④ 过滤技术(Filter)：Sigmund 提出了这个概念，该方法选定当前目标的中心，以一定范围内各单元对设计变量的导数值的加权均值来对此单元进行替代。

拓扑优化中的另一个常见问题是所谓网格依赖问题，即随着有限元网格加密，结构最优拓扑会发生实质性变化，呈现出网格依赖特征(Mesh - dependence)，这一现象的原因本质上可以溯源到拓扑优化问题的病态以及因此而导致的解的收敛性、存在性等相关问题。解决该问题的关键仍是适当的正则化处理。SIMP 模型的引入虽然改进了拓扑优化问题的性态，但其还不足以完全消除拓扑结果的网格依赖现象。因此需采取进一步措施。例如前面提到的周长控制是可行的方案之一，但其缺点是需在模型中引入附加约束。Sigmund 等建议采用独立于网格的过滤技术，较好地解决了这一问题。网格依赖性是指随着单元总量变大，使结构的最终构型不断改变，几何复杂性随之提升。如图 7 - 7 所示，上方的梁单元数远小于下方的梁。出现这种现象是因为结构的最优拓扑不存在或者不唯一。克服网格依赖性的方法主要有：

① 周长控制(Perimeter Control)：Ambrosio 和 Buttazzo 证明了该方法数学定义上的合理性；Haber 等第一次运用该方法进行了数值求解。

② 梯度约束(Gradient Constraint)：Niordson 首次以梯度约束解决板结构厚度变化问题。Petersson 和 Sigmund 进行了数值实验，证明了该方法的可用性。

③ 过滤技术(Mesh Independent Filtering)：Zhou 等指出棋盘格结构是某一条件下产生的网格依赖，所以可以采用过滤技术消除这种结构。

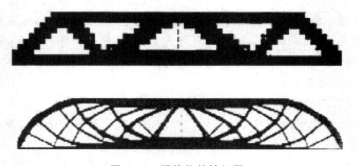

图 7 - 7　网格依赖性问题

④ 局部极值(Local Minima)：Sigmund 和 Torquato 指出以网格依赖过滤来保证优化问题的凸性，使得局部极值消除。Guedes 和 Taylor 则以调整结构的权重函数数值为手段，通过

提高中间单元与周围单元的统一性来避免这个问题。

7.2.2　渐进结构优化法 BESO

ESO 法由澳大利著名学者 Xie 和悉尼大学著名专家 Steve 提出,自 ESO 法提出以来,已成为学者们研究的热点方向。ESO 法原理:将对整体结构贡献较低的单元进行删除,对贡献高的结构单元进行保留,最终得到满足性能的优化结构。

但 ESO 法存在的一种缺陷是不能恢复删除的单元,这对优化结果产生了一定的偏差,不利于获得最优结构。鉴于此,一种新型优化算法被提出,即 BESO 法,它可以在优化过程中恢复误删除的有效结构单元,BESO 法由 Yang 和 Querin 等首次提出并验证,完全突破了水平集法的局限性。

在双向进化结构优化(BESO)法中,可以添加或删除结构的元素。添加和删除过程分别为 AESO 和 ESO。然而,当这两种方法结合在一起工作时,需要修改驱动这两种方法的一些控制方程,以便 BESO 法能够正常工作。

使用 BESO 法的步骤如下:

① 必须规定结构所能占据的最大允许域。

② 采用正则有限元网格对物理域进行细分。这些元素应该是方形 2D 元素或立方体砖块元素。

③ 定义所有运动边界约束、载荷和材料特性。

④ ESO 法采用整个允许域,AESO 法采用荷载与支座之间最小连接域作为起始物理域。使用 BESO 法,设计者可以在指定连接荷载到支座的最小元素数,或指定符合最大允许范围的初始设计域之间进行选择。

⑤ 对结构中不包含在初始域内的所有元素赋予一个属性值为零。注意,保留在定义域内的元素必须有一个非奇异的有限元解。

⑥ 指定优化准则,如 Von Mises 应力。

⑦ 与 AESO 法一样,BESO 法的驱动准则必须是步骤⑥中选择的结构的最大准则。

⑧ 对结构进行线性有限元分析。

⑨ 构造域具有严重欠应力区和严重过应力区。因此,满足可移除条件的单元可以从受力区域中移除,满足下式的单元可以添加到结构中:

$$\sigma_e \leqslant RR - \sigma_{max} \qquad (7-19)$$

$$\sigma_e \geqslant IR - \sigma_{max} \qquad (7-20)$$

式中:σ_e 为元素 Von Mises 应力或其他选择准则。

σ_{max} 为结构的最大 Von Mises 应力或准则。RR 为拒绝率,即

$$RR = r_0 + r_1 - SS + a_{RR} - ON, \quad 0 \leqslant RR \leqslant 1 \qquad (7-21)$$

SS 为稳态数,是一个整数计数器,表示演化过程中的所有稳态以及局部极小值。

ON 是振荡数,是一个整数计数器,每次达到振荡状态时加 1,定义为振荡状态。为满足式(7-19)和式(7-20),在一次迭代中添加一个元素,在后续迭代中删除相同的元素,并在连续的迭代中无限地添加和删除该元素。增加这个数字可以改变这个振荡状态的优化过程,并允许结构继续进化。

$r_0 = 0$。

r_1 是由 BESO 的数值经验确定的常数,通常为 0.001。

a_{RR} 是由 BESO 的数值经验确定的振荡数常数,通常为 0.01。

IR 为包合率,即

$$\mathrm{IR} = i_0 - i_1 - \mathrm{SS} - a_{\mathrm{IR}} - \mathrm{ON}, \quad 0 \leqslant \mathrm{IR} \leqslant 1 \qquad (7-22)$$

$i_0 = 1$。

i_1 是由 BESO 的数值经验确定的常数,通常为 0.01。

a_{IR} 是由 BESO 的数值经验确定的振荡数常数,通常为 0.1。

⑩ 如果达到设计域内没有元素满足式(7-19)或式(7-20)的状态,则达到稳态。为了继续优化过程,稳态数增加 1,重复步骤⑨。

⑪ 如果达到振荡状态,在一次又一次的结构迭代中删除一组元素并重新添加回一组元素,则达到振荡状态。然后将振荡数 ON 加 1,重复步骤⑨。

⑫ 重复步骤⑧到步骤⑪,直到性能指数(PI)达到其最小值,或直到达到应力或准则极限。

渐进结构拓扑优化法相比其他的优化方法既有优点也存在不足,优点是程序语言相对简洁,优化高效,计算效率较高,通用性强;缺点是由于渐进结构拓扑优化法属于启发式优化算法,理论基础不够可靠,在迭代计算的过程中容易出现数值不稳定的现象,虽然理论研究现阶段比较深入,但是在工程应用领域不够成熟,并且停留在静力学层面,对于动力学领域研究还比较少见,有巨大的研究价值和研究意义。

7.2.3　移动组件法

首先简要介绍可移动变形组件法(MMC)的基本思想。与传统拓扑优化方法不同,在基于 MMC 的方法中,结构拓扑不是 SIMP 方法中的元素密度或水平集方法的函数节点值,而是采用一组可移动变形组件作为拓扑优化的基本构建块。这些构件可以在设计域内自由移动、变形、重叠和合并,通过优化构件的位置、倾角、长度、宽度和布局,可以获得最优的结构拓扑。这种处理方法为拓扑优化提供了一种新的思路,对于解决一些传统方法难以解决且具有挑战性的问题有很大的潜力。

在本研究中,作为通过拓扑优化生成自支撑结构的初步尝试,我们提出使用具有超椭圆形状的结构组件作为拓扑优化的构建块。

$$\begin{cases} \text{Find:} \ \boldsymbol{D} = ((\boldsymbol{D}^1)^{\mathrm{T}}, \cdots, (\boldsymbol{D}^n)^{\mathrm{T}})^{\mathrm{T}} \\ \text{Minimize} = I(\boldsymbol{D}, \boldsymbol{u}) \\ \text{s. t.} \ \int_D^1 H(\chi^s) \mathbb{E}^s : \boldsymbol{\varepsilon}(\boldsymbol{u}) : \boldsymbol{\varepsilon}(\boldsymbol{v}) \, \mathrm{d}V = \int_D^1 H(\chi^s) \boldsymbol{f} \cdot \boldsymbol{v} \mathrm{d}V + \int_{\Gamma_t}^1 \boldsymbol{t} \cdot \boldsymbol{v} \mathrm{d}S, \forall \boldsymbol{v} \in U_{\mathrm{ad}} \\ V = \int_D^1 H(\chi^s) \mathrm{d}V \leqslant \bar{V} \mathrm{meas}(\boldsymbol{D}) \\ [\sin(\theta_k + \alpha)]^2 \geqslant [\sin(\bar{\theta})]^2, \quad k = 1, \cdots, n \\ \boldsymbol{D} \subset U_D \\ 0 \leqslant \underline{\alpha} \leqslant \alpha \leqslant \bar{\alpha} \leqslant \dfrac{\pi}{2} \\ \boldsymbol{uu} = \overline{\boldsymbol{uu}}, \text{在} \Gamma_u \text{上} \end{cases} \qquad (7-23)$$

值得注意的是,与不考虑自支撑需求的基于 MMC 的拓扑优化公式相比,式(7-23)中仅

增加了 $[\sin(\theta_k+\alpha)]^2 \geqslant [\sin(\bar{\theta})]^2, k=1,\cdots,n$，式中 α 为工作平面的转角，$\bar{\theta}$ 为悬垂角的下界（如前所述，通常 $\bar{\theta} \in [40°\pi/180°,50°\pi/180°]$）。这些约束是确保组件的倾斜角不会小于能够使组件自我支撑的临界值（即 $\bar{\theta}$）。注意，将工作面的角度作为设计变量，大大增加了设计自由度。

由式（7-23）可以看出，本公式的优点是可以通过明确地引入一组几何约束来处理自支撑需求。此外，结构拓扑和工作面的角度可以同时优化。但需要指出的是，该公式存在缺陷，不能完全排除 V 形材料分布不可打印的情况。这两个组件实际上没有下方的支撑，因此即使它们的倾斜角远远超过阈值也不能打印。式中，也会有一个伴随的情况，其中一组具有高倾斜角度的重叠组件可能构成结构的不可打印的浅悬垂部分。虽然这些情况是临界的，可以通过优化工作平面的旋转角度在很大程度上避免，但一个理论上完全消除这些情况的方法是，在问题的表述中引入以下点态支撑约束和倾斜角约束：

$$\mathrm{meas}(\Omega^s \bigcap C_\epsilon(x)) > \delta, \quad \forall\, x \in \partial\Omega^s \tag{7-24a}$$

$$n \cdot b_\mathrm{p} \leqslant \cos \bar{\theta}, \quad \forall\, x \in \partial\Omega^s \tag{7-24b}$$

式中：$C_\epsilon(x)$ 表示以 x 为圆心的半圆 ϵ,ϵ 和 δ 为两个小正值。n 为 $\partial\Omega^s$ 的内法向量，b_p 表示打印方向的单位向量。

式（7-23）中，U_D 是 D 所属的允许集合。符号 u 为位移场及 $\Omega^s = \bigcup\limits_{k=1}^n \Omega_k$ 上定义的对应测试函数 $U_\mathrm{ad} = \{v \,|\, v \in H^1(\Omega), v=0,\text{在 } \Gamma_u \text{ 上}\}$。符号 $\mathrm{meas}(D)$ 表示设计域 D 的度量，符号 f 表示体力密度，符号 t 表示诺伊曼边界上的表面牵引力 Γ_t。$\bar{u}$ 为狄利克雷边界上规定位移 Γ_u。符号 ε 表示二阶线性应变张量。$\mathbb{E}^s = E^s/(1+v^s)[I+v^s/(1-2v^s)\delta\otimes\delta]$（$I$ 和 δ 分别表示对称的四阶和二阶等元张量）为固体材料的四阶各向同性弹性张量，E^s 和 v^s 分别表示相应的弹性模量和泊松比。$H=H(\chi)$ 为 Heaviside 函数，是单位阶跃函数，符号 $\bar{V}$ 为实体材料相对有效体积的上界。

$$\begin{cases} \chi^k(x) > 0, & x \in \Omega_k \\ \chi^k(x) = 0, & x \in \partial\Omega_k \\ \chi^k(x) < 0, & x \in D\backslash\Omega_k \end{cases} \tag{7-25}$$

$$\chi^k(x) = \max(\chi^1(x),\chi^2(x),\cdots,\chi^n(x)) \tag{7-26}$$

式中：符号 n 表示设计域内组件的总数；Ω_k 和 $\partial\Omega_k$ 分别表示 n 个分量所占据的设计域的内部区域和边界区域；$\chi^k(k=1,\cdots,n)$ 为第 k 个分量所占区域（Ω_k）的拓扑描述函数。

$$\chi^k(x,y) = 1 - \left(\frac{x'}{L_k}\right)^p - \left(\frac{y'}{t_k}\right)^p \tag{7-27}$$

$$\begin{Bmatrix} x' \\ y' \end{Bmatrix} = \begin{bmatrix} \cos\theta_k & \sin\theta_k \\ -\sin\theta_k & \cos\theta_k \end{bmatrix} \begin{Bmatrix} x - x_{0_k} \\ y - y_{0_k} \end{Bmatrix} \tag{7-28}$$

式中：p 是一个较大的偶数（在本研究中我们取 $p=6$）。实际上，式（7-27）表示以点 (x_{0_k},y_{0_k}) 为中心、半长为 L_k、半宽为 t_k 和一个斜角为 θ_k（相对于水平轴）的超椭圆形状分量。设计变量的向量第 k 个分量为 $D^k = (x_{0_k},y_{0_k},L_k,t_k,\theta_k)^\mathrm{T}$。

$$\begin{cases} \chi^s(x) > 0, & x \in \Omega^s \\ \chi^s(x) = 0, & x \in \partial\Omega^s \\ \chi^s(x) < 0, & x \in D\backslash\Omega^s \end{cases} \qquad (7-29)$$

式中：$\Omega^s = \bigcup\limits_{k=1}^{n}\Omega_k$ 表示结构组件所占据的区域。

7.3 序列显式凸近似方法

一般地，对于小型优化问题，目标函数和约束函数都可写成设计变量的显式函数。但是对于大型问题，要想获得显式表达，实际上是很困难的。本节的目的是如何通过构造序列子问题，来对原问题进行近似，以便进行大型优化问题的求解。此外，结构优化中的多数问题都是非凸的。而对于非凸问题的求解，本身存在许多内在的困难，因此如何近似原问题，以便变成凸问题，也是本节的重点之一。本节将介绍一系列近似方法，这些近似方法都和一定的结构优化问题有着直接的联系。

7.3.1 序列线性规划

序列线性规划(Sequential Linear Programming, SLP)是非线性规划中一种成熟的解法，它将非线性规划问题转化成线性规划问题，然后用单纯形法求解该线性规划。对于目标函数及约束条件，都可以使用泰勒展开取其线性项来逼近原函数，例如，对于研究一个有限自由度的结构优化问题，如桁架。假设材料满足线弹性，可以采用如下的联立方程组描述：

$$(\mathbb{SO})_{\text{sf}} \begin{cases} \min\limits_{x,u} g_0(x,u) \\ \text{s.t.} \quad K(x)u = F(x) \\ \quad g_i(x,u) \leqslant 0, i = 1,2,\cdots,l \\ \quad x \in \chi = \{x \in R^n : x_j^{\min} \leqslant x_j \leqslant x_j^{\max}, j = 1,2,\cdots,n\} \end{cases} \qquad (7-30)$$

式中：$K(x)$ 为结构刚度矩阵；u 为结构节点位移列阵；$F(x)$ 是结构节点载荷列阵。在某些情况，该问题直接求解也是可能的。但存在一个大的问题是，对于大型问题，由平衡方程产生的约束数目很大。若刚度矩阵非奇异，则可以利用结构平衡方程将位移写成设计变量的函数形式，即 $u(x) = K^{-1}(x)F(x)$。对于小型优化问题，可以较为简单地得到位移列阵的显式函数，如用符号运算。对于大型问题，若想得到位移列阵的显式表达，则非常耗时。此时，平衡方程用于隐式定义 $u(x)$，即不用直接写成显式形式，而是利用平衡方程中变量之间的关系建立。虽然，在大型问题的计算上，不可能得到显式表达，但可以采用对平衡方程进行数值计算得到任意设计变量 $\bar{x}$ 的位移列阵 $u(\bar{x})$。

利用平衡方程将位移写成设计变量的函数形式，得到结构优化问题的嵌套形式为

$$(\mathbb{SO})_{\text{sf}} \begin{cases} \min\limits_{x,u} \hat{g}_0(x,u) \\ \text{s.t.} \quad \hat{g}_i(x) \leqslant 0, i = 1,2,\cdots,l \\ \quad x \in \chi = \{x \in R^n : x_j^{\min} \leqslant x_j \leqslant x_j^{\max}, j = 1,2,\cdots,n\} \end{cases} \qquad (7-31)$$

式中：$\hat{g}_i(x) = g_i(x,u(x)), i = 0,1,\cdots,l$。该模型将通过原问题的近似，得到一系列显式子问题，然后进行求解。子问题求解的算法将利用函数 $\hat{g}_i(x), i = 0,1,\cdots,l$ 的信息，还有它们的导

数信息。如果算法中导数的最高阶次为 j,则称算法为 j 阶算法。在结构优化中,一阶方法是最常用的方法。二阶或高阶方法很少应用,主要是高阶导数的计算成本太高。零阶方法,即仅用 $\hat{g}_i(\boldsymbol{x})$,$i=0,1,\cdots,l$ 进行计算的方法,近些年来得到了一些关注。

利用一阶方法计算结构优化问题中的嵌套方程的过程如下:

① 给定初始设计 $\boldsymbol{x}_0$,迭代次数 $k=0$。

② 采用有限元平衡方程 $\boldsymbol{K}(\boldsymbol{x}^k)\boldsymbol{u}(\boldsymbol{x}^k)=\boldsymbol{F}(\boldsymbol{x}^k)$ 计算位移列阵 $\boldsymbol{u}(\boldsymbol{x}^k)$。

③ 计算目标函数 $\hat{g}_0(\boldsymbol{x}^k)$、约束函数 $\hat{g}_i(\boldsymbol{x}^k)$,$i=1,2,\cdots,l$,以及各自梯度 $\nabla\hat{g}_i(\boldsymbol{x}^k)$,$i=0,1,2,\cdots,l$。

④ 在 $\boldsymbol{x}^k$ 点构造原优化模型的显式凸近似优化模型。

⑤ 利用非线性优化算法得到一个新的设计 $\boldsymbol{x}^{k+1}$。

⑥ 令 $k=k+1$,返回第②步,若满足收敛准则,则停止迭代。

下面描述 4 种不同的显式近似方法:序列线性规划(SLP)、序列二次规划(SQP)、凸线性方法(CONLIN)和移动渐近线方法(MMA)。

在设计 $\boldsymbol{x}^k$ 点时,目标函数和所有约束函数进行线性规划处理,得到 k 次迭代的子问题:

$$(\text{SLP})_{\text{sf}}\begin{cases} \min_{\boldsymbol{x}} g_0(\boldsymbol{x}^k)+\nabla g_0(\boldsymbol{x}^k)^{\mathrm{T}}(\boldsymbol{x}-\boldsymbol{x}^k) \\ \text{s. t.} \quad g_0(\boldsymbol{x}^k)+\nabla g_0(\boldsymbol{x}^k)^{\mathrm{T}}(\boldsymbol{x}-\boldsymbol{x}^k)\leqslant 0, \quad i=1,2,\cdots,l \\ \boldsymbol{x}\in\chi \\ -l_j^k\leqslant x_j-x_j^k\leqslant u_j^k, \quad j=1,2,\cdots,n \end{cases} \tag{7-32}$$

式中:l_j^k 和 u_j^k,$j=1,2,\cdots,n$ 称为移动限(move limits),线性化一般仅在当前设计 $\boldsymbol{x}^k$ 的邻域内才具有足够的精度。在迭代过程中,根据人为定义的规则更新移动限。实际证明,移动限的选择对 SLP 的效率有显著的影响。

一旦 $g_i(\boldsymbol{x}^k)$ 和 $\nabla g_i(\boldsymbol{x}^k)$,$i=0,1,\cdots,n$ 能够计算出来,则 SLP 中所有表达式都是确定的,都为设计变量 x 的显式函数。

此外,可以看出,目标函数和所有约束函数都是设计变量 $\boldsymbol{x}$ 的仿射函数,即它们可以写成如下形式 $\boldsymbol{a}^{\mathrm{T}}\boldsymbol{x}+b$,式中 $\boldsymbol{a}$ 和 b 为常数。仿射函数都是凸函数。因此,SLP 是一个凸规划问题。由于 g_i,$i=0,1,\cdots,n$ 都是仿射函数,因此 SLP 是一个线性问题,可以用单纯形法(Simplex Algorithm)求解。

7.3.2　序列二次规划法

序列二次规划法(Sequential Quadratic Programming,SQP)是目前公认的求解约束非线性优化问题的最有效方法之一,与其他优化算法相比,其最突出的优点是收敛性好、计算效率高、边界搜索能力强,受到了广泛重视及应用。但其迭代过程中的每一步都需要求解一个或多个二次规划子问题。一般地,由于二次规划子问题的求解难以利用原问题的稀疏性、对称性等良好特性,随着问题规模的扩大,其计算工作量和所需存储量是非常大的。因此,目前的序列二次规划方法一般只适用于中小型问题。另外,由于大型二次规划问题的求解通常使用迭代法,所需解的精度越高,花费的时间就越多,稳定性也就越差,相对线性方程组的求解理论来说,二次规划的求解是不完善的。

利用泰勒展开把非线性约束问题的目标函数在迭代点处简化成二次函数,把约束函数简

化成线性函数后得到的就是如下的二次规划问题:

$$(SQP) \begin{cases} \min_{x} g_0(\boldsymbol{x}^k) + \nabla g_0(\boldsymbol{x}^k)^{\mathrm{T}}(\boldsymbol{x} - \boldsymbol{x}^k) + \frac{1}{2}(\boldsymbol{x} - \boldsymbol{x}^k)^{\mathrm{T}} H(\boldsymbol{x}^k)(\boldsymbol{x} - \boldsymbol{x}^k) \\ \text{s. t.} \quad g_i(\boldsymbol{x}^k) + \nabla g_i(\boldsymbol{x}^k)^{\mathrm{T}}(\boldsymbol{x} - \boldsymbol{x}^k) \leqslant 0, \quad i = 1, 2, \cdots, l \\ \boldsymbol{x} \in \chi \end{cases} \tag{7-33}$$

式中:$H(\boldsymbol{x})$ 表示的是目标函数 g_0 在 $\boldsymbol{x}^k$ 点的海赛矩阵正定的一阶近似。目标函数为凸函数,因此 SQP 为凸规划。一般地,由于 SQP 属于一阶方法,在 SQP 的构造中,一般不用目标函数的实际的海赛矩阵(海赛矩阵一般都有二阶导数信息)。此外,在 SQP 中也不包含移动限,原因是在 $\boldsymbol{x}^k$ 点,SQP 比 SLP 的近似程度更好。

7.3.3 凸线性化

SLP 和 SQP 都可用于求解一般的非线性优化问题,但它们都没有利用结构优化问题中可能包含的一些特殊属性。对于应力和位移约束的两杆桁架,其应力可写为

$$\sigma_i = \frac{b_i}{A_i}, \quad i = 1, 2 \tag{7-34}$$

位移可写为

$$u_i = \sum_{i=1}^{2} \frac{b_{ij}}{A_i}, \quad i = 1, 2 \tag{7-35}$$

式中:$u_1 = u_x, u_2 = u_y, b_{ij}$ 为常数。因此,应力和位移都是 $1/A_i$ 的函数。

由此,可以得出结论:若采用 A_i 的逆变量 $1/A_i$ 进行应力和位移约束函数的线性化处理,则对于静定桁架而言,这种线性化是很精确的。对于其他类型的桁架,这种线性化不一定精确,但可以相信的是,用 $1/A_i$ 进行线性化肯定比 SLP 和 SQP 中直接利用 A_i 进行线性化处理好。

然而,用变量 $1/A_i$ 进行每一个目标函数或约束函数的线性化处理是不可取的。如本例中,质量已经是 A_i 的线性函数了。因此,一个想法就是:一些函数用 A_i 线性化,其他函数用 $1/A_i$ 线性化。在凸线性化(Convex Linearization,CONLIN)中,就是这么处理的。

在 CONLIN 中,假设所有设计变量严格为正,即在 $(SO)_{nf}$ 中设计变量的集合 χ 改为

$$\chi = \{\boldsymbol{x} \in R^n : 0 < x_j^{\min} \leqslant x_j \leqslant x_j^{\max}, j = 1, 2, \cdots, n\} \tag{7-36}$$

目标函数 $g_0(\boldsymbol{x})$ 和所有的约束函数 $g_i(\boldsymbol{x})$, $i = 1, \cdots, l$ 在设计点 $\boldsymbol{x}^k$ 处用中间变量 $y_j = y_j(x_j)$, $j = 1, \cdots, n$, 进行线性化处理,其中 y_j 可为 x_j 或 $1/x_j$:

$$g_i(\boldsymbol{x}) \approx g_i(\boldsymbol{x}^k) + \sum_{j=1}^{n} \frac{\partial g_j(\boldsymbol{x}^k)}{\partial y} [y_j(x_j) - y_j(x_j^k)] \tag{7-37}$$

利用链式法则,函数 g_i 对中间变量 y_j 的偏导为

$$\frac{\partial g_i(\boldsymbol{x}^k)}{\partial y_j} = \frac{\partial g_j(\boldsymbol{x}^k)}{\partial x_j} \frac{\mathrm{d}x_j(x_j^k)}{\mathrm{d}y_j} = \frac{\partial g_j(\boldsymbol{x}^k)}{\partial x_j} \frac{1}{\dfrac{\mathrm{d}y_j(x_j^k)}{\mathrm{d}x_j}} \tag{7-38}$$

下面分别分析 $y_j = x_j$ 和 $y_j = 1/x_j$ 对式(7-37)中求和项的贡献度。

如果 $y_j = x_j$,则

$$g_{i,j}^{L,k}(\boldsymbol{x}) = \frac{\partial g_i(\boldsymbol{x}^k)}{\partial x_j}(x_j - x_j^k) \tag{7-39}$$

而对 $y_j = 1/x_j$，

$$g_{i,j}^{R,k}(\boldsymbol{x}) = \frac{\partial g_i(\boldsymbol{x}^k)}{\partial x_j} \frac{1}{-\dfrac{1}{(x_j^k)^2}}\left(\frac{1}{x_j} - \frac{1}{x_j^k}\right) = \frac{\partial g_j(\boldsymbol{x}^k)}{\partial x_j} \frac{x_j^k(x_j - x_j^k)}{x_j} \tag{7-40}$$

在 $\boldsymbol{x}^k$ 点，定义 g_i 的近似函数为

$$g_{i,j}^{RL,k}(\boldsymbol{x}) = g_i(\boldsymbol{x}^k) + \sum_{j \in \Omega_L} g_{ij}^{L,k}(\boldsymbol{x}) + \sum_{j \in \Omega_R} g_{ij}^{R,k}(\boldsymbol{x}) \tag{7-41}$$

式中：$\Omega_L = \{j : y_j = x_j\}$，$\Omega_R = \{j : y_j = 1/x_j\}$。

此外，需要定义一条规则，确定哪个变量用直接变量 x_j 线性化，哪个变量用倒变量 $1/x_j$ 进行线性化。在 CONLIN 中，g_i 函数在 $\boldsymbol{x}^k$ 点的近似为

$$g_i^{C,k}(\boldsymbol{x}) = g_i(\boldsymbol{x}^k) + \sum_{j \in \Omega^+} g_{ij}^{L,k}(\boldsymbol{x}) + \sum_{j \in \Omega^-} g_{ij}^{R,k}(\boldsymbol{x}) \tag{7-42}$$

式中：$\Omega^+ = \left\{j : \dfrac{\partial g_i(\boldsymbol{x}^k)}{\partial x_j} > 0\right\}$，$\Omega^- = \left\{j : \dfrac{\partial g_i(\boldsymbol{x}^k)}{\partial x_j} \leqslant 0\right\}$。若设计变量对应的梯度为正，则用直接变量进行线性化；反之，用倒变量进行线性化。相比式（7-41）的近似，CONLIN 近似更为保守，即对于集合 Ω_L 和 Ω_R 中每个可能的选择（哪个变量用直接变量和间接变量线性化），都有 $g_i^{C,k}(\boldsymbol{x}) \geqslant g_i^{RL,k}(\boldsymbol{x})$。

$g_i^{C,k}(\boldsymbol{x})$ 比 $g_i^{RL,k}(\boldsymbol{x})$ 更为保守，即 $g_i^{C,k}(\boldsymbol{x}) \geqslant g_i^{RL,k}(\boldsymbol{x})$，其原因简述为：对于一个极小化问题，我们选择了一个较大的目标函数，且可行集 $\{\boldsymbol{x} \in \chi : g_i^{C,k} \leqslant 0, i = 1, 2, \cdots, l\}$ 比 $\{\boldsymbol{x} \in \chi : g_i^{RL,k} \leqslant 0, i = 1, 2, \cdots, l\}$ 更小，如

$$(\mathbb{P})_1 \begin{cases} \min_X g_0(x) \\ \text{s. t.} \quad g_1(x) \leqslant 0 \end{cases}, \quad (\mathbb{P})_2 \begin{cases} \min_X \bar{g}_0(x) \\ \text{s. t.} \quad \bar{g}_1(x) \leqslant 0 \end{cases} \tag{7-43}$$

式中：$g_0(x) \leqslant \bar{g}_0(x)$，$g_1(x) \leqslant \bar{g}_1(x)$，如图 7-8 所示。既然 g_0 和 g_1 分别比 $\bar{g}_0(x)$ 和 $\bar{g}_1(x)$ 更为保守，因此 $(\mathbb{P})_2$ 比 $(\mathbb{P})_1$ 更保守（即 $(\mathbb{P})_2$ 的解比 $(\mathbb{P})_1$ 的解更大）。

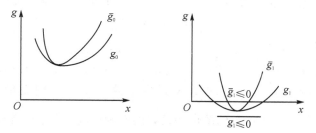

图 7-8　$\bar{g}_i$ 比 g_i 更保守，$i = 0, 1$

下面证明 $g_i^{C,k}(\boldsymbol{x}) \geqslant g_i^{RL,k}(\boldsymbol{x})$：

$$g_i^{C,k}(\boldsymbol{x}) - g_i^{RL,k}(\boldsymbol{x}) = \sum_{j \in \Omega^+ \cap \Omega_R} \left[g_{ij}^{L,k}(\boldsymbol{x}) - g_{ij}^{R,k}(\boldsymbol{x})\right] + \sum_{j \in \Omega^- \cap \Omega_L} \left[g_{ij}^{R,k}(\boldsymbol{x}) - g_{ij}^{L,k}(\boldsymbol{x})\right]$$

$$\tag{7-44}$$

由式（7-31）和式（7-32）得到 $g_{ij}^{L,k}(\boldsymbol{x}) - g_{ij}^{R,k}(\boldsymbol{x})$ 为

$$g_{ij}^{L,k}(\boldsymbol{x}) - g_{ij}^{R,k}(\boldsymbol{x}) = \frac{\partial g_i(\boldsymbol{x}^k)}{\partial x_j}\left[x_j - x_j^k - \frac{x_j^k(x_j - x_j^k)}{x_j}\right]$$

$$= \frac{\partial g_i(\boldsymbol{x}^k)}{\partial x_j} \frac{(x_j - x_j^k)}{x_j}(x_j - x_j^k)$$

根据集合 χ 的定义,$x_j > 0$,因此在式(7-44)中的所有求和项非负,因此 $g_i^{C,k}(\boldsymbol{x}) \geqslant g_i^{RL,k}(\boldsymbol{x})$。

由此,构造的函数 $g_i^{C,k}(\boldsymbol{x})$ 相比线性近似 $g_i^{L,k}(\boldsymbol{x})$ 具有更高或相同的保守程度:

$$g_i^{L,k}(\boldsymbol{x}) = g_i(\boldsymbol{x}^k) + \sum_{j=1}^{n} \frac{\partial g_i(\boldsymbol{x}^k)}{\partial x_j}(x_j - x_j^k) \tag{7-45}$$

因此,CONLIN 比 SLP 更加保守。然而,$g_i^{C,k}(\boldsymbol{x})$ 可能比原函数 g_i 欠保守。

关于 CONLIN 法的一些重要特性如下:

① $g_i^{C,k}$ 是函数 g_i 的一阶近似,即在 $\boldsymbol{x} = \boldsymbol{x}^k$ 点,函数值和一阶偏导数是精确的:

$$g_i^{C,k}(\boldsymbol{x}) = g_i(\boldsymbol{x}^k), \quad \partial g_i^{C,k}(\boldsymbol{x}^k)/\partial x_j = \partial g_i(\boldsymbol{x}^k)/\partial x_j \tag{7-46}$$

② $g_i^{C,k}$ 是一个显式凸近似函数。

原因是:对于每个 j,对 $g_i^{C,k}$ 的贡献要么是在 x^k 点处的梯度乘以 $x_j - x_j^k$,要么是

$$\frac{\partial g_i(\boldsymbol{x}^k)}{\partial x_j} \frac{x_j^k}{x_j}(x_j - x_j^k) = \frac{\partial g_i(\boldsymbol{x}^k)}{\partial x_j}\left[x_j^k - \frac{(x_j^k)^2}{x_j} \right] \tag{7-47}$$

当 g_i 在 x_j 的偏导为负时,用后一个表达式,也意味着这个表达式可写成 $A + B/x_j$ 的形式,其中 $A > 0, B > 0$。$C(x_j - x_j^k)$ 项(式中 $C > 0$)和 $A + B/x_j$ 项都是凸函数。由于 $g_i^{C,k}$ 是以上各式的和与常数相加,因此 CONLIN 近似函数 g_i^C 是凸函数。

③ $g_i^{C,k}$ 是一个变量独立的近似函数,显然存在函数 g_{ij} 使得

$$g_i^{C,k}(\boldsymbol{x}) = \sum_{j=1}^{n} g_{ij}(x_j) \tag{7-48}$$

在实际应用中,一般在目标函数中加上 $\alpha \sum_{i=1}^{n}(x_j - x_j^k)^2$,$\alpha$ 为一个小的正数,以保证目标函数为严格凸函数。

例 7-2 计算函数 $g(x) = x + x^2 - \dfrac{1}{40}x^4$ 在 $\bar{x} = 1$ 和 $\bar{x} = 6$ 处的 CONLIN 近似表达式。

解 对 $g(x)$ 求导:$g_x(x) = \dfrac{\partial g(x)}{\partial x} = 1 + 2x - \dfrac{1}{10}x^3$,则 $g(\bar{x}) = 1.975, g_x(\bar{x}) = 2.9 > 0$,因此 CONLIN 近似变成了一个线性近似,即 $g^C(x) = g^L(x) = 1.975 + 2.9(x-1)$。在图 7-9 中,绘制了原函数 $g(x)$、CONLIN 近似函数 $g^C(x)$ 和倒变量近似函数 $g^R(x) = 1.975 \times \left(-\dfrac{2.9}{x} \right)(x-1)$ 三个函数的图形。正如前面所述,g^C 大于或等于 g^L 和 g^R。在 $\bar{x}$ 的领域为 g 比 g^C 大,这也证明了 CONLIN 近似不必比原函数更为保守。同理,在 $\bar{x} = 6$ 处,$g(\bar{x}) = 9.6, g_x(\bar{x}) = -8.6 < 0$,因此 CONLIN 成为倒变量近似:$g^C(x) = g^R(x) = 9.6 - 51.6(x-6)/x$,如图 7-9 所示。

例 7-3 图 7-10 所示为四杆桁架结构,所受约束为杆 1 伸长量 $\delta \leqslant \delta_0$,目标函数为体积最小。其中,外力 P 为正,所有杆的长度 l 和弹性模量 E 相同,且 $A_3 = A_2, A_4 = A_1$。设计变量为 A_1 和 A_2。

解 首先定义 $A_0 = Pl/(10\delta_0 E)$,假设 A_1 和 A_2 的上下限为 $0.2A_0 \leqslant A_i \leqslant 2.5A_0, i = 1, 2$。引入新的设计变量 $x_i = A_i/A_0, i = 1, 2$,则优化模型为

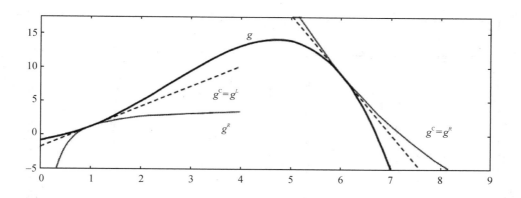

图 7 - 9　函数 g 的 CONLIN 近似

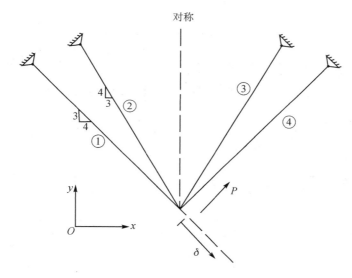

图 7 - 10　四杆桁架结构

$$(\mathbb{P})_3 \begin{cases} \min\limits_{x_1,x_2} g_0(x_1,x_2) = x_1 + x_2 \\ \text{s. t.} \quad g_1(x_1,x_2) = \dfrac{8}{16x_1 + 9x_2} - \dfrac{4.5}{9x_1 + 16x_2} - 0.1 \leqslant 0 \\ 0.2 \leqslant x_1 \leqslant 2.5, 0.2 \leqslant x_2 \leqslant 2.5 \end{cases}$$

与多数结构优化问题一样,该问题也是非凸,如图 7 - 11 所示。本书通过产生一系列 CONLIN 凸子问题进行求解。初始设计选为 $x^0 = (2,1)$。目标函数的 CONLIN 近似和原函数一致。约束函数在 x_0 点的近似如图 7 - 11 所示。可以看出,CONLIN 近似的子问题是凸函数。如果该子问题采用拉格朗日对偶法求解,则最优点为 $x^1 = (1.2,0.2)$。显然,该点并不是原问题 $(\mathbb{P})_3$ 的最优解,进行下一次迭代。首先计算 x_1 点处约束函数的 CONLIN 近似,然后计算得到的子问题,得到一个新的设计 $x^2 = (0.85,0.2)$,显然该点不在可行域内,这进一步证明了函数的 CONLIN 近似并不比原函数保守。从图 7 - 11 中可看出 x_2 是 $(\mathbb{P})_3$ 最优解 x^* 的一个很好近似。当然,此时也可继续迭代,以便得到一个更接近 x^* 的解。

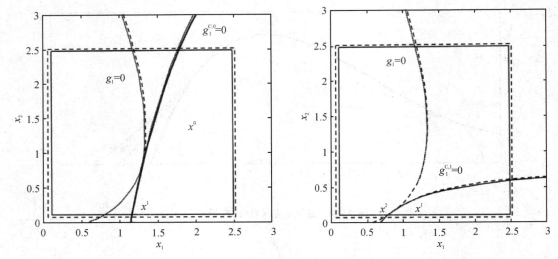

图 7 - 11   非凸问题的 CONLIN 近似

例 7 - 4   图 7 - 12 所示为三杆桁架结构,若想最小化 $|u_x|+|u_y|$,则 (u_x,u_y) 分别为自由节点位移。自由节点受力 $P>0$,各杆的长度为 l,桁架体积不允许超过 $V_0=\dfrac{Pl}{E}$,设计变量是各杆的截面积 A_1,A_2,A_3。

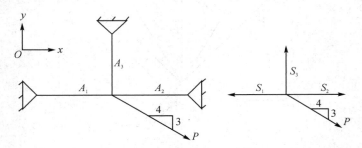

图 7 - 12   三杆桁架自由节点位移最小

(1) 引入中间变量 $x_i=\dfrac{lA_i}{V_0}$,$i=1,\cdots,3$,建立优化模型。

(2) 在 $x_i=1$,$i=1,\cdots,3$,建立优化模型的 CONLIN 近似。

解   (1) 由题意,写出优化模型为

$$\begin{cases} \min |u_x|+|u_y| \\ \text{s. t.}\quad V\leqslant V_0 \\ \qquad A_1,A_2,A_3\geqslant 0 \end{cases}$$

以自由节点为分析对象(见图 7 - 12 的右图),列写平衡方程为

$$\begin{cases} F_x+s_2-s_1=0 \\ F_y+s_3=0 \end{cases}$$

用矩阵形式表示为

$$\begin{bmatrix} F_x \\ F_y \end{bmatrix} = \begin{bmatrix} 1 & -1 & 0 \\ 0 & 0 & -1 \end{bmatrix} \begin{bmatrix} s_1 \\ s_2 \\ s_3 \end{bmatrix}$$

即 $\boldsymbol{F} = \boldsymbol{B}^{\mathrm{T}} \boldsymbol{s}$ 。其中，$\boldsymbol{F} = \dfrac{P}{5} \begin{bmatrix} 4 \\ -3 \end{bmatrix}$。

由 $\sigma_i = \dfrac{s_i}{A_i} = \dfrac{E\delta_i}{l_i} \Leftrightarrow s_i = \dfrac{EA_i\delta_i}{l_i}$，写成矩阵形式为 $\boldsymbol{s} = \boldsymbol{D}\boldsymbol{\delta}$，$\boldsymbol{D} = \dfrac{E}{l} \begin{bmatrix} A_1 & 0 & 0 \\ & A_2 & 0 \\ & & A_3 \end{bmatrix}$，则

$$\boldsymbol{F} = \boldsymbol{B}^{\mathrm{T}} \boldsymbol{s} = \boldsymbol{B}^{\mathrm{T}} \boldsymbol{D}\boldsymbol{\delta} = \boldsymbol{B}^{\mathrm{T}} \boldsymbol{D}\boldsymbol{B}\boldsymbol{u} = \boldsymbol{K}\boldsymbol{u}$$

$$\boldsymbol{K} = \boldsymbol{B}^{\mathrm{T}} \boldsymbol{D}\boldsymbol{B} = \frac{E}{l} \begin{bmatrix} 1 & -1 & 0 \\ 0 & 0 & -1 \end{bmatrix} \begin{bmatrix} A_1 & 0 \\ -A_2 & 0 \\ 0 & -A_3 \end{bmatrix} = \frac{E}{l} \begin{bmatrix} A_1 + A_2 & 0 \\ 0 & A_3 \end{bmatrix}$$

由结构平衡方程 $\boldsymbol{K}\boldsymbol{u} = \boldsymbol{F}$，得

$$\frac{E}{l} \begin{bmatrix} A_1 + A_2 & 0 \\ 0 & A_3 \end{bmatrix} \begin{bmatrix} u_x \\ u_y \end{bmatrix} = \frac{P}{5} \begin{bmatrix} 4 \\ -3 \end{bmatrix}$$

解得

$$u = \frac{Pl}{5E} \begin{bmatrix} \dfrac{4}{A_1 + A_2} \\ \dfrac{-3}{A_2} \end{bmatrix} \xrightarrow{x_i = \frac{A_i E}{P}} \frac{l}{5} \begin{bmatrix} \dfrac{4}{x_1 + x_2} \\ \dfrac{-3}{x_3} \end{bmatrix}$$

约束条件 $l(A_1 + A_2 + A_3) \xrightarrow{x_i = \frac{A_i E}{P}} l\left(\dfrac{Px_1}{E} + \dfrac{Px_2}{E} + \dfrac{Px_3}{E} \right) \leqslant V_0 \rightarrow x_1 + x_2 + x_3 \leqslant 1$。最终，三杆桁架的优化问题为

$$\begin{cases} \min g_0(x) = \dfrac{4}{x_1 + x_2} + \dfrac{3}{x_3} \\ \text{s. t.} \quad g_1(x) = x_1 + x_2 + x_3 - 1 \leqslant 0 \\ \qquad x_1, x_2, x_3 \geqslant 0 \end{cases}$$

（2）计算 $\boldsymbol{x}^0 = \begin{bmatrix} 1 \\ 1 \\ 1 \end{bmatrix}$ 点目标函数值以及设计变量的偏导为

$$g_0(x^0) = 2 + 3 = 5$$

$$\frac{\partial g_0(x^0)}{\partial x_1} = -\frac{4}{(x_1 + x_2)^2} = -1 < 0$$

$$\frac{\partial g_0(x^0)}{\partial x_2} = -\frac{4}{(x_1 + x_2)^2} = -1 < 0$$

$$\frac{\partial g_0(x^0)}{\partial x_3} = -\frac{3}{x_3^2} = -3 < 0$$

由于在 x_0 点,目标函数对设计变量的偏导均小于零,因此各设计变量用倒变量 $\dfrac{1}{x_1}$、$\dfrac{1}{x_2}$ 和 $\dfrac{1}{x_3}$ 进行线性化处理。

$$g_0^C(x) = 5 + (-1)\frac{1}{x_1}(x_1 - 1) + (-1)\frac{1}{x_2}(x_2 - 1) + (-3)\frac{1}{x_3}(x_3 - 1)$$

$$= \frac{1}{x_1} + \frac{1}{x_2} + \frac{3}{x_3}$$

约束函数 $g_1(x)$ 已是线性函数,因此不用再进行线性化处理。

优化模型在 x_0 点的 CONLIN 近似模型为

$$\begin{cases} \min g_0^C(x) = \dfrac{1}{x_1} + \dfrac{1}{x_2} + \dfrac{3}{x_3} \\ \text{s.t.} \quad g_0^C(x) = x_1 + x_2 + x_3 - 1 \leqslant 0 \\ \qquad x_1, x_2, x_3 \geqslant 0 \end{cases}$$

7.3.4 移动渐近线法

在许多结构优化问题中,CONLIN 法已被证明是一种有效的方法。然而,正是因为该方法过于保守,有时收敛很慢。但另一方面,有时它并不收敛,又显示出它还不够保守。那么是否有方法能用于保守度的控制呢? Svanberg 发明的移动渐近线法(Method of Moving Asymptotes,MMA)就能很好地实现这一想法。

MMA 所用的中间变量为

$$y_i(x_j) = \frac{1}{x_j - L_j} \quad \text{或} \quad y_i(x_j) = \frac{1}{U_j - x_j}, \quad j = 1, 2, \cdots, n \tag{7-49}$$

式中:L_j 和 U_j 就是所谓的移动限,在迭代过程中是变化的,但在 k 次迭代,始终满足 $L_j^k < x_j^k < U_j^k$。

在设计点,x^k,$g_i(i = 0, 1, \cdots, n)$ 的 MMA 近似为

$$g_i^{M,k}(\boldsymbol{x}) = r_i^k + \sum_{j=1}^n \left(\frac{p_{ij}^k}{U_j^k - x_j} + \frac{q_{ij}^k}{x_j - L_j^k} \right) \tag{7-50}$$

式中:

$$p_{ij}^k = \begin{cases} (U_j^k - x_j^k)^2 \dfrac{\partial g_i(\boldsymbol{x}^k)}{\partial x_j}, & \dfrac{\partial g_i(\boldsymbol{x}^k)}{\partial x_j} > 0 \\ 0, & \text{其他} \end{cases} \tag{7-51}$$

$$q_{ij}^k = \begin{cases} 0, & \dfrac{\partial g_i(\boldsymbol{x}^k)}{\partial x_j} > 0 \\ -(x_j^k - L_j^k)^2 \dfrac{\partial g_i(\boldsymbol{x}^k)}{\partial x_j}, & \text{其他} \end{cases} \tag{7-52}$$

$$r_i^k = g_i(\boldsymbol{x}^k) - \sum_{j=1}^n \left(\frac{p_{ij}^k}{U_j^k - x_j} + \frac{q_{ij}^k}{x_j - L_j^k} \right) \tag{7-53}$$

因此,如果 p_{ij}^k 不等于零,那么 q_{ij}^k 等于零;反之亦然。对 $g^{M,k}$ 求两次导,得

$$\frac{\partial g_i^{M,k}(\boldsymbol{x})}{\partial x_j} = \frac{p_{ij}^k}{(U_j^k - x_j)^2} - \frac{q_{ij}^k}{(x_j - L_j^k)^2} \tag{7-54}$$

$$\frac{\partial^2 g_i^{M,k}(\boldsymbol{x})}{\partial x_j^2}=\frac{2p_{ij}^k}{(U_j^k-x_j)^3}+\frac{2q_{ij}^k}{(x_j-L_j^k)^3} \tag{7-55}$$

$$j\neq p,\qquad \frac{\partial^2 g_i^{M,k}(\boldsymbol{x})}{\partial x_j\partial x_p}=0 \tag{7-56}$$

与 CONLIN 一样，MMA 也有同样的优点：

① MMA 也是一阶近似，即 $g_i^{M,k}(\boldsymbol{x}^k)=g_i(\boldsymbol{x}^k)$，$\partial g_i^{M,k}(\boldsymbol{x}^k)/\partial x_j=\partial g_i(\boldsymbol{x}^k)/\partial x_j$。

② $g_i^{M,k}$ 是显式凸函数。

③ 近似函数是可分离函数。

k 次迭代，$(\mathcal{SO})_{nf}$ 的 MMA 近似为

$$\mathrm{MMA}\begin{cases}\min\limits_{x} g_0^{M,k}(\boldsymbol{x}) \\ \mathrm{s.t.}\quad g_0^{M,k}(\boldsymbol{x})\leqslant 0,\quad i=1,2,\cdots,l \\ \alpha_j^k\leqslant x_j\leqslant\beta_j^k,\quad j=1,2,\cdots,n\end{cases} \tag{7-57}$$

式中：α_j^k 和 β_j^k 为移动限。该优化模型适合用拉格朗日对偶法求解。通常，为保证目标函数 $g_i^{M,k}$ 为严格凸函数，在 p_{0j}^k 和 q_{0j}^k 中分别加上 $\dfrac{\varepsilon(U_j^k-x_j^k)^2}{(U_j^k-L_j^k)}$ 和 $\dfrac{\varepsilon(x_j^k-L_j^k)^2}{(U_j^k-L_j^k)}$，其中 $\varepsilon>0$。

移动限是如何影响 MMA 的近似效果的？首先研究两组移动限：(L_j^k,U_j^k) 和 $(\bar{L}_j^k,\bar{U}_j^k)$，其中，

$$\bar{L}_j^k\leqslant L_j^k<x_j^k<U_j^k\leqslant\bar{U}_j^k \tag{7-58}$$

构造函数：

$$f_i^{M,k}(\boldsymbol{x})=g_i^M(\boldsymbol{x})-\bar{g}_i^{M,k}(\boldsymbol{x}) \tag{7-59}$$

式中：$\bar{g}_i^{M,k}(\boldsymbol{x})$ 是在 (L_j^k,U_j^k) 上定义的 $g_i^M(\boldsymbol{x})$。很容易证明，在 $L_j^k<x_j^k<U_j^k$ 内使 $f_i^{M,k}(\boldsymbol{x})=0$ 的唯一解是 $x_j=x_j^k$。对 $f_i^{M,k}(\boldsymbol{x})$ 求导，得 $\partial f_i^{M,k}(\boldsymbol{x})/\partial x_j=0$，此时 $f_i^{M,k}(\boldsymbol{x})$ 在 x^k 点的海塞矩阵中唯一非零元素为

$$\frac{\partial^2 f_i^{M,k}(\boldsymbol{x})}{\partial x_j^2}=\begin{cases}\dfrac{2}{U_j^k-x_j^k}g_{i,j}-\dfrac{2}{\bar{U}_j^k-x_j^k}g_{i,j},\quad g_{i,j}\geqslant 0 \\ -\dfrac{2}{x_j^k-L_j^k}g_{i,j}+\dfrac{2}{x_j^k-\bar{L}_j^k}g_{i,j},\quad g_{i,j}<0\end{cases} \tag{7-60}$$

式中：$g_{i,j}=\partial g_i(\boldsymbol{x}^k)/\partial x_j$。由式（7-58）可知，海塞矩阵是半正定的，因此 $f_i^{M,k}(\boldsymbol{x})$ 在 $x=x^k$ 处取极小。由于 $f_i^{M,k}(\boldsymbol{x}^k)=0$，因此 $f_i^{M,k}(\boldsymbol{x})=0$，$g_i^M(\boldsymbol{x})\geqslant\bar{g}_i^{M,k}(\boldsymbol{x})(L_j^k<x_j^k<U_j^k)$。

这就意味着，如果渐近线接近当前设计 x^k，近似函数变大，即更加保守。通过在迭代过程中修改移动限，就可以控制近似函数的保守程度。下面描述一种更新移动限的启发式方法。

在 k 次迭代，设计变量 $x_j(j=1,2,\cdots,n)$ 的下限 L_j^k 和上限 U_j^k，通过以下规则更新：

当 $k=0$ 和 $k=1$ 时，

$$L_j^k=x_j^k-s_{\mathrm{init}}(x_j^{\max}-x_j^{\min}) \tag{7-61}$$

$$U_j^k=x_j^k+s_{\mathrm{init}}(x_j^{\max}-x_j^{\min}) \tag{7-62}$$

式中：$0<s_{\mathrm{init}}<1$，$x_j^{\min}$ 和 $x_j^{\max}$ 是设计变量 x_j 的下、上边界。x_j^k 是 x_j 在 k 次迭代的值。

当 $k\geqslant 2$ 时，必须考虑 $x_j^k-x_j^{k-1}$ 和 $x_j^{k-1}-x_j^{k-2}$ 的符号。如果符号相反，则变量 x_j 振荡，

应强迫移动限 L_j^k 和 U_j^k 接近 x_j^k,以使 MMA 近似更加保守。此时,令

$$L_j^k = x_j^k - s_{slower}(x_j^{k-1} - L_j^{k-1}) \tag{7-63}$$

$$U_j^k = x_j^k + s_{slower}(U_j^{k-1} - x_j^{k-1}) \tag{7-64}$$

式中:$0 < s_{slower} < 1$ 。如果 $x_j^k - x_j^{k-1}$ 和 $x_j^{k-1} - x_j^{k-2}$ 的符号相同,则移动限应远离 x_j^k,使得 MMA 不太保守,加快收敛速度:

$$L_j^k = x_j^k - s_{faster}(x_j^{k-1} - L_j^{k-1}) \tag{7-65}$$

$$U_j^k = x_j^k + s_{faster}(U_j^{k-1} - x_j^{k-1}) \tag{7-66}$$

式中:$s_{faster} > 1$。在每次迭代中,设计变量都要满足约束条件:

$$\alpha_j^k \leqslant x_j^k \leqslant \beta_j^k \tag{7-67}$$

式中:移动限 α_j^k 和 β_j^k 分别为

$$\alpha_j^k = \max(x_j^{min}, L_j^k - \mu(x_j^k - L_j^k)) \tag{7-68}$$

$$\beta_j^k = \min(x_j^{max}, U_j^k - \mu(U_j^k - x_j^k)) \tag{7-69}$$

式中:$0 < \mu < 1$。并始终保持

$$L_j^k < \alpha_j^k \leqslant x_j^k \leqslant \beta_j^k < U_j^k \tag{7-70}$$

这样可以防止 $x_j^k - L_j^k$ 和 $U_j^k - x_j^k$ 为零,避免了在 MMA 近似中被零除。

容易看出,SLP 和 CONLIN 都是 MMA 的特例:如果 $L_j^k = 0$ 且 $U_j^k \to +\infty$,则为 CONLIN;如果 $L_j^k \to -\infty$ 且 $U_j^k \to +\infty$,则为 SLP。为了证明第一个结论,首先写出

$$\frac{1}{U - x_j} = \frac{1}{U(1 - x_j U^{-1})} = U^{-1}[1 + x_j U^{-1} + O(U^{-2})] \tag{7-71}$$

式中:$U = U_j^k$;$O(U^{-2})$ 表示,当 $U \to +\infty$ 时,$O(U^{-2})$ 可表示为 $U^{-2}f(U)$,其中 $f(U)$ 为边界函数,则 MMA 近似为

$$\begin{aligned}
g_i^{M,k}(\boldsymbol{x}) &= g_i^{M,k}(\boldsymbol{x}) - \sum_{+}(U - x_j^k)g_{i,j} + \sum_{-}x_j^k g_{i,j} + \sum_{+}\frac{(U - x_j^k)^2}{U - x_j}g_{i,j} - \sum_{-}\frac{(x_j^k)^2}{x_j}g_{i,j} \\
&= g_i(\boldsymbol{x}^k) - \sum_{+}(U - x_j^k)g_{i,j} + \sum_{-}x_j^k g_{i,j} - \sum_{-}\frac{(x_j^k)^2}{x_j}g_{i,j} + \\
&\quad \sum_{+}[U^2 + (x_j^k)^2 - 2Ux_j^k]U^{-1}[1 + x_j U^{-1} + O(U^{-2})]g_{i,j} \\
&= g_i(\boldsymbol{x}^k) - \sum_{+}(U - x_j^k)g_{i,j} + \sum_{-}x_j^k g_{i,j} - \sum_{-}\frac{(x_j^k)^2}{x_j}g_{i,j} + \\
&\quad \sum_{+}[U + (x_j^k)^2 U^{-1} - 2x_j^k][1 + x_j U^{-1} + O(U^{-2})]g_{i,j} \\
&= g_i(\boldsymbol{x}^k) + \sum_{+}x_j^k g_{i,j} + \sum_{-}x_j^k g_{i,j} - \sum_{-}\frac{(x_j^k)^2}{x_j}g_{i,j} + \sum_{+}[x_j^k + O(U^{-1}) - 2x_j^k]g_{i,j}
\end{aligned} \tag{7-72}$$

式中:$g_{i,j} = \partial g_i(\boldsymbol{x}^k)/\partial x_j$;$\sum\limits_{+}$ 表示所有 $g_{i,j} > 0$ 的项相加;同理,$\sum\limits_{-}$ 表示所有 $g_{i,j} < 0$ 的项相加。当 $U \to +\infty$ 时,上式为

$$g_i^{M,k}(\boldsymbol{x}) \to g_i(x_k) + \sum_{+}(x_j - x_j^k)g_{i,j} + \sum_{-}\left[x_j^k - \frac{(x_j^k)^2}{x_j}\right]g_{i,j} \tag{7-73}$$

这个表达式与式(7-42)中 CONLIN 的定义一致。

例 7-5　考虑例 7-2 中同样的函数 g。本例用 MMA 方法计算点 $x^0 = 1$ 处函数 g 的近似。由于导数 $g_x(x^0) = 2.9 > 0$，函数 g 用变量 $1/(U_0 - x)$ 进行线性化处理。图 7-13 中表示了不同上边界值的近似结果。注意，U_0 离 x^0 越远，近似效果越差。如当 $U_0 = 10^4$ 时，近似结果几乎是线性的，这一点和上述内容一致，即当 $U \to +\infty$ 和 $L \to -\infty$ 时，MMA 方法演变为 SLP 方法。

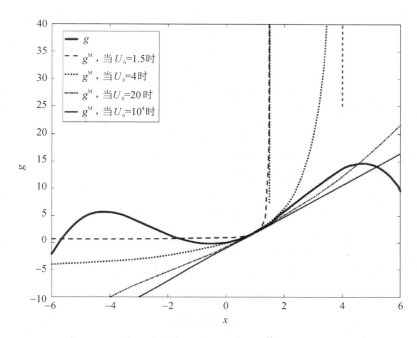

图 7-13　MMA 近似：两个垂直的点画线分别表示 g^M 在 $U_0 = 1.5$ 和 $U_0 = 4$ 的渐近线

7.4　拓扑优化在工程设计中的应用

7.4.1　应变能约束下的结构拓扑优化设计

依据结构应变能均匀化要求建立优化数学模型：

$$\begin{cases} \min W = \sum_{l=1}^{p} \omega_{i_l}\beta_{i_l} + \sum_{k=1}^{p} \omega_{j_k}\beta_{j_k} \\ \text{s.t.} \quad c_{\max}/c_{\min} < a \\ \quad \beta_{i_l} \in \{0,1\} \ (l=1,2,\cdots,p; i_l \in S_1) \\ \quad \beta_{j_k} \in \{0,1\} \ (l=1,2,\cdots,p; j_k \in S_3) \\ \quad S_1 \in \{1,2,\cdots,n\} \\ \quad S_3 \in \{1,2,\cdots,n\} \end{cases} \tag{7-74}$$

式中：W 为结构总质量；ω_{i_l} 为第 i_l 个单元(属第一类单元)的质量；ω_{j_k} 为第 j_k 个单元(属第三类单元)的质量；β_{i_l} 为与第 i_l 个单元相应的设计变量，取 0 和 1；β_{j_k} 为与第 j_k 个单元相应的设计变量，取 0 和 1；p、q 分别为当前 S_1、S_3 集合的元素个数；$c_{\max}$ 和 $c_{\min}$ 分别为所有结构单元应变能的最大值和最小值;a 为最大与最小单元应变能比的指定限值;n 为结构单元总数。在上述模型中,按单元增加准则,第三类单元中一些单元成为下一迭代步保留单元,其他第三类单元自动成为删除单元,而下一迭代步的第三类单元需重新依据保留的单元信息形成。

在有限元分析中,结构静特性平衡方程为

$$\boldsymbol{Ku} = \boldsymbol{P} \tag{7-75}$$

式中:$\boldsymbol{K}$ 为总刚度矩阵;$\boldsymbol{u}$ 为节点位移矢量;$\boldsymbol{P}$ 为节点载荷矢量。

结构的总应变能定义为

$$C = \frac{1}{2}\boldsymbol{P}^{\mathrm{T}}\boldsymbol{u} \tag{7-76}$$

它常作为结构总刚度的逆度量,即为平均柔度。考虑从一个由 n 个有限单元构成的结构中删除第 i 个单元,刚度矩阵变化量为

$$\Delta \boldsymbol{K} = \boldsymbol{K}^* - \boldsymbol{K} = -\boldsymbol{K}^i \tag{7-77}$$

式中:$\boldsymbol{K}^*$ 为删除第 i 个单元后结构的总刚度矩阵;$\boldsymbol{K}^i$ 为第 i 个单元的刚度矩阵。假设删除第 i 个单元不影响载荷矢量 $\boldsymbol{P}$,忽略高阶项,从方程(7-77)得位移变化量为

$$\Delta \boldsymbol{u} = -\boldsymbol{K}^{-1}\Delta \boldsymbol{K}_u \tag{7-78}$$

由式(7-77)和式(7-78)得位移的变化量为

$$\Delta C = \frac{1}{2}\boldsymbol{P}^{\mathrm{T}}\Delta \boldsymbol{u} = -\frac{1}{2}\boldsymbol{P}^{\mathrm{T}}\boldsymbol{K}^{-1}\Delta \boldsymbol{K}\boldsymbol{u} = \frac{1}{2}(\boldsymbol{u}^i)^{\mathrm{T}}\boldsymbol{K}^i\boldsymbol{u}^i \tag{7-79}$$

式中:$\boldsymbol{u}^i$ 为第 i 个单元的位移矢量。式(7-79)为由于删除第 i 个单元而引起的应变能变化量,也为单元应变能 c_e,即

$$c_e = \frac{1}{2}(\boldsymbol{u}^e)^{\mathrm{T}}\boldsymbol{K}^e\boldsymbol{u}^e \tag{7-80}$$

定义:

$$\alpha_j = c_j \tag{7-81}$$

传统基于总刚度要求的 ESO 方法,通过在每个迭代步删除一定数量的具有最小 c_j 的单元,来实现进化优化。对于提出的人工材料单元,其任意一个人工材料单元的所有节点中,可能有几个节点不属于所有保留单元节点构成的集合。在结构的计算结果中,这些节点的静位移近似等于新结构上相应节点的位移。因此,如果增加第 i 个单元(由人工材料单元变为保留单元),引起应变能的变化量(即灵敏度数)可近似表示为

$$\Delta c = -\frac{1}{2}(\boldsymbol{u}^j)^{\mathrm{T}}\boldsymbol{K}^j\boldsymbol{u}^j \tag{7-82}$$

定义:

$$\beta_j = |\Delta c| = \frac{1}{2}(\boldsymbol{u}^j)^{\mathrm{T}}\boldsymbol{K}^j\boldsymbol{u}^j \tag{7-83}$$

式(7-83)称为该人工材料单元的等效应变能。这里通过删除无效材料(应变能小的单元),附加等效应变能大的单元,建立单元应变能均匀化准则。可以看到,基于总刚度和基于应变能的2种优化准则是等效的。为了使结构最大与最小单元应变能比值在指定限值内,而材料或体积最小,基于传统 ESO 方法思路:在 S_1 的小应变能区域中,选择各工况下应变能小的单元删除;在人工材料的相对高应变能区域(与结构保留单元的最大单元应变能比),选择各工况下等效应变能大的单元增加,如此进化直到获得一个所期望的最佳优化结构出现。

7.4.2　依附性载荷下的多材料复合结构的刚度优化

1. 概　述

当前在工程应用方面,人们的要求越来越多、越来越广泛也越来越复杂,在能够解决问题的前提下,就要考虑改进解决方式,进而能够用最短的时间和最低的成本来解决问题。实际优化问题的对象是三维的工程结构,因此,三维的优化理论更具有研究价值。

结构拓扑优化的发展已有 30 多年,基于均匀化理论的发展,且以大量的优化方法为基础,1988 年 Bendsøe 和 Kikuchi 发表了开创性的文章——数值拓扑优化。

拓扑优化方法中最经常运用的优化方法是 SIMP 方法。该方法是在 Bendsøe 和 Kikuchi 发表文章不久后提出的,随问其他学者提出了变密度的相关算法,就是所谓的简化版的 SIMP 方法,在该方法中人为地降低了均匀化方法的复杂程度,然后得到了收敛的 0 - 1 设计。1999 年,Bendsøe 和 Sigmund 提出了 SIMP 方法,该方法运用了幂指函数将关于密度的设计变量和材料属性联系起来,得到了 SIMP(固体各向同向性惩罚模型)插值模型,该模型中的惩罚因子实现了单元密度向着 0 和 1 两个方向变化,最终得到了近似 0 - 1 设计的优化结果。2001 年,Stolpe 和 Svanberg 又提出了一种和 SIMP 模型非常相似的 RAMP(Rational Approximation of Material)模型,这是一种材料属性的合理近似模型,提出该模型的目的是削弱最初提出的 SIMP 模型的非凸性,并能确保得到收敛的 0 - 1 设计。

渐进结构优化方法(Evolutionary Structural Optimization,ESO)是在简单的硬杀死方法的基础上发展起来的,然后发展到双向渐进结构优化方法(Bi-directional Evolutionary Structural Optimization,BESO),硬杀死方法是移除低应变能对应的单元,在 BESO 方法中,移除的部分单元可以在下次迭代时再次添加进来。到目前为止,该方法已经使用了伴随梯度分析技术和过滤技术来稳定优化的过程并且能够确保得到收敛的结果,而这两种技术和变密度方法中的技术非常相似。事实上,BESO 方法是通过改变 SIMP(Solid Isotropic Material with Penalization)方法的变量更新法则得到的,因此,可以将该方法看作是 SIMP 方案的离散更新版本。

综合看待各种优化方法可以发现,对于优化方法的创新很少是在本质上进行创新,只能说是对原方法的改进。然而,若要寻找更加有效的途径来解决拓扑优化问题,则应该从最基本的理论入手,也就是要重新研究最早提出的方法和应用。由于当前的各种方法之间存在着紧密的联系,因此应该将这些拓扑优化方法统一起来,吸收各自的优点进而找到最优的优化方法,基于这一点,目前存在着很多挑战。

许多研究性的文章都是集中在离散化的二维问题方面,但是基于工程问题的优化算法最终要应用于工程实践中,而工程应用的对象都是三维结构,因此,算法的好坏、效率的高低以及算法的适用性都应该在三维问题中进行测试,只有将三维结构作为测试标准,得到的关于优化算法的性能参数才具有真正的参考价值。

本小节主要是对三维连续体结构刚度优化进行了讨论研究,研究三维优化问题的初衷就是:三维结构的优化问题更接近现实,所得的结果在现实中能够得到相应的实物作为对比,这样能够增加所得结论的可信度。本小节主要考虑依附性载荷的前提下多材料结构刚度优化,其中包括:传统 0 - 1 设计优化和两种非零材料的优化,两种非零材料的模型包括:两种材料都非零和三种材料两种非零,并将所得结果与相同体积约束下的 0 - 1 设计优化结果进行对比。

2．依附性载荷下的优化理论

(1) 灵敏度分析

基本的拓扑优化问题如下：

$$\frac{\partial C}{\partial x_i} = \frac{1}{2} \frac{\mathrm{d}\boldsymbol{f}^{\mathrm{T}}}{\mathrm{d}x_i}\boldsymbol{u} + \frac{1}{2}\boldsymbol{f}^{\mathrm{T}}\frac{\mathrm{d}\boldsymbol{u}}{\mathrm{d}x_i} \tag{7-84}$$

本书中的载荷与固定式外载荷不同的是依附性重力载荷。在有限元分析中，这种施加的力向量 $\boldsymbol{f}$ 的表达式为

$$\boldsymbol{f} = \sum_{i=1}^{k} \boldsymbol{f}_i + \boldsymbol{f}_0 = \boldsymbol{K}\boldsymbol{u} + \boldsymbol{f}_0 \tag{7-85}$$

式中：$\boldsymbol{f}_i$ 表示第 i 个单元的自重载荷向量；$\boldsymbol{f}_0$ 表示额外施加的固定载荷。

通过引入拉格朗日乘子 λ，可以确定位移和力向量的灵敏度，因此目标函数表达式为

$$C = \frac{1}{2}\boldsymbol{f}^{\mathrm{T}}\boldsymbol{u} + \boldsymbol{\lambda}^{\mathrm{T}}(\boldsymbol{f} - \boldsymbol{K}\boldsymbol{u}) \tag{7-86}$$

式中：$\boldsymbol{\lambda}^{\mathrm{T}}(\boldsymbol{f} - \boldsymbol{K}\boldsymbol{u}) = 0$，因此新的目标函数与旧的目标函数相等。修改后的目标函数的灵敏度推导如下：

$$\frac{\mathrm{d}C}{\mathrm{d}x_i} = \frac{1}{2}\frac{\partial \boldsymbol{f}^{\mathrm{T}}}{\partial x_i}\boldsymbol{u} + \frac{1}{2}\boldsymbol{f}^{\mathrm{T}}\frac{\partial \boldsymbol{u}}{\partial x_i} + \boldsymbol{\lambda}^{\mathrm{T}}\left(\frac{\partial \boldsymbol{f}}{\partial x_i} - \frac{\partial \boldsymbol{K}}{\partial x_i}\boldsymbol{u} - \boldsymbol{K}\frac{\partial \boldsymbol{u}}{\partial x_i}\right) \tag{7-87}$$

式(7-87)中，第一项表示力向量对设计变量的变化，变形后为

$$\frac{\mathrm{d}C}{\mathrm{d}x_i} = \frac{1}{2}\frac{\partial \boldsymbol{f}^{\mathrm{T}}}{\partial x_i}(\boldsymbol{u} + 2\boldsymbol{\lambda}) + \left(\frac{1}{2}\boldsymbol{f}^{\mathrm{T}} - \boldsymbol{\lambda}^{\mathrm{T}}\boldsymbol{K}\right)\frac{\partial \boldsymbol{u}}{\partial x_i} - \boldsymbol{\lambda}^{\mathrm{T}}\frac{\partial \boldsymbol{K}}{\partial x_i}\boldsymbol{u} \tag{7-88}$$

由于是刚度优化，因此要从灵敏度表达式中除去 $\partial \boldsymbol{u}/\partial x_i$，由于 $\boldsymbol{\lambda}$ 可以取任意值，令

$$\boldsymbol{\lambda} = \frac{1}{2}\boldsymbol{u} \tag{7-89}$$

将式(7-89)代入式(7-88)，灵敏度表达式的简化形式为

$$\frac{\mathrm{d}C}{\mathrm{d}x_i} = \frac{\partial \boldsymbol{f}^{\mathrm{T}}}{\partial x_i}\boldsymbol{u} - \frac{1}{2}\boldsymbol{u}^{\mathrm{T}}\frac{\partial \boldsymbol{K}}{\partial x_i}\boldsymbol{u} \tag{7-90}$$

(2) 材料插值方案和灵敏度值

对于凸的目标函数来说，含有惩罚因子的材料插值方案被广泛应用于 SIMP 方法中，因此能够获得高质量的 0-1 设计，为了用 BESO 方法达到该目的，中间材料的弹性模量将会用单元密度的插值函数来替代，即

$$\begin{cases} E(x_i) = E_0 x_i^p \\ \boldsymbol{K} = \sum_i^n x_i^p \boldsymbol{K}_i^0 \end{cases} \tag{7-91}$$

式中：E_0 表示实单元的弹性模量；$\boldsymbol{K}_i^0$ 表示实单元的刚度矩阵。这里假定泊松比独立于设计变量。

这里，将考虑一种新的插值方案(RAMP)，它是由 Stolpe 和 Svanberg 提出的，这种插值模型克服了上述幂指函数插值方案的缺点。材料模型的密度和弹性模量的表达式如下：

$$\begin{cases} \rho_i = x_i \rho_0 \\ E_i = \dfrac{x_i}{1 + p(1 - x_i)} E_0 \end{cases} \tag{7-92}$$

式中：ρ_0 和 E_0 分别表示实体材料的密度和弹性模量；p 是大于 0 的惩罚因子。

对于三维模型，当对结构进行有限元网格划分后，对于 8 节点立方体单元，该单元受到的载荷（即自重），均布于 8 个节点上，假设重力的方向是 Y 方向，如下：

$$f_i = V_i \rho_i g \bar{f} = V_i \rho_i g \left\{ 0, -\frac{1}{8}, 0, 0, -\frac{1}{8}, 0, 0, -\frac{1}{8}, 0, 0, -\frac{1}{8}, 0, 0, -\frac{1}{8}, 0, 0, \right.$$
$$\left. -\frac{1}{8}, 0, 0, -\frac{1}{8}, 0, 0, -\frac{1}{8}, 0 \right\}^{\mathrm{T}} \tag{7-93}$$

假定，一个单元的变化只是影响相关的依附性载荷，则外部载荷的相对变化为

$$\frac{\partial f}{\partial x_i} = V_i \rho^0 g \bar{f}^{\mathrm{T}} u_i \tag{7-94}$$

进而，平均柔顺度的灵敏度为

$$\frac{\mathrm{d}C}{\mathrm{d}x_i} = V_i \rho^0 g \bar{f}^{\mathrm{T}} u_i - \frac{1+p}{2\left[1+p(1-x_i)\right]^2} u_i^{\mathrm{T}} K_i^0 u_i \tag{7-95}$$

可以看出，单元灵敏度依赖于惩罚因子 p 的值。通过式（7 - 72）可以直接分别确定空单元与实单元的灵敏度，如下：

$$\alpha_i = -\frac{1}{p+1} \frac{\mathrm{d}C}{\mathrm{d}x_i} = \begin{cases} -\dfrac{V_i \rho^0 g}{p+1} \bar{f}^{\mathrm{T}} u_i + \dfrac{1}{2} u_i^{\mathrm{T}} K_i^0 u_i, & x_i = 1 \\[3mm] -\dfrac{V_i \rho^0 g}{p+1} \bar{f}^{\mathrm{T}} u_i + \dfrac{1}{2\left[1+p(1-x_{\min})\right]^2} u_i^{\mathrm{T}} K_i^0 u_i, & x_i = x_{\min} \end{cases}$$
$$\tag{7-96}$$

为了达到最小化柔顺度的目的，应该更新灵敏度的值，将低灵敏度值对应单元的设计变量 x_i 的值变为 $x_{\min}$，将高灵敏度值对应单元的设计变量 x_i 的值变为 1。与幂指函数插值材料方案相似的是，该方案也需要选择较大的惩罚因子，利用离散设计变量，该方案能得到收敛并且稳定的 0 - 1 设计。

应该注意到，对于新的插值方案来说，当惩罚因子趋于无限大时，软单元的灵敏度值趋于 0，此时的灵敏度值表达式为

$$\alpha_i = \begin{cases} \dfrac{1}{2} u_i^{\mathrm{T}} K_i^0 u_i, & x_i = 1 \\[3mm] 0, & x_i = x_{\min} \end{cases} \tag{7-97}$$

式中：$x_i = 0$ 代替了 $x_i = x_{\min}$，因为软单元相当于空单元。因此，上述的灵敏度值会用于硬杀死的 BESO 方法。对于硬杀死方法，从方程（7 - 97）可以看出，受到依附性自重载荷与固定式外部载荷的结构的灵敏度表达式是一样的。

灵敏度分析表明，目标函数的非单调性取决于惩罚因子的值，惩罚因子的值越大，非单调性就变得越不明显，对于惩罚因子无限大这种极端的情况，非单调特性就彻底消失了。与固定性载荷的拓扑优化问题不同的是，惩罚因子的选择确实影响了实体单元的灵敏度的排序。

3. 依附性载荷下的多材料复合结构优化

（1）问题描述

对于 n 种材料而言，同样要寻求最优的材料分布，其中各材料的弹性模量关系为 $E_1 > E_2 > \cdots > E_n$，相应的体积约束就由原来的一个变成了 $n-1$ 个，因此必须保证结构中所需的各

种材料的体积都达到目标值 V_j^*，相应的优化问题的描述如下：

$$
\begin{cases}
\text{Find } x = (x_1, x_2, \cdots, x_n)^{\mathrm{T}} \\
\text{Min } C(\boldsymbol{x}) = \dfrac{1}{2} \boldsymbol{f}^{\mathrm{T}} \boldsymbol{u} \\
\text{s. t. } \quad V_j^* - \displaystyle\sum_{i=1}^n V_i x_{ij} = 0 \\
\qquad x_{ij} = \{x_{\min}, 1\} \quad (i = 1, 2, \cdots, n; j = 1, 2, \cdots, n-1)
\end{cases}
\tag{7-98}
$$

式中：V_j^* 表示第 j 种材料的规定体积；设计变量 x_{ij} 表示第 j 种材料中第 i 个单元的密度，x_{ij} 值的确定原则如下：

$$
x_{ij} = \begin{cases} 1, & E = E_j \\ x_{\min}, & E \neq E_j \end{cases}
\tag{7-99}
$$

从该式可以看出，约束条件有 $n-1$ 个，对应 $n-1$ 个体积约束条件。

（2）材料插值方案

从 Bendsøe 和 Sigmund 的文章中可以知道，单一材料和多材料对应的材料插值方案是不同的，在自重条件下，应该考虑新的插值方案（RAMP），对于 0-1 设计来说，中间材料的弹性模量可以用内部插值方案替换为单元密度变量的函数，即

$$
\begin{cases}
\rho_i = x_i \rho^0 \\
E(x_i) = \dfrac{x_i}{1 + p(1 - x_i)} E^0
\end{cases}
\tag{7-100}
$$

式中：ρ^0 和 E^0 分别表示实体材料的密度和弹性模量；p 是大于 0 的惩罚因子。

对于两种非零材料的案例，设这两种材料的弹性模量分别是 E_1 和 E_2，且 $E_1 > E_2 \neq 0$，那么材料插值方案如下：

$$
E(x_i) = E_2 + \frac{x_i}{1 + p(1 - x_i)}(E_1 - E_2)
\tag{7-101}
$$

总体的刚度矩阵同设计变量的关系为

$$
\boldsymbol{K} = \sum_i^n x_i^p \boldsymbol{K}(x_i)
\tag{7-102}
$$

如果优化设计包含 n 种材料，并且相应的弹性模量的关系是 $E_1 > E_2 > \cdots > E_n$，那么对于相邻的两种材料 E_j 和 E_{j+1}，它们的中间材料弹性模量为

$$
E(x_{ij}) = E_{j+1} + \frac{x_i}{1 + p(1 - x_i)}(E_j - E_{j+1})
\tag{7-103}
$$

总体的刚度矩阵同设计变量的关系为

$$
\boldsymbol{K} = \sum_i^n x_{ij}^p \boldsymbol{K}(x_{ij})
\tag{7-104}
$$

式中：下标 $j = 1, \cdots, n-1$。

从表达式中可以看出，对于 n 种材料的模型，将会有 $(n-1)$ 种中间材料，对于其中的任何一种材料来说，它的材料属性是由和它相邻的两种材料决定的，至于这两种材料的确定，可以通过确定与之相邻的单元的弹性模量来实现。如果结构材料的分布只是在一个方向上变化，就可以用式（7-103）来定义该中间材料的弹性模量，如果不是单一的方向，将会比较复杂，

式(7-103)不再适用,本章中多材料复合结构主要是针对前者。

(3) 修改后的灵敏度值

如果设计域包含两种非零材料,则各自的灵敏度值也可以通过灵敏度分析获得。单元的刚度矩阵之间的差异是由泊松比和弹性模量的不同引起的,因此两种材料的刚度之间的关系为

$$\frac{\boldsymbol{K}_i^1}{\boldsymbol{K}_i^2} = \frac{E_1 \mu_1}{E_2 \mu_2} \tag{7-105}$$

式中:μ_1、μ_2 和 $\boldsymbol{K}_i^1$、$\boldsymbol{K}_i^2$ 分别表示材料 1、材料 2 的泊松比和单元刚度矩阵。如果假设这两种材料的泊松比相等,那么灵敏度的表达方式为

$$\alpha_i = -\frac{1}{p}\frac{\partial C}{\partial x_i} = -\frac{V_i \rho^0 g}{p+1}\bar{\boldsymbol{f}}^{\mathrm{T}}\boldsymbol{u}_i + \frac{1}{2}x_i^{p-1}(\boldsymbol{u}_i^{\mathrm{T}}\boldsymbol{K}_i^1\boldsymbol{u}_i - \boldsymbol{u}_i^{\mathrm{T}}\boldsymbol{K}_i^2\boldsymbol{u}_i) \tag{7-106}$$

因此,单元的灵敏度表达式为

$$\alpha_i = \begin{cases} -\dfrac{V_i \rho^0 g}{p+1}\bar{\boldsymbol{f}}^{\mathrm{T}}\boldsymbol{u}_i + \dfrac{1}{2}\left[1 - \dfrac{E_2}{E_1}\right]\boldsymbol{u}_i^{\mathrm{T}}\boldsymbol{K}_i^1\boldsymbol{u}_i, & x_i = 1 \\[3mm] -\dfrac{V_i \rho^0 g}{p+1}\bar{\boldsymbol{f}}^{\mathrm{T}}\boldsymbol{u}_i + \dfrac{1}{2}\dfrac{x_{\min}^{p-1}(E_1 - E_2)}{x_{\min}^p E_1 + (1 - x_{\min}^p)E_2}\boldsymbol{u}_i^{\mathrm{T}}\boldsymbol{K}_i^2\boldsymbol{u}_i, & x_i = x_{\min} \end{cases} \tag{7-107}$$

对第 2 种非零材料来说,由于第 3 种材料对应单元是空单元,或者说结构中不存在空单元,所以第 2 种材料的灵敏度表达式为

$$\alpha_i = -\frac{V_i \rho^0 g}{p+1}\bar{\boldsymbol{f}}^{\mathrm{T}}\boldsymbol{u}_i + \frac{1}{2}\boldsymbol{u}_i^{\mathrm{T}}\boldsymbol{K}_i^2\boldsymbol{u}_i \tag{7-108}$$

当 p 趋于无限大时,第 2 种材料灵敏度不变,其他材料的灵敏度的简化形式为

$$\alpha_i = \begin{cases} \dfrac{1}{2}\left[1 - \dfrac{E_2}{E_1}\right]\boldsymbol{u}_i^{\mathrm{T}}\boldsymbol{K}_i^1\boldsymbol{u}_i, & x_i = 1 \\[3mm] 0, & x_i = x_{\min} \end{cases} \tag{7-109}$$

上式中的材料 1 是指两种非零材料的较大的一种,从上式中可以看出,灵敏度排序同最初的基于应变能准则的 BESO 方法有所不同。从灵敏度的表达式的形式上可以看出,当 p 趋于无限大时,就与传统的单一材料硬杀死方法一致了,也就表明了硬杀死方法对多材料优化的计算同样有简化作用。

同样的,将灵敏度值看作是单元的应变能时,$(1-E_2/E_1)$ 即可以看作是一种削弱系数。因为每相邻的两种材料的弹性模量不同,那么削弱系数也就不同。

如果寻求由 n 种材料组成的结构的最优设计,那么灵敏度可以通过对设计变量 x_{ij} 进行灵敏度分析获得,如下:

$$\alpha_{ij} = -\frac{1}{p}\frac{\partial C}{\partial x_{ij}} = -\frac{V_i \rho^0 g}{p+1}\bar{\boldsymbol{f}}^{\mathrm{T}}\boldsymbol{u}_i + \frac{1}{2}x_{ij}^{p-1}(\boldsymbol{u}_i^{\mathrm{T}}\boldsymbol{K}_i^j\boldsymbol{u}_i - \boldsymbol{u}_i^{\mathrm{T}}\boldsymbol{K}_i^{j+1}\boldsymbol{u}_i) \tag{7-110}$$

式中:$\boldsymbol{K}_i^j$ 和 $\boldsymbol{K}_i^{j+1}$ 分别表示两种材料的单元刚度矩阵,其相对应的弹性模量为 E_j 和 E_{j+1}。

应该明确的是,虽然灵敏度 α_{ij} 表达式中只是与两种材料有关,但是该灵敏度的定义域是整个设计域,因此灵敏度的表达式为

$$\alpha_i = \begin{cases} -\dfrac{V_i \rho^0 g}{p+1} \bar{f}^{\mathrm{T}} u_i + \dfrac{1}{2}\left[1 - \dfrac{E_{j+1}}{E_j}\right] u_i^{\mathrm{T}} K_i^j u_i, & x_i = 1 \\[3mm] -\dfrac{V_i \rho^0 g}{p+1} \bar{f}^{\mathrm{T}} u_i + \dfrac{1}{2}\dfrac{x_{\min}^{p-1}(E_1 - E_{j+1})}{x_{\min}^p E_j + (1 - x_{\min}^p) E_{j+1}} u_i^{\mathrm{T}} K_i^{j+1} u_i, & x_i = x_{\min} \end{cases} \tag{7-111}$$

当 p 趋于无限大时,灵敏度的简化形式为

$$\alpha_i = \begin{cases} \dfrac{1}{2}\left[1 - \dfrac{E_{j+1}}{E_j}\right] u_i^{\mathrm{T}} K_i^j u_i, & x_i = 1 \\[3mm] 0, & x_i = x_{\min} \end{cases} \tag{7-112}$$

由上式可知,在多材料的材料模型中,定义单元灵敏度的不同之处是:使用任意两种弹性模量大小关系相邻的材料,就能确定弹性模量较大的材料的灵敏度和两种材料对应的中间材料的灵敏度,对于结构中含有 n 种非零材料的优化问题,某些中间单元的灵敏度值是由其相邻的两种材料共同决定的,因此,在每次的程序运行过程中也就存在 $n-1$ 组灵敏度的计算,对于弹性模量最小的材料的灵敏度计算可以按照传统的 $0-1$ 设计中的计算方式得到。

4. 依附性载荷下多材料复合结构优化程序

多材料复合结构的优化过程和传统的 $0-1$ 设计相比不同的是,要考虑不同材料的不同目标体积以及不同材料单元的灵敏度计算,只有在各种材料的体积都达到目标体积之后,才能进行收敛性的判断,多材料复合结构优化的迭代过程如下:

① 离散整个设计域。

② 定义 BESO 程序中的参数,各目标体积 V_j^*、演化率 ER 和惩罚因子 p。

③ 用 MATLAB 进行有限元分析。

④ 计算单元的灵敏度,若是传统的 $0-1$ 设计,则用式($7-105$)进行计算;若是多材料,则用式($7-109$)进行计算。灵敏度更新和灵敏度均匀化处理方式和传统的处理方式相同。

⑤ 确定下次迭代的目标体积,这里以两种非零材料为例:定义 $V_0^* = V_1^* + V_2^*$,当某次迭代中,体积 $V_i > V_0^*$ 时,那么下次迭代的体积可以通过下式计算:$V_{i+1} = V_i(1 - \text{ER})$。如果计算所得的值小于 V_0^*,则将 V_1^* 看作目标体积继续迭代,在后面的迭代过程中,如果由式($7-110$)计算所得的值小于 V_1^*,那么下次迭代的体积值 V_{i+1} 就等于 V_1^*,进而使得两种材料的体积都达到目标值。

⑥ 更新所有单元对应的变量值。对于实单元,如果满足转换条件:$\alpha_i \leqslant \alpha_{\text{th}}$,则对应的变量值会从 1 变为 $x_{\min}$。对于空单元,如果满足转换条件:$\alpha_i > \alpha_{\text{th}}$,则对应的变量值会从 $x_{\min}$ 变为 1。α_{th} 是单元变量的转换阈值,该值由每次迭代的目标体积和灵敏度值的排序决定。

⑦ 重复步骤④~⑥直到各个目标体积达到并且满足收敛准则。

对于多材料设计来说,除了灵敏度计算方式外,其他与传统的 $0-1$ 设计非常相似。以两种非零材料的结构设计为例:BESO 方法开始于满设计域,在演化率 ER 的作用下朝着最终结果迭代。首先,结构的体积以材料 1(目标体积 V_1^*)和材料 2(目标体积 V_2^*)的目标体积之和 V_0^* 为目标,并且将每次迭代时的体积看作是材料 1 的体积,一次次迭代后,当满足这个体积要求时,程序的迭代将以材料 1 的目标体积为目标进步迭代,迭代的同时材料 1 的体积 V_1 在减少而材料 2 的体积 V_2 在逐渐增加,但始终保证 $V_1 + V_2 = V_0^*$,当 V_1 逐渐达到目标值时,V_2 也就同时达到目标值。当各个材料体积达到目标值后,精度满足收敛准则时,迭代过程结束,

BESO 程序流程如图 7 - 14 所示。

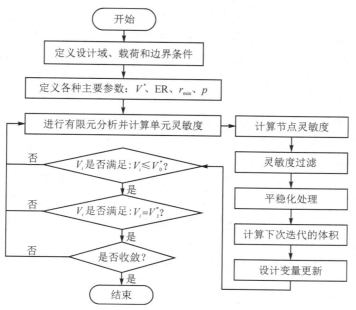

图 7 - 14　BESO 程序流程图(1)

　　对于两种材料目标体积的确定,还可以采用并行的办法:一种是先移除弹性模量为零的材料,然后再将两种材料进行分离;另一种变量更新方式如图 7 - 15 所示,它是采用并行的方式进行的,从第一次迭代开始材料 1 的体积就从 1 逐渐变为 V_1^*,同时材料 2 的体积也跟着从 0 逐渐变为 V_2^*,这就是两种方法的不同之处,下面将会用算例进行说明并对比其优缺点。BESO 程序流程如图 7 - 15 所示。

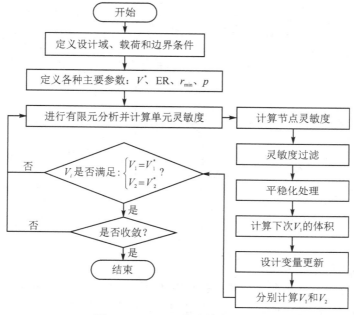

图 7 - 15　BESO 程序流程图(2)

5. 数值算例

本章给出了两种类型的算例:两种材料(2 种非零材料)和三种材料(含有两种非零材料)的刚度拓扑优化。对于第 2 种算例,将会进行两种处理方式:方式一,变化其中一种材料的弹性模量的值进行目标函数值的比较;方式二,运用参考文献[12]中第 4 节提到的两种分离材料的方式进行优化计算,并对目标函数的收敛值大小、收敛快慢和拓扑结构三方面进行对比分析,讨论各自的优缺点。算例的结构有 3 种:几种载荷条件下的简支梁、均布载荷条件下的上承式拱桥和非均布载荷条件下的凳子。

(1) 两种材料的刚度优化

算例 1 设计域大小为 50 mm×20 mm×4 mm,底面的 4 个顶点都是简支约束,顶面的正中心受到垂直向下的力 $F=10$ N,密度 $\rho=1$ g/mm^3。该设计域被分割成 50×20×4 的网格区域,两种材料的弹性模量 $E_1=1$ GPa,$E_2=0.1$ GPa,泊松比 $\mu=0.3$,惩罚因子 p 无限大,材料 1 目标体积设定为总体积的 50%,所需的参数为 ER=0.02,$r_{\min}=3$ mm。

迭代结果的结构图如图 7-16(a)所示,图 7-16(b)所示的结构也是主干结构,从迭代历程图可以看出两种材料的体积在同时发生变化逐渐达到目标值,收敛时的柔度值为 $C_1=102\ 400$ N·mm,迭代 50 次。

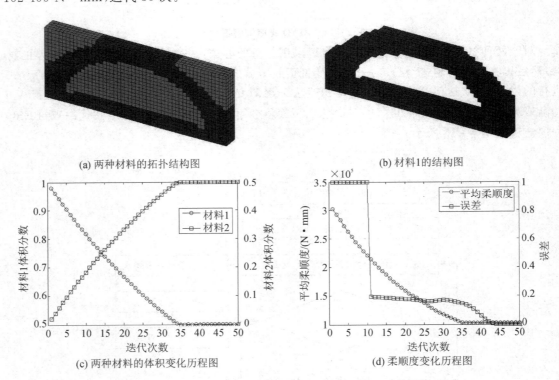

(a) 两种材料的拓扑结构图　　　　　　(b) 材料 1 的结构图

(c) 两种材料的体积变化历程图　　　　　　(d) 柔顺度变化历程图

图 7-16　简支梁的拓扑优化结果

(2) 三种材料的刚度优化

算例 2 该算例中有两种非零材料的弹性模量,设计域大小为 50 mm×20mm×4 mm,底面的 4 个顶点都是简支约束,顶面的正中心受到垂直向下的力 $F=10$ N,密度 $\rho=1$ g/mm^3。该设计域被分割成 50×20×4 的网格区域,并且该拓扑优化问题给出了两种情况:① 两种材

料的弹性模量 $E_1 = 1$ GPa，$E_2 = 0.2$ GPa；② 弹性模量分别为 $E_1 = 1$ GPa，$E_2 = 0.4$ GPa。材料 1 和材料 2 的体积所占的比例分别为 30% 和 20%。

对于该算例，本章将使用两种分离材料方式进行优化计算：首先运用方式一的方法进行，结果如图 7-17 所示。

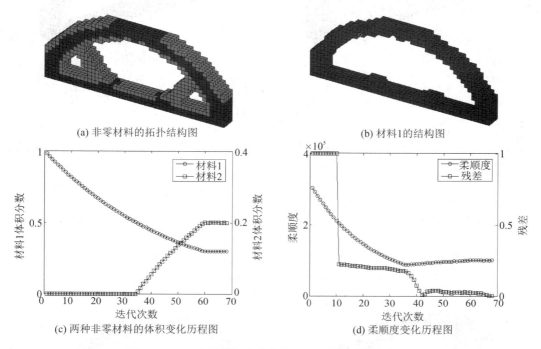

(a) 非零材料的拓扑结构图　　　　　　　　　(b) 材料1的结构图

(c) 两种非零材料的体积变化历程图　　　　　(d) 柔顺度变化历程图

图 7-17　简支梁的拓扑优化结果（材料模型 1，方式一）

材料模型 2 的拓扑结果如图 7-18 所示。

从图 7-17(a) 和图 7-18(a) 可以看出，两种材料模型的拓扑结构相似，都能平稳达到收敛，但由于两种模型中材料的弹性模量不同，导致不同的目标函数值，分别为 $C_1 = 99\,500$ N·mm 和 $C_2 = 94\,144$ N·mm，因为模型 2 中的材料 2 弹性模量大，所以该模型的刚度较大，因此计算的结果可信。

对算例 2，用方式二的方法进行优化计算，优化结果如图 7-19 所示。

（3）三种材料的刚度优化结果数据对比

对算例 2 的结果进行说明，图 7-19 和图 7-17 的对比结果如表 7-1 所列。

表 7-1　两种方式的数据对比

材料分离方式	迭代次数	目标函数值/(N·mm)	相对变化值
方式一	68	99 500	0.2%
方式二	57	99 330	

从拓扑结果可以看出：① 两种方式得到的结果图非常相似，分析数据可知，两种方式所得到目标函数值相差很小，并且第二种方式迭代次数比较少，从而可以印证第二种方式的正确性；② 对方式一，可以看出材料 2 是在材料 1 的体积达到目标值 0.2 时才开始从 0 逐渐增加

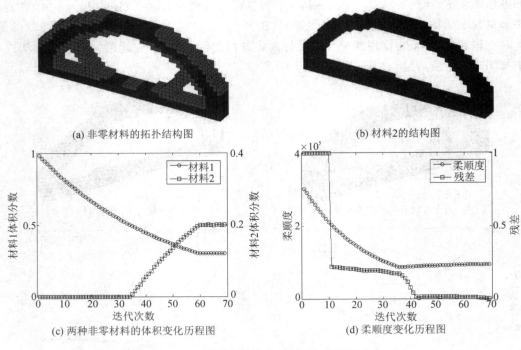

(a) 非零材料的拓扑结构图

(b) 材料2的结构图

(c) 两种非零材料的体积变化历程图

(d) 柔顺度变化历程图

图 7 - 18 简支梁拓扑优化结果(材料模型 2)

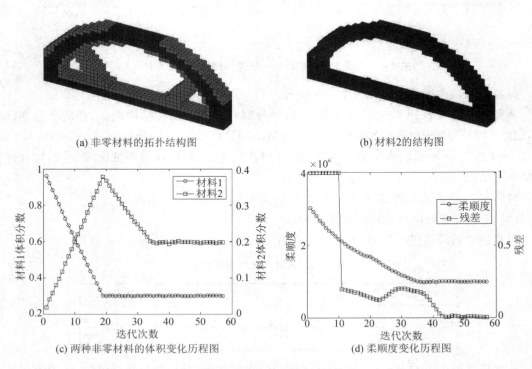

(a) 非零材料的拓扑结构图

(b) 材料2的结构图

(c) 两种非零材料的体积变化历程图

(d) 柔顺度变化历程图

图 7 - 19 简支梁的拓扑优化结果(材料模型 1,方式二)

到 0.2,比较直观地说明两种材料的分离方式的不同之处。

下面给出算例 2 的参考对象：0.1 设计，目标值是总体积的 50%，只有一种材料 $E_1 = 1\,\text{GPa}$，其他的参数不变，结果如图 7 - 20 所示。

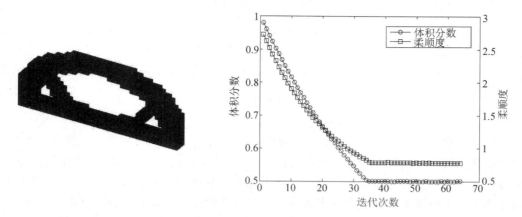

图 7 - 20   参考结构结果图

综合参考算例（见图 7 - 20）和算例 2 中两种模型的结果，可以得到表 7 - 2。

表 7 - 2   不同材料模型的数据对比

对 象	弹性模量/GPa	柔顺度/(N·mm)	变化规律
算例 1（模型 1）	$E_1 = 1, E_2 = 0.2$	99 500	柔度减小 刚度增大
算例 2（模型 2）	$E_1 = 1, E_2 = 0.4$	94 140	
参考算例	$E = 1$	78 130	

从算例 1（材料模型 1，见图 7 - 19）到算例 2（材料模型 2，见图 7 - 18），可以看出：如表 7 - 2 中数据所列，三种模型体积相同，柔顺度的大小与材料的属性紧密相关；对于最终的拓扑结构图，材料 1 分布在结构的位置是不变的。从上述的参考算例可以明确地看出：参考算例的结构图的体积是总体积的 50%，算例 2 的拓扑结构图的总体积也是总体积的 50%，并且单看结构，非常相似，只是将参考算例的结构再次分离，就形成了具有三种材料的结构图，并且材料分布的位置也是弹性模量大的材料分布在中间，因为它起到主干作用，如同钢筋混凝土结构一样，并且，不管材料属性如何改变，主干结构的材料分布和结构基本上不发生变化，这也就反映了得到的结果对实际的应用有很好的参考价值。

7.4.3　基于拓扑优化的结构特征频率设计

强迫振动的线弹性结构，当外激励的频率接近结构的特征频率时（假定外激励的空间分布模式与该固有频率对应的振型非正交）结构振幅会出现剧烈的放大，这就是共振现象。避免共振发生是结构振动设计的重要目标之一。这可以通过让结构的特征频率远离外激励的频率来实现。外激励频率往往取决于工作环境和条件，不易控制，因此，从结构设计的角度出发，通过优化结构的刚度和质量分布来改变结构的特征频率分布是一种可行的思路。早期的频率优化主要是通过优化结构的外形或尺寸参数来改变结构的特征频率。

首先考虑线弹性结构的基础特征频率最大化问题，该问题可以用一个 max - min 模型描

述,对设计域进行有限元离散后的拓扑优化模型的数学表达为

$$
\begin{cases}
\min W = \sum_{l=1}^{p} \omega_{i_l} \beta_{i_l} + \sum_{k=1}^{p} \omega_{j_k} \beta_{j_k} \\
\text{s. t.} \quad c_{\max}/c_{\min} < a \\
\quad \beta_{i_l} \in \{0,1\} \ (l=1,2,\cdots,p\,;i_l \in S_1) \\
\quad \beta_{j_k} \in \{0,1\} \ (l=1,2,\cdots,p\,;j_k \in S_3) \\
\quad S_1 \in \{1,2,\cdots,n\} \\
\quad S_3 \in \{1,2,\cdots,n\}
\end{cases}
\tag{7-113}
$$

在优化过程中,不同阶次特征频率所对应的特征模态的形式可能会发生交换,例如:一、二阶频率分别对应弯曲模态和扭转模态,优化中一阶频率对应的模态可能变为扭转模态,二阶频率对应的模态则变为弯曲模态。这种特征模态的交换导致优化模型的目标函数的不连续,给问题的数值求解带来困难通常体现为目标频率的迭代历史曲线反复振荡而难以收敛。为了避免迭代振荡,本书建议对目标频率和其相邻的若干阶频率进行平均化处理,平均后的目标函数如下(可能形式之一):

$$
\bar{\lambda} = \left(\sum_{j=1}^{J} \frac{\omega_j}{\lambda_j} \right)^{-1}
\tag{7-114}
$$

式中:ω_j 为加权因子。以公式(7-114)代替模型(7-113)的原目标函数在一定程度上可以平滑特征频率的迭代历史曲线,但是无法实现真正意义上的基频最大化。另一种更有效的模型是采用所谓的边界公式,下面给出用边界公式模型描述的基频最大化问题:

$$
\begin{cases}
\max\limits_{\beta,\rho_e,\,e=1,\cdots,n_e} \{\beta\} \\
\text{s. t.} \quad \boldsymbol{K}_{\varphi_j} = \omega_j{}^2 M_{\varphi_j},\ j=1,\cdots,J \\
\quad \boldsymbol{\varphi}_j^{\mathrm{T}} \boldsymbol{M} \varphi_k = \delta_{jk},\ j \geqslant k,\ k,j=1,\cdots,J \\
\quad \sum_{e=1}^{n_e} \rho_e V_e - V^* \leqslant 0,\ V^* = \alpha V_0 \\
\quad 0 \leqslant \rho \leqslant \rho_e \leqslant 1,\ e=1,\cdots,n
\end{cases}
\tag{7-115}
$$

式中:$\rho_e(e=1,\cdots,n)$ 为单元材料的相对体积密度,也是拓扑优化的设计变量;n 为单元总数。约束中第三式代表材料体积约束,参数 α 为预先给定的材料体积上限 V^* 相对设计域体积 V_0 的体积分数(对于双材料设计,通常以其代表可用的较强材料的体积分数上限)。特征值 $\lambda_j = \omega_j^2$ 为结构第 j 阶特征频率的平方,满足结构振动的广义特征值方程即约束中第一式,且有 $0 \leqslant \omega_1 \leqslant \omega_2 \leqslant \cdots \leqslant \omega_j$。$\varphi_j$ 第 j 阶特征模态,满足关于结构质量矩阵 $\boldsymbol{M}$ 的正交归一化条件即约束中第二式。

在边界公式中,引入了一个标量因子 β 作为辅助设计变量和目标函数,而约束中的第一式则保证结构的前 J 阶特征频率的平方均不小于 β,因此 β 的最大化就意味着基础特征频率的最大化。由于目标函数变得连续且光滑,所以能在一定程度上改善频率优化迭代的稳定性。

当结构的某阶特征频率与相邻的特征频率不重合时,称该阶特征频率为单重特征频率,而当结构的某阶特征频率与相邻的特征频率发生重合时,称该阶特征频率为多重特征频率。例如,当某特征频率与相邻的 $N-1$ 阶特征频率发生重合时,称该阶特征频率为 N 重特征频率。在结构优化中,重特征频率的出现通常有两种情况:① 设计初始时结构(特别是加筋结构)具

有几何及约束的对称性,则初始结构往往就存在重特征频率;② 被优化的特征频率在设计刚开始时是单频,但随着优化的进行,该特征频率将逐渐接近相邻的特征频率直至变为重频。

多重特征频率所对应的特征模态不唯一,对于一个 N 重特征频率($N>1$),通过特征值计算可以直接得到其所对应的彼此独立的 N 个特征模态。事实上,这 N 个特征模态向量构成了该特征频率所对应的模态空间的一组基,其所张成的线性空间中的任何一个向量都满足结构自由振动的广义特征值方程,多重特征频率不具备通常(Frechet)意义上的可微性,其灵敏度分析较单重特征频率要复杂不少,下面分别进行介绍。

假定刚度矩阵 $\boldsymbol{K}$ 和质量矩阵 $\boldsymbol{M}$ 关于拓扑设计变量 ρ_e,均可微,则单重特征频率的灵敏度分析可以通过直接对广义特征值方程求导实现,具体到拓扑优化问题,以单材料 SIMP 插值模型为例,把材料插值模型引入到广义特征值方程中,并考虑到单元 e 的刚度矩阵 $\boldsymbol{K}$ 和质量矩阵 $\boldsymbol{M}$,仅依赖于本单元的拓扑设计变量(即材料相对体积密度)ρ,有

$$\frac{\partial \boldsymbol{K}_i}{\partial \rho_e} = \begin{cases} p\rho_e^{(p-1)}\boldsymbol{K}_e^*, & i=e \\ 0, & i \neq e \end{cases}, \qquad \frac{\partial M_i}{\partial \rho_e} = \begin{cases} q\rho_e^{(q-1)}\boldsymbol{M}_e^*, & i=e \\ 0, & i \neq e \end{cases} \tag{7-116}$$

式中:p、q 分别为单元刚度矩阵和单元质量矩阵的惩罚因子,在频率优化问题中通常取 3 和 1。$\boldsymbol{K}_e^*$ 和 $\boldsymbol{M}_e^*$ 分别代表由给定的单材料完全填充的单元 e 的刚度矩阵和质量矩阵。结构第 k 阶特征值 λ_k 关于单元拓扑设计变量 ρ_e 的导数表达为

$$(\lambda_k)'_{\rho_e} = \frac{\partial \lambda_k}{\partial \rho_e} = \varphi_k^{\mathrm{T}}\left(\frac{\partial \boldsymbol{K}}{\partial \rho_e} - \lambda_k \frac{\partial \boldsymbol{M}}{\partial \rho_e}\right)\varphi_k = \varphi_{k_e}^{\mathrm{T}}(p\rho_e^{(p-1)}\boldsymbol{K}_e^* - q\rho_e^{(q-1)}\boldsymbol{M}_e^*)\varphi_{k_e} \tag{7-117}$$

$$e = 1, \cdots, n$$

式中:φ_{k_e} 为第 k 阶特征值向量对应的单元特征向量。式(7-117)表明单重特征频率拓扑优化的灵敏度计算可以在单元水平进行,具有较高的效率。

当所有拓扑设计变量同时各自以微小增量 $\Delta \rho_e$ 变化时,把该增量用向量形式记作 $\Delta \boldsymbol{\rho} = \Delta(\rho_1, \cdots, \Delta \rho_{n_e})^{\mathrm{T}}$ 由单重特征频率的可微性,相应的第 k 阶特征值增量可由线性化(略去高阶项)的 Taylor 展开表达为

$$\Delta \boldsymbol{\lambda}_k = \nabla \boldsymbol{\lambda}_k^{\mathrm{T}} \Delta \boldsymbol{\rho} \tag{7-118}$$

式中:$\nabla \boldsymbol{\lambda}_k = \left(\dfrac{\partial \lambda_k}{\partial \rho_1}, \cdots, \dfrac{\partial \lambda_k}{\partial \rho_{n_e}}\right)^{\mathrm{T}}$ 为特征值的梯度向量。

7.4.4　基于等效静载荷的多目标结构动力学优化

1. 概　述

随着高性能计算机的研制、有限元分析方法和数学理论的逐步发展,结构优化设计已经渗入到工程领域的每个角落。结构优化设计因此得到快速的发展,逐渐得到国内外学者和设计者的青睐,也逐渐成为计算力学的一个关键组成部分。

结构拓扑优化的历史可以追溯到对桁架布局的研究开始,Michell 在 1904 年提出的 Michell 桁架理论为以后拓扑优化的发展打下坚实的基础。根据不同的设计变量性质,结构拓扑优化主要可以分为两大类:离散变量模型和连续变量模型。

20 世纪 60 年代,Dorn、Gomory、Greenberg 等提出基结构法,将数值分析理论与结构拓扑优化相结合,从此结构拓扑优化成为各国学者研究的热门领域。

渐进结构优化方法（ESO）自从澳大利亚皇家墨尔本学者 Xie 和悉尼大学 Steven 提出以来，渐进结构优化方法目前已经成为各国学者研究的热点之一。ESO 方法是基于一种非常简单的启发式思想，即通过线性有限元分析逐渐移除结构设计域中低效单元，从而使结构材料达到最佳分布。由于 ESO 方法删除后的单元不能重新得到恢复，为了弥补这种缺陷，Yang 和 Querin 等提出了一种新的优化方法：双向渐进结构优化方法（BESO），该方法在结构设计域周围删除低效单元的同时又添加高效单元。渐进结构拓扑优化的代表工作有：Steven 等利用多准则 ESO 方法，研究了在最小应力和最大静刚度情况下的拓扑优化。

结构的动力学拓扑优化主要包括以下两个方面：第一是指以结构的动力学特性（固有频率或振型）为目标函数的拓扑优化；第二是指以结构的动力响应为约束或目标函数的拓扑优化问题。动力学特性优化的代表工作主要有：Xie 等利用渐进结构优化研究了一系列动力学特性优化问题，包括最大化指定频率、最大化频率间隔等问题；Lee 等研究了钢筋混凝土深梁结构的最大特征频率动力学拓扑优化问题；Zhan 等研究了在自由振动下，梁及板结构在体积约束下基频极大化及多阶频率耦合极大化问题。动力学响应相关的拓扑优化研究相对较少，主要代表工作有：Xie 等利用 ESO 方法研究了结构在随机响应约束下的拓扑优化，G. J. Park 等利用等效静载荷解决结构在动载荷作用下的拓扑优化问题，荣建华等利用 ESO 方法研究结构在白噪声或窄带激励下以均方响应为约束下的拓扑优化，Ma 等研究在简谐激励作用下结构动柔顺度最小的拓扑优化。

结构动力学拓扑优化由于其复杂性目前还存在很多问题。结构动力学拓扑优化的目标函数和约束函数非线性程度高，一般为设计变量的隐函数，因此动力学灵敏度的推导计算和优化求解非常困难。因此动力学拓扑优化仍然处于理论研究阶段，还需要不断完善它的理论研究，此外，动力学拓扑优化有关方面的工程实际应用也有一定的差距。

针对上述文献中的问题，本书采用双向渐进结构优化的方法。首先研究原始渐进结构优化的基本原理，在此基础上研究一种改进的渐进结构优化，提高了静力学和动力学拓扑优化的效率；其次针对动力学响应拓扑优化，研究等效静载荷的基本原理；然后结合多目标优化的理论，实现了动力学多目标的拓扑优化。

2. 基于等效静载荷的渐进结构动力学优化

（1）结构动力学优化

1）等效静载荷的基本原理

能够在任意时间步和动载荷产生相同位移的静载荷被称为等效静载荷。在等效时，将每个计算的时间步等效为等效静载荷分析的一个工况，并且要求等效静载荷每一步产生的位移和动载荷产生的位移一样。

第 p 个自由度在任意时刻 t_a 的动态位移可以表示为

$$d_p(t_a) = x_p = \sum_{k=1}^{N} \frac{1}{\omega_k^2} \left(\sum_{j=i}^{i+l-1} u_{pk} u_{jk} s_j \right), \quad p = 1, \cdots, l$$

$$d_p(t_a) \approx x_p = \sum_{k=1}^{N} \frac{1}{\omega_k^2} \left(\sum_{j=i}^{i+l-1} u_{pk} u_{jk} s_j \right), \quad p = l+1, \cdots, N \qquad (7-119)$$

式中：N 是结构总的自由度；u_{jk} 是第 k 阶模态向量；S 为等效静载荷；ω 为结构的自然圆频率。

2）结构动力学响应的有限元分析

本书采用纽马克法进行结构动力学有限元分析。

$$\dot{\boldsymbol{\delta}}_{t+\Delta t} = \dot{\boldsymbol{\delta}}_t + \left[(1-\beta)\ddot{\boldsymbol{\delta}}_t + \beta\ddot{\boldsymbol{\delta}}_{t+\Delta t}\right]\Delta t \tag{7-120}$$

$$\boldsymbol{\delta}_{t+\Delta t} = \boldsymbol{\delta}_t + \dot{\boldsymbol{\delta}}_t \Delta t + \left[\left(\frac{1}{2}-\alpha\right)\ddot{\boldsymbol{\delta}}_t + \alpha\ddot{\boldsymbol{\delta}}_{t+\Delta t}\right]\Delta t^2 \tag{7-121}$$

式中：α 和 β 是设计者选择的参数，一般根据积分的精度和稳定性来选择。当 $\alpha=1/6,\beta=1/2$ 时，为线性加速度方法。当 $\alpha=1/4,\beta=1/2$ 时，是一种平均加速度法。已经证明当 $\alpha=1/4$，$\beta=1/2$ 时，数值分析是稳定的，即无论选择多大的时间步，计算的位移和速度都会收敛。因此取 $\alpha=1/4,\beta=1/2$。

通过式（7-120）和式（7-121）可得

$$\ddot{\boldsymbol{\delta}}_{t+\Delta t} = \frac{1}{\alpha\Delta t^2}(\boldsymbol{\delta}_{t+\Delta t} - \boldsymbol{\delta}_t) - \frac{1}{\alpha\Delta t}\dot{\boldsymbol{\delta}}_t - \left(\frac{1}{2\alpha}-1\right)\ddot{\boldsymbol{\delta}}_t \tag{7-122}$$

$$\dot{\boldsymbol{\delta}}_{t+\Delta t} = \dot{\boldsymbol{\delta}}_t + (1-\beta)\Delta t\ddot{\boldsymbol{\delta}}_t + \beta\Delta t\ddot{\boldsymbol{\delta}}_{t+\Delta t} \tag{7-123}$$

把式（7-122）和式（7-123）代入 $t+\Delta t$ 时刻的动力学方程为

$$\boldsymbol{M}\ddot{\boldsymbol{\delta}}_{t+\Delta t} + \boldsymbol{K}\boldsymbol{\delta}_{t+\Delta t} = \boldsymbol{F}_{t+\Delta t} \tag{7-124}$$

得到

$$\left(\frac{1}{\alpha\Delta t^2}\boldsymbol{M} + \boldsymbol{K}\right)\boldsymbol{\delta}_{t+\Delta t} = \boldsymbol{F}_{t+\Delta t} + \left[\left(\frac{1}{2\alpha}-1\right)\boldsymbol{M}\right]\ddot{\boldsymbol{\delta}}_t + \left(\frac{1}{\alpha\Delta t}\boldsymbol{M}\right)\dot{\boldsymbol{\delta}}_t + \left(\frac{1}{\alpha\Delta t^2}\boldsymbol{M}\right)\boldsymbol{\delta}_t \tag{7-125}$$

通过求解式（7-125）可得 $\boldsymbol{\delta}_{t+\Delta t}$，再由式（7-123）和式（7-124）可以得出 $\ddot{\boldsymbol{\delta}}_{t+\Delta t}$ 和 $\dot{\boldsymbol{\delta}}_{t+\Delta t}$。

（2）利用等效静载荷解决动响应拓扑优化问题

1）问题描述

结合等效静载荷的基本理论，约束函数为体积约束，目标函数为结构的动刚度最大化的拓扑优化问题的数学模型为

$$\begin{cases} \min C = \sum_{u=1}^{l} w_u\left(\frac{1}{2}\boldsymbol{f}_{\mathrm{tu}}^{\mathrm{T}}\boldsymbol{z}_{\mathrm{tu}}\right), \quad u=1,\cdots,l \\ \mathrm{s.\,t.} \quad V^* - \sum_{i=1}^{N} V_i x_i = 0 \\ \boldsymbol{K}(\boldsymbol{x})\boldsymbol{z}(s) - \boldsymbol{f}_{\mathrm{eq}}(s) = 0, \quad s=1,\cdots,l \\ x_i \in \{x_{\min},1\} \end{cases} \tag{7-126}$$

式中：l 是动态分析总的时间步；w_u 是每个时间步的权重因子，本小节中 w_u 都为 1。$\frac{1}{2}\boldsymbol{f}_{\mathrm{tu}}^{\mathrm{T}}\boldsymbol{z}_{\mathrm{tu}}$ 是第 u 时间步的柔顺度，$\boldsymbol{f}_{\mathrm{tu}}$ 是第 u 时间步动载荷的数值，$\boldsymbol{z}_{\mathrm{tu}}$ 是第 u 时间步的位移向量。目标函数是所有时间步的柔顺度之和。V_i 是每个单元的体积，V^* 是预先设定结构最终达到的体积。x_i 是每个单元的相对密度。

2）单元灵敏度的求解及优化迭代流程

基于等效静载荷拓扑优化的单元灵敏度可以表示为

$$dc_{ij} = \frac{1}{2}p x_{ij}^{p-1}\boldsymbol{u}_{ij}^{\mathrm{T}}\boldsymbol{K}_i\boldsymbol{u}_{ij} \tag{7-127a}$$

$$dc_i = \frac{1}{2}\sum_{j=1}^{l} p x_{ij}^{p-1}\boldsymbol{u}_{ij}^{\mathrm{T}}\boldsymbol{K}_i\boldsymbol{u}_{ij} \tag{7-127b}$$

式中:dc_{ij} 表示 i 单元在 j 时间步的灵敏度;p 表示惩罚因子;x_{ij} 表示 i 单元在 j 时间步的相对密度;$\boldsymbol{u}_{ij}$ 表示 i 单元在 j 时间步的位移;$\boldsymbol{K}_i$ 表示 i 单元的刚度矩阵;dc_i 表示 i 单元的灵敏度;l 是动态分析总的时间步。

在等效静载荷作用下,结构动刚度拓扑优化的步骤如下:

步骤 1:设置初始变量 $x^k = x^0$,循环次数 $k=0$,设定 BESO 参数 er、$r_{\min}$、volfrac 等。

步骤 2:用纽马克法进行有限元动力学分析并计算各自由度所有时刻的位移。

步骤 3:按照式(7-96)计算每个相应时刻的等效静载荷。

步骤 4:用等效静载荷解决多工况下的线性静态优化问题,如下:

$$\begin{cases} \min C = \sum_{u=1}^{l} w_u \left(\dfrac{1}{2} \boldsymbol{f}_{tu}^{\mathrm{T}} \boldsymbol{z}_{tu} \right), \quad u=1,\cdots,l \\[2mm] \text{s.t.} \quad V^* - \sum_{i=1}^{N} V_i x_i = 0 \\[2mm] \quad \boldsymbol{K}(\boldsymbol{x})\boldsymbol{z}(s) - \boldsymbol{f}_{\mathrm{eq}}(s) = 0, \quad s=1,\cdots,l \\[2mm] \quad x_i \in \{x_{\min},1\} \end{cases} \tag{7-128}$$

步骤 5:如果 $k=0$,就跳到第 6 步;否则,如果满足收敛准则,就优化过程终止,如果不满足收敛准则,就跳到第 6 步。收敛准则定义为

$$\left(\left| x_i^{k+1} - x_i^k \right| \geqslant \varepsilon_1 \right) \leqslant n \times \varepsilon_2, \quad i=1,\cdots,n \tag{7-129}$$

式中:ε_1、ε_2 是非常小的数。

步骤 6:更新 $k=k+1$,跳到步骤 2。

图 7-21 所示为在等效静载荷作用下,结构动刚度拓扑优化的流程图。

3)基于等效静载荷的动刚度优化数值算例

以长悬臂梁为数值算例,边界约束条件和动载荷如图 7-22 所示,悬臂梁的几何长度为 120 mm×30 mm,右边中心处受到随时间变化的动载荷,动载荷如图 7-23 所示,材料的弹性模量为 2.0×10^3 MPa,泊松比为 0.3,材料的密度为 4.8×10^{-6} kg/mm³,ε_1 值为 0.3,ε_2 值为 0.4,利用 120×30 四节点有限元平面应力单元离散结构,最终结构达到的目标体积为初始体积的 50%。BESO 的初始参数为:er=0.02,$r_{\min}=3$ mm,penal=3。

在结构受到简谐载荷作用下,结合等效静载荷的基本思想,采用 MATLAB 编写以约束函数为体积约束,目标函数为结构动刚度最大化的 BESO 方法程序。

图 7-24 所示为长悬臂梁迭代次数为 67 次的平均动柔顺度和体积分数的变化曲线。随着动刚度拓扑优化迭代的不断进行,结构的体积逐渐达到目标体积,结构的平均动柔顺度呈不断上升的趋势,在结构动刚度优化过程到 35 步和 50 步时,动柔顺度有一个峰值和波谷跳动,但是随着单元灵敏度的不断更新,结构的平均动柔顺度最终收敛到一个正常水平。在结构的目标体积达到总体积的 50% 时,平均动柔顺度收敛到 0.554 0 N·mm。长悬臂梁结构的动刚度拓扑进化过程如图 7-25 所示。

本小节也采用变密度法,结合等效静载荷的基本理论,优化承受简谐载荷作用下的结构动刚度。为了保证和 BESO 法具有一定的可比性,变密度法的一些参数例如惩罚因子 p 等和 BESO 法相同,所有材料的参数、边界约束条件和动载荷与上面的算例一样,图 7-26 为变密度法拓扑优化结果。拓扑优化图和 BESO 法很相似,但是变密度法由于过多的中间单元会造

成最终的拓扑结构出现灰度问题。变密度法得到结构的平均动柔顺度为 $0.6610\ \text{N}\cdot\text{mm}$，这比 BESO 法得到的平均动柔顺度大，说明 BESO 法得到的结构动刚度比变密度法大。

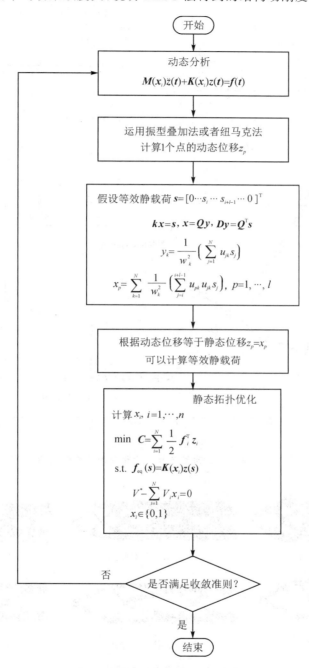

图 7 - 21　动刚度拓扑优化迭代流程图

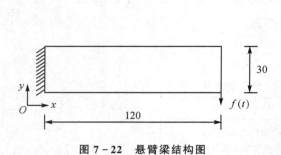

图 7-22　悬臂梁结构图

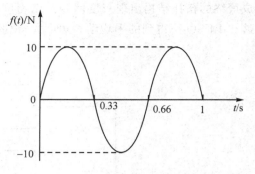

图 7-23　动载荷图

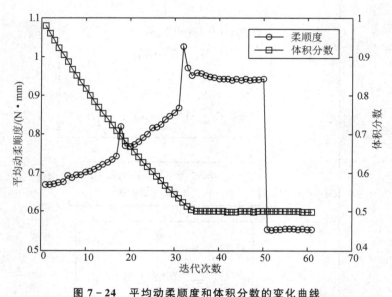

图 7-24　平均动柔顺度和体积分数的变化曲线

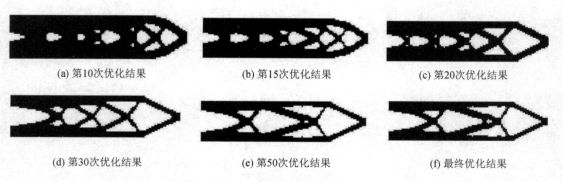

(a) 第10次优化结果　　　　　(b) 第15次优化结果　　　　　(c) 第20次优化结果

(d) 第30次优化结果　　　　　(e) 第50次优化结果　　　　　(f) 最终优化结果

图 7-25　长悬臂梁的优化过程

图 7 - 26　变密度法拓扑优化图

3. 基于等效静载荷的多目标结构动力学优化

（1）多目标优化问题的基本理论

对于目标函数为 L 个、约束条件为若干个的多目标问题的数学模型为

$$\begin{cases} \min \boldsymbol{F}(\boldsymbol{x}) = [f_1(\boldsymbol{x}), f_2(\boldsymbol{x}), \cdots, f_L(\boldsymbol{x})]^{\mathrm{T}} \\ \text{s. t.} \quad g_i(\boldsymbol{x}) \leqslant 0, \quad (i = 1, 2, \cdots, m) \\ \qquad h_j(\boldsymbol{x}) = 0, \quad (j = 1, 2, \cdots, k) \end{cases} \tag{7-130}$$

求 $\boldsymbol{x} = (x_1, x_2, \cdots, x_n)^{\mathrm{T}}$。

其中，$\boldsymbol{x}$ 是 n 维的设计变量，$\boldsymbol{F}(\boldsymbol{x}) = [f_1(\boldsymbol{x}), f_2(\boldsymbol{x}), \cdots f_L(\boldsymbol{x})]^{\mathrm{T}}$ 是 L 个目标函数，$g_i(\boldsymbol{x})$ 和 $h_j(\boldsymbol{x})$ 分别是多目标优化问题的 m 个不等式约束和 k 个等式约束。

（2）动载荷下的多目标渐进结构优化

1）动载荷下的多目标渐进结构优化的数学模型

动柔顺度和自然频率这两个目标在量纲上和数量级上不统一，针对这个问题并结合多目标问题的解决方法，利用理想点法与归一化法解决多目标优化问题。根据这种归一化的思想，评价函数采用 p 模函数，取 $p = 1$，可将 p 模函数的表达式写为

$$U(\boldsymbol{x}) = \left\{ \sum_{i=1}^{m} w_i \left| \frac{f_i(\boldsymbol{x}) - f_i^*}{f_{i\max} - f_{i\min}} \right| \right\} \tag{7-131}$$

以约束函数为体积约束，目标函数为结构平均动柔顺度和自然频率的多目标渐进结构动力学优化的数学模型，即

$$\begin{cases} \min U = w_1 \left| \dfrac{c(\boldsymbol{x}) - c^*}{c^*} \right| + w_2 \left| \dfrac{f(\boldsymbol{x}) - f^*}{f^*} \right| \\ \text{s. t.} \quad V^* - \displaystyle\sum_{i=1}^{N} V_i x_i = 0 \\ \qquad \boldsymbol{K}(\boldsymbol{x}) \boldsymbol{z}(s) - \boldsymbol{f}_{\mathrm{eq}}(s) = 0, \quad s = 1, \cdots, l \\ \qquad x_i \in \{x_{\min}, 1\} \end{cases} \tag{7-132}$$

式中：$c(x) = \displaystyle\sum_{u=1}^{l} w_u \left(\frac{1}{2} \boldsymbol{f}_{\mathrm{tu}} \boldsymbol{z}_{\mathrm{tu}} \right)$；$c^* = c_{\min}$；$f^* = f_{\max}$；$V_i$ 是每个单元的体积；V^* 是预先设定结构最后达到的体积；x_i 是每个单元的相对密度。

结合等效静载荷的基本思想，单元的平均动柔顺度灵敏度可以表示为

$$dc_i = \frac{1}{2} \sum_{j=1}^{l} p x_{ij}^{p-1} \boldsymbol{u}_{ij}^{\mathrm{T}} \boldsymbol{K}_i \boldsymbol{u}_{ij} \tag{7-133}$$

归一化后的动柔顺度灵敏度表达式为

$$dc_{\mathrm{N}i} = \frac{dc_i - dc_{i\min}}{dc_{i\max} - dc_{i\min}} \tag{7-134}$$

式中:dc_{Ni} 是动柔顺度归一化后的单元灵敏度;dc_i 是 i 单元的动柔顺度灵敏度;dc_{imin} 和 dc_{imax} 分别为动柔顺度灵敏度的最小值和最大值。

由式(7-134)可知,当单元的灵敏度 dc_i 为 dc_{imin} 时,动柔顺度归一化的单元灵敏度 dc_{Ni} 为 0;当单元的灵敏度 dc_i 为 dc_{imax} 时,动柔顺度归一化的单元灵敏度 dc_{Ni} 为 1。因此,归一化后结构平均动柔顺度的灵敏度满足在归一化之前数值小的,归一化之后数值仍然是小的,在归一化之前数值大的,归一化之后数值仍然是大的。

自然频率归一化的灵敏度为

$$df_{Ni} = \frac{df_i - df_{imin}}{df_{imax} - df_{imin}} \qquad (7-135)$$

式中:df_{Ni} 是频率归一化后的单元灵敏度;df_i 是 i 单元的频率灵敏度;df_{imin} 和 df_{imax} 分别为频率灵敏度的最小值和最大值。

多目标动力学优化单元的灵敏度由归一化后单元平均动柔顺度灵敏度和单元频率灵敏度的线性加权处理,因此多目标动力学优化单元的灵敏度表达式为

$$dm_i = w_1 dc_{Ni} + w_2 df_{Ni} \qquad (7-136)$$

式中:dm_i 为多目标动力学优化单元的灵敏度;w_1 和 w_2 分别为平均动柔顺度和频率的权重系数。

2) 多目标渐进结构动力学优化的流程

多目标渐进结构动力学优化当满足下面的收敛准则时,停止迭代:

$$\text{error} = \frac{\left| \sum_{i=1}^{N} U_{k-i+1} - \sum_{i=1}^{N} U_{k-N-i+1} \right|}{\sum_{i=1}^{N} U_{k-i+1}} \leqslant \tau \qquad (7-137)$$

式中:U 为目标函数;k 为当前迭代步数;τ 为允许收敛公差;N 是一个整数,用于稳定目标函数的数值,一般取 5。

多目标渐进结构动力学优化迭代的流程图如图 7-27 所示。

3) 多目标渐进结构动力学优化的数值算例

本小节以两端固支梁为例,进行结构平均动柔顺度最小和自然频率最大的多目标渐进结构动力学优化,边界约束条件和施加动载荷如图 7-28 所示,梁结构的几何长度为 140 mm× 20 mm,底边中点受到随时间变化的动载荷,动载荷如图 7-29 所示,材料的弹性模量为 $7.24×10^5$ MPa,泊松比为 0.3,材料的密度为 $7.80×10^{-6}$ kg/mm³,ε_1 值为 0.3,ε_2 值为 0.04,利用 140×20 四节点有限元平面应力单元离散结构,最终结构达到的体积即体积约束为初始体积的 50%。BESO 的初始参数为:er=0.02,r_{min}=3 mm,penal=3。

多目标动力学优化问题的权重系数根据经验选择,这里仅仅选择几组有代表意义的权重系数来验证多目标渐进结构动力学优化的可实用性。运用 MATLAB 编写多目标动力学优化的程序。各个权重系数得到的最终拓扑图如表 7-3 所列,结构的体积分数、平均动柔顺度和频率的变化曲线如图 7-30 所示。

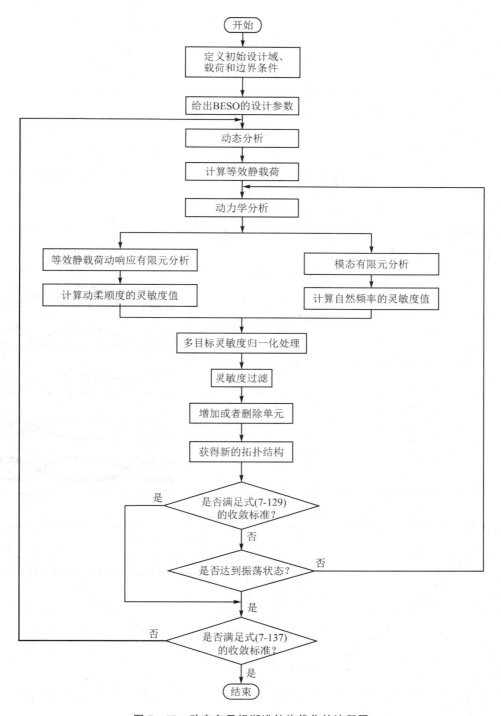

图 7 - 27　动态多目标渐进结构优化的流程图

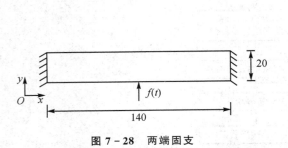

图 7 - 28　两端固支

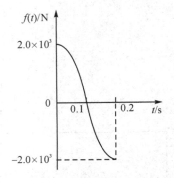

图 7 - 29　梁初始设计域动载荷图

表 7 - 3　两端固支梁各个工况最终拓扑图

工况权重	迭代次数	平均柔顺度/ （N·mm）	自然频率/Hz	最终结构拓扑图
$w_1=1$ $w_2=0$	44	2 478.7	142.4	
$w_1=0.7$ $w_2=0.3$	50	2 596.7	158.6	
$w_1=0.5$ $w_2=0.5$	55	2 783.4	163.6	
$w_1=0.3$ $w_2=0.7$	64	6 323.4	177.7	
$w_1=0$ $w_2=1$	38	8 775.6	182.1	

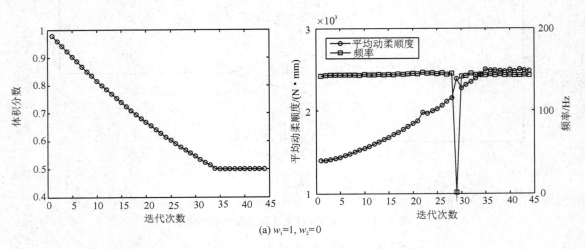

(a) $w_1=1$, $w_2=0$

图 7 - 30　体积分数、平均柔顺度和频率的变化曲线

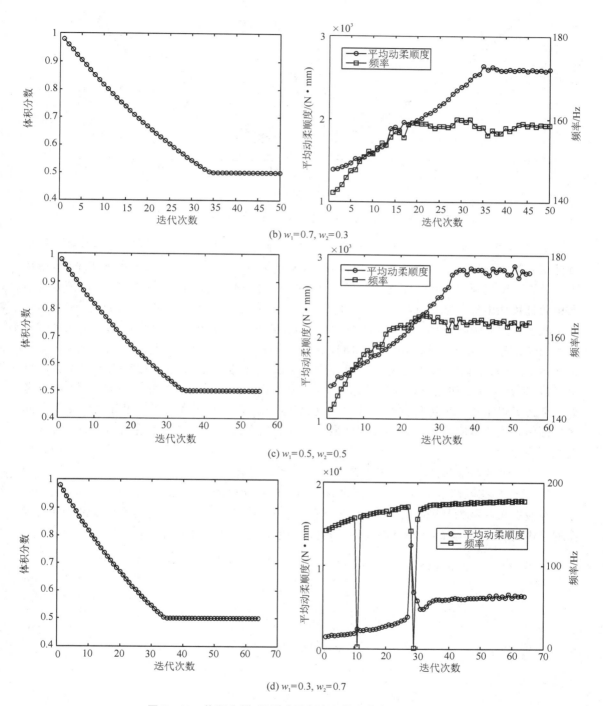

(b) $w_1=0.7$, $w_2=0.3$

(c) $w_1=0.5$, $w_2=0.5$

(d) $w_1=0.3$, $w_2=0.7$

图 7-30　体积分数、平均动柔顺度和频率的变化曲线(续)

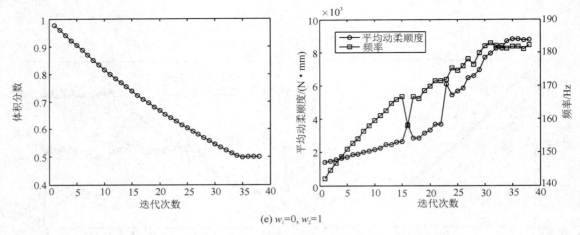

(e) $w_1=0$, $w_2=1$

图 7－30　体积分数、平均动柔顺度和频率的变化曲线(续)

事实上,当 $w_1=1$、$w_2=0$ 和 $w_1=0$、$w_2=1$ 时分别为结构平均动柔顺度和自然频率的单目标动力学拓扑优化。从表 7－3 中可以看出,随着结构平均动柔顺度权重系数的增大,结构平均动柔顺度逐渐变小且逐渐达到最优状态,并且为了适应中间动载荷的作用,中间部分逐渐变粗而且拓扑出桁架结构,因此结构的动刚度越来越大,当 $w_1=1$、$w_2=0$ 时结构动刚度达到最优状态。然而随着频率权重系数的增大,频率逐渐增大且逐步达到最优值,随着中间动载荷的作用越来越小,中间结构逐步变成空洞,结构的自然频率越来越大,当 $w_1=0$、$w_2=1$ 时结构自然频率达到最优状态。对于各个单目标优化来说,单目标的优化结果肯定优于多目标的结果,但是工程实际上往往要全方位考虑问题,因此多目标优化是对各个单目标的折中,综合考虑各个目标得出的一种优化方法,更符合工程实际的要求。本算例验证了用等效静载荷法和多目标优化理论解决结构平均动柔顺度最小和自然频率最大的多目标渐进结构动力学优化问题的正确性。

(3) 基于模态跟踪技术的多目标渐进结构动力学优化

1) 基于模态跟踪技术的多目标渐进结构动力学优化模型

在模态跟踪技术基础上,约束函数为体积约束,目标函数为结构平均动柔顺度最小和目标振型对应的特征频率最大的多目标渐进结构动力学优化的数学模型可以表示为

$$
\begin{cases}
\min U = w_1 \left| \dfrac{c(\boldsymbol{x})-c^*}{c^*} \right| + w_2 \left| \dfrac{f_{\text{desired}}(\boldsymbol{x})-f_{\text{desired}}^*}{f_{\text{desired}}^*} \right| \\[2ex]
\text{s. t.} \quad V^* - \sum_{i=1}^{N} V_i x_i = 0 \\[2ex]
\quad\quad \boldsymbol{K}(\boldsymbol{x})\boldsymbol{z}(s) - \boldsymbol{f}_{\text{eq}}(s) = 0, \quad s=1,\cdots,l \\[2ex]
\quad\quad x_i \in \{x_{\min},1\} \\[2ex]
\quad\quad \text{MAC} = \dfrac{|\boldsymbol{\varphi}_{\text{ref}} \cdot \boldsymbol{\varphi}_{\text{m}}|^2}{|\boldsymbol{\varphi}_{\text{ref}} \cdot \boldsymbol{\varphi}_{\text{ref}}||\boldsymbol{\varphi}_{\text{m}} \cdot \boldsymbol{\varphi}_{\text{m}}|}
\end{cases}
\tag{7-138}
$$

式中: $f_{\text{desired}}(\boldsymbol{x})$ 是目标振型所对应的特征频率值; f_{desired}^* 是目标振型对应的特征频率的最大值;MAC 是模态确定准则,数值范围为 $[0,1]$,其他参数也和前面的例子一样; $\boldsymbol{\varphi}_{\text{ref}}$ 是参考振型

即所需要的振型;$\boldsymbol{\varphi}_m$ 是结构的振型。MAC 的取值为 $[0,1]$,如果 MAC 为 0,则说明 $\boldsymbol{\varphi}_{ref}$、$\boldsymbol{\varphi}_m$ 正交;如果 MAC 为 1,则说明 $\boldsymbol{\varphi}_m = \boldsymbol{\varphi}_{ref}$ 即 $\boldsymbol{\varphi}_m$ 就是所需要跟踪的振型。在模态跟踪技术中,MAC 最大值对应的 $\boldsymbol{\varphi}_m$ 就是所需要跟踪的目标振型。

2) 基于模态跟踪技术的多目标渐进结构动力学优化数值算例

本小节以简支梁为例,在模态跟踪技术基础上,进行结构平均动柔顺度最小和目标振型对应的特征频率最大的多目标渐进结构动力学优化,边界约束和动载荷如图 7 - 31 所示,梁结构的几何长度为 100 mm×20 mm,底边中点受到随时间变化的动载荷,动载荷如图 7 - 32 所示,材料的弹性模量为 $7.24×10^5$ MPa,泊松比为 0.3,材料的密度为 $7.80×10^{-6}$ kg/mm^3,ε_1 值为 0.3,ε_2 值为 0.04,利用 100×20 四节点有限元平面应力单元离散结构,最终结构的目标体积为结构总体积的 50%。BESO 的初始参数为:er=0.02,r_{min}=3 mm,penal=3。

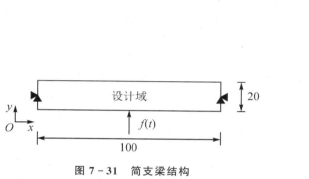

图 7 - 31　简支梁结构

图 7 - 32　动载荷图

简支梁的前四阶振型如图 7 - 33 所示,当简支梁的拓扑结构改变时可能会改变结构的振型顺序,在结构平均动柔顺度和特征频率的多目标动力学优化中,对于特征频率优化来说,目的是扩大目标振型对应的特征频率,因此可以用 MAC 方法来跟踪目标振型。本算例是增大一阶振型对应的特征频率,用 MATLAB 编写在模态跟踪技术基础上,结构平均动柔顺度最小和所需振型对应的特征频率最大的多目标渐进结构动力学优化的程序。本次结构平均动柔顺度权重系数和目标振型对应的特征频率权重系数分别取 $w_1=0.3$,$w_2=0.7$。最终结构的拓扑优化结果如图 7 - 34 所示,结构平均动柔顺度和目标振型对应的特征频率的变化曲线如图 7 - 35 所示。

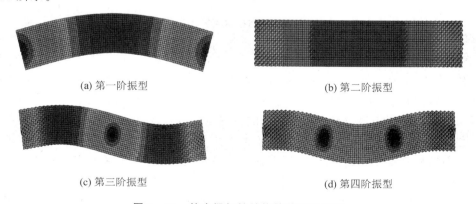

(a) 第一阶振型

(b) 第二阶振型

(c) 第三阶振型

(d) 第四阶振型

图 7 - 33　简支梁初始结构的前四阶模态

图 7-34　模态跟踪技术简支梁最终的拓扑图

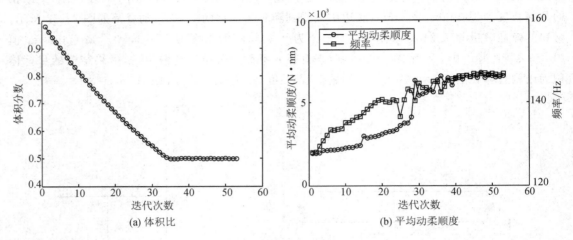

(a) 体积比　　　　　　　　　　　　　(b) 平均动柔顺度

图 7-35　体积分数和频率的变化曲线

　　为了保证与上面算例的结果具有一定可比性，无模态跟踪技术优化也是简支梁结构一阶振型对应的特征频率，并且所有的渐进结构动力学优化参数、材料参数、边界约束条件和动载荷与上面的算例一样，图 7-36 为无模态跟踪技术简支梁的多目标渐进结构动力学优化结果，目标振型对应的特征频率值为 123.576 Hz，有模态跟踪技术目标振型对应的特征频率值为 146.969 Hz，显然比无模态跟踪技术的特征频率值大，说明了模态跟踪技术的必要性和优越性。

图 7-36　无模态跟踪技术简支梁最终的拓扑图

4. 总　结

　　① 建立结构在动载荷作用下，约束函数为体积约束，目标函数为结构平均动柔顺度最小的双向渐进结构动态优化数学模型，针对悬臂梁结构进行了动响应拓扑优化，并且取得了比较好的拓扑结果，说明利用等效静载荷解决动响应问题的有效性。

　　② 将 BESO 法和变密度法做对比，在相关参数相同的情况下，得到的拓扑优化图和变密度法相似，但结构刚度比变密度法大，说明 BESO 法的正确性，与变密度法相比在结构拓扑方面有一定优势。

　　③ 建立以约束函数为体积约束，目标函数为结构平均动柔顺度最小和自然频率最大的多

目标动力学拓扑优化的数学模型,利用归一化原理,推导多目标动态优化的灵敏度公式。把模态跟踪技术融入到多目标动力学拓扑优化中,建立其数学模型,最后用数值算例说明模态跟踪技术的有效性。

7.4.5 声振耦合系统的仿生拓扑优化

1. 板壳加强筋结构

板壳结构作为汽车、船舶、飞行器等各类装备的基本组成部件,是产生和传递结构振动的主要载体和导体。板壳加筋强化方法,可以增强机械系统的动态稳定性,减少机械振动产生的声辐射,从而降低机械振动噪声。由于加强筋的布局形式对结构的辐射噪声水平具有显著影响,因而通过优化技术对结构质量、刚度和阻尼进行布局优化,改善结构的声振性能,长期以来都是航空结构轻量化设计的基础性课题,因此得到国内外学者与工程界的广泛关注。

随着拓扑优化方法的逐渐成熟,有些学者尝试通过数学规划法进行加强筋布局优化研究,以降低指定区域的声压或结构的辐射声功率水平。杜建镔等针对两种不同力学性能材料组成的薄板结构,以结构声辐射功率或声场中指定区域场点的声压最小化为优化目标,通过变密度法获得了薄板结构材料的最优分布形式。Bojczuk 等将 Kirchhoff 板的布局优化问题转化为非自伴随问题,通过拓扑导数方法对直线加强筋与 B 样条曲线形状加强筋进行了拓扑优化设计。Liu 等利用材料导数法和伴随变量法构造了 Hilbert 空间内的形状梯度函数,以此优化了加强筋自由边界的轮廓形状。张卫红等研究了面向非规则有限元模型的薄壁结构加强筋布局设计方法,提出了实现平面与曲面加强筋结构拉伸方向约束定义的新方法,探讨了几何背景网格与加强筋设计有限元网格尺寸的关系。刘海等以最小辐射声功率为优化目标,利用变密度拓扑优化方法得到了简谐激励下板壳结构加强筋的最优布局。

目前,有些学者将生物进化方法与拓扑优化方法相融合,提出了基于准则法的加强筋仿生布局优化方法。丁晓红等在对根系分支系统形态的最优性和成长机理的研究基础上,提出了薄板结构的加强筋自适应成长设计方法,分别求解了加强筋结构布局的刚度与频率优化问题;季金等改进了上述的启发式优化算法,通过优化准则法建立了满足 KKT 条件的板壳结构的加强筋自适应成长设计方法。岑海堂、刘良宝等分析植物叶脉构型规律,采用结构仿生方法,提出了仿生型的飞机盖板筋板结构和机翼结构,确定了加强筋的最佳分布位置。薛开等根据双子叶植物的叶脉脉序形成的结构力说提出了仿生脉序生长算法,对板壳结构进行了加强筋分布设计。

板壳加强结构本质上是具有分支构型的板梁复合结构,基于数学规划法的加强筋布局优化方法可以获得薄壁结构沿厚度方向材料的最优分布形态,缺乏加强筋布局形式与最优传递路径之间清晰的对应关系。植物叶脉分支结构与板梁复合结构具有生物相似性,有些学者针对板壳加强结构的静力特性与动力学特性的优化问题提出了仿生拓扑优化方法,但是对于抗振板壳结构的仿生拓扑优化方法的研究相对较少。因此,本文借鉴叶脉脉序生长形态的最优性原理,以结构声辐射功率为设计目标,提出简谐激励下板壳加强筋结构仿脉序布局的降噪设计方法。

2. 板壳加强筋结构振动声辐射优化模型

在结构-声辐射计算中,假设加强筋板镶嵌于无限大的障板上,只考虑板壳结构的上表面

与流体接触，加强筋只对结构振动有影响。在单频谐振载荷作用下，半空间内的辐射声强表示为

$$I_s = \frac{\omega\rho}{4\pi}\int_s V_n^*(R)\frac{\sin(kr)}{r}V(Q)\,\mathrm{d}S(Q) \tag{7-139}$$

式中：ω 为激振频率；I_s 为场点辐射声强；$V(Q)$ 为板壳结构上表面 Q 处质点的振动速度；$V_n^*(R)$ 为上表面 R 处质点的法向振速；r 为质点 Q 与 R 的欧式距离；k、ρ 分别为流体的波数与密度。

在板壳振动辐射声场中，将近场辐射声强在板壳结构上表面积分，于是振动板壳总辐射声功率为

$$W = \frac{\omega\rho}{4\pi}\int_s\int_s V_n^*(R)\frac{\sin(kr)}{r}V(Q)\,\mathrm{d}S(Q)\,\mathrm{d}S(R) \tag{7-140}$$

考虑到辐射声功率为激振频率的函数，因此将声辐射功率在一定频段下的平均值定义为目标函数，则声辐射优化方程为

$$\begin{cases} \min \bar{W} = \dfrac{1}{\omega_n - \omega_1}\displaystyle\int_{\omega_1}^{\omega_n} W(\omega)\,\mathrm{d}\omega \\ \text{s.\,t.} \quad V_{\mathrm{m}} - \eta_m V_0 \leqslant 0 \\ \qquad\quad V_s - \eta_s V_0 \leqslant 0 \end{cases} \tag{7-141}$$

式中：ω_n、ω_1 分别为所关心频带的上下限；V_{m}、V_s 分别为加强筋主脉、次脉的体积用量；V_0 为加强筋总体的初始体积；η_{m}、η_s 分别为加强筋主脉、次脉的体积约束因子。

3. 板壳结构加强筋布局的仿生脉序生长算法

植物叶脉在分布形态上具有等级和网状结构特征，主脉与次脉相互倾斜、交错、分歧以承受环境载荷的作用。一般认为，叶脉的承载能力由三级脉序决定，主脉尺寸最大，承受绝大部分载荷，各级次脉尺寸依次减小，承载能力逐级下降。植物形态力说认为，叶片内部生长诱发的弹性应力场为叶脉的生长提供了力学环境，在叶脉形成过程中，由于生物体变形速度远远小于力信号的传播速度，因而认为各级脉序的成长过程近似为准静态过程。植物叶脉的形成过程包括分化和重塑两个阶段，主脉、次脉等各级脉序在分化阶段形成雏形，随后在粘弹性阻力的作用下重塑形成最终的几何构型与分布形态。因此，植物脉序的分布形态、成长机理与加强筋的布局设计问题具有相似性。本书借鉴植物脉序分支结构特征，提炼加强筋主脉、次脉的生长准则，以谐振结构声辐射功率为目标，开展抗振板壳加强结构的仿生设计方法研究。

（1）基于最小应变能的主脉生长准则

在叶片内部粘弹性应力场作用下，主脉的平衡构型可以理解为脉序细胞在形成层固定通道中能量损耗最小化的结果。如果将主脉生长过程的能量流理解为结构的弹性变形能，那么主脉的几何构型与分布形态具有能量最优性。此外，板梁复合结构在简谐激励作用下，谐振结构的弹性变形能不断转变为辐射声场的声能，因而可将应变能最小化作为加强筋主脉的生长准则。

在优化频带内，板壳加强筋结构的平均应变能为

$$\bar{U} = \frac{1}{\omega_n - \omega_1}\int_{\omega_1}^{\omega_n} U(\omega)\,\mathrm{d}\omega = \frac{1}{n}\sum_{\omega=\omega_1}^{\omega_n}\frac{1}{2}\boldsymbol{u}(\omega)^{\mathrm{T}}\boldsymbol{K}\boldsymbol{u}(\omega) \tag{7-142}$$

式中：$\boldsymbol{u}(\omega)$ 为谐振结构的节点位移列阵；$\boldsymbol{K}$ 为谐振结构的总体刚度矩阵。

在不考虑阻尼的情况下，板梁复合结构的自由振动方程为

$$(\boldsymbol{K} - \omega^2\boldsymbol{M})\boldsymbol{\phi} = 0 \tag{7-143}$$

式中：ω、$\boldsymbol{\phi}$ 分别为结构的固有频率与归一化振型；$\boldsymbol{M}$ 为结构的质量矩阵。

假设在主脉梁候选单元 i 的生长前后结构的各个变量的下标可以分别用 0、1 表示，并略去 $\Delta\omega_i$ 的二阶小量，则方程(7-143)随结构拓扑改变的增量形式为

$$\left(\frac{1}{\omega_{0i}^2}\boldsymbol{K}_0 - \boldsymbol{M}_0\right)\Delta\boldsymbol{\phi}_i = \left(\frac{1}{\omega_{0i}^2}\Delta\boldsymbol{K} - \Delta\boldsymbol{M}\right)\boldsymbol{\phi}_{0i} \tag{7-144}$$

式中：$\Delta\boldsymbol{K} = \boldsymbol{K}_1 - \boldsymbol{K}_0$，$\Delta\boldsymbol{M} = \boldsymbol{M}_1 - \boldsymbol{M}_0$，$\Delta\boldsymbol{\phi}_i = \boldsymbol{\phi}_{1i} - \boldsymbol{\phi}_{0i}$。

根据方程(7-144)，主脉候选梁单元 i 生长后的归一化振型为

$$\boldsymbol{\phi}_{1i} = \left(\frac{1}{\omega_{0i}^2}\boldsymbol{K}_0 - \boldsymbol{M}_0\right)^{-1}\left[\frac{1}{\omega_{0i}^2}(\boldsymbol{K}_0 - \Delta\boldsymbol{K}) - (\boldsymbol{M}_0 - \Delta\boldsymbol{M})\right]\boldsymbol{\phi}_{0i} \tag{7-145}$$

鉴于固有振型对刚度矩阵、质量矩阵和阻尼矩阵的正交性，则有如下关系：

$$\omega_{1i}^2 = \frac{\boldsymbol{\phi}_{1i}^{\mathrm{T}}\boldsymbol{K}_1\boldsymbol{\phi}_{1i}}{\boldsymbol{\phi}_{1i}^{\mathrm{T}}\boldsymbol{M}_1\boldsymbol{\phi}_{1i}}, \quad \zeta_{1i}\omega_{1i} = \boldsymbol{\phi}_{1i}^{\mathrm{T}}\boldsymbol{C}_1\boldsymbol{\phi}_{1i} \tag{7-146}$$

式中：ζ_{1i} 为与 ω_{1i} 对应的模态阻尼比。由此，将方程(7-146)代入到谐振结构的动力学方程中，则结构的频响函数矩阵为

$$\boldsymbol{H}_{u1}(\omega) = \sum_{i=1}^{n}\frac{\boldsymbol{\phi}_{1i}\boldsymbol{\phi}_{1i}^{\mathrm{T}}}{\omega_{1i}^2 - \omega^2 + 2\mathrm{j}\zeta_{1i}\omega_{1i}\omega} \tag{7-147}$$

谐振结构的位移列阵表示为

$$\boldsymbol{u}_1(\omega) = \boldsymbol{H}_{u1}(\omega)\boldsymbol{F}(\omega) \tag{7-148}$$

式中：$\boldsymbol{F}(\omega)$ 为简谐外载荷列阵。因而主脉候选梁单元 i 生长后的谐振结构平均应变能为

$$\bar{U}_1 = \frac{1}{n}\sum_{\omega=\omega_1}^{\omega_n}\frac{1}{2}\boldsymbol{u}_1(\omega)^{\mathrm{T}}\boldsymbol{K}_1\boldsymbol{u}_1(\omega) \tag{7-149}$$

联合方程(7-142)和方程(7-149)，主脉候选梁单元 i 生长前后的谐振结构平均应变能增量为

$$\Delta\bar{U} = \bar{U}_1 - \bar{U}_0 \tag{7-150}$$

根据方程(7-147)~(7-150)，计算主脉候选梁单元 i 生长前后的谐振结构平均应变能灵敏度，选择 $\Delta\bar{U}$ 的最小值对应的梁单元即为加强筋的主脉，相应的梁单元节点即为下一段主脉的待生长点。

（2）基于抑制最大剪应力的次脉生长准则

植物形态力说认为，次脉的生长类似于树干纤维的成长，都是沿着释放剪应力的方向，因此采用抑制最大剪应力作为次脉生长准则。

在优化频率范围内，次脉待生长点 i 的平均最大剪应力可以定义为 i 节点周围局部区域内最大剪应力在频带内的平均值，即

$$\bar{\tau} = \frac{1}{m}\sum_{i=1}^{m}\frac{1}{\omega_n - \omega_1}\int_{\omega_1}^{\omega_n}\tau_i(\omega)\,\mathrm{d}\omega \approx \frac{1}{mn}\sum_{i=1}^{m}\sum_{\omega=\omega_1}^{\omega_n}\tau_i(\omega) \tag{7-151}$$

式中：$\tau_i(\omega)$ 为次脉待生长点 i 的最大剪应力；m 为 i 节点周围单元个数，n 为优化频率区间的平分份数。

根据加强结构在次脉候选梁单元 i 生长前后的位移增量 $\Delta\boldsymbol{u}$，提取次脉待生长点的位移增量 $\Delta\boldsymbol{u}'$，即

$$\Delta u' = F_v^{\mathrm{T}} \Delta u = F_v^{\mathrm{T}} \left[H_{u1}(\omega) F(\omega) - H_{u0}(\omega) F(\omega) \right] \tag{7-152}$$

式中：F_v 为位移增量 $\Delta u'$ 的虚拟外载荷列阵。

另外，根据谐振结构动力学方程，则有：

$$F_v = H_{u0}(\omega)^{-1} u_0^v(\omega) \tag{7-153}$$

式中：$u_0^v(\omega)$ 为 F_v 作用下的结构虚拟位移列阵。

将方程（7-153）代入方程（7-152），次脉待生长点的位移增量表示为

$$\Delta u' = u_0^v(\omega)^{\mathrm{T}} H_{u0}(\omega)^{-\mathrm{T}} \left[H_{u1}(\omega) F(\omega) - H_{u0}(\omega) F(\omega) \right] \tag{7-154}$$

由方程（7-154），次脉待生长点的应力增量为

$$\Delta \sigma = DB \Delta u' \tag{7-155}$$

式中：D、B 分别为板梁复合结构的材料与应变矩阵。

由方程（7-155），次脉待生长点的平均最大剪应力为

$$\Delta \bar{\tau} = \nabla \bar{\tau}^{\mathrm{T}} \Delta \sigma = \nabla \bar{\tau}^{\mathrm{T}} DB \Delta u' \tag{7-156}$$

式中：$\nabla \bar{\tau}$ 表示次脉待生长点的平均最大剪应力的梯度矢量。

综上，次脉的生长用以有效地释放生长处局部的最大剪应力，那么由方程（7-154）和方程（7-156）确定次脉待生长点在候选次脉梁单元生长前后的平均最大剪应力的变化量，剪应力削减最大的待生长点即可以确定为次脉的下一个生长点。

（3）脉序分歧的矢量平衡

在叶脉形成的分化阶段，主脉与次脉在生长准则的约束下依次生长形成闭环结构；在重塑阶段，脉络在分歧处微调脉序方向和宽度尺寸，脉序分歧的调节原理如图 7-37 所示。

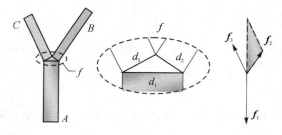

图 7-37 脉络分歧处的矢量平衡

由此，脉序在分歧处的矢量平衡方程为

$$\sum_{i=1}^{n} f_i = \sum_{i=1}^{n} d_i e_i = 0 \tag{7-157}$$

式中：d_i 为分歧处各段脉序的宽度尺寸；e_i 为脉序横截面的单位外法向矢量；f_i 为分歧处各段脉序的宽度矢量。

（4）优化流程

加强筋的生长算法主要包括程序初始化、主脉、次脉生成子程序和脉序光滑子程序（见图 7-38）。首先，建立板梁复合结构的有限元模型，获得加强筋脉序生长的能量场和应力场。其次，根据载荷作用点与位移边界条件配置主脉种子位置，利用最小应变能原则确定主脉分布构型；依据最大剪应力原则在主脉上配置次脉种子位置，利用抑制最大剪应力原则确定次脉分布构型，以上过程对应于叶脉生长的分化阶段。最后，利用最小二乘法光滑加强筋脉序的分布构型，通过矢量平衡控制方程修正脉序分歧处的宽度尺寸和方向。以上过程对应于叶脉生长

的重塑阶段。

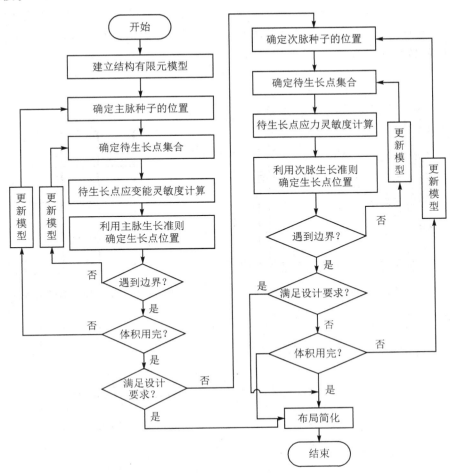

图 7 - 38　脉序生长算法流程图

4. 数值算例

目前,板壳结构声辐射优化的加强筋布局形式多为正交、等间距、垂直排列的分布构型,为了对比传统正交加筋布局方式与仿生脉序分布方式的降噪效果,通过分析四边简支方板和对边固支圆孔方板在上述两种加强筋布局形式下的声辐射功率,比较相同体积约束下两种布局形式的噪声水平与降噪能力。

(1) 四边简支方板

方形薄板四边简支,板的中心处受集中简谐载荷作用(见图 7 - 39)。方板边长 $L=0.8$ m,厚度 $t=0.01$ m,加强筋主脉初始宽度 $d_{m0}=0.01$ m,高度 $h_{m0}=0.016$ m,次脉宽度 $d_{s0}=0.005$ m,高度 $h_{s0}=0.016$ m,主脉体积约束量为 $0.2V_0$,次脉体积约束量为 $0.1V_0$,简谐激励力的幅值为 $F_a=1$ N,材料的弹性模量 $E=210$ GPa,泊松比 $\mu=0.3$,声速 $c=342$ m/s,空气密度 $\rho_a=1.21$ kg/m³,声功率参考值 $W_0=10^{-12}$ W,优化频段 $\omega=0\sim1\,200$ Hz。正交加强筋板结构如图 7 - 40 所示。

根据边界条件及载荷的分布,主脉种子选在载荷作用处。由于薄板几何形状、边界条件、载荷的对称性,主脉从中心处向应变能减小方向对称生长;次脉以主脉上的剪应力极大值点作为种子的位置,在主脉上沿释放剪应力的方向分岔生长,而且主脉、次脉在遇到结构简支边界后都停止生长(见图 7－41(a))。通过对初始脉序的拟合和脉络分歧点处的矢量平衡处理,最终得到了加强筋的分布构型(见图 7－41(b))。

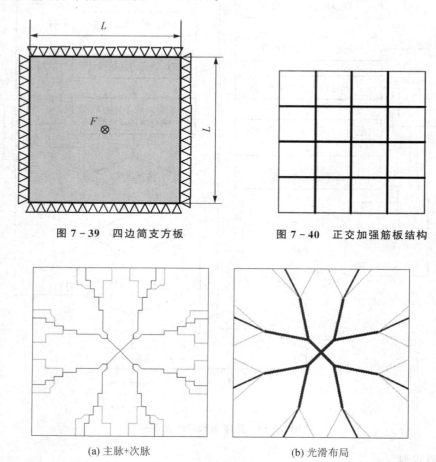

图 7－39 四边简支方板   图 7－40 正交加强筋板结构

(a) 主脉+次脉   (b) 光滑布局

图 7－41 加强筋仿脉序布局

与未加筋结构相比(见图 7－39 所示),仿生优化结构的声辐射功率峰值显著下降,而且向高频方向移动;与传统的正交加筋结构相比,仿生优化结构的最大声辐射功率下降约 10 dB,仿生结构在优化频带内的平均声辐射功率减少约 6.2 dB(见图 7－42)。因此,加强筋仿脉序分布构型具有更优的质量与刚度分布,仿生布局设计可以获得在相同体积约束下更优的减振降噪性能。

(2) 对边固支开孔方板

正方形薄板边长 $L=0.4$ m,厚度 $t=0.04$ m,板的中心开有直径 $d=0.1$ m 的圆孔,边界条件为对边固支,如图 7－43 所示。加强筋主脉初始宽度 $d_{m0}=0.006$ m,高度 $h_{m0}=0.01$ m,次脉宽度为主脉一半,高度与主脉相同,主脉体积约束量为 $0.2V_0$,次脉体积约束量为 $0.1V_0$。简谐激励力分别反向作用于左右边界的中点,幅值为 $F_a=1$ N,材料的弹性模量 $E=210$ GPa,泊松比 $\mu=0.3$,声速 $c=342$ m/s,空气密度 $\rho_a=1.21$ kg/m³,声功率参考值 $W_0=10^{-12}W$,优

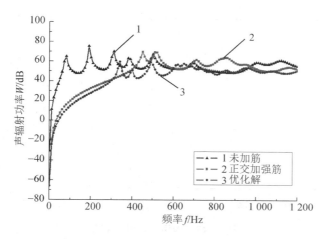

图 7-42　声辐射功率对比

化频段范围 $\omega = 0 \sim 1\,200$ Hz。正交加强筋开口板结构如图 7-44 所示。

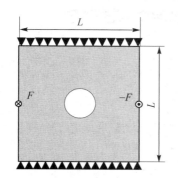

图 7-43　对边固支开口方板

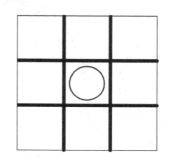

图 7-44　正交加强筋开口板结构

　　主脉种子设置在 4 个角点以及载荷作用处,主脉沿着降低结构总应变能的方向进行生长,从 4 个角点出发的主脉终止于圆孔处的自由边界,并与始于载荷处的主脉互相连接;次脉沿主脉上剪应力极大值点生长,终止于固支边界(见图 7-45(a))。通过脉络光滑处理和分歧点矢量微调,获得加强筋的最优布局形式(见图 7-45(b))。

　　与传统的正交加强筋结构相比(见图 7-44),仿生优化结构的最大声辐射功率下降约 6.4 dB,仿生结构在优化频带内的平均声辐射功率减少 4.7 dB(见图 7-46),结构振动噪声得到有效抑制。因此,仿生布局设计具有更优的质量与刚度分布,减振降噪效果显著。

5.总　结

　　针对板壳加强结构的减振降噪问题,借鉴叶脉分支结构特征,利用相似原理,研究了抗振板壳结构的加强筋仿生设计方法,获得了如下结论:

　　① 叶脉分支结构具有等级和闭环的特点,对于环境载荷的适应性与结构效能具有相似性。提取了叶脉脉序生长的结构力学准则,建立了加强筋脉序的生长准则与分支准则,提出了谐振板壳结构加强筋仿生布局的降噪设计方法。

　　② 以最小应变能和抑制最大剪应变为生长准则,以矢量平衡方程为分歧准则,实现了加

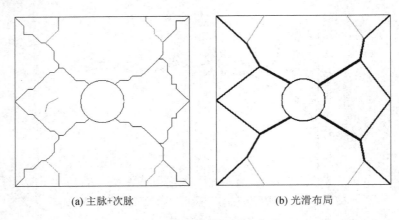

(a) 主脉+次脉   (b) 光滑布局

图 7 - 45　加强筋仿脉序布局

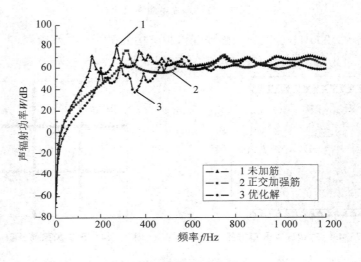

图 7 - 46　声辐射功率对比

强筋布局的等级优化;加强筋分布主次分明,板梁结构降噪效能增强显著,而且适合加工。

③ 利用所提出的板壳结构加强筋布局设计的仿生脉序生长算法,探索中高频振动薄壁结构的声辐射优化问题的仿生设计方法,为板梁复合结构动力学仿生设计提供新的研究途径。

习　题

7 - 1　什么叫拓扑优化?

7 - 2　拓扑优化问题的数学表达指的是什么?

7 - 3　简述拓扑优化的分类与层次。

7 - 4　你对拓扑优化的发展有什么看法,请谈谈自己的理解。

7 - 5　拓扑优化建模方法都有哪几种?分别具有哪些特点?

7 - 6　简单说明变密度法和移动组件法的建模方法。

7 - 7　使用 BESO 方法要注意哪些问题?

7-8　参照特征频率拓扑优化模型,写出以线弹性结构失稳的临界载荷因子最大化为目标的拓扑优化模型,讨论其灵敏度分析和求解方案。

7-9　试举一个例子说明在特征频率优化问题中,需要考虑特征模态的影响,并进行相应的特征模态灵敏度分析。

7-10　试研究并建立结构和声场均采用有限元方法的拓扑优化模型,进行灵敏度分析并给出求解算法的流程。

参考文献

[1] 隋允康,叶红玲.连续体结构拓扑优化的 ICM 方法[M].北京:科学出版社,2013.

[2] 杜健镔.结构优化及其在振动和声学设计中的应用[M].北京:清华大学出版社,2015.

[3] 钱令希.工程结构优化设计基础[M].北京:水利电力出版社,1984.

[4] 周克民,胡云昌.用可退化有限单元进行平面连续体拓扑优化[J].天津城市建设学院学报,2002,19(1):124-126.

[5] Bendsoe M P, Sigmund O. Material Interpolation Schemes in Topology Optimization [J]. Archive of Applied Mechanics, 1999(69):635-654.

[6] Sigmund O, Petersson J. Numerical Instabilities in Topology Optimization:A Survey On Procedures Dealing with Checkerboards, Mesh-Dependencies and Local Minima [J]. Structural Optimization, 1998, 16(1):68-75.

[7] Bendsoe M P, Optimization of Structural Topology, Shape and Material. Berlin: Springer, Heidelberg, 1995.

[8] Cheng K T, Olhoff N. An investigation concerning optimal design of solid elastic plate [J]. International Journal of SoLids & Structures, 1981(17):305-323.

[9] 陈宝林.最优化理论与算法[M].北京:清华大学出版社,2005.

[10] 杨锐振.基于振动-声学准则的微结构拓扑优化[D].北京:清华大学,2012.

[11] 杜建镔,宋先凯,董立立.基于拓扑优化的声学结构材料分布设计[J].力学学报,2011(2):306-315.

[12] 宋武林.三维连续体双向渐进结构拓扑优化[D].哈尔滨:哈尔滨工程大学,2017.

第8章　人工智能和大数据技术

8.1　大数据技术概述

8.1.1　大数据技术基本知识

1. 什么是大数据

大数据并不是一个新的概念,大数据其实是随着计算机技术、信息技术、物联网技术的发展而必须面对的一个普遍的问题。类似计算机发展史上的软件危机,信息技术每发展到一定阶段就会遇到数量太大处理不了的问题,可以说大数据是一种信息技术发展的现象。20世纪60年代,随着商业软件的发展,原来的文件已经不能满足商业数据存储的要求,于是产生了关系型数据库。相对于当时的传统文件,关系型数据库是一种处理大数据的经典解决方案。戏剧性的是,随着互联网技术的发展,传统数据库已不能解决对互联网文档数据的存储问题,于是产生了基于文档应用的 NoSQL 技术。可见在信息技术发展的过程中,人类在不停地面对来自大数据的挑战。

麦肯锡咨询公司最早提出大数据时代的到来:"数据,已经渗透到当今每一个行业和业务职能领域,成为重要的生产因素。人们对于海量数据的挖掘和运用,预示着新一波生产率增长和消费者盈余浪潮的到来。"IBM 将大数据的特征归纳为4个"V":量(Volume)、多样(Variety)、价值(Value)、速度(Velocity)。其特点有4个层面:第一,数据体量巨大,大数据的起始计量单位至少是 P(1 000个T)、E(100万个T)或 Z(10亿个T);第二,数据类型繁多,比如,网络日志、视频、图片、地理位置信息等;第三,价值密度低,商业价值高;第四,处理速度快。

麦肯锡咨询公司最早给出了大数据的定义:大数据是超过传统数据库工具的获取、存储、分析能力的数据集,并不是超过 TB 的才叫大数据。维基百科对大数据的定义:大数据是指无法在可承受的时间范围内用常规软件工具进行捕捉、管理和处理的数据集。作为多年从事数据处理工作的 IT 从业者,我们给出的大数据定义是:大数据是超过传统数据库工具、传统数据结构、传统程序设计语言、传统编程思想的获取、存储、分析能力的数据集。本书对大数据定义的补充是基于我们在长期的大数据处理中遇到的一些具体挑战。

(1) 关于传统数据结构的局限

大数据时代的数据具有4V的特性,数据类型繁多,数据量大,要求处理速度快,基于内存操作,因而传统的数据结构必须经过优化创新才能适应大数据时代的应用需求。例如 Google 的 BigTable 技术,Apache,软件基金会的 HDFS 文件结构,Mahout 中的数据结构,HIVE 数据库,学术界的热点知识图谱技术,都是顺应大数据时代而生的大数据时代的数据结构。这些数据结构相比传统编程语言中的数组、结构体、ArrayList、HashMap 等数据结构具有更好适应大数据4V特点的特性。现在已经广泛应用的大数据的数据结构都是根据大数据的具体应用场景进行优化和创新的,例如 Mahout 中的 FastByIDMap、FastIDSet 和 GenericItem Preference Array 等,相对于单机环境的 Java Collections 框架,它们降低了对内存的占用(欧文,2014)。

（2）关于传统的程序设计语言的局限

在大数据应用环境下，产生了许多新兴的编程语言，如 R 语言、Python、Scala 等，这些语言天生具有操作分布式计算环境和进行机器学习运算的基因。以 R 语言为例，其完成一个逻辑回归分析并生成图像，大概只需要 5 行代码，而 Java 和 C♯ 却需要调用许多类库，写上数十行程序。Python 和 Scala 可以轻松操作 Hadoop 和 Spark 平台，而这些在 C♯ 和 Java 环境中，需要许多的类库和配置，再加上数十行代码才能完成。

（3）关于传统编程工具数据展示能力的局限

在传统编程工具的报表中，datagrid 等控件的数据展示能力是有限制的。如需要展现上万个节点之间的关系，使用水晶报表或者 JFreeChart 是无法完成用户需求的，需要 EChart、Three-js 等大数据时代的报表工具。

（4）关于传统编程思想的局限

Jeffrey Scott 等提出在大数据环境下，传统的编程思想和框架产生了瓶颈（Vitter，2008），因为传统的编程思想和框架将寄存器、缓存、内存、磁盘统一编址，是基于所有的存储器具有相同访问时间的假设（Vitter，2008）。但用这样的思想来处理大数据，会造成效率低下，并且在这种框架和编程思想下开发的应用程序不能适应大数据时代的应用。例如对 600 万条数据做一次查询需要十几秒，如果采用大数据时代的编程思想，可以将查询控制在毫秒级别，当然还有服务器配置高低的问题，这里我们讨论的是在相同的运算环境下。

综上所述，我们概括了数据结构、程序设计语言、编程思想的局限，提出了大数据的定义。

2. 大数据到底有多大

这个问题在大数据的定义里是可以界定的，大数据的大是相对于传统的数据库、编程语言、数据结构、编程思想和框架的处理能力的大，但是相对于现在的数据增长来说，以前的工具、方法思想都是传统的。当遭遇新的智能硬件革命、新技术浪潮的时候，现在的技术工具方法等又会在未来成为传统的且阻碍潮流发展的。因而大数据的大是一个相对的大，人类在未来世界里会不断地遭遇大数据的问题，从而会有新的解决方案提出。因而大数据不是一个新问题，会是一个一直存在的问题。

3. 什么是大数据思维

大数据思维主要包括两个方面：① 从什么角度看数据；② 怎样使用数据。

第一方面，大数据时代的到来，使人类以史无前例的低成本去获取和利用数据，人类的本能是利用已有的知识和经验去理解、分析和利用这些数据，但是所有新事物的出现都会带来新科学规律的发现，例如天文望远镜的出现使人类可以更直观地观测宇宙，而抛弃了原来的猜想方式，发现了木星的 4 个卫星等客观规律。大数据时代的到来，肯定会帮助人类发现新的客观规律。例如，我们依赖大数据技术和可视化技术对社交网络进行研究，从而更精准地对社区概念进行定义。可见大数据可以给人类一个更有高度、更全局的观察视角对客观世界进行分析和发现。

第二方面，怎样使用大数据。首先要明确使用大数据的目的是解决问题、发现规律，那么如何根据要解决的问题去使用大数据呢？我们就需要使用数据的方法，通常叫做量化的方法。所谓量化的方法，就是在解决问题的过程中要可衡量、可评估、有明确的定义。车品觉等提出了 PIMA 定义：要解决的问题是什么，或者说目的是什么？（P）；在要达到的这个目的的过程中要有非常明确的定义(I)；在解决问题的过程中用的手段必须是可以量化的(M)；解决问题的结果是可以评估的(A)。这实际上是一个相当严谨的研究问题的体系，是一种严谨的数据思维。这个 PIMA 框架可以提供一个非常易用的大数据流程。

综上所述，大数据思维是一种从全局角度去明确问题、定义过程、量化过程、评估结果的数据思维方式。其不但可以跳出已有知识的界限，从全局角度发现新的规律，而且可以将已有知识，规律应用于大数据的解读过程中，是我们向科学领域进军的新的得力工具和武器。

4. 大数据如何产生的

大数据的产生是互联网、智能终端、网络通信、物联网等技术发展的必然结果，赵刚等认为新兴技术的发展带来了数据产生的 4 大变化：①数据产生由企业内部向外部扩展；②数据产生由 Web 1.0 向 Web 2.0 扩展；③数据产生由互联网向移动互联网扩展；④数据产生由计算机/互联网向物联网扩展。

大数据获取方式有爬虫收集、行业数据、政府数据、企业自有数据等。比如爬虫收集，网络爬虫就是一个可以从互联网中不断下载各种网页的程序，通用网络爬虫的工作方式是从网页集合中获得链接，之后发送 http 请求，开始下载网页，分析获得最初网页上的链接，继续下载这些链接的网页，再从当前页面中获得新的链接，如此重复执行，获取每个网页上的每个链接，不断深入，直到满足爬虫爬取的停止条件为止。但是出于不同的原因，不同的用户往往具有不同的信息需求，通用爬虫所爬取的页面结果往往包含着大量用户不需要的信息，比如广告。因此，本系统中的爬虫一方面继续延用通用爬虫的方式抓取网页，另一方面又并不追求大面积覆盖所有网页，而将目标定为抓取与用户特定主题内容相关的网页，面向用户需求，为有特定目标的用户提供数据资源。

8.1.2　大数据技术的发展现状

自从世界上第一台真正意义上的电子计算机 ENIAC 在宾夕法尼亚大学诞生开始，数据的存储与组织就成为计算机技术走向实际应用过程中的一个重要课题。在随后的整整 70 年间，以通过高效处理解决实际应用问题为目标的计算机科学得到了长足的发展，但在增长速度的赛跑中，存储器硬件的容量远远地被应用问题的规模甩在后面。进入 21 世纪后，随着这一矛盾在多样性、价值、速度等方面日益突出，迫切需要综合已有技术给出系统性的、可扩展的解决方案，而大数据理论与方法也自然地应运而生。

大数据具有数据体量巨大，数据类型繁多，价值密度低，产生速度快，政治、经济价值巨大的特点，因此受到人们的高度关注。它是继物质，石油能源后的又一个引起世界重视的新能源。大数据是在 2008 年谷歌提出云计算概念、2009 年欧盟提出物联网计划之后的又一次网络科技的进步。对大数据的研究成为 IT 界的又一次重大技术变革。大数据的价值体现在利用数据分析的方法从数据中获取有用信息，为世界经济、政治、生活等各个方面服务。比如离我们生活最近的就要数网购了，我们的淘宝账号里充斥着大量的推荐信息，应用大数据技术可以根据我们以往购买的经历和相似人的购买经历，分析出我们很可能要买的东西并推送给我们，而我们十有八九会去买，这就是大数据最真实的体现。

由于大数据的潜在价值是无可估量的，数据挖掘近年来成为商业界普遍关注的对象，它对商家提升客户服务、研发新产品、制定发展方向等有着重要的作用。数据挖掘是由海量的数据、机器学习两大方面来支持的。机器学习的研究主要是指使用计算机来模拟人类的学习能力,通过使计算机根据已有的数据进行算法的训练学习,对新数据进行预测分析,通过此方法来不断地修改算法,完善算法,进而提高对新数据预测分析的正确率。

进入信息时代后,随着大数据时代的来临,互联网中出现大量信息并涌入了我们的生活,我们时时刻刻接收着来自互联网的各种信息,但多数并不是我们需要的。如何对信息分类成为一大难题,传统的手工分类耗时、耗力、耗财、效率低,但是凭借人类对语言的浅层及深层意义的理解无可替代,如何能将文本精确地分类,于是我们模仿人类,开发出能将文本智能分类的系统,在效率和成本方面弥补人工的不足,文本智能分类的精确程度是信息科学界仍在不断解决的问题与进步的目标,使之尽可能代替人类工作。对于互联网丰富的信息,文本智能分类使我们能快速、准确地获取到有用的信息,排除无用的垃圾数据,整理杂乱无章的信息,成为全面、广泛、快捷地吸收信息的有效方法。下面介绍一下文本分类的国内外研究现状。

1. 国外的研究现状

国外的文本分类的研究起源比较早。卢恩早在 1958 年就首先提出了将词频思想应用在文本分类中。之后很多学者在文本分类领域进行研究,比如 Maron 在 1961 年正式发表了一篇关于文本自动分类的文章,取得巨大研究成果。到了 1990 年前后,机器学习逐渐成为主流的文本分类技术,通过提取文本特征,自动训练出分类模型,从而大大减少了人力资源,能够快速准确地进行文本分类。在国外,美国奥巴马政府在 2012 年 3 月发布了"大数据发展计划",并将大数据定义为"未来的新石油"。美国的大数据产业已经形成比较完善的生态体系,各种商业公司、开源机构在这个生态体系中扮演着重要而不可替代的角色,同时又相互激烈竞争,新旧交替迅速。Lukas Lbiewald 制作了一张美国的大数据生态系统图,如图 8-1 所示,该图

图 8-1 美国大数据生态系统全图

非常详细地描绘了美国各种商业公司和开源机构在大数据生态系统中所扮演的角色和所处阶段。美国的大数据产业分成三个大环节：数据源、数据处理和数据应用。数据源包括数据库、商业应用和第三方数据；数据处理包括数据强化、数据转化、数据整合和 API 接口；数据应用包括数据洞察和数据模型。

美国大数据生态系统的大部分企业是创业公司，当然也不乏原来老牌 IT 企业的子公司。总体来看美国的大数据行业生态体系已经日趋完善，并且具有蓬勃的创新能力和盈利能力。

2. 国内的研究现状

由于国内发展较落后，文本分类研究比较晚，直到 20 世纪 80 年代初才对文本分类进行了研究，不过近年来，机器学习在国内迅猛发展，结合中文的分词在中文文本分类领域有了飞跃的发展。目前较为成熟和流行的分类算法有朴素贝叶斯、支持向量机（SVN）、K 临近（KNN）、决策树等，其中朴素贝叶斯算法简单、效率高，被广泛使用，如垃圾邮件处理、图书管理、新闻分类、情感分析等。

2010 年，随着中国进入"移动互联网元年"，中国正式进入了移动端设备的全面上网时代。与传统互联网相比，移动互联网解决了任何人、任何时间、任何地点以多种方式上网的问题。伴随着移动互联网的普及，人与人之间、人与物之间、物与物之间实现了全面的互联互通。通过移动互联网，我们可以获得人和人之间互联的社交数据（微博、微信等）、人和物之间互联的行为数据（上网日志信息等）、物与物之间互联的环境数据（智能家居设备采集的环境数据等）。由于通过移动互联网采集的这些数据，具有高容量（Volume）、高生成速度（Velocity）、多样性（Variety），同时具有潜在的应用价值（Value）等特点，所以我们常常称之为"大数据"。在我国，2012 年 7 月国务院颁布了《"十二五"国家战略性新兴产业发展规划》将物联网、云计算设为重点发展方向和主要任务。2013 年 5 月，国家科技部在香山第二次会议中讨论了"数据科学与大数据的科学原理及发展前景"并且设立了关于大数据的专项研究计划，投入大量的人力、财力。通过这些大事件表明了我国政府对"大数据"的重视程度，以及未来发展的方向。

中国 CDO 精英俱乐部在 2015 年 11 月汇集上百位大数据专家针对中国大数据全产业链近 400 家公司联合推出《2015 年中国大数据公司年度排行榜》，但是该联盟并未将传统互联网企业 TABLES 列入其中。TABLES 是改变中国互联网未来的六大力量，其中 T 代表腾讯，A 代表阿里巴巴，B 代表百度，L 代表雷军系，E 代表周鸿祎系，S 指以新浪、搜狐为代表的大型门户网站。该榜单中我们可以发现中国的大数据产业已经形成了比较完善的产业链条，其中不乏获得 B 轮和 C 轮融资的企业，但是真正有实力的还是以 TABLES 为代表的传统老牌互联网企业。

8.1.3　大数据技术对现代设计的影响

随着计算和存储成本的降低，人类可将生产、工作、生活中产生的海量数据进行存储和分析，这些海量数据中蕴含着丰富的关系数据。在已有的计算和可视化条件下，结合云计算和社区发现技术从全局角度分析和挖掘数据中蕴含的丰富信息，可以为自然科学和商业应用等领域提供一种新的观察、分析和挖掘数据的视角，为发现数据中蕴含的结构、功能、规律等信息提供新的强有力的工具和方法。下面介绍大数据在几个行业中的具体应用。

1. 药物研究

当前国际上新药物的研发都是结合基于天然产物的活性新化合物的发现和已知结构化合

物二次开发两种思路来开展的。例如,我们对 DrugBank 数据库中的 8 000 多种药物基于靶标和作用酶进行聚类,图 8 - 2 所示为聚类后的可视化图,通过该图我们可以了解到不同药物种类的分布,药物聚类的内部结构和外部边界,从而指导新药的研发。图 8 - 2 是当前 4K 屏可视化条件下的极限,上部和下部小的类别没有全部显示出来。聚类算法采用的是我们提出的骨干度算法,该算法采用从全局角度去明确问题、定义过程、量化过程、评估结果的思维方式,这部分工作已经发表在期刊 *Expert Systems with Applications* 上,并得到国际同行的认可。

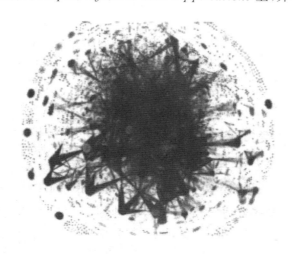

图 8 - 2　DrugBank 数据库中的 8 000 多种药物基于靶标和作用酶进行聚类后的可视化图

2. 社交网络

近年来,随着时代的进步,社交网络的发展逐渐被人们关注,社交网络已成为人们生活的一部分,并对人们的信息获得,思考和生活产生巨大的影响,社交网络在人们的生活中扮演着重要的角色。社交网络成为人们获取信息、展现自我、营销推广的窗口。社交网络中用户之间的关系有关注关系、社区中的好友或亲情关系、实时交互过程中因共同购买或评论产品而结成的共同兴趣关系等。这些关系所带来的信息量是巨大的,如果把这些信息收集起来并加以分析,就能把虚拟关系转化成利润,为企业提供有价值的关系网络,从而挖掘出潜藏在社交网络背后的巨大的经济价值,具体体现在:①帮助企业找到潜在的商机,比如分析某个用户的评论和发表内容,可知他的消费能力、喜好和最近的购买习惯,从而知道他购买自己产品的概率。②危机预警,根据用户的消息内容可以知道他对自己产品的满意度。③带动了消息的传播速度和广度,企业可以利用这一点,为自己的产品更好地做宣传。

社区发现是社交网络中的一个关键问题,用来发现社交网络的结构和功能。当前学术界已经涌现了大量关于重叠社区发现和非重叠社区发现的研究工作,同时这些工作采用了很多技术,如谱聚类、模块化最大化、随机分布、微分方程、统计力学等,但是这些工作绝大多数采用纯数学和物理的方法来从社交网络中发现社区,反而忽略了社区和社交网络的社会学和生物学特性。这个缺点是时代局限性造成的,因为在此之前的数年间,社交网络的数据规模较小,数据的可视化条件有限,因而以前的研究者很难对数据有全局化的观察视角。近年来随着社交网络的蓬勃发展,产生了海量的社交网络数据,并且数据可视化技术也蓬勃发展。因而近年来的研究者将众多强有力的大数据技术及可视化应用到对海量社交网络数据的探索中,从而对社交网络的结构产生了新的认识。这些大数据技术包括奇异向量分解(SVD)、子空间分解(Subspace Decomposition)等。

3. 文本挖掘和情感分类

随着互联网和社交网络的蓬勃发展,人类习惯于在互联网和社交网络上发表自己的观点,这些观点中蕴含着丰富的信息,可作为商业、政治和文化等研究的样本数据,同时这些数据又是海量的,并且伴随着自媒体的兴起,这些海量信息每时每刻都在产生,依靠传统的手段去对这些文本进行分析和挖掘是无法满足用户需求的。因此必须采用大数据的相关工具和方法对这些海量数据进行量化、分析和挖掘。我们通过对国内相关电商平台商品评论的抓取,评论信息抽取,建立相关模型,从而挖掘海量评论信息中的观点,为厂商提供决策支持。

4. 环境科学

环境科学是一门研究环境的地理、物理、化学、生物四个部分的学科。它提供了综合、定量和跨学科的方法来研究环境系统。随着科学技术的发展,目前的环境科学领域的某些方面呈现着数据量大、数据分布广的一个趋势,因此借助了大数据的存储和大数据的计算。如在大气环境方面,针对目前灰霾现象频发大气问题的研究常用的方法是对大气污染进行实时的观测和模拟,目前常用的大气模拟的模型是空气质量模型(CAMx,CMAQ 等),与之相配套的气象模式常用的是 MM5/WRF,这些模型通过对某地区进行模拟来分析问题的发生原因。大气污染物排放清单的建立也需要大数据平台的支持进行数据的统计。随着环境问题逐渐得到重视,各地政府也设置了多个环境监测站,全中国的环境监测站的数量巨大,如按照每小时上传的数据量和数据类型来计算,就需要用大数据平台进行云存储和云计算。

5. 电子商务数据分析

随着互联网的飞速发展,各种信息呈爆炸式的增长。从中获取有用的信息对国家安全、政策出台、经济发展、科学研究、企业决策、个人生活方式等各方各面都将产生巨大的影响,除此之外,对于大数据的挖掘成为时下最火的商机,其潜在的商业价值无可限量。然而互联网中的信息杂乱无章,如何从互联网中获取有用信息,如何将获取的信息进行分类成为首要解决的问题。例如,可以让系统使用网络爬虫对特定网页进行爬取,使用流行的第三方包对网页进行解析,获得有价值的信息并格式化保存,之后对分类器进行训练、测试,对获取的数据进行分类,分析得出结果,并将结果图表化,给用户以直观展示。

8.2 人工智能技术

8.2.1 人工智能技术基本知识

1. 什么是人工智能

人工智能从广义上解释就是"人造智能"。但作为学科,什么是人工智能?目前还没有公认的统一的定义,不同领域的研究者从不同的角度给出了不同的定义,现列举几个权威的描述,如下:

N. J. Nilsson 认为,人工智能是关于知识的科学,即怎样表示知识,怎样获取知识和怎样使用知识的科学。

P. Winston 认为,人工智能就是研究如何使计算机去做过去只有人才能做的富有智能的工作。

M. Minsky 认为,人工智能是让机器做本需要人的智能才能做到的事情的一门科学。

A. Feigenbaum 认为,人工智能是一个知识信息处理系统。

James Albus 说:"我认为,理解智能包括理解:知识如何获取、表达和存储;智能行为如何产生和学习;动机、情感和优先权如何发展和运用;传感器信号如何转换成各种符号,怎样利用各种符号执行逻辑运算,对过去进行推理及对未来进行规划;智能机制如何产生幻觉、信念、希望、畏惧、梦幻甚至善良和爱情等现象。我相信,对上述内容有一个根本的理解将会拥有与原子物理、相对论和分子遗传学等相当的科学成就。"

尽管上面的论述对人工智能的定义各自不同,但可以看出,人工智能就其本质而言就是研究如何制造出人造的智能机器或智能系统来模拟人类的智能活动,以延伸人们智能的科学。

2. 如何判断智能

(1) 图灵试验

英国数学家和计算机学家图灵(A. M. Turing,见图 8 - 3)曾经做过一个很有趣的尝试,借以判定某一特定机器是否具有智能。这一尝试是通过所谓的"问答游戏"进行的。这种游戏要求某些客人悄悄藏到另一间房间里去。然后请留下来的人向这些藏起来的人提问题,并要他们根据得到的回答来判定跟他对话的是一位先生还是一位女士。回答必须是间接的,必须有一个中间人把问题写在纸上,或者来回传话,或者通过电传打字机联系。

图 8 - 3　图　灵

图灵由此想到,同样可以通过与一台据称有智能的机器作问答来测试这台机器是否真有智能。如果提问者无法判定与之交谈的是一台机器还是一个人,而实际是一台机器在与之交谈,那就可以认为这台机器是有"智能"的了。于是,他于 1950 年提出了著名的"图灵试验"。"图灵试验"的构成:试验用的计算机,被测试的人,主持测试的人。

测试方法:

① 试验用的计算机和被测试的人分开去解相同的问题。

② 计算机和人的答案告诉主持人。

③ 主持人若不能区别答案是计算机回答的还是人回答的,就认为被测计算机和人的智力相当。

图灵试验对智能标准做了简单的说明,但存在如下问题:

① 主持人提出的问题标准不明确。

② 被测人的智能问题也没有明确说出。

③ 该测试仅强调结果,而未反映智能所具有的思维过程。

如果测试的是复杂的计算问题,那么计算机可以比被测试的人更快、更准确地给出正确的答案;如果测试的问题是一些常识性的问题,那么人类可以非常轻松地处理,而对计算机来说却非常困难。图灵自己也认为制造一台能通过图灵试验的计算机并不是一件容易的事。他曾预言，在 50 年以后，当计算机的存储容量达到 10^9 水平时，机器有可能在连续交谈约 5 min 后，以超过 70％的概率做出正确的判断。现在看来，图灵的预言并没有完全实现。从一般意义上来讲，现在的计算机还达不到这样的智能程度。

1997 年，IBM 开发的会下国际象棋的"深蓝"计算机在正式比赛中战胜了国际象棋世界冠军卡斯帕罗夫，可以认为是通过了图灵试验，至少在国际象棋领域内是这样的。

现在人们根据计算机难以通过图灵试验的特点，逆向地使用图灵试验，有效地解决了一些难题。如在网络系统的登录界面上随机地产生一些变形的英文单词或数字作为验证码，并加上比较复杂的背景，登录时要求正确地输入这些验证码，系统才允许登录。而当前的模式识别技术难以正确识别复杂背景下变形比较严重的英文单词或数字，这点人类却很容易做到，这样系统就能判断登录者是人还是机器，从而有效地防止了利用程序对网络系统进行的恶意攻击。

（2）中文屋子问题

如果一台计算机通过了图灵试验，那么它是否真正理解了问题呢？美国哲学家约翰·希尔勒对此提出了否定意见。为此，希尔勒利用罗杰·施安克编写的一个故事理解程序（该程序可以在"阅读"一个用英文写的小故事之后，回答一些与故事有关的问题），提出了中文屋子问题。

希尔勒首先设想的故事不是用英文，而是用中文写的。这一点对计算机程序来说并没有太大的变化，只是将针对英文的处理改变为处理中文即可。希尔勒想象自己在一个屋子里完全按照施安克的程序进行操作，因此最终得到的结果是中文的"是"或"否"，并以此作为对中文故事的问题的回答。希尔勒不懂中文，只是完全按程序完成了各种操作，他并没有理解故事中的任何一个词，但给出的答案与一个真正理解这个故事的中国人给出的一样好。由此，希尔勒得出结论：即便计算机给出了正确答案，顺利通过了图灵试验，但计算机也没有理解它所做的一切，因此也就不能体现出任何智能。

3. 人工智能的研究学派

（1）符号主义

符号主义（Symbolism）又称逻辑主义（Logicism）、心理学派（Psychlogism）或计算机派（Computerism），其理论主要包括物理符号系统（即符号操作系统）假设和有限合理性原理。

符号主义认为可以从模拟人脑功能的角度来实现人工智能，代表人物是纽厄尔、西蒙等。其认为人的认知基元是符号，而且认知过程就是符号操作过程，智能行为是符号操作的结果。该学派认为人是一个物理符号系统，计算机也是一个物理符号系统，因此，存在可能用计算机来模拟人的智能行为，即用计算机通过符号来模拟人的认知过程。

（2）联结主义

联结主义（Connectionism）又称为仿生学派（Bionicisism）或生理学派（Physiologism），其理论主要包括神经网络及神经网络间的连接机制和学习算法。

联结主义主要进行结构模拟，代表人物是麦卡洛克等。其认为人的思维基元是神经元，而不是符号处理过程，认为大脑是智能活动的物质基础，要揭示人类的智能奥秘，就必须弄清大脑的结构，弄清大脑信息处理过程的机理，并提出了联结主义的大脑工作模式，用于取代符号操作的电脑工作模式。

英国自然杂志主编坎贝尔博士说，目前信息技术和生命科学有交叉融合的趋势，比如 AI 的研究就需要从生命科学的角度揭开大脑思维的机理，需要利用信息技术模拟实现这种机理。

（3）行为主义

行为主义（Actionism）又称进化主义（Evolutionism）或控制论学派（Cyberneticism），其理论主要包括控制论及感知再到动作型控制系统。

行为主义主要进行行为模拟，代表人物为布鲁克斯等。其认为智能行为只能在现实世界中与周围环境交互作用而表现出来，因此用符号主义和连接主义来模拟智能显得有些和事实不相吻合。这种方法通过模拟人在控制过程中的智能活动和行为特性，如自寻优、自适应、自学习、自组织等来研究和实现人工智能。

4．人工智能的研究目标

人工智能的研究目标可分为远期目标和近期目标。

人工智能的近期目标是研究依赖于现有计算机去模拟人类某些智力行为的基本原理、基本技术和基本方法，即先部分地或某种程度地实现机器的智能，从而使现有的计算机更灵活、更好用和更有用，成为人类的智能化信息处理工具。

人工智能的远期目标是研究如何利用自动机去模拟人的某些思维过程和智能行为，最终造出智能机器。具体来讲，就是要使计算机具有看、听、说、写等感知和交互功能，具有联想、推理、理解、学习等高级思维能力，还要有分析问题、解决问题和发明创造的能力。简言之，也就是使计算机像人一样具有自动发现规律和利用规律的能力，或者说具有自动获取知识和利用知识的能力，从而扩展和延伸人的智能。

5．人工智能的研究领域

人工智能的主要目的是用计算机来模拟人的智能。人工智能的研究领域包括模式识别、问题求解、机器视觉、自然语言处理、自动定理证明、博弈、专家系统、机器学习、机器人等。

当前人工智能的研究已取得了一些成果，如自动翻译、战术研究、密码分析、医疗诊断等，但距真正的智能还有很长的路要走。

（1）模式识别

模式识别（Pattern Recognition）是 AI 最早研究的领域之一，主要是指用计算机对物体、图像、语音、字符等信息模式进行自动识别的科学。

"模式"的原意是提供模仿用的完美无缺的标本，"模式识别"就是用计算机来模拟人的各种识别能力，识别出给定的事物和哪一个标本相同或者相似。

模式识别的基本过程包括：对待识别事物进行样本采集、信息的数字化、数据特征的提取、特征空间的压缩以及提供识别的准则等，最后给出识别的结果。在识别过程中需要学习过程的参与，这个学习的基本过程是先将已知的模式样本进行数值化，送入计算机，然后对这些数据进行分析，去掉对分类无效的或可能引起混淆的那些特征数据，尽量保留对分类判别有效的数值特征，经过一定的技术处理，制定出错误率最小的判别准则。

当前模式识别主要集中于图形识别和语音识别。图形识别主要是研究各种图形（如文字、符号、图形、图像和照片等）的分类。例如识别各种印刷体和某些手写体文字，识别指纹、白血球和癌细胞等。这方面的技术已经进入实用阶段。

语音识别主要研究各种语音信号的分类。语音识别技术近年来发展很快，已有商品化产品（如汉字语音录入系统）上市。图 8-4 所示为扫描仪，图 8-5 所示为 IBM 公司研制的语音识别系统。

图 8 - 4　扫描仪

图 8 - 5　IBM 公司研制的语言识别系统

（2）问题求解

问题求解是指通过搜索的方法寻找问题求解操作的一个合适序列，以满足问题的要求。

这里的问题主要指那些没有算法解，或虽有算法解，但在现有机器上无法实施或无法完成的困难问题，例如路径规划、运输调度、电力调度、地质分析、测量数据解释、天气预报、市场预测、股市分析、疾病诊断、故障诊断、军事指挥、机器人行动规划、机器博弈等。

（3）机器视觉

机器感知就是计算机直接"感觉"周围世界。具体来讲，就是计算机像人一样通过"感觉器官"直接从外界获取信息，如通过视觉器官获取图形、图像信息，通过听觉器官获取声音信息。

机器视觉（Machine Vision）研究为实现在复杂的环境中运动和在复杂的场景中识别物体需要哪些视觉信息以及如何从图像中获取这些信息。

（4）自然语言处理

自然语言处理又叫自然语言理解，就是计算机理解人类的自然语言，如汉语、英语等，包括口头语言和文字语言两种形式。它采用人工智能的理论和技术将设定的自然语言机理用计算机程序表达出来，构造能理解自然语言的系统（见图 8 - 6），其通常分为书面语的理解、口语的理解、手写文字的识别三种情况。

图 8 - 6　计算机语言理解系统

自然语言理解的标志如下：

① 计算机能成功地回答输入语料中的有关问题。

② 在接受一批语料后，能给出摘要的能力。

③ 计算机能用不同的词语复述所输入的语料。

④ 有把一种语言转换成另一种语言的能力,即机器翻译功能。

（5）自动定理证明

自动定理证明（Automatic Theorem Proving）是指利用计算机证明非数值性的结果,即确定它们的真假值。

在数学领域中对臆测的定理寻求一个证明,一直被认为是一项需要智能才能完成的任务。定理证明时,不仅需要有根据假设进行演绎的能力,而且需要有某种直觉和技巧。

早期自动定理证明机是 1926 年由美国加州大学伯克利分校制作的（见图 8-7）。这架机器由锯木架、自行车链条和其他材料构成,是一台专用的计算机。它可用来快速解决某些数论问题。素性检验,即分辨一个数是素数还是合数,是这些数论问题中最重要的问题之一。一个问题的数值解所应满足的条件可通过在自行车链条的链节内插入螺栓来指定。

图 8-7　早期自动定理证明机

自动定理证明的方法主要有 4 类:

1）自然演绎法

自然演绎法的基本思想是依据推理规则,从前提和公理中可以推出许多定理,如果待证明的定理恰在式中,则定理得证。

2）判定法

判定法为对一类问题找出统一的、在计算机上可实现的算法解。在这方面一个著名的成果是我国数学家吴文俊教授于 1977 年提出的初等几何定理证明方法。

3）定理证明器

定理证明器研究一切可判定问题的证明方法。

4）计算机辅助证明

计算机辅助证明以计算机为辅助工具,利用机器的高速度和大容量,帮助人完成手工证明中难以完成的大量计算、推理和穷举。

（6）博　弈

在经济、政治、军事和生物竞争中,一方总是力图用自己的"智力"击败对手。博弈就是研究对策和斗智。

在人工智能中,大多以下棋为例来研究博弈规律,并研制出了一些很著名的博弈程序。

20 世纪 60 年代就出现了很有名的西洋跳棋和国际象棋的程序,并达到了大师级水平。进入 20 世纪 90 年代,IBM 公司以其雄厚的硬件基础,开发了名为"深蓝"的计算机,该计算机配置了下国际象棋的程序,并为此开发了专用的芯片,以提高搜索速度。1996 年 2 月,"深蓝"与国际象棋世界冠军卡斯帕罗夫进行了第一次比赛,经过六个回合的比赛,"深蓝"以 2：4 告负。1997 年 5 月,系统经过改进以后,"深蓝"又第二次与卡斯帕罗夫交锋,并最终以 3.5：2.5 战胜了卡斯帕罗夫,在世界范围内引起了轰动。之前,卡斯帕罗夫曾与"深蓝"的前辈"深思"对弈,虽然最终取胜,但也失掉几盘棋。与"深思"相比,"深蓝"采用了新的算法,它可计算到后 15 步,对于利害关系很大的将算到 30 步以后。而国际大师一般可想到 10 步或 11 步之远,在这方面,电子计算机已拥有能够向人类挑战的智力水平。

博弈为人工智能提供了一个很好的试验场所,人工智能中的许多概念和方法都是从博弈中提炼出来的。

（7）专家系统

专家系统（Expert System）是一个能在某特定领域内以人类专家水平去解决该领域中困难问题的计算机应用系统。其特点是拥有大量的专家知识（包括领域知识和经验知识）,能模拟专家的思维方式,面对领域中复杂的实际问题,能做出专家水平的决策,像专家一样解决实际问题。这种系统主要用软件实现,能根据形式的和先验的知识推导出结论,并具有综合整理、保存、再现与传播专家知识和经验的功能。

专家系统是人工智能的重要应用领域,诞生于 20 世纪 60 年代中期,经过 20 世纪 70 年代和 80 年代的较快发展,现在已广泛应用于医疗诊断、地质探矿、资源配置、金融服务和军事指挥等领域。

（8）机器学习

机器学习就是机器自己获取知识。如果一个系统能够通过执行某种过程而改变它的性能,那么这个系统就具有学习的能力。机器学习是研究怎样使用计算机模拟或实现人类学习活动的一门科学。具体来讲,机器学习主要有下列三层:

① 对人类已有知识的获取（这类似于人类的书本知识学习）。

② 对客观规律的发现（这类似于人类的科学发现）。

③ 对自身行为的修正（这类似于人类的技能训练和对环境的适应）。

（9）机器人

机器人（Robots）是一种可编程序的多功能的操作装置。机器人能认识工作环境、工作对象及其状态,能根据人的指令和"自身"认识外界的结果来独立地决定工作方法,实现任务目标,并能适应工作环境的变化。

随着工业自动化和计算机技术的发展,到 20 世纪 60 年代机器人开始进入批量生产和实际应用的阶段。后来由于自动装配、海洋开发、空间探索等实际问题的需要,对机器的智能水平提出了更高的要求。特别是危险环境以及人们难以胜任的场合更迫切需要机器人,从而推动了智能机器的研究。在科学研究上,机器人为人工智能提供了一个综合实验场所,它可以全面地检查人工智能各个领域的技术,并探索这些技术之间的关系。可以说机器人是人工智能技术的全面体现和综合运用。

（10）人工神经网络

人工神经网络就是由简单单元组成的广泛并行互联的网络。其原理是根据人脑的生理结构和工作机理,实现计算机的智能。

人工神经网络是人工智能中最近发展较快、十分热门的交叉学科。它采用物理上可实现的器件或现有的计算机来模拟生物神经网络的某些结构与功能,并反过来用于工程或其他领域。人工神经网络的着眼点不是用物理器件去完整地复制生物体的神经细胞网络,而是抽取其主要结构特点,建立简单可行且能实现人们所期望功能的模型。人工神经网络由很多处理单元有机地连接起来,进行并行的工作。人工神经网络的最大特点是具有学习功能。通常的应用是先用已知数据训练人工神经网络,然后用训练好的网络完成操作。

人工神经网络也许永远无法代替人脑,但它能帮助人类扩展对外部世界的认识和智能控制。比如,GMDH 网络本来是 Ivakhnenko(1971)为预报海洋河流中的鱼群而建立的,后来又成功地应用于超声速飞机的控制系统(Shrier, 1987)和电力系统的负荷预测(Sagar 和 Murata, 1988)。人的大脑神经系统十分复杂,可实现的学习、推理功能是人造计算机所不可比拟的。但是,人的大脑在记忆大量数据和高速、复杂的运算方面却远远比不上计算机。以模仿大脑为宗旨的人工神经网络模型,配以高速电子计算机,把人和机器的优势结合起来,将有着非常广泛的应用前景。

(11) 基于 Agent 的人工智能

这是一种基于感知行为模型的研究途径和方法,我们称其为行为模拟法。这种方法通过模拟人在控制过程中的智能活动和行为特性,如自寻优、自适应、自学习、自组织等来研究和实现人工智能。

基于这一方法研究人工智能的典型代表是 MIT 的 R. Brooks 教授,他研制的六足行走机器人(也称为人造昆虫或机器虫)曾引起人工智能界的轰动。这个机器虫可以看作是新一代的"控制论动物",它具有一定的适应能力,是运用行为模拟(即控制进化)方法研究人工智能的代表作。

8.2.2 人工智能技术的发展现状

在大多数学科中存在着几个不同的研究领域,每个领域都有其特有的感兴趣的研究课题、研究技术和术语。在人工智能中,这样的领域包括语言处理、自动定理证明、智能数据检索系统、视觉系统、问题求解、人工智能方法和程序语言以及自动程序设计等。在过去的 20 多年中,已经建立了一些具有人工智能的计算机系统,例如,能够求解微分方程、下棋、设计分析集成电路、合成人类自然语言、检索情报、诊断疾病以及控制太空飞行器和水下机器人的具有不同程度人工智能的计算机系统。

下面对人工智能状况和应用的讨论,试图把有关各个子领域直接连接起来,辨别某些方面的智能行为,并指出有关的人工智能研究和研究的状况。值得指出的是,正如不同的人工智能子领域不是完全独立的一样,这里所要讨论的各种智能特性也完全不是互不相关的。把它们分开来介绍只是为了便于指出现有的人工智能程序能够做些什么和还不能做什么。大多数人工智能研究课题都涉及许多智能领域。

1. 问题求解

人工智能的第一个大成就是发展了能够求解难题的下棋(如国际象棋)程序。在下棋程序中应用的某些技术,如向前看几步,并把困难的问题分成一些比较容易的子问题,发展成为搜索和问题归约这样的人工智能基本技术。今天的计算机程序能够下锦标赛水平的各种方盘棋、十五子棋和国际象棋。另一种问题求解程序把各种数学公式符号汇编在一起，其性能达到很高的水平，并正在为许多科学家和工程师所应用。有些程序甚至还能够用经验来改善其性能。

如前所述，这个问题中未解决的问题包括人类棋手具有的但尚不能明确表达的能力，如国际象棋大师们洞察棋局的能力。另一个未解决的问题涉及问题的原概念，在人工智能中叫做问题表示的选择。人们常常能够找到某种思考问题的方法从而使求解变易而解决该问题。到目前为止，人工智能程序已经知道如何考虑它们要解决的问题，即搜索解答空间，寻找较优的解答。

2. 逻辑推理与定理证明

早期的逻辑演绎研究工作与问题和难题的求解相当密切。已经开发出的程序能够借助于对事实数据库的操作来"证明"断定；其中每个事实由分立的数据结构表示，就像数学逻辑中由分立公式表示一样。与人工智能的其他技术的不同之处是，这些方法能够完整地和一致地加以表示。也就是说，只要本原事实是正确的，那么程序就能够证明这些从事实得出的定理，而且也仅仅是证明这些定理。

逻辑推理是人工智能研究中最持久的子领域之一。其中特别重要的是要找到一些方法，只把注意力集中在一个大型数据库中的有关事实上，留意可信的证明，并在出现新信息时适时修正这些证明。

对数学中臆测的定理寻找一个证明或反证，确实称得上是一项智能任务。为此不仅需要有根据假设进行演绎的能力，而且需要某些直觉技巧。例如为了求证主要定理而猜测应当首先证明哪一个引理。一个熟练的数学家运用他的（以大量专门知识为基础的）判断力，能够准确判断出某个科目范围里哪些已证明的定理能够应用于当前证明，并把他的主问题归结为若干子问题，以便独立地处理它们。有几个定理证明程序已在有限的程度上具有某些这样的技巧。

定理证明的研究在人工智能方法的发展中曾经产生过重要的影响。例如，采用谓词逻辑语言的演绎过程的形式化有助于我们更清楚地理解推理的某些子命题。许多非形式的工作，包括医疗诊断和信息检索都可以和定理证明问题一样加以形式化。因此，在人工智能方法的研究中定理证明是一个极其重要的论题。

3. 自然语言处理

语言处理也是人工智能的早期研究领域之一，并引起进一步的重视。已经编写出能够从内部数据库回答用英语提出的问题的程序，这些程序通过阅读文本材料和建立内部数据库，能够把句子从一种语言翻译为另一种语言，执行用英语给出的指令和获取知识等。有些程序甚至能够在一定程度上翻译从话筒输入的口头指令（而不是从键盘输入计算机的指令）。尽管这些语言系统并不像人们在语言行为中所做的那样好，但是它们能够适合某些应用。那些能够回答一些简单询问的和遵循一些简单指示的程序是这方面的初期成就，它们与机器翻译初期出现的故障一起，促使整个人工智能语言方法的彻底变革。目前语言处理研究的主要课题是：在翻译句子时，以主题和对话情况为基础，注意大量的一般常识——世界知识和期望作用的重要性。

实际语言系统的技术发展水平是用各种软件系统的有效"前端"来表示的。这些程序接收某些局部形式的输入,但不能处理英语语法的某些微小差别,而且只适用于翻译某个有限讲话范围内的句子。人工智能在语言翻译—语音理解程序方面已经取得的成就,发展为人类自然语言处理的新概念。

当人们用语言互通信息时,他们几乎不费力地进行极其复杂却又只需要一点点理解的过程。然而要建立一个能够生成和"理解"哪怕是片断自然语言的计算机系统却是异常困难的。语言已经发展成为智能动物之间的一种通信媒介,它在某些环境条件下把一点"思维结构"从一个头脑传输到另一个头脑,而每个头脑都拥有庞大的高度相似的周围思维结构作为公共的文本。这些相似的、前后有关的思维结构中的一部分允许每个参与者知道对方也拥有这种共同结构,并能够在通信"动作"中用它来执行某些处理。语言的发展显然为参与者使用他们巨大的计算资源和公共知识来生成和理解高度压缩和流畅的知识开拓了机会。语言的生成和理解是一个极为复杂的编码和解码问题。

一个能理解自然语言信息的计算机系统看起来就像一个人一样需要有上下文知识以及根据这些上下文知识和信息用信息发生器进行推理的过程。理解口头的和书写的片断语言的计算机系统所取得的某些进展,其基础就是有关表示上下文知识结构的某些人工智能思想以及根据这些知识进行推理的某些技术。

4. 自动程序设计

也许程序设计并不是人类知识的一个十分重要的方面,但是它本身却是人工智能的一个重要研究领域。这个领域的工作叫做自动程序设计。已经研制出能够从各种不同的目的描述(例如输入/输出对,高级语言描述,甚至英语描述算法)来编写计算机程序。这方面的进展局限于少数几个完全现成的例子。对自动程序设计的研究不仅可以促进半自动软件开发系统的发展,而且也使通过修正自身数码进行学习(即修正它们的性能)的人工智能系统得到发展。程序理论方面的有关研究工作对人工智能的所有研究工作都是很重要的。

编写一段计算机程序的任务既同定理证明有关又同机器人学有关。自动程序设计、定理证明和机器人问题求解中大多数基础研究是相互重叠的。从某种意义上讲,编译程序已经在"自动程序设计"的工作中。编译程序接受一份有关想干些什么的完整的源码说明,然后编写一份目标码程序去实现。我们在这里所指的自动程序设计是某种"超级编译程序"或者是某种能够对程序要实现什么目标进行非常高级描述的程序,并能够由这个程序产生出所需要的新程序。这种高级描述可能是采用形式语言的一条精辟语句(如谓词演算),也可能是一种松散的描述(如用英语);这就要求在系统和用户之间进一步对话澄清语言的模糊。

自动编制一份程序来获得某种指定结果的任务同证明一份给定程序将获得某种指定结果的任务是紧密相关的。后者叫做程序验证。许多自动程序设计系统将产生一份输出程序的验证作为额外收获。

自动程序设计研究的重大贡献之一是作为问题求解策略的调整概念。已经发现,对程序设计或机器人控制问题,先产生一个不费事的有错误的解,然后再修改它(使它正确工作),这种做法一般要比坚持要求第一个解就完全没有缺陷的做法有效得多。

5. 学　习

学习能力无疑是人工智能最突出和最重要的一个方面。但人工智能系统目前在这方面几乎没有取得什么显著进展,这是一个说明对人类的认识行为如此难以理解的好例子。有几个有意义的研究,其中包括通过例子学习、基于自身特性学习以及通过被告知的信息学习的程序等。不过,总的来说,学习在人工智能研究中是不突出的,至少目前是如此。

6. 专家系统

近年来,在专家系统或"知识工程"的研究中已经出现了成功和有效地应用人工智能技术的趋势。有代表性的是,用户与专家系统进行"咨询对话",就像他与具有某方面经验的专家进行对话一样,解释他的问题,建议进行某些试验以及向专家系统提出询问以求得到有关解答等。目前的实验系统,在咨询任务如化学和地质数据分析、计算机系统结构、建筑工程以及医疗诊断等方面,其质量已经达到很高的水平。可以把专家系统看作人类专家(他们用"知识获取模型"与专家系统进行人机对话)和人类用户(他们用"咨询模型"与专家系统进行人机对话)之间的媒介。在人工智能的这个领域里,还有许多研究集中在使专家系统具有解释它们的推理能力,从而使咨询更好地为用户所接受,又能帮助人类专家发现系统推理过程中出现的差错。

当前的研究涉及有关专家系统设计的各种问题。这些系统是在某个领域的专家(他可能无法明确表达他的全部知识)与系统设计者之间经过艰苦的反复交换意见之后建立起来的。现有的专家系统都局限在一定范围内,而且没有人类那种能够知道自己什么时候可能出错的感觉。新的研究包括应用专家系统来教初学者以及请教有经验的专业人员。

自动咨询系统向用户提供特定学科领域内的专家结论。在已经建立的专家咨询系统中,有能够诊断疾病的(包括中医诊断智能机),估计潜在石油等矿藏的,假定复杂有机化合物结构的以及提供使用其他计算机系统的参考意见等。

发展专家系统的关键是表达和运用专家知识,即来自人类专家的并已被证明对解决有关领域内的典型问题是有用的事实和过程。专家系统和传统的计算机程序最本质的不同之处在于专家系统所要解决的问题一般没有算法解,并且经常要在不完全、不精确或不确定的信息基础上做出结论。

专家系统可以解决的问题一般包括解释、预测、诊断、设计、规划、监视、修理、指导和控制等。高性能的专家系统也已经从学术研究开始进入实际应用研究。

7. 机器人学

人工智能研究日益受到重视的另一个分支是机器人学,其中包括对操作机器人装置程序的研究。这个领域所研究的问题,从机器人手臂的最佳移动到实现机器人目标的动作序列的规划方法,无所不包。尽管已经建立了一些比较复杂的机器人系统。不过正在工业上运行的成千上万台机器人,都是一些按预先编好的程序执行某些重复作业的简单装置。大多数工业机器人是"盲人",而某些机器人能够用电视摄像机来"看"。电视摄像机发送一组信息返回计算机。处理视觉信息是人工智能另一个十分活跃和十分困难的研究领域。已经开发的程序能够识别可见景物的实体与阴影,甚至能够辨别出两幅图像间(例如在航空侦察中)的细小差别。

一些并不复杂的动作控制问题,如移动式机器人的机械动作控制问题,表面上看并不需要很多智能。即使是个小孩,也能顺利地通过周围环境,操作电灯开关、玩具积木和餐具等物品。然而人类几乎下意识就能完成的这些任务,要是由机器人来实现就要求机器人具备在求解需要较多智能的问题时所用到的能力。

机器人和机器人学的研究促进了许多人工智能思想的发展。它所导致的一些技术可用来模拟世界的状态,用来描述从一种世界状态转变为另一种世界状态的过程。它对于怎样产生动作序列的规划以及怎样监督这些规划的执行有了一种较好的理解。复杂的机器人控制问题迫使我们发展一些方法,先在抽象和忽略细节的高层进行规划,然后再逐步在细节越来越重要的低层进行规划。

8. 机器视觉

在视觉方面,已经给计算机系统装上电视输入装置以便能够"看见"周围的东西。视觉是感知问题之一。在人工智能中研究的感知过程通常包含一组操作。例如,可见的景物由传感器编码,并被表示为一个灰度数值的矩阵。这些灰度数值由检测器加以处理。检测器搜索主要图像的成分,如线段、简单曲线和角度等。这些成分又被处理,以便根据景物的表面和形状来推断有关景物的三维特性信息。其最终目标则是利用某个适当的模型来表示该景物。

整个感知问题的要点是形成一个精练的表示以取代难以处理的、极其庞大的未经加工的输入数据。最终表示的性质和质量取决于感知系统的目标。不同系统有不同的目标,但所有系统都必须把来自输入的多得惊人的感知数据简化为一种易于处理的和有意义的描述。

对不同层次的描述做出假设,然后测试这些假设。这一策略为视觉问题提供了一种方法。已经建立的某些系统能够处理一幅景物的某些适当部分,以此扩展一种描述若干成分的假设。然后这些假设通过特定的场景描述检测器进行测试。这些测试的结果又用来发展更好的假设等。

9. 智能检索系统

数据库系统是储存某学科大量事实的计算机系统,它们可以回答用户提出的有关该学科的各种问题。例如,假设这些事实是某公司的人事档案。这个数据库中的某些条款可以代表下列事实:"张强在采购部工作""张强在 1984 年 8 月 15 日退休""采购部共有 15 名工作人员""李明是采购部经理"等。

数据库系统的设计也是计算机科学的一个活跃的分支。为了有效地表示、存储和检索大量事实,已经发展了许多技术。当我们想用数据库中的事实进行推理并从中检索答案时,这个课题就显得很有意义。

智能信息检索系统的设计者们将面临以下几个问题。第一,建立一个能够理解以自然语言陈述的询问系统本身就存在不少问题。第二,即使能够通过设定一些机器能理解的标准化询问语句来规避自然语言理解的问题,但仍然存在一个如何根据存储的事实演绎出答案的问题。第三,理解询问和演绎答案所需要的知识都可能超出该学科领域数据库所表示的知识。常识往往是需要的,但在学科领域的数据库中常常被忽略掉。例如,在前述的人事档案中,一个智能系统应能对询问"谁是张强的领导?"演绎出答案"李明"。为此,这个系统就必须知道一个部门的经理就是该部门工作人员的领导这一常识。怎样表示和应用常识是采用人工智能方法的系统设计问题之一。

10. 组合和调度问题

确定最佳调度或组合的问题是我们感兴趣的又一类问题。一个古典的问题就是推销员旅行问题。这个问题要求为推销员寻找一条最短的旅行路线。他从某个城市出发,访问每个城市一次,且只许一次,然后回到出发的城市。这个问题的一般提法是:对由 n 个节点组成的一个图的各条边,寻找一条最小费用的路径,使得这条路径对 n 个节点的每个点只许穿过一次。

许多问题具有这类相同的特性。八皇后问题就是其中之一。这个问题要求在一个标准国际象棋棋盘上按下列要求放置八个皇后：没有一个皇后可以捕获任何其他皇后，即在任何一行、一列或一对角线上最多只能放置一个皇后。大多数这类问题能够从可能的组合或序列中选取一个答案，不过组合或序列的范围很大。试图求解这类问题的程序产生了一种组合爆炸的可能性。这时，即使是大型计算机的容量也会被用光。

在这些问题中有几个（包括推销员旅行问题）是属于计算理论家称为的 NP 完全问题。他们根据理论上的最佳方法计算出所耗时间（或所走步数）的最坏情况来排列不同问题的难度。该时间或步数是随着问题大小的某种量度（在推销员旅行问题中，城市数目就是问题大小的一种量度）增长的。譬如说，问题的难度将随着问题大小按线性，或多项式，或指数方式增长。

人工智能学家们曾经研究过若干组合问题的求解方法。他们的努力集中在使"时间-问题大小"曲线的变化尽可能缓慢地增长，即使是必须按指数方式增长。有关问题域的知识再次成为比较有效的求解方法的关键。为处理组合问题而发展起来的许多方法对其他组合不甚严重的问题也是有用的。

11. 系统与表达语言

除了直接瞄准实现智能的研究工作外，开发新的方法也往往是人工智能研究的一个重要方面。人工智能对计算机界的某些最大贡献已经以派生的形式表现出来。计算机系统的一些概念，如分时系统、编目处理系统和交互调试系统等，已经在人工智能研究中得到发展。一些能够简化演绎、机器人操作和认识模型的专用程序设计和系统常常是新思想的丰富源泉。几种知识表达语言（把编码知识和推理方法作为数据结构和过程计算机的语言）已在 20 世纪 70 年代后期开发出来，以探索各种建立推理程序的思想。特里·威诺格雷德（Terry Winograd）的文章《在程序设计语言之外》（1979 年）讨论了他的某些关于计算的未来思想，其中部分思想是在他的人工智能研究中产生的。

8.2.3　人工智能技术对现代设计的影响

所谓人工智能，其着重点在于"智能"的发展，这也是当前人们研究人工智能的近期发展目标。研究人员希望能够通过人工智能的发展，使其代替人类进行一系列体力、脑力劳动。未来的发展趋势是智能化发展，而人工智能的发展在一定程度上能够取代人工，进而为社会获取更高的效益。

1. 人工智能在经济领域的发展

随着人工智能的不断发展，其在经济领域的发展过程中发挥越来越重要的作用。由于人工智能的快速、高效，使其在金融行业的发展越来越广泛。未来，随着人工智能的不断发展，其在证券、会计等方面将会进一步发展。通过人工智能技术，能够快速、高效计算数据金额，促进投资人和金融行业人员迅速做出相关经济决策，进一步促进经济领域的发展。

2. 人工智能在教育行业的发展

在世界格局多样化的发展趋势下，语言和教育的学习成为现如今各国发展的重中之重。要想促进教育发展，加强各国之间的沟通交流，智能教育是不可或缺的要素之一。不断发展智能教育，能够拉近国与国之间、学生与老师之间、老师与家长之间的距离，促进沟通，进一步促进学生的教育学习，对学生的教育发展而言至关重要。因此，未来人工智能不断的发展过程中,将不断促进教育事业的发展。

3. 人工智能在医疗行业的发展

随着人工智能的不断发展,现如今人造器官不再是幻想,已经成为现实。合理、有效的人造器官的移植,在一定程度上能够延长人类的存活寿命,降低人类疾病的复发率。人工智能在一定程度上促进了药物的研发,这在一定程度上大大降低了医疗成本。此外,随着人工智能的发展,在一定程度上缓解了医患关系,对医疗行业的发展来说极为有利。因此,医疗行业未来的发展离不开人工智能。

8.3　人工智能和大数据技术在设计中的应用

8.3.1　人工智能技术在机器人设计中的应用

机器人问题求解

人工智能研究日益受到重视的另一个分支是机器人学,其中包括对操作机器人装置程序的研究。这个领域所研究的问题,从机器人手臂的最佳移动到实现机器人目标的动作序列的规划方法,无所不包。尽管已经建立了一些比较复杂的机器人系统,但是现在正在工业上运行的成千上万台机器人,都是一些按预先编好的程序执行某些重复作业的简单装置。大多数工业机器人是"盲人",而某些机器人能够用电视摄像机来"看"。电视摄像机发送一组信息返回计算机。处理视觉信息是人工智能另一个十分活跃和十分困难的研究领域。已经开发的程序能够识别可见景物的实体与阴影,甚至能够辨别出两幅图像间(例如在航空侦察中)的细小差别。

一些并不复杂的动作控制问题,如移动式机器人的机械动作控制问题,表面上看并不需要很多智能。即使是个小孩,也能顺利地通过周围环境,操作电灯开关、玩具积木和餐具等物品。然而人类几乎下意识就能完成的这些任务,要是由机器人来实现就要求机器人具备在求解需要较多智能的问题时所用到的能力。

机器人和机器人学的研究促进了许多人工智能思想的发展。它所导致的一些技术可用来模拟世界的状态,用来描述从一种世界状态转变为另一种世界状态的过程。它对于怎样产生动作序列的规划以及怎样监督这些规划的执行有了一种较好的理解。复杂的机器人控制问题迫使我们发展一些方法,先在抽象和忽略细节的高层进行规划,然后再逐步在细节越来越重要的低层进行规划。在本书中,我们经常应用一些机器人问题求解的例子来说明一些重要的思想。机器人技术的发展为人工智能问题求解开拓了新的应用前景,并形成了一个新的研究领域——机器人学。许多问题求解系统的概念可以在机器人问题求解上进行试验研究和应用。机器人问题比较简单,也很直观。在机器人问题的典型表示中,机器人能够执行一套动作。例如,我们设想有个积木世界和一个机器人。世界是几个有标记的立方形积木(在这里假定为大小一样),它们或者互相堆叠在一起,或者摆在桌面上。机器人有个可移动的机械手,它可以抓起积木块并移动积木从一处至另一处。在这个例子中机器人能够执行的动作举例如下:

unstack(a,b):把堆放在积木 b 上的积木 a 拾起。在进行这个动作之前,要求机器人的手为空手,而且积木 a 的顶上是空的

stack(a,b):把积木 a 堆放在积木 b 上。动作之前要求机械手必须已抓住积木 a,而且积
木 b 顶上必须是空的

pickup(a):从桌面上拾起积木 a,并抓住它不放。在动作之前要求机械手为空手,而且积
木 a 顶上没有任何东西

putdown(a):把积木 a 放置到桌面上。要求动作之前机械手已抓住积木 a

问题求解是一个寻求某个动作序列以达到目标的过程。机器人问题求解即寻求某个机器人的动作序列(可能包括路径等),这个序列能够使该机器人达到预期的工作目标,完成规定的工作任务。机器人规划分为高层规划和低层规划。我们在这里所讨论的规划,属于高层规划的范畴。

机器人规划包括许多功能,例如识别机器人周围世界,表述动作规划,并监视这些规划的执行。我们所要研究的主要是综合机器人的动作序列问题,即在某个给定初始情况下,经过某个动作序列而达到指定的目标。

采用状态描述作为数据库的产生式系统是一种最简单的问题求解系统。机器人问题的状态描述和目标描述均可用谓词逻辑公式构成。

为了指定机器人所执行的操作和执行操作的结果,我们需要应用下列谓词:

ON(a,b):积木 a 在积木 b 之上

ONTABLE(a):积木 a 在桌面上

ONTABLE(a):积木 a 顶上没有任何东西

HOLDING(a):机械手正抓住积木 a

HANDEMPTY:机械手为空手

考虑如图 8-8(a)所示的机器人问题,我们可以用以下谓词公式来表示。

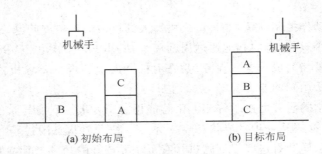

(a) 初始布局   (b) 目标布局

图 8-8　积木世界的机器人问题

描述图 8-8(a)初始布局:

CLEAR(B)   积木 B 顶部为空
CLEAR(C)   积木 C 顶部为空
ON(C,A)   积木 C 堆在积木 A 上
ONTABLE(A)   积木 A 置于桌面上
ONTABLE(B)   积木 B 置于桌面上
HANDEMPTY   机械手为空手

我们的目标在于建立一个积木堆,其中积木 B 堆在积木 C 上面,积木 A 又堆在积木 B 上

面,如图 8-8(b)所示。我们也可以用谓词逻辑来描述此目标为

ON (B,C) ∧ ON (A,B)

机器人的动作把世界从一种状态或布局变换为另一种状态或布局。一种表示机器人动作的称为 STRIPS 的简单而有效的技术被用于机器人问题求解系统。我们将在下文仔细介绍 STRIPS 系统。在讨论把 STRIPS 规则用于本例题之前,我们需要扼要地介绍一下 F 规则和 B 规则的概念。

在求解 8 数码难题时,我们曾经采用从初始状态出发向目标状态正向推进的工作方式。在此,我们把这种正向推进的系统称为正向产生式系统。对于正向产生式系统,在直观上具有清楚的状态和目标,而且我们选取这些状态描述(不是目标描述)作为总数据库。我们把某些用于状态描述以产生新的状态描述的规则称为 F 规则。

我们也完全可以用逆向推进的工作方式来求解诸如 8 数码难题之类的问题,即从目标状态出发,应用与正向系统相反的走步向着初始状态的方向进行求解。每反向走一步,将产生一个子目标状态,要是从此子目标正向走一步,又会立即回到原目标状态。我们把具有这种工作方式的系统称为逆向产生式系统。用这种逆向方式求解问题时,只要把状态与目标的角色相互颠倒一下,再应用反向走步的规则即可。在逆向产生式系统中,我们选择目标描述为总数据库。我们把某些用于目标描述以产生子目标描述的规则称为 B 规则。

当目标用条件描述时,我们也可以用谓词逻辑来求解逆向产生式系统。另外,还可以用双向(即正向和逆向同时进行)搜索方式求解问题。我们称这种求解系统为双向产生式系统。在双向系统中,我们把状态描述和目标描述合并为总数据库,并综合应用 F 规则和 B 规则。F 规则用于状态描述部分,而 B 规则用于目标描述部分。在双向搜索中,控制系统所用的终止条件必须表示为总数据库中状态描述部分与目标描述部分之间的某种形式的匹配。

我们在这里采用 F 规则来表示机器人的动作。STRIPS 的 F 规则由三部分组成。第一部分是先决条件。为了使 F 规则能够应用到状态描述中去,这个先决条件公式必须是逻辑上遵循状态描述中事实的谓词演算表达式。在应用 F 规则之前,必须确信先决条件是真的。F 规则的第二部分是一个叫做删除表的谓词表。当一条规则被应用于某个状态描述或数据库时,就从该数据库删去删除表的内容。F 规则的第三部分叫做添加表。当把某条规则应用于某数据库时,就把该添加表的内容添进该数据库。对于堆积木的例子中 move 这个动作可以表示如下:

move(X,Y,Z)	把物体 X 从物体 Y 上面移到物体 Z 上面
先决条件:	CLEAR(X),CLEAR(Z),ON (X,Y)
删除表:	ON(X,Y),CLEAR (Z)
添加表:	ON (X,Z),CLEAR(Y)

如果 move 为此机器人仅有的操作符或适用动作,那么可以生成如图 8-9 所示的搜索图或搜索树。

下面让我们更具体地考虑图 8-9 中所示的例子。机器人的 4 个动作(或操作符)可用 SIR-IPS 形式表示如下:

stack (X,Y)

先决条件和删除表:HOLDING(X) ∧ CLEAR(Y)

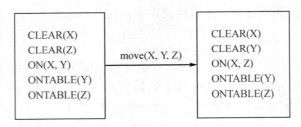

图 8 - 9　表示 move 动作的搜索树

添加表：　　　　　　　HANDEMPTY,ON(X,Y)

unstack(X,Y)

先决条件：　　　　　　HANDEMPTY ∧ ON(X,Y) ∧ CLEAR(X)

删除表：　　　　　　　ON(X,Y),HANDEMPTY

添加表：　　　　　　　HOLDING(X),CLEAR(Y)

pickup(X)

先决条件：　　　　　　ONTABl,E(X) ∧ CLEAR(X) ∧ HANDEMPTY

删除表：　　　　　　　ONTABLE(X) ∧ HANDEMPTY

添加表：　　　　　　　HOLDING(X)

putdown (X)

先决条件和删除表：HOLDING(X)

添加表：　　　　　　　ONTABLE(X),HANDEMPTY

假定我们的目标为图 8-9 所示的状态,即 ON (B,C) ∧ ON(A,B)。从图 8-9 所示的初始状态描述开始正向操作,只有 unstack (X,Y) 和 pickup(X) 两个动作可以应用 F 规则。图 8-10 给出了这个问题的全部状态空间,并用粗线指出了从初始状态(用 SO 标记)到目标状态(用 G 标记)的解答路径。与习惯的状态空间图画法不同的是,这个状态空间图显示出问题的对称性,而没有把初始节点 SO 放在图的顶点上。此外,要注意本例中的每条规则都有一条逆规则。

沿着粗线所示的支路,从初始状态开始,正向地依次读出连接弧线上的 F 规则,我们就得到一个能够达到目标状态的动作序列于下:

{unstack(C,A), putdown(C),pickup(B),

Stack (B,C) ,pickup (A) ,stack (A,B)}

我们就把这个动作序列叫做达到这个积木世界机器人问题目标的规划。

(1) 具有学习能力的机器人规划系统

三角表(Triangulation Table)是一种数据结构,它在人工智能、机器人学和计算机科学中用于存储和检索信息,特别是在规划和问题解决领域。这种表格的设计灵感通常来源于地理信息系统中的三角测量方法,其中数据被组织成三角形状,以便于快速访问和更新。三角表可用来监督(管理)机器人规划的执行情况,使执行中出现的偏差可以得到修正。三角表的核提供了执行规划所需要的信息。三角表法能够加速比较简单的机器人规划问题的求解过程,但对于较为复杂的规划来说,寻找匹配核将产生一个相当大的信息检索问题,并进而难以决定到

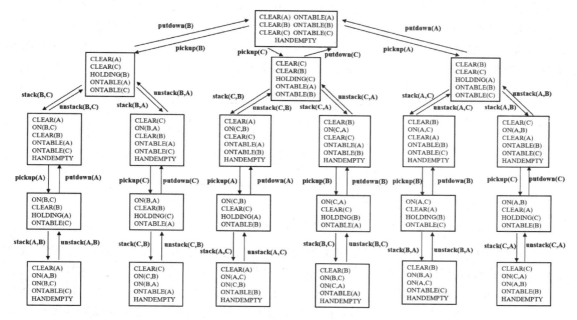

图 8 - 10　某积木世界机器人问题的状态空间

底有多少个三角表可被用于已知的世界模型。

　　一般的机器人规划方法都把注意力集中在归结定理证明系统上,具有以逻辑演算表示的希望目标。STRIPS 系统就是由一阶谓词演算公式来表示世界模型的。STRIPS 采用归结定理证明系统来回答具体模型的问题,并应用一个中间-结局分析策略把模型引导至所希望的目标。STRIPS 虽然能够求解多种不同情况下的规划任务,但是也存在若干弱点。例如,应用归结定理证明系统可能产生许多不切题的和多余的子句,而产生这些子句需要花费无效的时间。此外,对一个目标的规划包括搜索适当的操作符序列,而组成比较长的控制动作序列需要有更多的搜索。这样一来,就需要使用极其大量的计算机内存和时间等。

　　应用具有学习能力的规划系统能够克服这一缺点。把管理式(监督式)学习系统应用于机器人规划,不仅能够加快规划过程,而且能够改善求解能力,以便处理各种较为复杂的任务。实际上,这种规划方法的基本观点是在现有的未规划任务和任何已知的相似任务之间应用模拟,以减少对解答的搜索。这里介绍一个叫做 PULP - I (Purdue University Learning Program)的具有学习能力的机器人规划系统,它是由普渡大学(Purdue University) 的 S Tangwongsan 和 King Sun Fu(傅京孙) 在 1976—1979 年期间提出来的。PULP - I 系统能够通过学习过程积累知识,并能在某个世界模型空间中表达出一个由适当的操作符序列组成的规划,把一个已知的初始世界模型变换为一个满足某个给定输入命令的模型。除了能够加快规划速度外,PULP - I 系统还具有两个突出的优点。第一,操作人员送到 PULP - I 的输入目标语句能够直接表示为英语句子,而不是一阶谓词演算公式。第二,在规划过程中应用辅助物体改善了系统对物体的操作能力,使操作比较灵活。

　　PULP - I 系统的结构总图如图 8 - 11 所示,图中的字典、模型和过程是系统的内存部分,它们集中了所有信息。"字典"是英语词汇的集合,它的每个词汇都保持在 LISP 的特性表上。"模型"部分包括模型世界内物体现有状态的事实。例如,信息 $ROOM_4$ 是由其位置、大小、邻室以及连接这些房间的门组成的。模型的信息不是固定不变的，它可能随着环境而改变。此外，每当应用某个操作符时，此模型都会相应地进行及时更新。这个"过程"整合了预先准备好的过程知识。这种过程知识是一个表式结构，包含一个指令序列。每个指令可能是一个任务语句，这些语句与该任务的过程、局部定义的物体或某个操作符有关。

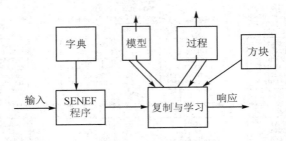

图 8 - 11　PULP - I 系统的总体结构

"方块"集中了 LISP 程序，它配合"规划"对"模型"进行搜索和修正。方块内的一些程序是机器人的本原操作符，它们对应于一些动作程序；执行这些程序将引起模型世界内物体状态的改变。

由操作人员送到 PULP - I 的输入目标语句是用一个英语命令句子直接表示的。这个命令句子不能被立即处理来开发模拟情况，句子的意思必须通过内部表达式来提取和解码。可以把这一过程看作对输入命令的理解过程。一个叫做 SENEF 的程序被设计用来把命令句子变换为语义网络表达式。

PULP - I 系统具有两种操作方式，即学习方式和规划方式。在学习方式下，输入至系统的知识是由操作人员或者所谓"教师"提供的。图 8 - 12 表示出在学习方式下的系统操作。系统首先把给出的过程知识分解为一个子过程的集合。本原过程知识被分解为几个知识块，每块为一知识包。然后，由任务分析程序进行试验，这个程序对知识包进行分析，并通过一个语义匹配程序来获取其提取出的表示形式。

当某个命令句子送入系统时，PULP - I 就进入规划方式。图 8 - 13 表示 PULP - I 系统在规划方式下的结构。该规划系统的主要功能是创建一个能够指导现实世界转变为满足给定指令要求的状态规划。所生成的规划由一些本原操作符号有序有排列组成。当求得一个成功的规划之后，对世界模型进行修正，并且此系统输出规划时间和规划细节，以满足输入命令。

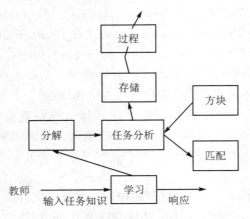

图 8 - 12　PULP - I 系统学习方式的结构

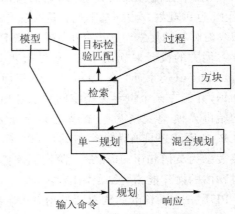

图 8 - 13　PULP - I 系统规划方式的结构

PULP-I系统能够完成一系列规划任务。图 8-14 给出了具体任务下的初始世界模型。这个规划环境有 6 个通过门互相连通的房间(除房间 4 和 6 外)。环境还包括 5 个箱子、2 把椅子、一张桌子、一个梯子、一辆手推车、7 个窗户和一个移动式机器人。可见它要比 STRIPS 系统复杂。

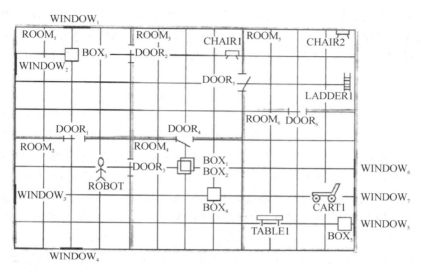

图 8-14 PULP-T 模拟例子的初始世界模型

图 8-15 对 STRIPS、ABSTRIPS 和 PULP-I 三个系统的规划速度(时间)进行了比较,与 STRIPS 及 ABSTRIPS 系统相比,PULP-I 系统的规划时间乎可能忽略不计,这就表明,具有学习能力的机器人规划系统,能够极大地提高系统的规划速度。

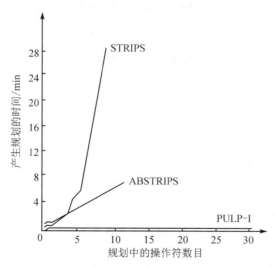

图 8-15 规划时间的比较

我们可以得出结论,具有学习能力的机器人问题求解与规划系统 PULP-I 已经成功地显示出规划性能的改善。这个改善不仅表现在规划速度方面,而且也表现在建立复杂的规划能力方面。

（2）应用演绎系统的机器人规划

机器人问题本身并不存在可交换和不可交换问题。交换性或不可交换性完全取决于用来求解问题的产生式系统的细节。我们也可以把机器人问题列成公式使它能用可交换的产生式系统求解。其方法之一是把机器人问题作为一个被证明的定理，然后再用一个可交换的演绎系统来证明这个定理。尽管把机器人问题描述为演绎问题可能比使用 STRIPS 型规则要复杂和麻烦一些，但是定理证明形式具有重要的理论意义，而且在历史上比 STRIPS 出现要早。在本节中，我们将描述两种把机器人问题作为定理证明问题的可能方法，即 GREEN 表示法和 KOWALSKI 表示法。

1）GREEN 表示法

格林（GREEN）在 1969 年用可交换的归结定理证明系统的求解方法来表示机器人问题。这种表示法包括一个描述初始状态的公式集和一个描述机器人的各种动作对状态的影响的公式集。为了记忆哪一状态下的哪个事实为真，格林给每个谓词加上"状态"或"情况"变量。然后用一个具有存在量词量化的状态变量公式来描述目标条件。这个系统试图证明，存在某个状态，在该状态下某个确定的条件为真。这样一种证明可用来产生一组动作，以建立起一个期望状态。在格林的系统中，所有叙述及目标条件的否定式都变换为适于归结定理证明程序的子句形式。

让我们举个堆积木问题的例子来说明格林系统的工作方法。假定积木的初始布局如图 8－16 所示。桌上有 4 个隔开的位置 C、D、E 和 F。3 块积木 A、B 和 C 分别放在图示位置上。我们把初始状态叫做 SO，并用文字公式 ON（A，D，SO）表示"在 SO 状态下把积木 A 放置在位置 D 上"这一事实。其中，状态名作为显式变元，是公式中的谓语。

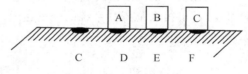

图 8－16　积木的初始布局

积木的初始布局可用下列公式来表示：

ON(A,D,SO)

ON(B,E,SO)

ON(C,F,SO)

CLEAR（A,SO）

CLEAR（B,SO）

CLEAR（C, SO）

CLEAR（G,SO）

我们用逻辑蕴含公式来表示各种机器人动作对状态的作用结果。例如，设机器人有个动作，将积木 x 从位置 y 移动到位置 z。其中，y 和 z 既可能是积木 x 要放到桌上的两个位置的名称，也可能是积木 x 堆放在上面的两块积木的名字。我们假定积木 x 和目标位置 z 都必须顶部为空，以便能够执行这一动作。我们用表达式 trans（x，y，z）来模拟这一动作。

当对一个状态执行某个动作时，其结果就是一个新的状态。我们用一个专门的函数表达式"do（动作，状态）"来表示这个作用，就是把某个状态映射到执行某个动作后得到的另一状态。如果在 S 状态下 trans（x,y,z）被执行，那么其结果就用 do[trans(x,y,z),S]给出，这就是一种新的状态。

用 trans 模拟的动作的主要作用可用下列蕴含公式表示：

$$[CLEAR(x,S) \wedge ACLEAR(z,S) \wedge ON(x,y,S) \wedge DIFF(x,z)]$$
$$=>\{CLEAR(x,do[trans(x,y,z),S]) \wedge CLEAR(y,do[trans(x,y,z),S])$$
$$\wedge ON(x,z,do[trans(x,y,z),S])\}$$

上面公式说明，如果 x 和 z 为顶空的，在状态 S 中 x 在 y 之上，x 和 z 是不同的，那么在状态 S 中完成 trans(x,y,z)动作之后所得到的新状态中，x 和 y 是顶空的，x 放到 z 之上。谓词 DIFF 的真值与状态无关，所以它不需要状态变量。

这个公式不能单独地完全确定动作的结果，我们还必须说明某些不受这个动作影响的关系。例如，为了表示一些位置没有变动的积木，需要做下列描述：

$$[ON(u,v,S) \wedge DIFF(u,x)]=>ON(u,v,do[trans(x,y,z),S])$$

在全部动作都用蕴含式表示之后，我们就试图求解实际的机器人问题。例如，我们想把积木 A 堆放到积木 B 上。这个简单的目标可表示如下：

$$(\exists S)ON(A,B,S)$$

这个问题可以通过对所陈述的目标公式寻求一个证明而求得解决。可以采用任何合适的定理证明方法来求证。

在格林的归结系统中，把目标否定，并把所有公式都化成子句型。然后，试图找出一个矛盾。而答案求取过程将能求得所存在的目标状态。一般说来，这个状态表示为若干个 do 函数的组合，指出产生目标状态过程中的一些动作的名字。图 8-17 表示出所举例题的归结反演图，图中对谓词 DIFF 只是估值，而不是进行归结。对图 8-17 进行答案求取，可得

$$S1 = do[trans (A,D,B),SO]$$

它指定了这种情况下实现该目标所需的单个动作。

值得指出的是，上述的例子十分简单。当问题稍微复杂一些时，用格林法来表示机器人问题，定理证明的搜索工作量会爆炸性地增长，以致这种方法对它无能为力。后来的 STRI-PS 型方法是格林表示法的一个发展。

格林表示法没有使用框架说明语句来说明在动作执行期间状态保持不变的一些描述。如果要用框架说明语句，对于每个谓词要有一个单独的框架描述。对于一个较大的系统来说，要描述一种情况，可能要用很多的谓词，因而也就需要许多框架描述，使框架说明语句变得很复杂。

2）KOWALSKI 表示法

科瓦尔斯基（Kowalski）提出了另一种表示法，它简化了框架陈述语句，并把格林表示法中的谓词当作项来处理。

例如，不用 ON(A,D,SO)，而用 HOLDSC[on (A,D),SO] 来表示在状态 SO 下 A 放在 D 上。on(A,D)项表示 A 在 D 上面这一"概念"，这种概念在新子句中作为个体处理。把通常

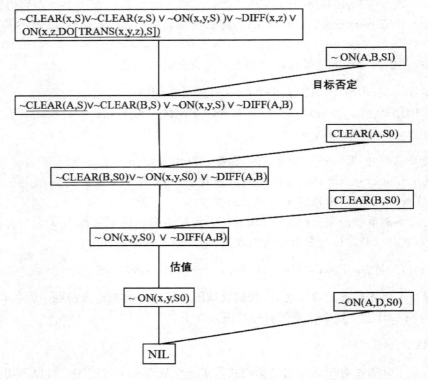

图 8-17   用格林法求解堆积木问题的归结反演图

是关系的项表示为个体，这是用一阶逻辑表示法来获得某些高阶逻辑功能的一种方法。下列一组表达式给出了图 8-16 所表示的初始状态：

① POSS（SO）

② HOLDS[on（A,D）,SO]

③ HOLDS[on(B,E),SO]

④ HOLDS[on(C,F), SO]

⑤ HOLDS[clear（A）,SO]

⑥ HOLDS[clear(G),SO]

⑦ HOLDS[clear(C),SO]

⑧ HOLDS[clear(G),SO]

式中：POSS（SO）的意思为 SO 是一个可能达到的状态。

下面我们对动作后为真的每一关系用一个简单的 HOLDS 文字来表示动作的部分结果（"添加表"文字）。对于动作 trans（x,y,z）,有下列表达式：

⑨ HOLDS[clear（x）,do[trans（x,y,z）,S]]

⑩ HOLDS[clear(y), do[trans（x,y,z）,S]]

⑪ HOLDS[on(x,z),do[trans（x,y,z）,S]]

另一个谓词 PACT 用来表示在给定状态下有可能完成给定的动作,即该动作的先决条件

与状态描述匹配。例如，PACT（a，S）表示在状态 S 下完成动作 a 是可能的。这样，对于动作 trans 有

⑫ ｛HOLDS［clear(x)，S］∧ HOLDS［clear(z)，S］
　　∧ HOLDS［on (x,y)，S］∧ DIFF (x,z)｝
　　=> PACTC［trans (x，y，z)，S］

下面我们要说明的是，如果给定状态是可能的，而且在该状态下某动作的先决条件也是满足的，那么由执行这个动作而产生的状态也是可能的，即

⑬ ［POSS (S) ∧ PACT (u，S)］=>POSS［do(u，S)］

科瓦尔斯基表示法的主要优点是对每个动作只需要一个框架描述。对于本节所举的例子，其单一框架描述为

⑭ ｛HOLDS (v，S) ∧ DIFF (v，clear (z)) ∧ DIFF［v，on (x，y)］｝
　　=>HOLDS［v，do［trans (x，y，z)，S］］

上述表达式十分简单地说明，所有不同于 clear(z) 和 cm(x,y) 的项仍然保留在动作 trans(x,y,z) 完成后所产生的一切状态中。

一般系统的目标是用一个具有存在量词量化状态变量的表达式给出。如果我们要达到把 B 放在 C 上以及把 A 放在 B 上的目标，那么这个目标是：

（∃S）｛POSS (S) ∧ HOLDS［on (B，C)，S］∧ HOLDS［on (A，B)，S］｝

在公式中加入的合取项 POSS(S) 是确保状态 S 可达要求的必要条件。

①～⑭的描述表示这个例子的问题求解程序所需要的基本知识。当我们用基于规则的演绎系统来求解这个问题时，这些知识中的描述①～⑪可作为事实，而⑫～⑭可作为规则。这个系统的操作细节由系统所采用的具体控制策略决定。例如，要使基于规则的演绎系统能够模拟用 STRIPS 型规则的逆向产生式系统所执行的某些步骤，首先，我们应强调该演绎系统的控制策略使描述⑨～⑪之一与目标相匹配。这一步将建立起一个动作，并通过这一动作进行逆向工作。其次，描述⑫和⑬用来建立这个动作的先决条件。再次，框架描述⑭用来对其他由于这个动作而产生的目标条件进行回归。对于所有谓词 DIFF，只要有可能就应进行求值。最后，将在一个子目标谓词上重复整个次序，直至产生出一个与描述①～⑧一致的子目标集为止。

8.3.2　大数据技术在电力系统设计中的应用

云可视化机网协调控制响应特性数据挖掘方法与基于电力数据分析的河北南网电力市场化风险对冲方法均基于大数据思维，对电力系统中数据进行了深入挖掘和分析。

1. 云可视化机网协调控制响应特性数据挖掘方法

2015 年 6 月 24 日召开的国务院常务会议通过了《"互联网＋"行动指导意见》（下称《意见》）。"互联网＋"这一新兴产业模式正式成为中国的国家行动计划。2015 年 7 月 1 日国务院发布的《关于积极推进"互联网＋"行动的指导意见》明确提出"互联网＋"智慧能源，这里是"＋"的智慧能源，而不是仅仅限于已有的智能电网、能源互联网现有概念，具有更深刻含义，包

含了我国能源创新的核心竞争力。因此在智能发电技术领域开展云计算技术研究已经刻不容缓，能够在保证现有电力系统硬件基础设施基本不变的情况下，对当前系统的数据资源和处理器资源进行整合，从而大幅提高网内机组对特高压电网实时响应和高级分析的能力，为智能电网技术的发展提供有效的支持。

火电机组 DCS 系统实时控制的运行数据点在 10 000 点以上，对于每时每刻都在产生的实时数据，已经能够达到海量数据级别。传统的方法无法为运行人员提供更为丰富的三维立体数据互动关系，只能根据生产过程经验判断。火电机组过程控制，是一个复杂的多变量的过程控制系统，传统的方法由于被控对象本身信息不足，均是以先验知识和局部知识为基础的，无法发现深层次的数据关系。电网调度人员之前只能通过调度指令来对电厂进行经验性操作，无法深入了解发电机组的内部具体情况，从而做出对电网整体性能最优的调度决策，网侧和源侧缺乏直观有效的沟通机制。

在河北南网，利用成果和方法实现了河北南网主力发电机组的实际数据与调度仿真模型对接，紧密地将生产实际与科研联系起来，同时结合电网运行的可靠性和解决遇到的各种问题初步分析，开展了系列化的优化策略体系研究。利用网源协调数据骨干度可视化分析方法，建立了河北南部电网网源能量平衡仿真调度平台，制定了电网安全稳定裕度评价体系，最终达到以生产带来的效益推动科技研发的目的，进一步促进科研成果的孵化，开启了"以科研奠定生产，以生产促进科研"的良性循环的研发模式。通过整合先进控制策略的迭代优化工作，减少调试时间和增加试验安全性，取得了较好的经济效益。

网源协调数据骨干度可视化分析方法，将原有的机组仿真平台改进为可以满足电网调度验证的试验仿真平台，针对河北南部电网内所有机组建立网源协调仿真模型，使仿真平台成为可以真正服务于电网调度运行的技术支撑平台；应用基于 R 语言的超临界机组增网源协调数据骨干度可视化分析方法对电网调度试验划分边界进行仿真建模评估后，将网内机组响应电网调度平均速率提高了 7%，缩减机组运行成本 5%；电网安全稳定裕度提高了 11%，对机组和电网冲击幅度降低了 81%。

技术领域：属于智能电网的云计算领域，具体涉及一种云可视化机网协调控制响应特性数据挖掘方法。

背景技术：火电机组 DCS 系统实时控制的运行数据点在 10 000 点以上，对于每时每刻都在产生的实时数据，已经能够达到海量数据级别。在以往常规的控制过程中，海量的实时数据都是以 2D 平面的关系映射到运行画面上，或者根据传统控制方案和现代控制理论，采用其中一组有限的关键运行数据点，作为运行和监控方案的输入/输出，提供给运行人员和 DCS 机组进行合理的控制；传统的方法无法提供运行人员更为丰富的三维立体数据互动关系，只能根据生产过程经验判断。

火电机组过程控制是一个复杂的多变量的过程控制系统，关键的运行数据，比如主汽温和主汽压，往往是经过一个比较明显的滞后时间后，才会发生相应的变化，而给实际控制性能带来影响，对循环流化床锅炉的机组尤其如此。归根到底，是由于被控对象本身信息不足引起的；而传统的方法，都是基于热力平衡关系或者传递函数关系得出的分析模型，均是以先验知识和局部知识为基础的，无法发现深层次的数据关系。

火电机组信息复杂，技术门槛高，电网调度人员之前只能通过调度指令来对电厂进行经验性操作，无法深入了解发电机组的内部具体情况，从而做出对电网整体性能最优的调度决策，网侧和源侧缺乏直观有效的沟通机制。

本方案旨在解决的技术难题是开发一种既符合机组与电网协调的实际生产需求,又能体现电网最优调度决策的云可视化数据挖掘方法。该方法专注于机网协调控制响应特性的可视化。为应对这一挑战,本方案采取的技术路径是实施一种云可视化的机网协调控制响应特性数据挖掘技术。以 600 MW 超临界机组为应用实例,开展网源协调的可视化数据挖掘与分析工作。

具体实施步骤如下:

① 在在线热力性能数据校验处理分析平台基础上,实时采集机组的热力性能数据并对所采集机组的热力性能数据进行规范化校验。

② 机理仿真模型的建立:在机组建模过程中将其划分为不同的功能组,对每个功能组建立子模型,所有子模型建好后通过模型合并,搭建出整个机组模型。

③ 对机理仿真模型进行热力性能精度校验:将在线热力性能数据校验处理分析平台采集到的实时机组的热力性能数据输入②中的机理仿真模型,通过机理仿真模型计算得到热力性能指标计算值,对热力性能指标计算值与最优热力性能曲线求得偏差 A,对机理仿真模型中已输入的热力性能指标理想值与最优热力性能曲线求得偏差 B,针对同一功率所对应的偏差 A 和偏差 B 进行比较,判断并采用偏差 A 和偏差 B 中较小值所对应的热力性能指标,得到最优机理仿真模型。

④ 根据机网协调控制原理,确定机网协调控制响应特性为响应时间;机网协调响应时间的变化由各控制指标的独立变化所引起的响应变化速率叠加而成,从③的最优机理仿真模型中获取样本,建立如下机网协调控制响应特性方程如下:

$$k_i = \sum_{k=0}^{n} (a_i x_i^2 + b_i x_i + c_i), \quad i = 1,2,3,\cdots,n \tag{8-1}$$

式中:k_i 为机网协调 AGC 响应时间;x_i 为影响机网协调 AGC 响应时间的控制指标的变化速率;n 为采集数据样本的个数。

⑤ 确定机网协调响应特性的原始样本数据矩阵 $\boldsymbol{R}_{n \times p}$,下角标 p 为影响机网协调 AGC 响应 $E(x_{ij})$ 时间的控制指标的个数;对原始样本数据矩阵 $\boldsymbol{R}_{n \times p}$ 中的每个值进行标准化归一处理的计算公式如下,以消除数据不同量级对计算的影响。

$$x_{ij} = \frac{x_{ij} - E(x_{ij})}{\sqrt{\mathrm{var}(x_{ij})}}, \quad i = 1,2,3,\cdots,n; \quad j = 1,2,3,\cdots,p \tag{8-2}$$

式中:x_{ij} 为原始样本数据矩阵 $\boldsymbol{R}_{n \times p}$ 中第 i 样本的第 j 个控制指标原始数据;x_{ij} 为标准化归一处理后的值;$E(x_{ij})$ 为原始样本数据矩阵 $\boldsymbol{R}_{n \times p}$ 中第 j 个控制指标原始样本数据的平均值;$\mathrm{var}(x_{ij})$ 为第 j 个控制指标原始样本数据方差;原始样本数据矩阵 $\boldsymbol{R}_{n \times p}$ 中的每个值标准化归一处理后得到矩阵 $\boldsymbol{R}^*$。

⑥ 在 labview 平台上,使用矩阵和簇工具箱,求解矩阵 $\boldsymbol{R}^*$,获得机网协调控制响应特性 $y_1,y_2,\cdots,y_p$ 个主成分,同时得到 p 个非负的特征值,将所述 p 个非负的特征值从大到小排列为 $\lambda_1,\lambda_2,\cdots,\lambda_p$,同时得到分别与 $\lambda_1,\lambda_2,\cdots,\lambda_p$ 对应的特征向量 $\boldsymbol{\mu}_1,\boldsymbol{\mu}_2,\cdots,\boldsymbol{\mu}_p$。

⑦ 利用步骤⑥中从大到小排列的特征值,计算满足累积方差贡献率 $\alpha(k)$ 大于 80% 所对应的 k 值,计算公式如下:

$$\alpha(k) = \frac{\sum\limits_{i=1}^{k} \lambda_i}{\left[\sum\limits_{i=1}^{p} \lambda_i\right]} > 80\%, \quad 1 \leqslant k \leqslant p \tag{8-3}$$

求得 k 值后,取 $\lambda_1, \lambda_2, \cdots, \lambda_p$ 中前 k 个特征值所对应的主成分代替原来 p 个主成分。

⑧ 以机网协调控制响应特性前 k 个特征值所对应的主成分为基础,在 R 语言平台对③的仿真模型数据进行聚类可视化分析,采用 k-medoids 聚类方法,根据③仿真模型数据,绘制机网协调控制响应特性主成分数据散点图。

⑨ 以⑧中所述网源能量平衡主成分数据散点图为基础,根据主成分特征值关联程度,绘制机网协调控制响应特性数据骨干度可视化模型图。

所述②中不同的功能组包括风烟系统、主蒸汽系统、高压缸及高压旁系统、高压及抽汽系统。

所述④中影响机网协调 AGC 响应时间的控制指标包括锅炉控制指标和汽机控制指。

所述锅炉控制指标包括:主蒸汽压力、主蒸汽温度、磨煤机出口温度、烟气排烟温度、一次风温度、二次风温度、炉膛负压、再热器入口温度、再热器出口温度、省煤器入口温度、省煤器出口温度、烟气含氧量、主给水温度和过热度。

所述汽机控制指标包括:调节级压力、调节级温度、♯1 高加排汽压力、♯1 高加排汽温度、♯2 高加排汽压力、♯2 高加排汽温度、♯3 高加排汽压力、♯3 高加排汽温度、♯4 除氧器排汽压力、♯4 除氧器排汽温度、♯5 低加排汽压力、♯5 低加排汽温度、♯6 低加排汽压力、♯6 低加排汽温度、♯7 低加排汽压力、♯7 低加排汽温度、凝结水温度和凝结水真空度。

所述⑨中采用 labview 语言将所有数据转换成 CSV 格式,供 R 语言使用。将在线机组数据和仿真模型对接,建立实际机组特性相似度满足精度要求的仿真。

采用上述技术方案所产生的有益效果在于:本方法实现了按照网内运行机组响应网侧能量需求调度的云可视化数据挖掘仿真技术和仿真平台进行实时数据传输,将仿真平台调制至和实际机组与电网特性逼近,验证高级优化算法并建立网源安全稳定裕度评估体系,为电网调度服务。

构建模型的具体方法:

将在线机组数据按照工况分为若干工况预置条件,首先按照任一工况运行静态数据对机组进行仿真设计校验,使得仿真模型的设计工况满足实际生产试验的精度要求,比如原有仿真模型只要求在 50% 和 100% 负荷工况满足仿真操作要求精度即可,那么为了满足仿真试验的要求,就进一步将仿真机工况细分,以 10% 为挡位,分别设置 10%、30%、50%、70%、100% 等负荷工况条件,需要将机组在线数据对仿真模型进行修正,提高模型的精确性和可用性;其次,针对所述仿真模型的动态特性,利用在线机组数据和仿真模型输出数据的偏差,迭代优化最优的仿真模型参数数值,完成实际机组特性相似度满足精度要求的仿真模型。

对数据进行预处理的具体方法如下:根据网源能量平衡的关系,将仿真模型的所有有关网源协调数据的原始变量进行标准化处理;输入原始数据矩阵或相关系数矩阵列到 princi-pal( ) 和 fa( ) 函数,在计算前确保数据中没有缺失值。

在新华 OC6000E 仿真平台上,基于实际机组特性高度吻合的 600 MW 超临界火电机组仿真模型,针对网源协调控制回路,使用 R 语言平台对网源协调控制回路产生的海量实时数据进行主成分分析和 k-medoids 聚类分析,最终确立基于骨干度的网源协调数据云可视化深度数据挖掘方法。

2. 基于电力数据分析的河北南网电力市场化风险对冲方法

随着电力市场化改革的深度开展,发电、用电、配电各方企业,迫切需要一种能够迅速反应市场供求情况的价格发现工具,帮助电力价格从国家定价模式转化为市场定价模式。由于电力不能存储的特殊性,无法采用常规方式来进行电价市场化调节,所以采用金融资本市场作为电力行业改革和发展的突破口,加快电力市场化的进程,成为必行之路。本节从电网对发电侧、用电侧两个方向开展电力期货可行性分析,提出切实可行的河北南网电力市场化风险对冲方法。

在传统的电力工业管理体制下,政府统一管理电价,电价的波动很小,几乎没有独立发、输、配电企业,因此不会面临由于电价波动造成的风险。但随着电力体制向市场化方向改革的进行,电力市场中批发电价和零售电价都将逐步放开。

2015 年 11 月 30 日,《中共中央国务院关于进一步深化电力体制改革若干意见》公布以来,新一轮电力体制改革正向核心区快速推进。

发电和售电环节引入竞争,建立购售电竞争新格局;建立市场化价格机制,引导资源优化配置电价;建立"管住中间、放开两头"的体制架构在发电侧和售电侧引入竞争机制,将建立购售电竞争新的格局。在可竞争环节充分引入竞争,符合准入条件的发电企业、售电公司和用户可自主选择交易对象,确定交易量和价格,打破电网企业单一购售电的局面,形成"多买方-多卖方"的市场竞争格局;电价通过市场竞价方式来确定,将不可避免地导致市场价格的波动。日内负荷处于高峰时的实时电价与负荷处于低谷时的实时电价可以相差几倍,而不同日期、不同月份的电价则相差更大。由此带来的电价的剧烈波动将使电力市场的参与者面临巨大的价格风险。事实证明,电力市场一旦出现大的价格风险,其严重程度一点也不亚于国际金融业中一些十分著名的金融风险事件。

价格是资源配置最重要的手段,计划经济条件下,价格信号是失真的,不可能实现资源的优化配置;进入市场经济后,单一的现货市场也无法实现;只有期货市场与现货市场相结合,才能使资源的优化配置得到充分实现。缺乏期货市场的预期价格,政府只能根据现货价格进行宏观调控,电力发展缺乏科学的规划能力,造成社会资源的巨大浪费。期货市场产生的价格具有真实性、超前性和权威性。政府可以依据其来确定和调整宏观经济政策,引导企业调整生产经营规模与方向,使其符合国家宏观经济发展的需要。

电网对发电侧市场化风险对冲分析:为了更科学、严谨地推进煤电联动以及更准确地监测电煤价格,国家发展和改革委员会于 2015 年 9 月 30 日推出中国电煤价格指数,作为煤电联动价格基础。

对煤电价格实行区间联动。以单位质量所能发出的热量为 5 000 kcal/kg 的代表性规格电煤的价格为标准,当周期内电煤价格与基准煤价相比波动不超过每吨 30 元(含)的,成本变化由发电企业自行消纳,不启动联动机制。当周期内电煤价格与基准煤价相比波动超过每吨 30 元的,对超过部分实施分档累退联动,即当煤价波动超过每吨 30 元且不超过 60 元(含)的部分,联动系数为 1;煤价波动超过每吨 60 元且不超过 100 元(含)的部分,联动系数为 0.9;煤价波动超过每吨 100 元且不超过 150 元(含)的部分,联动系数为 0.8;煤价波动超过每吨 150 元的部分不再联动。按此测算后的上网电价调整水平不足每千瓦时 0.2 分钱的,当年不实施联动机制,调价金额并入下一周期累计计算。按煤电价格联动机制调整的上网电价和销售电价于每年1月1日实施。

以此次全国燃煤发电上网电价下调3分钱为例，煤价将有50元/吨左右的下调空间，后期幅度有可能更大。也就是说，煤价下调引发电价下调时，将会压缩煤电企业利润，对煤电企业均为利空消息。反之，当煤价上涨触发煤电联动机制时，煤价上涨依然提高煤企收入，而电价上涨将提高电力企业收入，利好煤电企业。

新实施的煤电联动机制明确指出，根据工商业用电价格进行相应调整，这有利于降低企业成本。最新的煤电联动价格机制是基于现货的一种风险对冲方法，要求电网公司和发电企业必须100%从现货市场购电购煤，无法提供反映长期供求关系的价格信号。一旦出现长期的下跌局面，则对电网企业和发电企业造成长期的不利影响，所以经过分析，采用动力煤期货合约和焦煤期货合约，分析动力煤和焦煤的期货价格走势，根据季节性规律和统计套利回归，利用期货价格发现功能，合理地参与动力煤和焦煤期货，可以对冲煤电联动的风险，具体如表8-1所列。

表8-1　电力风险对冲煤电联动关系示意表

企业类型	煤炭企业	发电企业	电网企业
风险对冲方法	煤电联动的同时，根据期货发现远期煤炭下跌前兆，做空动力煤期货和焦煤期货空头头寸，对冲煤炭现货下跌带来的风险，同时在现货跌势稳定后，逐步建立期货多头头寸，以弥补煤炭企业因为市场不景气带来的利润损失	根据季节性规律，在淡季通过做多动力煤的期货来增加持仓，在旺季则通过做空期货来减少持仓，以此利用期现套保策略来规避市场风险	根据季节性规律和统计套利回归，在淡季等待统计套利底部回归做多动力煤期货，在旺季等待统计套利顶点回归动力煤期货，利用煤电联动机制，规避风险

电网对用电侧市场化风险对冲分析：

由于工业用电远超民用电，所以在本节中，用电企业以工业用电企业为研究对象，煤炭企业作为特殊的用电企业另作讨论，发电企业以分析火力发电为主。在实际社会生产体系中，关系如下：

煤炭企业→火电厂→电网输配→工业用电企业

根据生产供求关系，存在能体现电价的关联组合，如表8-2所列。

表8-2　电网对用电侧市场化风险对冲组合表

电　网	煤　炭	钢　铁	化　工	焦　化
煤电联动	动力煤/焦煤	动力煤/螺纹钢	动力煤/（塑料、聚丙烯、PTA）	动力煤/焦炭

以上各品种在期货市场中均存在相对应的品种。这就为采用金融手段建立对冲机制提供了现实可能性。

季节性图表法是指在研究价格季节性变动时，计算出相应的价格变动指标，并绘制成图表来发现商品的季节性变动模式。它主要包括的指标有每年上涨百分比、月度收益率、平均最大涨幅与平均最大跌幅、平均百分比等。

① 月度收益率＝（本月底价格－上月底价格）/上月底价格

② 最大涨幅＝期间最高价－期初价

③ 最大跌幅＝期间最低价－期初价

④ 期初百分比＝(期初价格－该期最低价)/(该期最高价价格－该期最低价)

⑤ 期末百分比＝(期末价格－该期最低价)/(该期最高价价格－该期最低价)

运用季节图表法可以对煤炭和焦炭、钢铁、化工产品价格的季节运行规律进行分析,总结出动力煤及其上下游价格在一年中不同月份的强弱关系,并对三者之间的季节性传导及主导这种传导机制的钢铁和化工行业的季节性进行指导。

按照以上方法,结合煤电联动机制可建立电网与用电企业的风险对冲关系。

由于商品的供需层面存在着某些季节性变化特点,即随着季节的转换商品供给或需求的增减趋势相对固定,这些商品的价格也因此带有季节性波动特性,我们将这种波动特性称为季节性波动规律。

下面以动力煤和铜为分析对象进行煤电联动季节性分析。季节性分析的基本逻辑为:淡旺季交替形式的价格波动。

动力煤季节性规律分析:

跨季节风险对冲的基本逻辑也是基于淡旺季的交替及其引发的价格波动。

动力煤市场中活跃的三个合约,即 1 月、5 月和 9 月合约,在时间上覆盖了多个季节性波动周期,包括夏季的用电高峰和冬季的煤炭储备高峰。

夏季用电高峰源自工业用电与居民商户用电高峰的叠加,夏季高温时期空调的广泛使用及工厂生产及降温措施通常是夏季耗电的主要因素,由于中国主要发电来源于火电,因此 7、8 月份也是煤炭需求旺盛的季节。

冬储用煤高峰主要源自冬季取暖用煤的增加及春节放假的生产安排。进入冬季以后取暖用煤需求增加,在北方,都有冬季屯煤的习惯。每年 2 月份前后,多数煤矿安排放假,即使生产也考虑到安全性问题而减少产量,港口作业几乎停滞。通常进入 10 月份冬储活动就开始了,一直持续到 12 月月底,旺季结束。

穿插在两个旺季之间是淡季,通常用煤下降,港口船只数量较少,价格也进入低谷。

动力煤的三个活跃合约 1、5、9 月份合约,交割期处于一个旺季 1 月和两个淡季 5 月和 9 月之间。随着交割期的临近旺季合约价格贴近现货而淡季合约价格下跌,价差逐渐拉开。形成独特的套利风险对冲机会。图 8-18 显示临近旺季合约和淡季合约价差逐渐放大,形成套利风险对冲机会。

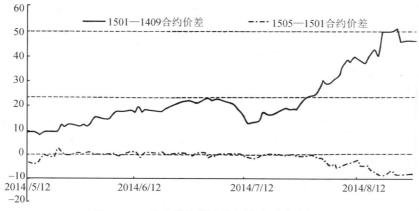

图 8-18　动力煤跨期季节性风险对冲分析图

铜季节性周期规律分析：

如图 8-19 所示,每年的 2 月份到 5 月月初,铜消费处于春季旺季,铜价通常持续大幅走高,一年当中的最高点也常常出现在这个阶段;随后春季高峰结束,到 6 月中旬期间,铜价常常会经历较大幅度的调整;接着铜价一年中的第二轮上涨开始,一般从 6 月月底持续到 9 月份,迎来秋季消费高峰,涨幅通常不及春季旺季,为现年内次高点;随后铜价回落,进入休整阶段,这一阶段的调整持续的时间往往较长。

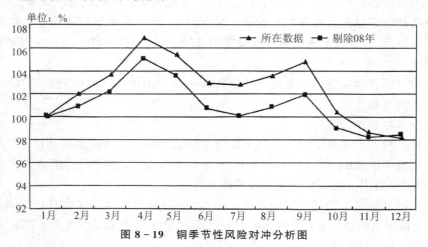

图 8-19 铜季节性风险对冲分析图

对以往 16 年数据进行了涨跌概率的统计,如表 8-3 所列。

表 8-3 铜历年风险分析统计概率表

月 份	上涨概率/%	平均涨幅/%	上涨年数	下跌年数
1 月	75.00	2.40	12	4
2 月	68.75	2.61	11	5
3 月	68.75	2.26	11	5
4 月	50.00	3.65	8	8
5 月	31.25	−0.62	5	11
6 月	43.75	−1.77	7	9
7 月	62.50	0.44	10	6
8 月	62.50	1.45	10	6
9 月	68.75	1.69	11	5
10 月	31.25	−3.55	5	11
11 月	56.25	−1.17	9	7
12 月	50.00	0.21	8	8

动力煤铜季节性风险对冲分析：

可以从上面的对动力煤和铜的季节性规律分析看出,从 2013—2015 年,每一年的 10 月中旬开始,到 12 月上旬,都会有规律地出现铜和动力煤的价差的下跌,即使当时时间段的动力煤和铜出现波动都会不同,但是铜和动力煤的价差的规律却是固定的,所以根据图 8-20 所示,在每一年的 10—12 月周期内,采取金融手段,做多动力煤 1 月份期货合约,做空铜 1 月份期货合约,则可以对电网企业和发电企业以及铜用电企业进行风险对冲。该风险对冲方法可以重复且稳定,对风险波动有很强的抗性。

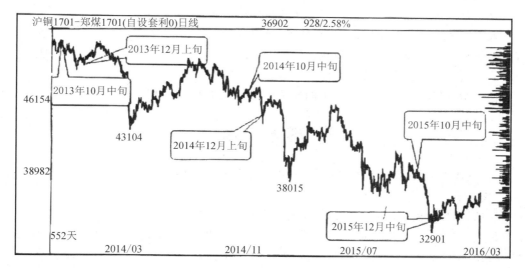

图 8 - 20　动力煤和铜季节性风险对冲分析图

基于方差偏离规律的统计套利对冲方法:

统计套利策略是一种市场中性策略,它通过对相关品种进行对冲来获得与市场相独立的稳定性收益。统计套利策略背后的基本思想就是均值回归,也就是说两个相关性很高的投资标的价格之间如果存在着某种稳定性的关系,那么当它们的价格出现背离走势的时候就会存在套利机会,因为这种背离的走势在未来会得到纠正。在实际投资中,在价格出现背离走势的时候买进表现相对差的,卖出表现相对好的,就可以期待在未来当这种背离趋势得到纠正时获得相对稳定的收益。

不过单纯的统计套利存在一定的问题,即单纯的数学方差统计判断风险对冲的方式,由于存在相当程度的统计随机波动性,并不完全适用于实际操作环境,因此综合季节性风险对冲分析方法,对统计套利体系进行周期和方向性的筛选,可以提高风险对冲体系的可行性。

首先,建立风险对冲的监控体系,对各种风险对冲组合进行实时监控。其次,在季节性规律的前提下,对风险对冲组合进行统计套利对冲分析。以动力煤和铜为例,该策略是可以在已经确定明确季节性规律的前提下,获得统计对冲风险收益的成功的。

本节从电网对发电侧和用电侧两个角度出发,对电力市场化风险应对进行可行性分析,提出切实可行的河北南网电力市场化风险对冲方法。提出了一种基于季节性规律的风险对冲方法,进一步提出一种基于方差偏离规律的统计套利风险对冲方法。并开发了一套完整的风险对冲工具,可以实时通过对电网侧、发电侧、用电侧各期货相关品种的分析跟踪,利用金融手段合理有效地实施风险对冲,以达到帮助电力价格从国家定价模式转化为市场定价模式的目的。

习　题

8-1　大数据的定义是什么?

8-2 大数据思维包含哪两个方面？它们的具体含义是什么？

8-3 大数据的特征4个"V"是什么？

8-4 大数据技术对现代设计的意义是什么？

8-5 什么是人工智能？人工智能的意义和目标是什么？

8-6 人工智能这门科学研究的内容、特点、难点是什么？

8-7 简述人工智能技术的发展现状。

8-8 简述人工智能技术对现代设计的影响。

8-9 任何由STRIPS生成的规划也同样可以由ABSTRIPS生成。你能否找到对应的例子？

参考文献

[1] SEAN OWEN. MAHOUT实战(图灵程序设计丛书)[M]. 王斌, 译. 北京：人民邮电出版社, 2014.

[2] 车品觉. 决战大数据[M]. 杭州：浙江人民出版社, 2014.

[3] 严霄凤, 张德馨. 大数据研究[J]. 计算机技术与发展, 2013, 23(04): 168-172.

[4] Ballard D H, Brown C M. Computer vision[M]. London: Prentice Hall, 1982.

[5] Barr A, Feigenbaum E A. A Handbook of Artificial Intelligence[J]. Computer Music Journal, 1982, 6(3).

[6] Nilsson N. Problem Solving Methods in Artificial Intelligence[M]. New York: McGraw-Hill, 1971.

[7] 傅京孙. 模式识别及其应用[M]. 北京：科学出版社, 1983.

[8] Tangwongsan S, Fu K S. An application of learning to robotic planning[J]. International Journal of Computer & Information Sciences, 1979, 8(4): 303-333.

[9] Waltz D L. Generating Semantic Descriptions From Drawings of Scenes With Shadows[J]. Computer Vision and Image Understanding, 2004, 94(1): 2-22.

[10] Sussman G J. A Computational Model of Skill Acquisition[R]. MA: Massachusetts Institute of Technology, 1973.

第9章 可持续设计与制造基础

9.1 可持续设计概述

随着城市化进程的加快,工业生产和商业活动的日益频繁,地球资源和生态环境为经济的高速发展付出了高昂的代价,这些代价只有极少部分是可逆的。生态环境的剧烈恶化使人类的生存和可持续性面临空前的挑战,其中工业化的大生产所产生的资源浪费是巨大的,为了解决这个问题,人们提出了可持续设计的概念。可持续的范畴不仅包括环境与资源的可持续,也包括社会、文化的可持续,与可持续发展相适应的设计理念就是可持续设计,其以人和自然环境的和谐相处为前提,要求人们设计既能满足当代人需要又兼顾保障子孙后代永续发展需要的产品、服务和系统。设计绿色产品最有效的方法之一是超越设计产品本身,转而设计优化产品的整个"生命周期"。每种产品的生命周期大概分为4个阶段:制造、运输、使用、处置。每个阶段都存在避免浪费、减少能源消耗的机会。所以,当我们设计产品时,也应该考虑产品的整个生命周期,在每个阶段中都抓住这些机会实现可持续设计。

9.2 产品全生命周期

9.2.1 产品全生命周期模型

产品全生命周期没有一个明确的定义,它一般包括了产品从加工到报废的过程,即从出生到死亡的全生命过程,不同的研究人员从各自的研究领域和研究视角提出了不同的产品全生命周期模型。图9-1~图9-3分别为五阶段模型、六阶段模型和四阶段模型。

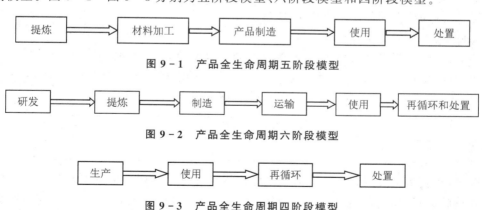

图 9-1 产品全生命周期五阶段模型

图 9-2 产品全生命周期六阶段模型

图 9-3 产品全生命周期四阶段模型

五阶段模型是以加工和制造业为中心的模型。六阶段模型在以加工和制造业为中心的同时,把研究和开发作为一个重要的阶段引入到生命周期中,强调了设计的重要性;把运输作为一个独立的阶段;并对再循环给予了一定的重视和地位。四阶段模型把重点放在了再循环上。

实际上它们都是产品生命周期的重要组成部分,只是不同的模型强调的重点不同。其他的产品全生命周期模型与这几个模型基本类似。

系统是由物质、能量和信息三个要素组成的,因此从系统论的观点出发,这些模型都是从物流角度定义的,没有明确表示出能量流和信息流,更没有表示出掌握和使用三个要素的群体和人。

9.2.2 产品环境影响的一般模型

产品在全生命周期各阶段都有相应的环境影响,如图9.4所示为一种产品环境影响的一般模型,以汽车这一典型的复杂工业产品为例,利用模型分析其生产过程对产品的影响和破坏。

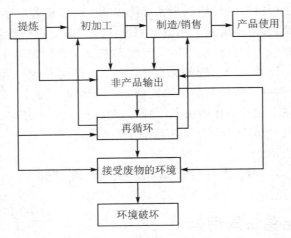

图 9-4 产品环境影响的一般模型

提炼:汽车使用的材料很多,如金属、塑料和橡胶等,这些材料需要从矿石、石油中提炼。

初加工:把原材料按产品性能要求,制造成能直接加工和应用的材料,如镀锌板和棒料。

制造:零件和部件的加工和总成。

产品使用:汽车的使用和报废。

非产品输出:期望以外的结果,如提炼时的排放和矿渣,初加工时的排放和废料,产品使用中的排放和报废的汽车。一辆自重0.76 t的轿车生产的消耗和排放如表9-1所列。

表 9-1 轿车生产的消耗和排放

原材料	能 耗	固体废弃物	废气排放	水体排放污染物
2.2 t	7 t标准煤	6 t	10.9 t	8.6 t

再循环:用技术手段对非产品输出和提炼残留物进行再利用。可再循环利用的一部分作为初始材料的原料,如金属、塑料;另一部分用技术手段,如再制造工程技术,重新制造成零件或产品。不可循环部分直接排放或倾倒于环境中。

接受废物的环境:环境会接受来自提炼、初加工、制造和使用,以及再循环时产生的各种排放和废物。

环境破坏:环境具有一定的自清洁能力和调节能力,但是当它所接纳的废物超过某一阈值时,环境就会恶化,遭到破坏。

9.3　绿色产品

9.3.1　绿色产品和绿色标志

1. 绿色产品(Green Product)

绿色产品也称为环境协调产品(Environmental Conscious Product)、环境友好产品(Environmental Friendly Product)、生态友好产品(Ecological Friendly Product)。资料中关于绿色产品的常见描述如下:

"绿色产品是指以环境和环境资源保护为核心概念而设计生产的可以拆卸和分解的产品;其零部件经过翻新处理后,可以重新使用。"

"绿色产品是指将重点放在减少部件,使原材料合理化和使部件可以重新利用的产品。"

"绿色产品是从生产到使用乃至回收的整个过程都符合特定的环境保护要求,对生态环境无害或危害极小,以及利用资源再生或回收循环再利用的产品。"

"绿色产品就是在其生命周期全程中,符合特定的环境保护要求,对生态环境无害或危害极小,资源利用率最高,能源消耗最低的产品。"

综上所述,绿色产品应该包括以下特性:

危害方面:对人和生态系统的危害最小化。时间跨度上是产品的全生命周期;其中人包括现代人和后代人,现代人不仅包含产品的消费者或使用者,而且包含产品的制造者或劳动者。

资源方面:产品的材料含量最小化,材料含量指构成产品的各种原材料,制造过程中的辅助材料用量,运输和包装材料。还有能量含量最小化,即产品的全生命周期中的能量消耗最少。

回收方面:产品的回收率高,这依赖于回收体系和回收网络的建立和运作,消费者的绿色消费理念和行动。

再利用和处置方面:零部件的再制造利用率高,材料能进行的逐级循环率高。

市场方面:用户或消费者能接受的、并能够实现交换的产品。

综上所述,绿色产品可以定义为:满足绿色特性中的一个特性或几个特性,并满足市场需要的产品。绿色特性便是上述危害、资源和回收再利用方面的特性。另外,还要注意的是绿色产品具有相对性。相对性是指时空上,在时间上,新产品比旧产品的绿色特性优越,就可以称为绿色产品,10 年前的绿色产品,现在可能就不是了,同样,目前的绿色产品在若干时间后可能就不是绿色产品了;在空间上,中国的绿色产品不一定是欧美的绿色产品。那么绿色产品如何确定和认证呢? 这就涉及绿色标志。

2. 绿色标志(Green Label)

绿色标志或称生态标志(Eco‐Label),是指印在或贴在产品或其包装上的特定图形或标志,以表明该产品的生产、使用及处理全过程符合环境保护要求,不危害环境或危害程度极小,有利于资源的再生回收利用,对人的健康无危害或危害很小。环境标志是按照严格的程序、评定方法和标准,由政府部门或专门的第三方认证机构发放的。ISO 14020～ISO 14029 是环境标志实施的国际标准,消费者可以放心地购买和使用具有绿色标志的产品,在发达国家,50％以上的消费者会自觉选择绿色产品,由此可见,绿色标志备受公众欢迎。环境标志制度的确立和实施,激励、促进企业规划、产品结构和制造工艺的改进,超越了以往的末端治理、粗放经营模式,强调产品在整个生命周期的无害化或低害化。1987年,德国率先使用"蓝天使"绿色标志,目前已有30多个发达国家、20多个发展中国家和地区推出绿色标志制度,因此取得绿色环境标志,也就取得了通向国际市场的通行证。我国从1993年开始实施绿色标志,"中国环境标志"标志的中心是青山、绿水、太阳,表示人类赖以生存的环境;外围的10个环表示公众共同参与保护环境,因此,中国环境标志简称为"十环"标志,由中国环境标志产品认证委员会及秘书处负责认证。

9.3.2 绿色基准产品

在分析和评价产品的环境影响时得到的数据常常是绝对的数值,例如,某产品使用中的二氧化碳排放是1 t,从前面的分析,我们知道绿色产品具有时空上的相对性;如果没有比较的对象,就不能确定产品的绿色程度以及其他相关的指标。因此,要设定比较的基准,评价产品绿色度时的对照产品或绿色属性称为基准产品或参照产品,它可以是现有的产品,也可以是绿色产品属性的综合。

1. 实体基准产品

绿色基准产品可以是目前市场上现有的、具有相同基本功能的产品,由于同类产品中各个具体产品的环境影响各不相同,因此,常常把市场上同类产品的一个典型产品作为实体基准产品。基准产品的确定主要依赖于市场分析,包括品牌的知名度、美誉度、市场占有率,以及企业的环保形象和实施绿色设计与制造的情况等,这样的比较会更有说服力和可信度。它可以是本公司的产品,也可以是其他公司的产品。

2. 虚拟基准产品

绿色基准产品也可以是一个或多个产品属性的集合体,是一种抽象的、标准的绿色产品,称为虚拟基准产品。虚拟基准产品不仅符合环境标准和各项环境规范,而且满足产品的国际或国家标准、行业标准和技术规范。显然,虚拟基准产品要比实体基准产品更能反映产品的绿色度。但是,虚拟的绿色基准产品指标的确定常常离不开对实体基准产品的分析。虚拟基准产品的作用是提供一个评价新产品的能源、资源、环保、健康、经济性,以及产品功能和性能等指标的参照系。

9.4 可持续设计与制造

9.4.1 可持续设计与传统设计

产品可持续设计是通过在传统设计基础上集成环境意识和可持续发展思想而形成的产品可持续设计工具系统实现的。具体而言,传统设计和可持续设计的对比如下:

传统设计体系仅考虑产品的基本属性,以满足产品的功能需求和制造工艺要求为主。在其生产过程中,主要是根据产品性能、质量和成本要求等指标进行设计,设计人员的环境意识很弱,很少考虑产品的回收性,淘汰、废弃产品的处置以及对生态环境的影响,其结果是产品在完成使用寿命后便成为一堆废弃垃圾,大量有毒有害物质缺少必要的回收和降解处理,造成生态环境的严重污染,影响人类的生活质量和生态环境,并造成资源、能源的大量浪费。

可持续设计体系源于传统设计,又高于传统设计。它在产品的整个生命周期内,优先考虑产品的环境属性,再是应有的基本属性。其包含从概念设计到生产制造,使用乃至废弃后的回收,再利用及处理的生命周期全过程。它提倡少用材料,尽量选用可再生的原材料;降低产品生产过程的能耗,不污染环境;产品易于拆卸,回收,再利用;使用方便,安全,寿命长。它强调在产品开发阶段按照全生命周期的观点进行系统性的分析与评价,消除对环境潜在的负面影响,将"3R"(即 Reduce,Reuse,Recycling)直接引入产品开发阶段,并提倡无废设计。

可持续设计,是指借助产品生命周期中与产品相关的各类信息(技术信息、环境协调性信息、经济信息),利用并行设计等各种先进的设计理论,使设计出的产品具有先进的技术性、良好的环境协调性以及合理的经济性的一种系统设计方法。与现有设计相比,可持续设计的内涵更加丰富,主要表现在如下两方面:

① 可持续设计与制造将产品的生命周期拓展为从原材料制备到产品报废后的回收处理及再利用。一个产品的生命周期全过程应该包括从地球环境(土地、空气和海洋)中提取材料,加工制造成产品,并配送给消费者使用;产品报废、退役后经拆卸、回收和再循环将资源重新利用的整个过程。在产品整个生命周期过程中,系统不断地从外界吸收能源和资源,排放各种废弃物质。

② 利用系统的观点,将环境、安全性、能源、资源等因素集成到产品的设计活动之中,其目的是获得真正的绿色产品。由于可持续设计与制造将产品生命周期中的各个阶段看成是一个有机的整体,并从产品生命周期整体性出发,在产品概念设计和详细设计的过程中运用并行工程的原理,在保证产品的功能、质量和成本等基本性能的条件下,充分考虑产品生命循环周期各个环节中资源和能源的合理利用、环境保护和劳动保护等问题。因此,有助于实现产品生命周期中"预防为主,治理为辅"的可持续设计与制造战略,从根本上达到保护环境、保护劳动者和优化利用资源与能源的目的。

综上所述,可持续设计的目的就是利用并行设计的思想,综合考虑在产品生命周期中的技术、环境以及经济性等因素的影响,使所设计的产品对社会的贡献最大,对制造商、用户以及环境负面影响最小。尽管考虑环境对设计过程的基本步骤毫无影响,但它确实在多种研发活动中的不同步骤上加入了新元素。环境需求作为用于改进的一个具体项目,应在传统的需求计划中占有一席之地。在决定加入何种环境需求时,设计者将面对两种全新的决策困境:首先是在环境需求与产品其他需求的矛盾中做选择;其次是在几种相抵触的环境需求中进行选择。

9.4.2　可持续设计与制造概述

1. 可持续设计与制造的定义

可持续设计(Sustainable Design),又称绿色设计(Green Design)、生态设计(Ecological Design)、低碳设计(Low - carbon Design)和面向环境的设计(Design for Environment,DFE)等,目前关于可持续设计与制造的定义国内外还没有一个统一的、公认的定义。

常见的一些定义如下:可持续设计是这样一种设计,即在产品整个生命周期内,着重考虑产品环境属性(可拆卸性、可回收性、可维护性、可重复利用性等),并将其作为设计目标,在满足环境目标要求的同时,保证产品应有的功能、使用寿命、质量等。美国的技术评价部门把绿色设计定义为,绿色设计实现两个目标:防止污染和最佳的材料使用。

绿色制造是在满足产品功能、质量和成本等要求的前提下,系统地考虑产品开发制造及其活动对环境的影响,是产品在整个生命周期中对环境的负面影响最小,资源利用率最高,这种综合考虑了产品制造特性和环境特性的先进制造模式称为绿色制造。

不同的研究者从自己的研究领域和研究方向来界定绿色设计,这说明绿色设计与制造的属性很多。我们认为的定义是:

可持续设计与制造是一个技术和组织活动,它通过合理使用所有的资源,以最小的生态危害,使各方尽可能获得最大的利益或价值。这里涉及的几个表述的含义如下:

技术,指设计技术、制造技术、产品的技术原理、再制造技术、信息技术以及废物处理技术等。

组织,包括国家、政府部门和民间团体,以及制定的各种法规,技术管理、质量管理和环境管理体系,各种相关标准和理念。有效的组织是合理利用资源的一个重要方面,它对防止经济增长和资源消耗相分离是非常有意义的。

资源,包括能量流、材料流、信息流、人力资源、各种知识、技能以及时间。

生态危害,指对自然环境的破坏,以及对当代人、后代人、消费者和劳动者的健康危害和潜在危险。

各方,指全球环境、国家、区域环境、企业或公司以及消费者和劳动者。

利益或价值,指各方的成本效益和社会效益,如公司的形象;特别是保证消费者的满意度,只有当绿色产品和服务在市场上满足消费者的需求时,才能够实现价值交换。另外,消费者需要的产品和服务在本质上是一种解决方案,因此,绿色产品应该是为具体客户定制的;应开拓新的消费模式,例如,消费者购买使用权,而不是产品的所有权。

2. 可持续设计与制造的特性

可持续设计与制造有 4 个方面的特性:系统性、动态性、层次性和集成性。

(1) 系统性

可持续设计与制造是一个系统的概念,具有系统的属性,所以应以系统的观点,在时间域和属性域对其进行界定、分析和评价。可持续设计与制造的时间域是产品的全生命周期,包括材料的提炼,产品制造、营销、使用和维护、回收和再利用、报废处理。可持续设计与制造的属性域是各个组成要素,如绿色材料、清洁生产、绿色包装、绿色市场、再制造、循环和处置等,产品的绿色度不是各个构成要素的简单叠加,而是各要素相互联系、相互作用所构成的具有一定结构特征和一定规律的系统的整体绿色性能,其水平不仅取决于其构成要素的状况或水平,更取决于其构成要素之间的有机结合或耦合机制。因此,可持续设计与制造不是追求某一个绿色属性的最优,而是达到整个产品系统绿色度的"满意",为此可以摒弃某些局部的最优方案。

(2) 动态性

可持续设计与制造在时空上是动态变化的。随着技术的进步和发展,社会观念的转变,可持续设计理论和技术在变化和进步,产品的绿色评价标准也在变化。发达国家和不发达国家解决发展与环境问题的策略和技术手段是不同的,不同国家的环境标准也不相同。认识到可持续设计与制造动态性很有意义,国家应根据经济、社会、技术发展和资源条件,制定发展战略和技术对策,在加快经济增长的同时,避免或减轻对环境的影响。

（3）层次性

可持续设计与制造的实施主体有层次性,实施主体表现在国家各级政府、企业和消费者三个层次上。

国家制定发展战略,从国情和实际状况出发,提出协调各方面的发展战略和规划;例如,《中华人民共和国环境与发展报告》《中国 21 世纪议程》。1996 年在《国民经济和社会发展"九五"计划和 2010 年远景目标纲要》中,国家首次把可持续发展战略列为国民经济和社会发展重大战略措施,这标志着我国决心摒弃传统发展战略,走可持续发展之路。2003 年,国家提出"坚持以经济建设为中心,坚持以人为本,树立全面、协调、可持续的发展观,统筹城乡发展,统筹区域发展,统筹经济社会发展,统筹人与自然和谐发展,统筹国内发展和对外开放,坚持走新型工业化道路,大力实施科教兴国战略,可持续发展战略和人才强国战略。"各级政府部门将制定相应的法律和规范,实施相应的扶持和鼓励政策,以及资金支持示范行业和企业等。

企业根据本身的技术和资金条件,国家的法规和标准,企业的产品线和市场状况等,确定企业的可持续发展计划和优先实施方案。首先,建设企业绿色文化,形成生态与经济一体化经营理念,坚持走循环经济的道路。其次,加强企业可持续设计与制造技术的研究开发,例如,可持续设计技术、清洁生产技术、包装技术、拆卸技术和再制造技术等。最后,企业要建立符合循环经济的绿色企业体制,例如,建立产品全生命周期的绿色物流系统,实行绿色市场营销策略,这样企业可以通过自身的绿色形象在国内和国际市场环境中提高产品的竞争力,同时对公众的绿色消费行为积极引导。

可持续设计与制造技术的结果是绿色产品,绿色产品的成功不但要设计、制造得好,还需要具有绿色生活方式的消费者。建立可持续发展的绿色文明理念和行为准则,自觉地采取对环境友好和对社会负责的健康生活方式可称为绿色生活方式。绿色生活方式首先在理念和行为准则上是承认地球资源的有限性和后代人的消费权益,当代人的生活方式和消费不以破坏后代人的生存条件为前提。自觉关心环境状况,遵守环境保护法律、法规,把个人环保行为视为个人文明修养的组成部分。其次,在行动上是积极主动地采取对环境友好、对社会负责任的生活方式,例如学习、宣传和支持可持续发展。绿色消费是绿色生活的重要组成部分和内容,作为产品或服务的消费终端,在承担绿色生活责任和义务的同时,每个人的手中还握有一种神圣的绿色消费的权利:在日常生活中,购买和使用具有绿色标志的家用电器和绿色食品;提倡节能型建筑,绿色家居;尽量使用公共交通工具、自行车或步行;使用无铅汽油,购买小排气量的轿车;通过自身的绿色生活行动影响和感染周围相关人的生活和消费行为。我们知道一些农药、化肥的使用会使农产品有害残留物超标,危害人体健康。这里,人体的健康不仅是指消费者的健康,而且包括生产者或劳动者的健康,长期使用农药使农民及其家庭成员的健康受到影响和威胁! 还有农药、化肥等会造成地力下降、水源污染等,使生态环境受到破坏,所以选择绿色食品不仅仅是保护自己的健康,也是保护劳动者的健康和生态环境。如果购买绿色产品的人越多,那么有危害或潜在危险的产品就越没有市场,最终用市场这只看不见的手把所有的产品都变成绿色产品。

（4）集成性

可持续设计与制造技术的集成性体现在以下 3 个方面:

目标集成:它是生态环境、资源消耗、健康、成本、时间、顾客满意度等多个目标的综合。

学科和技术集成:它涉及多个学科领域,有环境科学、工业生态学、经济学、管理学、化学工程、制造工程、信息科学等；具体的技术有可持续设计技术、三废处理技术、清洁生产技术、包装技术、拆卸技术、再制造技术、资源和能量回收技术、填埋技术以及计算机辅助可持续设计与制造技术等。

信息集成：由前两个集成特点决定了可持续设计与制造的信息集成特性，在可持续设计与制造中需要的数据有：环境影响数据、产品数据、材料数据、工艺数据、回收和处置信息、供应商和回收体系信息等；这些信息应该分配在公共数据库和专用数据库中，用计算机集成技术进行管理。

3. 可持续设计术语和概念

国内外与可持续设计与制造相关的概念和提法很多，下面就讨论这个问题。

（1）以某一个与可持续设计与制造相关的属性为目标的概念

面向环境的设计（Design for Environment，DFE）：把环境需求集成到传统的设计过程中，这里的设计是指整个产品的实现过程，它一般由产品规划、概念设计、详细设计、工艺规划和制造组成。虽然设计只是产品实现过程的一个阶段，但是常常用"产品设计"这个词来代指整个产品实现过程。DFE 与环境友好设计（Environmental Friendly Design）、环境意识设计（Environmentally Conscious Design）是一个含义。

面向拆卸的设计（Design for Disassembly，DFD）：为了便于产品或零部件的重复利用，或材料的回收利用，采用模块化设计、减少材料种类、减少拆卸工作量和拆卸时间等的设计方法。

面向循环的设计（Design for Recycling，DFR）：在设计时考虑产品的回收性和再利用，材料的回收率和利用价值，以及回收工艺和技术的设计方法。

面向再制造的设计（Design for Remanufacture，DFR）：在设计时考虑零部件再制造的可行性，通过结构设计、材料选择、材料编码等设计技术，以及再制造工程技术手段，实现产品或零部件的再制造的设计方法。

面向能源节省的设计（Design for Energy Saving，DFES）：在设计时以节省能源为目标，减少产品的使用能耗和待机能耗的设计方法，例如家用电器、计算机和服务器等产品。

（2）以产品全生命周期为界定基础的概念

全生命周期是产品从材料提取和加工，制造、使用和最终处置的生命过程，所有的活动对应于生命周期的某个阶段。在全生命周期（Life Cycle）的后面常常跟一个名词，来明确研究的重点和主题，以产品生命周期为界定基础的概念有：

全生命周期评价（Life Cycle Assessment，LCA）：对产品全生命周期的各个阶段的环境影响的评价方法。

全生命周期清单（Life Cycle Inventory，LCI）：清单分析是对产品、工艺及相关活动在全生命周期中的资源和能源消耗、环境排放进行定量分析。清单分析的核心是建立以产品功能单位表示的输入和输出的清单。清单分析是生命周期评价 LCA 的基础和主要内容。

全生命周期工程（Life Cycle Engineering，LCE）：LCE 要涉及产品的整个生命周期，从原材料的获取，材料的加工、制造、使用和处置。在某种程度上，LCE 和 DFE 可以是相同的概念，但是，LCE 的目标可以是不同的，例如：低成本、长寿命、资源消耗最小化等。一旦我们开始考虑产品的全生命周期，环境影响就变得非常重要了，是二者都要解决的问题。

全生命周期设计（Life Cycle Design，LCD）：一种设计方法学，它要考虑产品的各个生命阶段，分析一系列的环境后果，并从企业的内部和外部收集与产品相关的所有信息。产品的生命周期不仅包括产品实体,而且包括与其相关的所有活动,如制造过程、供应商、配送商。例如,原材料的使用、能量的使用、最终产品的材料,废物的产生;加工过程、工厂、设备和辅助活动;包装、运输、存储设施。

LCD 的目标可以概括为:减小环境的影响和可持续的解决方案。很多学者认为 LCD 和 DFE 是可以互换的概念。DFE 也可以看作 LCD 的诸多目标之一。

生态设计(Ecological Design)术语常常在欧洲使用,它意味着环境友好的设计,并把 DFE 和 LCD(生命周期设计)结合起来。可持续设计主要在美国使用;在我国经常使用的是绿色设计、绿色制造、绿色设计与制造、生态设计。

(3)其他概念

清洁生产(Cleaner Production,CP):指既可满足人们的需要,又可合理地使用自然资源和能源,保护环境使用的生产方法和措施,其实质是一种物料和能耗最小的人类生产活动的规划和管理,将废物减量化、资源化和无害化,或消灭于生产过程之中。

链管理(Chain Management,CM):以生产企业为核心,把上游的供应商和下游的企业及用户作为一个链来管理,即通过不同企业的制造、装配、分销、零售等过程将原材料转换成产品和商品,到用户的使用,最后再到回收商和再利用企业的转换过程。其强调的是跨越产品生命周期的整体管理,并从这一角度来优化。

9.5 可持续设计与制造的评价

9.5.1 评价指标体系

为了评定产品的绿色程度,应该建立一个完整的绿色度评价指标体系,它与产品的类别和具体的产品独立,具有普遍适用性。绿色评价指标体系对正确评价绿色产品,系统地组织和开展可持续设计与制造工作都具有重要的意义。对于不同类别的产品,例如,电子产品和机电产品,它们的功能、制造方法、使用的材料等特性各不相同,可以从技术、经济和环境的角度进行绿色评价;对于同一种产品,绿色特性可以体现在原材料的减少、能耗的降低、对人的健康无危害等方面。

任何问题的评价都要遵循一定的原则,例如,系统性和科学性,数据可获得性和可操作性等。在绿色度评价体系和指标的制定时要考虑以下原则:

① 全过程原则:在产品的全生命周期中涉及的各种影响都要有相应的指标来描述和表达。

② 系统性和科学性原则:指标覆盖的内容包括环境影响、资源消耗、能源消耗、技术、经济和市场。

③ 定量指标和定性指标相结合:应尽量使指标量化;对不易量化,但又十分重要的指标,也可采用定性的描述。

④ 可获得性和可操作性:评价指标应该具有明确的含义,数据可以方便地获得;指标之间应相互独立,便于评价的进行。

1. 评价体系和指标

评价体系和指标分为 4 层:属性层、特性层、项目层和指标层,如图 9-5 所示。

属性层是把绿色度所涉及的问题或领域进行大的分类,特性层是某一个属性所包含的特性;项目层是每一个特性的评价内容;指标层是评定一个项目时所采用的具体指标。属性层分为6个属性,如图9-6所示。

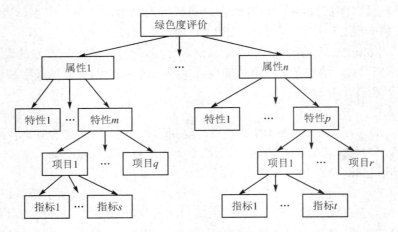

图9-5　绿色度评价体系

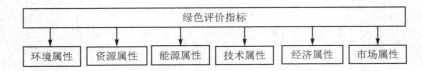

图9-6　绿色度评价的属性层

各个属性层的含义如下:

环境属性:对生态、环境的破坏和对人的健康影响。

资源属性:消耗资源的种类和利用率等。

能源属性:能源的种类、消耗、利用率等。虽然能源是资源的一种,但实际中常常把它与资源分开,作为一种单独的统计量。

技术属性:与技术相关的所有特性的集合。

经济属性:与成本和费用相关的特性。

市场属性:与市场相关的特性。

2. 属性特征与评价

下面分别分析这些属性下的特征和指标。

(1) 环境属性评价

环境属性分为以下的特性:大气污染、水体污染、固体废物和噪声污染。

① 大气污染:衡量大气污染的指标是破坏臭氧的物质、温室气体、烟尘和酸雨物质等。

• 破坏臭氧的物质,主要指破坏臭氧层物质的排放量,如 CFCs、CCl_4 和哈龙等。

• 温室气体,主要指引起温室效应的物质排放量,如 CO_2、CH_4、N_2O 和 $CFCl_3$ 等。

• 烟尘,主要包括各种粉尘、烟尘的排放量,如铝、氧化铝、铝合金粉尘,玻璃棉和矿渣棉粉尘,游离二氧化硅的水泥粉尘等。

• 酸雨物质,主要包括:SO_2、NO_x、H_2S 和氨等。

② 水体污染：衡量水体污染的主要项目有氧平衡参数、重金属参数、有机污染物指标和无机污染物指标。

- 氧平衡参数指标主要包括溶解氧、化学需氧量、生物需氧量等。
- 重金属参数指标主要包括汞、铅、六价铬，以及锰、铜和锌等。
- 有机污染物指标主要包括酚类（如挥发酚、五氯酚钠、苯胺类等）和油类（如石油、动植物油等）。
- 无机污染物指标主要包括如氨氮、硫酸盐、硝酸盐、硫化物、无机氮、氰化物、氟化物等。
- 富营养化指标主要包括排入水体的氮、磷以及大气中的 NO_x 和 NH_3。

③ 固体废物：材料的采掘废物、提炼废物，产品制造的废弃物，包装废弃物，产品退役后的废弃物。

④ 噪声污染：衡量噪声的指标有声强、频率、声压、噪声级、声压级等，一般采用等效连续噪声级为噪声污染指标。

（2）资源属性

消耗金属、塑料等材料的种类是可再生资源还是不可再生资源，还有材料利用率、回收率以及木材、水的用量和利用率。

（3）能源属性

能源的种类是化石类能源还是使用清洁能源，如风能、太阳能、潮汐能和水能等。再生能源的使用比例，能源消耗量和利用率等。

（4）技术属性

与技术相关的所有特性的集合，有功能特性、可制造特性、使用特性、回收和重用特性等。

① 功能特性主要描述产品的主要功能及其相关的性能参数。根据不同的产品的功能和相关的性能参数来选定指标。

② 可制造特性描述产品制造阶段的技术特性，如切削性能、热处理性能、成型性能等。

③ 使用特性包括可靠性、安全性、维护性等。

④ 回收和重用特性包括拆卸性，再制造特性等。

（5）经济属性

与成本和费用相关的特性，可以分为企业成本、用户成本和社会成本。企业成本有设计开发成本、材料成本、制造成本、人力成本、管理成本等；用户成本有购置费、使用中的能源和材料费用、维修费、处置费用等；社会成本有生态环境治理费用、为健康所付费用、废弃物处理费用等。

（6）市场属性

与市场相关的特性，产品目标市场和细分市场的绿色认知度高低；在价格上，产品的绝对价格和相对价格如何，产品的价格弹性如何；消费者购买该产品的决策要素是什么等。

9.5.2　绿色度评价方法

在上面的评价指标中有很多是用语言表述的，也就是说既有定量指标又有定性指标，是一个复杂系统的评价。因此绿色度评价方法应该是一种能将定性分析和定量分析相结合，将人的主观判断用数量形式表达和处理的系统分析方法。绿色度评价方法一般以层次分析法（Analytic Hierarchy Process，AHP）作为基本评价基础，结合采用了专家小组讨论、问卷调查、回归分析、加权平均法、模糊评价等方法。下面介绍这种评价方法。

1. 相对重要性指标的假设

在进行层次分析时，首先要根据建立的评价体系进行重要性的分析，这样就可以比较下一层中（例如 B_i，$i=1,\cdots,n$）与上一层（例如 A_k，$k=1,\cdots,K$）所选定的某因素有关的各因素 B_i 和 B_j 的相对重要程度。层次分析法是通过因素间的两两对比来描述因素之间相对重要程度的，即每次比较只有两个因素，而衡量相对重要程度的差别用 $1\sim9$ 来给定。具体的打分方法参考下面的描述：

甲因素与乙因素相比，具有的同样重要性，则甲乙的分值均为1。

甲因素与乙因素相比，甲比乙稍微重要些，则甲的分值为3，乙的分值为1/3。

甲因素与乙因素相比，甲比乙明显重要，则甲的分值为5，乙的分值为1/5。

甲因素与乙因素相比，甲比乙很重要，则甲的分值为7，乙的分值为1/7。

甲因素与乙因素相比，甲比乙非常重要，则甲的分值为9，乙的分值为1/9。

具体的分值应根据问卷和专家小组调查，由项目组确定。

2. 建立重要性矩阵求出总的综合权重

通过上述的两两比较，就得到重要性矩阵。对于 A 层的第 k 个评价目标 A_k，就有如下形式的重要性矩阵：$A_k=[B]_{ij}$

A_k	B_1	B_2	$\cdots$	B_n
B_1	b_{11}	b_{12}	$\cdots$	b_{1n}
B_2	b_{21}	b_{22}	$\cdots$	b_{2n}
$\vdots$	$\vdots$	$\vdots$	$\vdots$	$\vdots$
B_n	b_{n1}	b_{n2}	$\cdots$	b_{nn}

因为 A 层一共有 k 个因素，这时就形成了 k 个不同阶数的判断矩阵。各元素 B_j 对 A_k 的权重向量为 $B_k=(b_{1k}, b_{2k},\cdots, b_{nk})^T$，$B_k$ 可以通过求解方程 $A_k B_k=\lambda_{max} B_k$ 得到，λ_{max} 是矩阵 A_k 的最大特征值。如果上层 A 对中目标的权数为 $A=(a_1, a_2,\cdots, a_k)$，则 B_j 对评价目标的总权数为

$$W_j=a_1 b_{j1}+a_2 b_{j2}+\cdots+a_k b_{jk}, \quad j=1,2,3,\cdots,n ;k=1,\cdots,K$$

故得到 B 层各个评价指标相对总目标的综合权重为

$$W=(W_1,W_2,\cdots,W_n)^T$$

3. 综合评价

根据专家的评分或用模糊评价法计算产品和方案对各个评价指标 B_j 的分值 S_j，总的评分 P 可以用加权平均法得到，即

$$P=W_1 S_1+W_2 S_2+\cdots+W_n S_n$$

分值越大说明方案或产品的绿色程度越高。

对一个产品的评价过程可以概括为图9-7。简单地说，LCA 经历了目标和范围的确定、清单分析、归一化，最后得到生态评价指数。

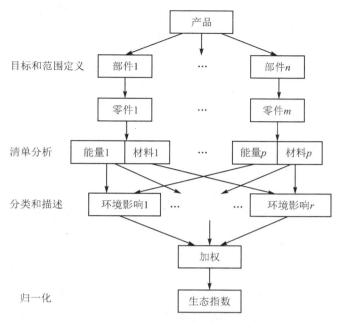

图 9 - 7　产品评价的 LCA 流程图

9.6　可持续产品设计实施

9.6.1　绿色设计技术和市场

对消费者来说,很少有消费者愿意降低自己的生活水平而去考虑生态的可持续发展,也就是说,虽然大部分消费者关心环境和生态,愿意购买绿色产品,但是如果产品的价格提高了,那么消费者还会购买绿色产品吗?思想是一回事,行动又是一回事。对设计师的挑战是在满足消费者需要或需求的同时降低对环境的影响。

对设计者来说,就是要通过设计把产品全生命周期的环境影响降低到最小。实际上,要求容易,但设计者要想达到这个要求和目标是极其困难的;单单是在零件的加工过程中,就有数以千计的工艺、工序,设计者要了解和确定所有的环境影响,并把它们最小化,而且要涉及多个学科和领域,涉及法律、法规,涉及供应商、销售商和回收商,涉及市场和消费者,产品可持续设计是一个复杂的系统问题。

系统的观点在产品可持续设计中是非常重要的,例如要减少全生命周期的环境影响,当"绿色"产品在一个过程中或某个生命阶段会产生较大的环境负荷时,可以用其他生命阶段的环境负荷的减少来补偿这个较大的环境负荷;也就是说,设计者应该把重点放在整个生命周期上。例如,大众公司的 Lupo 3 L 轿车,全部用铝制造,虽然原材料的能量消耗增加了,但是,由于质量轻,因此比同类型高尔夫的使用能耗减少 50%,汽车全生命周期能耗的 80% 在使用阶段。在实际设计过程中,设计人员还要面临环境数据的不确定性或不准确性的问题,因此,我们必须接受这样的事实:没有零环境影响的产品,产品环境影响的最小值无法定义,产品的生态设计质量只有参考点或基准点。

产品的生态质量或绿色度,只有与另一个产品比较才能判断,即绿色是个相对的概念,具有时空性。设计人员只能努力减少对环境的影响和危害。

绿色产品的市场化常常会遇到矛盾和冲突,特别是为了减轻环境负荷而导致生产成本提高时,产品的价格也会升高。升高的价格可能导致绿色产品在市场上反响不佳,最终遭遇失败。产品的市场性很大程度上取决于消费者的购买决策,而消费者决策是受很多因素影响的。以汽车为例,如果汽车售价提高了,但同时使用中的能耗费用和维护费用降低的幅度可以抵消价格的上升量,消费者会认同吗?我国的燃料和水资源的短缺所造成的后果必然是资源价格的上扬,所以,像汽车、洗衣机、冰箱等产品使用阶段或购买后费用会增加很多。因而,在节能方面具有优势的产品看似具有吸引力,但是,消费者受思维定势和惯性所致,还是更关注产品的售价。为了改变这点,需要消费者的理性和成熟,以及绿色消费观念的普及;消费者不是设计师、工程师或环境专家,需要政府、组织和机构的宣传,企业和零售商的引导和指导。

为什么要讨论价格问题,因为,如果价格问题使绿色产品在市场上没有消费者购买,产品没有销路,那么降低环境影响、保护环境就无从谈起。而且,不能满足市场和消费者需要的、积压的滞销产品,就变成了资源的浪费,变成了"库存",甚至变成了"废弃物"!一个有效对策是设计者提供产品的全生命周期的资料和信息,并在市场上介绍给消费者;这可能比环境认证或环境标志更有效;还要注意的是避免产品功效的缺陷,绿色产品要与同类的产品具有相同的效能,例如,洗衣机降低用水量并同时保证衣物的清洁度。

目前,产品生命周期评价基本上没有考虑市场因素,而只涉及产品的生态特性。生态设计策略和市场可行性的关系如表9-2所列。

表9-2 生态设计策略和市场可行性

生态设计策略 ＼ 市场可行性	成本降低	顾客可感知性	使用效率	美学特性
清洁材料	—			(—)
清洁生产				
绿色包装	(+)	+		—
使用效能	(—)		+	
寿命延长	—	(+)	(—)	(—)
再循环性		+		

清洁材料:为降低对环境的影响,经常选择对环境影响小的材料,而原本的产品已经进行了成本优化,所以,材料的改变会增加成本。消费者并不能直接感受到更清洁材料的应用。另外,材料的改变常常影响产品的视觉效果,例如,ABS可以提供光滑明亮的表面,而PP则要暗淡得多。

清洁生产:设计人员选择的材料和几何形态隐含地对应着一定的加工方法,这对制造的影响是非常大的,常常要有新的投资和环保设备,使产品的成本暂时增加,因为目前的成本核算不考虑环境成本。

绿色包装:包装的减量化减少了材料的使用,会降低材料、制造、循环和处置成本,消费者很容易感受到包装的变化。

使用效能:主要是减少使用过程的能耗以及所需要的工作介质(原料和辅助材料),例如,汽车使用中的油耗,洗衣机的用水量和洗衣粉。然而,这些措施常引起成本的增加。由于使用费用的减少,消费者容易感受到,他们可以支付更高的价格来购买该产品。

寿命延长:为了使产品更耐久,会采取材料、结构、工艺等措施,这常常会增加成本。如果是主动型的产品,则由于技术的落后,能耗和工作介质的费用会升高。消费者也可以感受到产品寿命的提高,但它并不一定能提高美学价值。

再循环性:材料的循环和再利用需要建立回收网络和企业,会增加成本,例如,汽车召回制度,家电回收等。

9.6.2　产品类型和绿色设计决策

1. 设计的意义和重要性

学者 Zust 和 Wanger 研究了产品包括使用、回收和处置阶段的整个生命周期,发现产品的研发阶段本身花费只占总成本的 10%,却能决定产品全生命周期 95% 的费用,如图 9-8 所示。

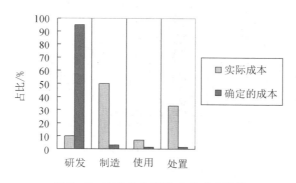

图 9-8　产品生命周期中的成本确定

2. 产品类型和绿色设计决策

决策时,通常对产品进行主观分类,即根据现有的知识和经验把产品分类,为进一步的分析和寻找解决方案提供假设和依据。这种分类方法根据的是产品使用中的环境影响大小和运动特性,具体如下:

- 主动(Active):在使用过程中会产生较大的环境影响,如家庭中的冰箱。
- 被动(Passive):在使用过程中没有或仅有一点环境影响,如钳子等手动工具。
- 移动(Movable):在使用过程中产品是运动的,如汽车。
- 静止(Immobile):在使用过程中产品是静止的,或基本上是不运动的,如家具。

例如,对一个卫浴中的冲水座便、水管和挂件进行生命周期分析,结果如图 9-9 所示。其中,冲水座便是个主动产品,它在使用中的环境影响占总环境影响的 95%,而水管和挂件是被动的产品,在使用时的环境影响很小,它们的环境影响主要在生产阶段。

再对电线的能量消耗进行分析,它们的环境影响如图 9-10 所示,固定信号线是被动产品,其环境影响主要是在生产阶段产生的,约占总影响的 90%;在使用阶段几乎不会对环境产生破坏。固定动力线是主动产品,使用中存在较大的能量耗损,其环境影响主要是在使用阶段

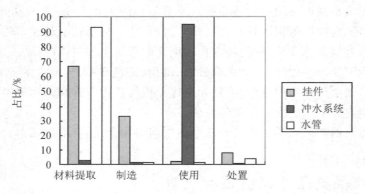

图 9-9 卫浴产品的环境影响

产生的,约占其总影响的 90%。移动的电线是指汽车、飞机上的各种电线,它是移动的产品,使用中存在较大的能量耗损,其环境影响主要是在使用阶段产生的,约占其总影响的 85%,设计要同时考虑电线的电学性能和质量。

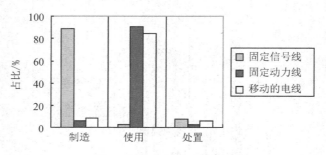

图 9-10 电线的环境影响

表 9-3 所列为几种产品的能量消耗。

表 9-3 产品的生命周期能耗

能耗 产品	材料提取/%	制造/%	使用/%	处置/%
普通的椅子	3	91	2	4
普通的自行车	89	4	6	1
轿车	4	1	94	1
吸尘器	10	3	85	2

通过分析,产品设计人员不需要专业化的环境知识,也可以将绿色设计的重点放在对环境影响大的方面上,例如,卫浴中冲水座便设计的重点是节约用水,可设计成双水冲水方式或研究新的冲水机制。在设计时,我们可以把产品大体上分为 4 类,如表 9-4 所列。根据不同的产品类别,我们可以制定不同的绿色设计策略,表 9-5 列出了 4 种产品类型的概念设计和方案设计策略。

表 9-4　根据生命周期阶段中环境影响大小的产品分类

产品类型	移动（Movable）	静止（Immobile）
主动（Active）	AM 型产品	AI 型产品
被动（Passive）	PM 型产品	PI 型产品

表 9-5　不同产品类别的绿色设计策略

产品类型	典型产品	设计策略和原则
AM 型产品	汽车、飞机上的冰箱	改善功能/提高效能，消费者主要关心的是功能。 质量轻和小型化，便于起降、加速和降低能耗。 寿命，长寿命产品或设计是次要的因素，它不利于产品的技术更新和换代以减少质量。 循环和再利用要具体分析：对飞机是次要的因素，因为质量轻和小型化是主要原则；对汽车是一个重要因素
AI 型产品	家庭中的冰箱、电视等电器	改善功能/提高效能，消费者主要关心的是功能。 要充分考虑材料和结构设计，要考虑材料的供应、加工、制造、拆卸和再循环。 对于寿命，如果未来没有重大的技术创新，那么应设计为长寿命；如果未来很可能有重大的技术创新和新技术，那么应设计为短寿命
PM 型产品	飞机上的家具、食品包装	质量轻和小型化，便于运动时降低能耗。 寿命，长寿命产品或设计是次要的因素，它不利于产品的技术更新和换代，以减少质量。 循环和再利用，是次要的因素，在达到质量轻和小型化的前提下，适当考虑加工、制造、拆卸和再循环
PI 型产品	家庭中的家具、手动工具和电气装置	寿命，由于在使用时基本不产生环境影响，也基本上不移动，要进行长寿命设计，但也要对加工和处置给予一定的考虑。 循环和再利用，是次要的因素，但是要考虑加工、制造、拆卸和再循环。 基本上不用考虑质量轻和小型化问题

通过分析，我们清楚地认识到，不同类别的产品在同一生命阶段的环境影响也是不同的；一个产品在不同的生命阶段会产生不同的环境影响，即使是一个相同的产品，由于使用环境的不同，其影响也是不同的，绿色设计的原则也不相同。

9.7　企业可持续工程实施

在工信部颁布的《绿色制造工程实施指南（2016—2020 年）》中指出：资源与环境问题是人类面临的共同挑战，可持续发展日益成为全球共识。特别是在应对国际金融危机和气候变化背景下，推动绿色增长、实施绿色新政是全球主要经济体的共同选择，发展绿色经济、抢占未来全球竞争的制高点已成为国家重要战略。

以实施绿色制造工程为牵引，全面推行绿色制造，不仅对缓解当前资源环境瓶颈约束、加快培育新的经济增长点具有重要现实作用，而且对加快转变经济发展方式，推动工业转型升级,提升制造业国际竞争力具有深远历史意义。

以企业为主体,以标准为引领,以绿色产品、绿色工厂、绿色工业园区、绿色供应链为重点,以绿色制造服务平台为支撑,推行绿色管理和认证,加强示范引导,全面推进绿色制造体系建设。

因此,企业也逐渐认识到环境和经济利益的关系。企业资源(工厂内的能耗,原材料的使用量,包装物等)使用的减少就意味着成本的降低,例如包装物的质量和体积的减小,包装材料用量就小,运输成本也降低;产品的小型化不仅减少材料和元件数量和成本,也降低了包装和运输成本。拆卸时间的减少在很大程度上也意味着装配时间的缩短,即更少的处置成本和装配成本。零件、部件再制造和材料重用比购买新品更廉价,降低了原材料和器件成本。

1. 企业内部和外部分析

分析目前状况和未来发展的趋势,其主要内容是:法律和法规、竞争、技术发展、工艺和技术可行性、消费者和市场发展。

(1)法律和法规

主要着眼点是我国法律和法规要求,出口目标国家的法律和法规要求,化学品的限制,金属物的限制,召回制度,填埋和焚烧的限制,绿色税和能源税,以及正在制定的法规。

(2)技术发展

科学技术,特别是与环境有关的技术发展给企业的可持续工程提供了很大的发展空间。但技术越来越全球化,产品同质化越来越严重,使产品更便宜,更容易造成产品过剩,会产生环境的负面影响。

(3)工艺和技术可行性

本企业的可持续工程人才状况如何,是否熟悉绿色技术和软件工具,现有的制造工艺和技术状况,企业管理状况特别是环境管理体系实施经验;外部咨询机构情况;再循环和回收公司的服务情况。

(4)竞争

主要分析竞争企业的状况,例如,竞争企业环境战略、实施方法和项目,竞争者如何开拓绿色市场,竞争者环境管理标准认证状况等。

(5)消费者和市场发展

主要分析消费者的绿色消费认知度和行为特性,终端用户的购买需求和购买趋势。

2. 制定目标和策略

公司和企业的可持续发展是一项事业,不应该仅仅是被动地适应,而应该主动作为,应制定企业可持续发展的远景规划和近期目标。远景规划和近期目标不仅包括定性描述,还要有定量要求,例如《绿色制造工程实施指南(2016—2020 年)》关于实施基础制造工艺绿色化改造的表述为:"加快应用清洁铸造、锻压、焊接、表面处理、切削等加工工艺,推动传统基础制造工艺绿色化、智能化发展,建设一批基础制造工艺绿色化示范工程。到 2020 年,传统机械制造节能 15% 以上,节约原辅材料 20% 以上,减少废弃物排放 20% 以上。"

3. 确定领域和重点

企业的可持续工程一般涉及多个领域、部门和产品线,要有重点地进行突破,起到典型的示范作用。其绿色设计和研究的领域为:能量消耗,质量减少和材料应用,包装和运输,有毒物质的减少,再循环。例如,某电子工业企业的产品指标分成五大类和若干重点项,如表 9 - 6 所列。

表 9 - 6 某电子工业企业的领域和重点

能 量	待机模式能耗和工作模式能耗; 子装配的能耗; 用户使用的能耗; 电池的寿命和成本
材 料	塑料的比重; 金属的比重; 印刷线路板的比重和表面积; 电线的比重
生命周期计算	每一生命周期阶段的环境影响指数; 整个生命周期的环境影响指数
包 装	包装材料的比重; 包装体积; 包装重量与产品重量的比值; 包装体积与产品体积的比值; 包装最终处理成本
物 质	元器件和部件的重量
再循环	拆卸时间; 估算材料回收效率; 估算最终处理成本

4. 技术路线

为了在给定的期限内实现公司的规划、环境战略,首先要从技术、工业和商业角度来分析产品线,然后定位基准产品或目标产品。在此基础上,制定的技术路线分为公司层、部门层和产品层三个层次。

- 公司层:组织,责任,计划,技术路线,监督,成果展示。
- 部门层:绿色产品项目,有效性和传达,ISO 认证,监督,成果展示。
- 产品层:绿色产品设计手册的编制和应用,绿色方案的形成和产品集成,技术目标(能耗,材料,包装和运输,环境影响物质,耐久性,再循环,处置),工业目标(供应商的评价,设备的减少,辅助设备的减少),监督,成果展示。

由于企业客观条件的限制,企业对产品的绿色设计分析可能还不深入、不完善。因此,在绿色设计的实施过程中,企业可以按现有产品的不断改进、现有产品的概念设计改进、新产品概念和功能的设计和实现、全面的绿色产品设计四个阶段来实施。

5. 产品创新过程管理

绿色设计有很强的学术性和科学性，要依赖于生命周期分析（Life Cycle Analysis，LCA）科学方法。但是它又是工程创新设计，有自己的特点，表9-7给出了二者的对比。

表9-7　初步设计阶段的学术研究方法和工程方法

步　骤	工程方法	学术方法
第1步	对可以影响的环境问题进行创新研究	做生命周期分析
第2步	根据生态设计矩阵确认、优选改进项目	选择外部和内部的改进项目
第3步	检查选项对公司、顾客和社会的效益	对资金的讨论
第4步	检查实际的可行性	寻找解决方案
第5步	实施产品创新	实施生产创新

（1）产品绿色设计的创新过程

集成到商业设计中的产品可持续设计的创新过程模式如图9-11所示。它分为3个层次：第一个层次是策略层；第二个层次是设计创新的主要流程；第三个层次是支持工具层。在第二层，要生成生态设计矩阵（见表9-8），对每一个设计概念或方案和项目要逐条进行分析。

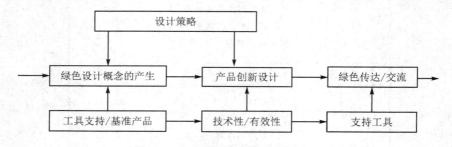

图9-11　产品绿色设计的创新过程

表9-8　生态设计矩阵

绿色方案	环境效益	商业利益	顾客利益	社会效益	可行性
方案1					
方案2					
方案3					

（2）绿色设计概念的产生

绿色设计概念的产生过程如图9-12所示。

首先要进行基准产品和供应商的分析，其中包括：定义起始点和目标；确定产品边界，功能性的描述和分析；输入和输出图；能量分析和测量；具体的定义和分析；装配和拆卸分析，处置分析；根据前面的结果进行评价，分析这些事实的原因和差别。

头脑风暴的改进思路主要来自环境改进选项的检核清单，它分成以下各方面：

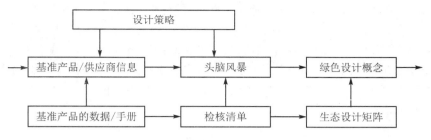

图 9 - 12　绿色设计概念的产生过程

环境影响方面：

- 生命周期的环境影响最小化；
- 能量使用最小化；
- 环境影响物质最小化；
- 不可再生资源最小化；
- 排放和固体废物最小化；
- 运输效率。

功能和技术方面：

- 有无其他可供选择的功能；
- 能否增加功能；
- 增加使用强度；
- 共享还是向终端用户销售？
- 是长寿命设计吗？
- 再销售、再使用、再维修、再制造还是技术升级？
- 单一材料还是多种材料？
- 需要拆卸循环吗？

使用生态设计矩阵是为了比较和优化绿色设计概念，对公司、顾客利益和社会效益评价结果分为 3 类：

- 有形的、可计算的、明确的利益：成本，更少的资源；
- 隐含的利益：更容易生产，容易使用，提高生活质量；
- 感知和情感利益：更好的形象，感觉很好，在绿色事业上的进展。

技术的可行性主要是对技术的物理、化学和材料数量的分析，对供应商、生产方式的分析。资金的可行性主要是投资的大小和回报率。

（3）绿色产品创新

生态设计矩阵为产品概念的集成做了充分的准备。要把各个绿色设计概念结合到一起，进行比较和优选，这时常常要做出权衡，生态设计矩阵是非常客观的评价依据。产品概念设计在符合设计方法学规律的同时，可以参考公司的生态设计手册，公司的生态设计手册是公司多年生态设计的经验和技术的总结。

（4）绿色的传达

绿色产品的属性如何表达要依据对象的不同而变化，可以根据公司、顾客利益和社会效益，在明确的、隐含的和情感三个方面进行分析。例如，对大部分消费者来说，他们不能理解生命周期分析的术语,应以其能感知到的利益,如价格的降低或使用中能耗的减少作为着眼点。有调查显示,25%的人有强烈的绿色动机和愿望,并愿意支付更高的价格来购买绿色产品;50%的人对绿色产品持积极的态度,但不愿意支付更高的价格;25%的人持不关心的态度。也就是说,若能保持同样的价格,便有至少75%的消费者会购买绿色产品。企业应积极宣传绿色理念,倡导绿色消费,进而提升全社会绿色意识、参与度和积极性,为绿色制造工程创造良好消费文化和社会氛围。

习　题

9-1　可持续设计与制造的定义是什么?

9-2　在产品环境影响的一般模型中,再循环是什么?

9-3　可持续设计的目的是什么?

9-4　绿色基准产品有哪两种? 各有什么特点?

9-5　产品的生命周期是什么? 全生命周期工程是指什么?

9-6　评定产品的绿色程度所建立的评价体系和指标分为哪几层?

9-7　不同产品类别的绿色设计策略分别有哪些? 请举例说明。

9-8　产品绿色设计的创新过程分为哪几个层级?

9-9　请简要介绍层次分析法 AHP。

参考文献

[1] 章勇,徐平.基于可持续设计思想的产品再设计研究[J].艺海,2010(7):38-39.

[2] 刘新.可持续设计的观念、发展与实践[J].创意与设计,2010(7):36-39,2,5.

[3] 梁云扬.以科学发展观为指导坚持工业设计中可持续设计理念[J].资源与环境,2010(2):60-70,93.

[4] 刘志峰,刘光复.绿色产品与绿色设计[J].机械设计,1997(12):1-3,9,44-45.

[5] 何人可.绿色设计——现代汽车文化的新趋势[J].世界汽车,1998(2):14-16.

[6] 贺克.信息时代设计的新特点[J].包装工程,2003(1):102-103.

[7] 秦盖.绿色设计——实现工业可持续发展[N].民营经济报,2007-04-04(A06).

[8] 邓益民,郑堤.机电产品功能与行为表达方法综述[J].工程设计学报,2008(3):164-169,177.

[9] Richard Buchanan. Wicked Problems in Design Thinking[J]. Design Issues,1992(2):5-21.

[10] Norman D A, Stappers P J. DesignX: Complex Sociotechnical Systems[J]. She Ji: The Journal of Design, Economics, and Innovation,2015,1:83-106.